中国数据中心发展蓝皮书
（2020）

中国计算机用户协会数据中心分会　编

電子工業出版社
Publishing House of Electronics Industry
北京・BEIJING

内 容 简 介

本书由中国计算机用户协会数据中心分会编写。本书在《中国数据中心发展蓝皮书（2018）》的基础上，对新基建浪潮下的中国数据中心新发展进行了阶段性总结，重点对 2019—2020 年，数据中心智慧园区、金融行业数据中心、边缘数据中心的新发展，不间断供电、柔性配电、电力储能、电磁、液冷、防雷、工厂预制化，以及当前热门的全景拼接、人脸识别、自动驾驶等技术的最新应用做了介绍。书中还围绕“双碳”目标的实现，对数据中心使用绿色能源的愿景和节能降耗途径进行了阐述，成为本书的一个亮点。

本书是中国数据中心发展的双年度概括总结，适合数据中心相关从业人士用于拓宽视野，也可供有志于从事数据中心行业的本科生、研究生学习参考。

图书在版编目（CIP）数据

中国数据中心发展蓝皮书. 2020/中国计算机用户协会数据中心分会编. —北京：电子工业出版社，2021.11
ISBN 978-7-121-42339-0

Ⅰ. ①中… Ⅱ. ①中… Ⅲ. ①计算机中心－机房管理－研究报告－中国－2020 Ⅳ. ①TP308

中国版本图书馆 CIP 数据核字（2021）第 229017 号

责任编辑：朱雨萌
印　　刷：天津千鹤文化传播有限公司
装　　订：天津千鹤文化传播有限公司
出版发行：电子工业出版社
　　　　　北京市海淀区万寿路 173 信箱　邮编：100036
开　　本：787×1092　1/16　印张：21.5　字数：561 千字
版　　次：2021 年 11 月第 1 版
印　　次：2021 年 11 月第 1 次印刷
定　　价：118.00 元

凡所购买电子工业出版社图书有缺损问题，请向购买书店调换。若书店售缺，请与本社发行部联系，联系及邮购电话：（010）88254888，88258888。

质量投诉请发邮件至 zlts@phei.com.cn，盗版侵权举报请发邮件至 dbqq@phei.com.cn。

本书咨询联系方式：zhuyumeng@phei.com.cn。

编委会

序言

FOREWORD

编写行业蓝皮书，记录伟大新时代

这是中国计算机用户协会数据中心分会编写的第二本中国数据中心发展蓝皮书。记得在《中国数据中心发展蓝皮书（2018）》的序言中，我提出了自己的看法：蓝皮书对数据中心基础设施建设进行了一个阶段性的总结，反映了一个时期数据中心各项技术应用和发展的过程与现状，以及数据中心运行维护体系、标准规范建设情况。通过蓝皮书可以窥视中国数据中心整体发展的若干专业剖面，全景展示数据中心未来发展态势。以铜为鉴，可正衣冠；以古为鉴，可知兴替；以人为鉴，可明得失。蓝皮书的内容对数据中心下一步的健康发展具有不可或缺的理论意义和现实意义。从这次新出版的《中国数据中心发展蓝皮书（2020）》的架构和内容看，我依然坚持这个看法。

中国计算机用户协会数据中心分会成立于 1994 年，是中国计算机用户协会专业分会之一，其会员聚集于数据中心基础设施技术与管理领域，包括数据中心的建设方、使用方；设备设施制造（建造）厂商；设计、咨询和服务机构。数据中心分会是中国计算机用户协会比较活跃的分会之一，长期以来，按照国家主管部门批准的协会《章程》规定的业务范围，积极、主动、全面地开展工作。在先进经验交流、先进案例宣传、先进技术推荐、先进做法推广等方面，持之以恒地为会员提供服务；积极参与协会开展的团体标准制定、宣贯等工作，起草编制的《数据中心基础设施等级评价》《数据中心基础设施运维服务能力评价》《绿色数据中心等级评价》等，带动了相关咨询认证业务的开展，促进了数据中心管理水平的全面提高；积极面向会员开展的数据中心管理、节能、空调系统运维、动环监控系统运维等技术培训项目，推动会员单位人员素质的系统提升。然而，数据中心分会值得称道，并且能够对协会工作进一步发展引发深入思考的，还是《中国数据中心发展蓝皮书》的编写。

改革开放之后，白皮书、蓝皮书走进了公众的视野，成为传递官方正式信息的一种重要载体。一般来讲，白皮书是由官方制定发布的阐明政策及执行的规范性文稿。1991 年发布的《中国的人权状况》是中国政府的第一本白皮书。目前，商业公司大量使用白皮书的形式发布技术文档和解决方案，突破了作者限定。蓝皮书是由具有一定身份的团体、研究团队做出的综合研究报告，涉及经济社会的各个方面，其权威性及影响力取决于编制单位的社会地位及其资料来源的可靠性和广泛性。中国计算机用户协会是由广大计算机用户，以及部分从事计算机科研、教学、生产、经营、技术服务等的单位和个人自愿结成的全国性、行业性社会团体，是非营利性社会组织，应当说是编辑出版蓝皮书当之无愧的合适主体。协会《章程》第六条规定的中国计算机用户协会的业务范围中，已经包括了组织编辑出版相关图书、资料的内容，编辑出版蓝皮书也是依章办事。当然，相对于印发一本论文集、办个网站报道协会的动态，编辑出版蓝皮书的难度更高、宏观性更强，亦更具有独特意义。

2019 年 10 月 31 日，党的十九届四中全会通过的《中共中央关于坚持和完善中国特色社会主义制度　推进国家治理体系和治理能力现代化若干问题的决定》要求，发挥群团组织、社会组织作用，发挥行业协会商会自律功能，实现政府治理和社会调节、居民自治良性互动，夯实基层社会治理基础。在推进国家治理体系和治理能力现代化的进程中，国家决定引进新的机制，加强和创新社会治理，完善党委领导、政府负责、民主协商、社会协同、公众参与、法制保障、科技支撑的社会治理体系。行业协会商会等社会团体组织应当积极行动起来，从专业的角度发挥贴近行业的位置优势，开展行业调研并了解分析工作，以全面的情况、翔实的数据，向政府和社会反馈行业发展态势，给政府部门制定政策提供参考，引导社会经济实体调整供需关系，提高供给侧能力。因此，行业协会商会等社会团体组织开展行业调研、技术选优、先进推广活动，在此基础上发布调研结果，出版白皮书、蓝皮书，只要不是弄虚作假、从中牟利，是符合中央精神的，应当鼓励发展。

前不久，我到中国计算机用户协会数据中心分会进行了调研，听取了他们的工作汇报，对第一本蓝皮书的编写过程也有所了解。我观察，编好一本蓝皮书有两个要素。一是思想上要有认识。编写的组织者要认清自己的职责，要有担当意识，协会能够以专业团体的形式获得国家登记主管部门的批准开展活动，就要不辜负国家的信任，在这个专业领域认真开展工作，把该做到的事情做到位。我们常讲协会的桥梁、纽带作用，不应当只是一句空话、口号，而是要用实实在在的工作成果来担当，为推进国家治理体系和治理能力现代化做出力所能及的贡献。二是行动上要有能力。协会或者分会要办成一件事，不但要有心，而且要有力，“心力”二者缺一不可。所谓协会之能力，既是组织力，能把会员组织起来，各尽所能，完成同一个目标；又是覆盖力，会员在行业要有足够的覆盖度，这依赖协会平时会员发展的积淀，检验协会或者分会自成立以来，是否尽可能地团结聚拢了行业内的企业和专家。

值此《中国数据中心发展蓝皮书（2020）》出版之际，我以中国计算机用户协会会长的身份，从贯彻党的十九届四中全会精神、发挥社会团体在推进国家治理体系和治理能力现代化过程中作用的角度，谈了编写蓝皮书的正当性、必要性和可行性。希望能引起协会同仁的共同思考，也希望以蓝皮书为纽带，联合更多的人参与数据中心建设，携手推动数据中心发展迈上新台阶。

宋显珠
中国计算机用户协会理事长
2021 年 6 月 30 日

目录

CONTENTS

综　　述

综　　合

供配电

绿色节能

安　　防

运　　维

标准规范

咨询服务

实践案例

综　述

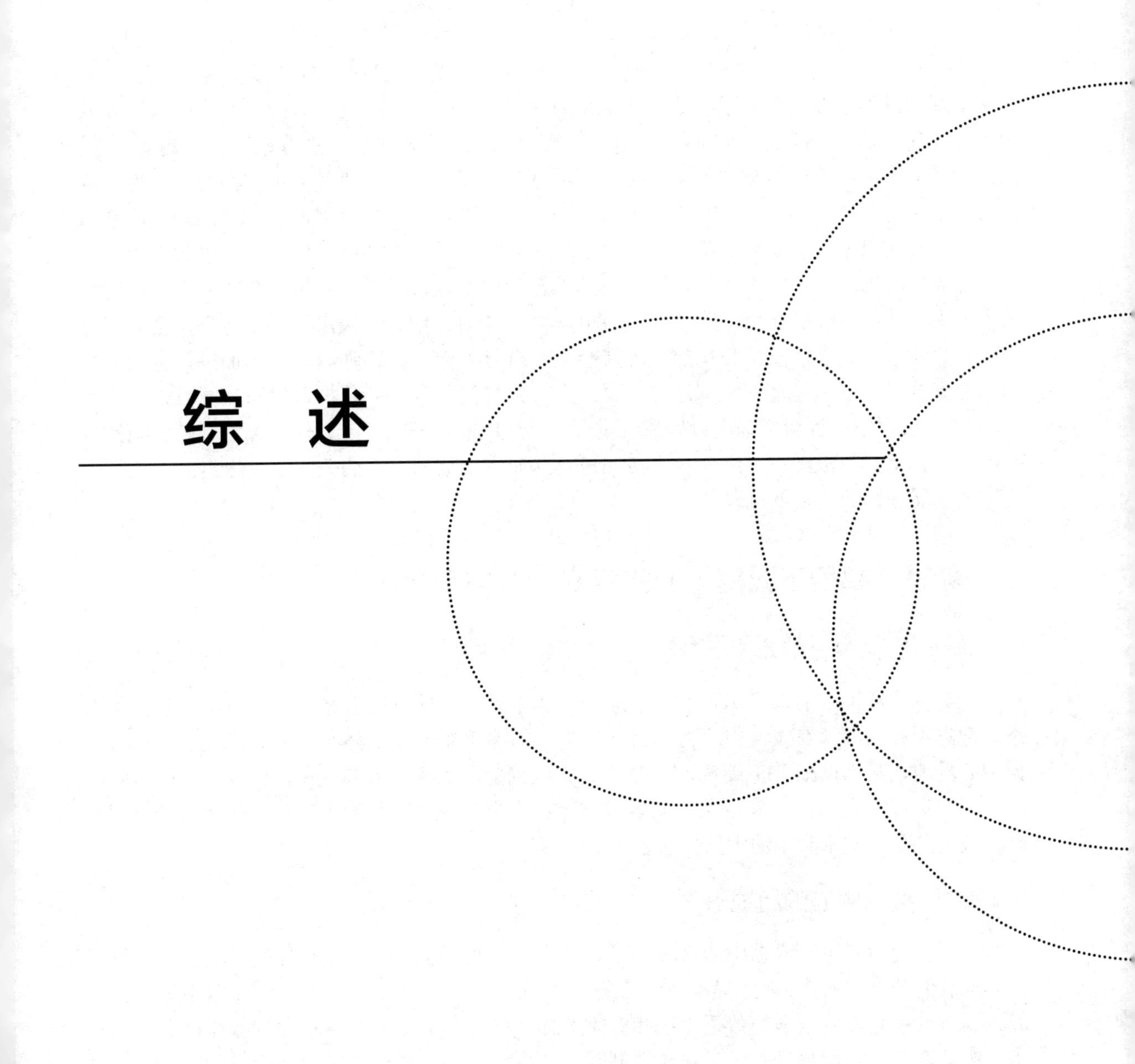

新基建浪潮下的中国数据中心新发展

李　勃　王建民　段炎斐

2018 年 12 月召开的中央经济工作会议，结合技术发展的形势和趋势，高瞻远瞩，重新定义了基础设施建设，形成了“新型基础设施建设”（简称“新基建”）的提法。此后，新基建的内容确定为七大领域，即 5G 基站建设、新能源汽车充电桩、工业互联网、大数据中心、人工智能、城际高速铁路和城市轨道交通、特高压。国家发展和改革委员会在相关文件中逐步将新基建划分为四类，一是以 5G、物联网、工业互联网、卫星互联网为代表的通信网络基础设施；二是以人工智能、云计算、区块链等为代表的新技术基础设施；三是以数据中心、智能计算中心为代表的算力基础设施；四是综合运用七大领域发展成果的智能交通、智慧能源、重大科技创新等融合性基础设施。2020 年 3 月 4 日，中共中央政治局常务委员会召开会议，研究新冠肺炎疫情防控和稳定经济社会运行重点工作，会议强调，要“加快推进国家规划已明确的重大工程和基础设施建设。要加大公共卫生服务、应急物资保障领域投入，加快 5G 网络、数据中心等新型基础设施建设进度。”纵观 2019—2020 年，作为算力基础设施的数据中心，在新基建浪潮下，继续行进在加速发展通道，数据中心的关注度迅速提升，数据中心产业发展迎来新的发展机遇。

一、新基建视角下数据中心的定义、组成及分类

（一）数据中心的定义

从数据中心的发展演进历程看，数据中心在不同的发展阶段有着不同的特征、功能和形态。数据中心的概念在发展中日益丰富，从最初的建筑场所逐步充实和发展，演变为融合数据中心场地、基础设施、IT 硬件、IT 软件、大数据应用支撑平台和人员，以及相应的规章制度的组织集成平台。随着 5G、人工智能等技术的发展和应用，数据中心将进一步向着资源共享、数据共享、技术共享的大数据融合中心发展。

（二）数据中心的组成

在新基建背景下，数据中心被赋予了新的内涵。数据中心已不仅是传统的数据中心场所及其承载的分布式海量数据储存和处理的能力，而是促进 5G、人工智能、工业互联网、云计算等新一代信息技术发展的数据中枢和算力载体。同时，数据中心将运用大数据的思想和技术，为各产业上下游提供高质量的数据储存、数据处理和数据服务等，从而赋能各行各业的数字化、智能化转型，实现产业升级。

基于社会分工程度、发展程度和市场交易程度三个维度分析，目前我国已逐步形成数据中心产业链，该产业链已成为数据中心产业价值实现和增值的根本途径。

我国数据中心服务商的产业链主要由基础网络电信运营商、网络中立的数据中心服务提供商（包括批发型数据中心服务商和零售型数据中心服务商）、IT 外包服务商、IaaS/PaaS/SaaS 服务提供商和最终用户组成。产业链上游主要是设备及服务提供商，下游主要是互联网、金融、软件、政企、传统工业和制造业企业等。如图 1 所示为数据中心产业链结构图。

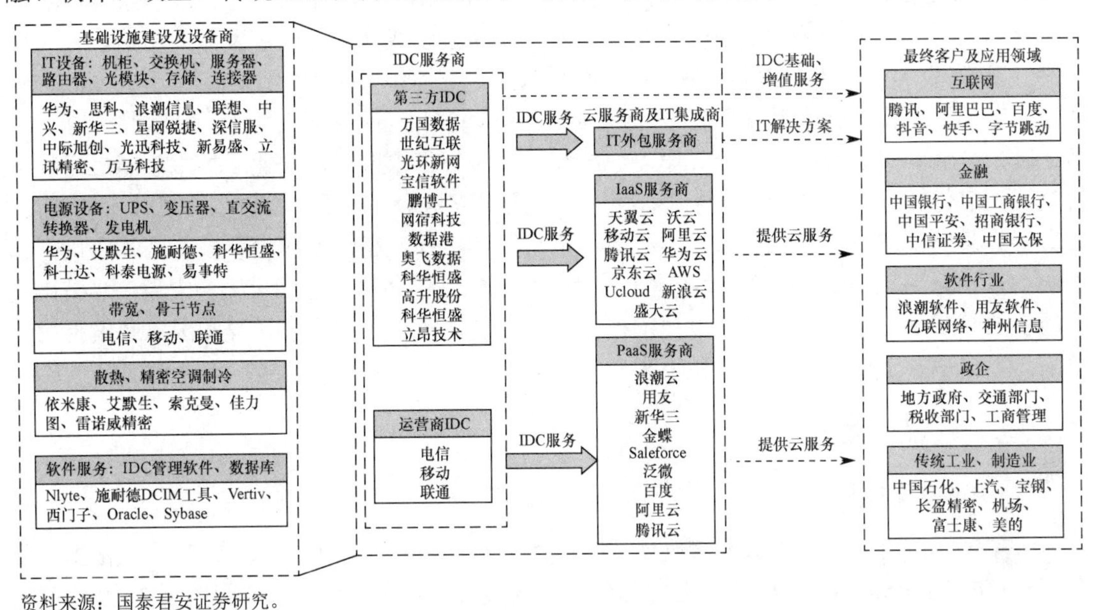

资料来源：国泰君安证券研究。

图 1 数据中心产业链结构图

站在数据中心管理的角度看，数据中心运行维护的对象从上到下依次为数据、应用资源、平台资源（操作系统、数据库、中间件）、虚拟资源池（网络资源、计算资源、存储资源）、物理资源（网络、服务器、存储）、机房基础设施（机房环境、供配电、暖通、消防、智能化系统）。

（三）数据中心的分类

各类数据中心的业务各异，其地位、规模、作用、配置和分类方法也有很大的不同，目前主要从以下几个方面进行分类。

（1）按服务对象分类。数据中心可分为企业数据中心（EDC）和互联网数据中心（IDC）。近年来，企业数据中心和互联网数据中心规模持续增长。

（2）按服务模式分类。数据中心可分为传统数据中心和云数据中心。近几年，分布式云数据中心成为主要发展趋势，该模式实现了各数据中心之间物理分散、逻辑统一，使各数据中心之间的资源可以统一管理和调度，达到整体效率的最优化。

（3）其他分类方式。例如，数据中心按运营模式可分为自用型数据中心和商业化数据中心；按业务性质和用途可分为生产中心、开发和测试中心、灾难备份中心和网络服务中心等。数据中心还可根据客户类型、业务领域等进行细分，如高性能计算中心、互联网数据中心、企业数据中心、政府机构级数据中心等。

数据中心应根据各自的定位和业务用途选择合适的类型进行规划、建设及运营管理。

二、2019—2020年中国数据中心的发展

随着5G、人工智能、云计算、区块链等新一代信息通信技术的快速创新、发展和应用，以及互联网、物联网等概念的进一步推广，数字化转型正成为全球经济发展的主线。在全球数字经济浪潮下，我国数字经济蓬勃发展，在催生一大批新兴技术产业创新发展的同时，也加速了劳动力密集、自动化程度低的工业、能源等传统企业的数字化、智能化转型。2020年，新冠肺炎疫情的突袭，线上办公、学习、购物、娱乐等需求增多，加速了技术创新应用和传统企业数字化转型的步伐。数据计算、存储、应用需求暴增。数据中心作为信息技术的载体，是数字经济发展的重要支撑，数据中心建设需求同步增长。在国家政策层面，国家明确提出加快5G、数据中心等新型基础设施建设进度，数据中心作为算力基础设施，成为信息基础设施的重要组成部分。在新一代信息技术持续创新发展、数字经济需求增强和国家政策持续推动下，数据中心市场一直保持连续快速增长的态势，并呈现了新的发展特点。

（一）政策引领

1. 国家政策指导

国家顺应信息技术和国家经济发展战略的要求和趋势，不断出台相关政策，规范指导数据中心发展。2019年6月21日，工业和信息化部办公厅发布了《关于组织申报2019年度国家新型工业化产业示范基地的通知》（工信厅规函〔2019〕45号），该通知中明确了申报类型和支持重点：明确示范基地申报分两个系列，即规模效益突出的优势产业示范基地和专业化细分领域竞争力强的特色产业示范基地。申报领域主要包括装备制造业、原材料工业、消费品工业、电子信息产业、软件和信息服务业，以及新兴产业领域。该通知还明确提出优先支持符合国家重大生产力布局要求及落实国家有关重大决策措施成效明显、国家明确予以表扬激励地方的申报对象；支持工业互联网、数据中心、大数据、云计算、产业转移合作等新兴领域产业集聚区积极创建示范基地。2020年3月，工业和信息化部公布了“2019年国家新型工业化产业示范基地”名单，与数据中心相关部分如表1所示。

表1 “2019年国家新型工业化产业示范基地”名单（部分）

上报单位	示范基地名称	申报系列
河北省通管局	数据中心·河北怀来	特色
上海市通管局	数据中心·上海外高桥自贸区	特色
江苏省通管局	数据中心·江苏昆山花桥经济开发区	特色
江西省通管局	数据中心·江西抚州高新技术产业开发区	特色
山东省通管局	数据中心·山东枣庄高新技术产业开发区	特色

注：申报系列栏中的“特色”是指“专业化细分领域竞争力强的特色产业示范基地”。

国家新型工业化产业示范基地（数据中心）是按照2013年工业和信息化部《关于数据中心建设布局的指导意见》提出的布局导向和原则规划建设的，在节能环保、安全可靠、服务能力、应用水平等方面具有示范作用，是走在全国前列的大型、超大型数据中心集聚区，以及达到较高标准的中小型数据中心。国家新型工业化产业示范基地（数据中心）的创建评选，是在全国范围内评选出具有标杆引领作用的数据中心园区，其目的是促进数据中心产业的健

康发展。数据中心作为“基础设施的基础设施”，新基建政策助推数据中心建设热潮，数据中心逐渐形成聚集区协同发展局面。完善数据中心产业自身格局，可以推动其更好更快地发展。

2. 地方政策响应

地方政府积极响应国家政策，针对自身发展需求，分析国家政策，出台相关政策，大力推动数据中心等算力基础设施建设，并将大数据中心项目作为未来3～5年的重点项目进行投资。从各地政策看，北京、广州、深圳、浙江、山东等发达省市，对数据中心绿色化、低PUE提出了较高要求；同时，云计算数据中心、边缘数据中心的建设受到了广泛关注，具体如表2所示。

表2　部分省市新基建（数据中心）相关政策

地区	文件名称	主要内容
北京	《北京市加快新型基础设施建设行动方案（2020—2022）》	建设新型数据中心。遵循总量控制，聚焦质量提升，推进数据中心从存储型到计算型的供给侧结构性改革。加强存量数据中心绿色化改造，鼓励数据中心企业高端替换、增减挂钩、重组整合，促进存量的小规模、低效率的分散数据中心向集约化、高效率转变。着力加强网络建设，推进网络高带宽、低时延、高可靠化提升
上海	《上海市推进新型基础设施建设行动方案（2020—2022）》	建设新一代高性能计算设施和科学数据中心。加强统筹政府投资高性能计算资源，围绕更好服务张江实验室建设和上海产业高端需求，采用阶段性滚动扩容方式，建设新一代高性能计算设施和大数据处理平台，提升上海高性能计算设施能级，构建计算科学研究枢纽和超算应用高地
山东	《山东省数字基础设施建设指导意见》	加快数据中心高水平建设。推进数据中心规模化发展，支持济南、青岛、枣庄等市做大做强全国性、社会化大数据中心。完善用地、用电等方面的政策，争取国家级行业数据中心、大型互联网企业区域性数据中心的布局建设，力争国家一体化大数据中心区域分中心落地山东。建设绿色数据中心，推动节能技改和用能结构调整，引导数据中心持续健康发展。自2020年起，新建数据中心电能利用效率（PUE）原则上不高于1.3，到2022年年底，存量改造数据中心PUE不高于1.4
江苏	《关于加快新型信息基础设施建设扩大信息消费的若干政策措施》	优化新一代数据中心布局。面向重点领域关键需求，优化全省互联网数据中心（IDC）布局。实施全省一体化大数据中心“1+*N*+13”推进工程，形成共用共享、科学合理的全省大数据中心整体布局。对新建、扩建符合国标A级或T4建设标准的超算中心、大数据中心、云计算中心项目，保障用地、能耗指标配额，并推动转供电改直供电
浙江	《浙江省新型基础设施建设三年行动计划（2020—2022）》	优化布局云数据中心。优先支持杭州、宁波、温州、金义等都市区做大做强大数据中心，争取建设国家级区域型数据中心。鼓励大型互联网企业、电信企业等开展绿色节能、高效计算的区域型云数据中心建设。到2022年，全省建成大型、超大型云数据中心25个左右，服务器总数达到300万台左右。在数据量大、时延要求高的应用场景集中区域部署边缘计算设施
福建	《福建省新型基础设施建设三年行动计划（2020—2022）》	统筹布局云计算大数据中心。加快存量数据中心绿色化、集约化改造。支持在土地资源宽裕、能源富集区域科学布局建设满足离线非实时业务需求的数据中心集中区。争取国家一体化大数据中心区域分中心布局，重点推进中国移动（厦门）数据中心、中国土楼云谷等大型互联网企业区域性数据中心建设，推动金融、工业互联网大数据中心建设。推进建设具备计算能力、桌面交付能力、存储空间和软件服务能力的云计算中心，有序发展混合云。加快建设市级政务数据中心，推进设区市及下辖县（市、区）部门数据中心统一迁移整合。到2022年，全省在用数据中心的机架总规模达10万架，形成“1+10”政务云平台服务体系
湖南	《湖南省数字经济发展规划（2020—2025）》	提升大数据基础设施水平，推进数据中心、云计算设施建设，重点建设一批公共服务、重点行业和大型企业数据中心，探索跨区域共建共享机制和模式，形成布局合理、连接畅通的一体化服务能力

（续表）

地区	文件名称	主要内容
深圳	《深圳市人民政府关于加快推进新型基础设施建设的实施意见（2020—2025）》	前瞻部署算力基础设施。以数据中心为基础支撑，加快构建“边缘计算＋智算＋超算”多元协同、数智融合的算力体系，为经济社会发展提供充足的算力资源。加快支撑数字经济发展的绿色数据中心建设，出台全市专项规划，集中布局建设适用于中时延类业务的超大型数据中心，分布布局 PUE 小于 1.25 的适用于低时延类业务和边缘计算类业务的中小型数据中心。推进存算一体的边缘计算资源池节点建设，打造人工智能、自动驾驶等新兴产业的计算应用高地。加快鹏城云脑和深圳超算中心建设，打造全球智能计算和通用超算高地。加快粤港澳大湾区大数据中心建设，汇聚大湾区数据资源，构筑全国一体化大数据中心的华南核心节点。探索对新型数据中心单独核算能耗指标，不列入区政府年度绩效考核体系
广州	《广州市加快推进数字新基建发展三年行动计划（2020—2022）》	建设大数据中心。制定广州市数据中心建设发展指导意见、建设导则及绿色数据中心评价标准，坚持数据中心以市场投入为主，支持多元主体参与建设，统筹土地、电力、网络、能耗指标等资源，合理布局建设各类数据中心，优化数据中心存量资源。加快发展信息技术应用创新，以通用软硬件适配测试中心（广州）为纽带，支持建设具有自主核心创新能力的绿色数据中心。优先支持设计 PUE 小于 1.3 的数据中心，重点发展低时延、高附加值、产业链带动作用明显的第一、第二、第三类业务数据中心。推动中国电信粤港澳大湾区 5G 云计算中心建设，积极配合广东省改造扩容广州至各数据中心集聚区的直达通信链路建设

资料来源：根据公开发布文件整理。

3. 节能政策引导

数据中心总体耗电量较高。微观层面，一个超大型数据中心每年的耗电量超亿度；宏观层面，2020 年年初 *Science* 杂志刊登了题为《重新校准全球数据中心能耗估算》的文章，称 2018 年全球数据中心的耗电规模为 205 TW·h，达到全球总用电量的 1%。但实际上，数据中心作为数字经济的基础设施，承载了云计算、大数据、人工智能、物联网、工业互联网等新一代技术和平台的运转，在一定程度上也分担了一些能耗责任。

随着数据中心的建设在全国逐渐开展起来，我国对数据中心的建设提出了节能环保的要求与规划。《关于加强绿色数据中心建设的指导意见》中明确提出，到 2022 年，我国数据中心平均能耗基本达到国际先进水平。地方政府也纷纷对数据中心能耗问题做出了相应的要求，如北京和上海提出了建设数据中心 PUE 的具体规定。

随着全球数据中心规模快速发展和绿色环保政策加紧，数据中心的高能耗成为关注和探索热点。数据中心通过不断整合与改造，逐渐从较小的传统数据中心向超大规模数据中心转变，再加上封闭冷热通道、提高出风温度、优化供配电设备效率、充分利用自然冷源等绿色节能技术不断推广应用，数据中心能效管理从粗犷发展进入精细管理，全球数据中心总体能效水平快速提高，平均 PUE 从 2.7 降低到 2018 年的 1.68 左右，全球数据中心 PUE 呈现小幅波动、总体缓慢下降的趋势。我国数据中心的能效水平总体提升，2013 年以前，全国超大型数据中心的平均 PUE 超过 1.7，到 2019 年年底，全国超大型数据中心平均 PUE 为 1.46，能效水平也实现大幅度提升。

（二）区位发展

1. 全球数据中心区位

从整体区域布局来看，全球数据中心主要布局在北美、亚太和西欧地区（见图 2），全球数据中心机架规模包含对外服务的数据中心 IDC 和企业自用数据中心 EDC。其中，北美地区互联网流量集中，机架规模最大，占比超过 40%；亚太地区近年来互联网发展较快，新建数据中心增速较高，2019 年年底其全球占比超过 30%；其次是西欧地区，占比约 13%。预计未来几年，随着信息化水平快速提高，中东、南美、非洲等地区数据中心规模将快速增长。

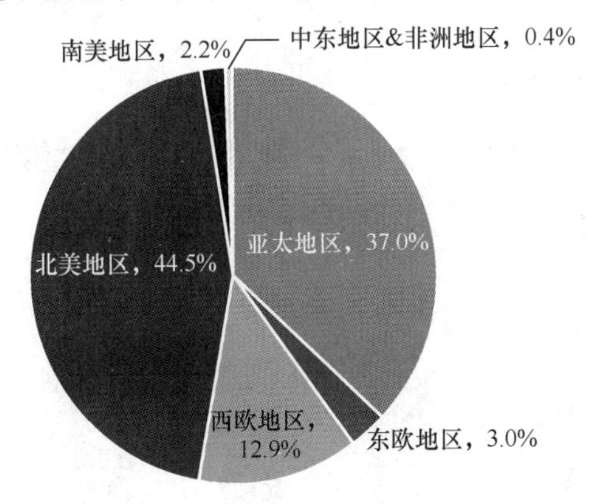

图 2 全球数据中心区域分布

资料来源：中国信通院。

从城市经济发展水平来看，全球数据中心布局聚焦发达城市。受市场需求驱动，全球领先的数据中心企业重点围绕经济发达、用户聚集、信息化应用水平较高的中心城市布局数据中心资源。数据运营商 Equinix 在全球拥有 196 个数据中心，遍布美洲、亚太、欧洲、中东、非洲等地区，主要位于全球各区域中心城市，如亚特兰大、芝加哥、纽约、硅谷、华盛顿、悉尼、东京等城市。亚马逊、IBM 的云数据中心遍布全球，大多位于经济发达的大型城市，如华盛顿、洛杉矶、法兰克福、伦敦、东京、中国香港、悉尼等。

2. 中国数据中心区位

在我国云计算技术兴起之初，数据中心行业存在盲目、重复建设问题，大部分数据中心布局在一线城市及东南沿海经济发达地区，且规模偏小、能效水平低，形成了 IDC 行业布局集聚在“北上广深”（北京、上海、广州、深圳）的集聚特征。随着国家数字经济的蓬勃发展，各行业数字化转型升级进度加快，以及 5G 等新兴技术的快速发展、普及应用，数据作为国家基础战略性资源和重要生产要素的重要性日益凸显。

2020 年，国家发展与改革委员会、中央网信办、工业和信息化部、国家能源局四部门联合出台《关于加快构建全国一体化大数据中心协同创新体系的指导意见》（发改高技〔2020〕1922 号），明确加快构建全国一体化大数据中心协同创新体系，强化数据中心、数据资源的顶层统筹和要素流通，加快培育新业态、新模式，引领我国数字经济高质量发展，助力国家治理体系和治理能力现代化。到 2025 年，全国范围内数据中心形成布局合理、绿色集约的基础设施一体化格局。统筹规划全国数据中心产业发展，优化数据中心产业布局，在形成京津冀、长三角、粤港澳大湾区、成渝等重点产业集聚区的同时，实现我国东西部数据中心产业发展结构性平衡。在各个区域内部，政府也通过顶层设计、总体规划，统筹推进全区范围内数据中心产业协同发展。

中国 IDC 行业布局具有明显的集聚特征，随着核心城市资源受限，以及全国层面政策统筹数据中心产业区域布局，2020 年，全国数据中心产业呈现以北京、上海、广州、深圳为主要集聚区，逐步向周边城市转移和中西部地区转移，并在二、三线城市初步出现集聚态势的布局特征。“一架难求”的局面逐渐得到缓解，同时一线城市周边及中西部地区通过发展数据中心产业，推动了区域数字经济及信息化产业的发展。

（三）市场规模增长

1. 全球市场规模增长情况

数据中心在全球范围内发展很快，2020 年在新冠肺炎疫情的影响下，仍然保持了正增长，实属不易。全球数据中心市场规模及预测如图 3 所示。

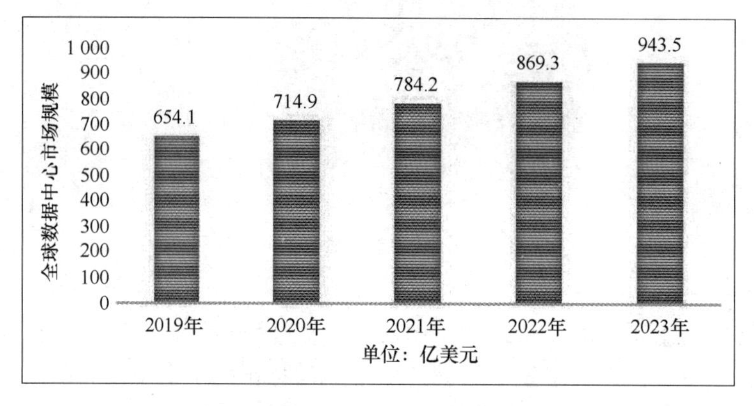

图 3　全球数据中心市场规模及预测

数据来源：CCDC 专家组调研。

2. 中国市场规模增长情况

2020 年，在新基建政策、国家数字化转型发展战略的共同作用下，中国 IDC 行业快速发展，整体 IDC 业务市场规模达 1 320 亿元，同比增长 34.7%，总体上，我国数据中心产业保持了快速发展的势头。其中，互联网行业的公有云及应用需求，是拉动中国 IDC 业务保持持续快速增长的核心驱动力；在疫情防控期间，数据流量大幅增加，推动传统行业数字化转型，5G、人工智能、工业互联网等新一代信息技术的试点应用落地，产业互联网需求逐步进入爆发式发展时期。在 2021—2023 年的 3 年间，中国数据中心项目投资规模还将较大增长，如图 4 所示。

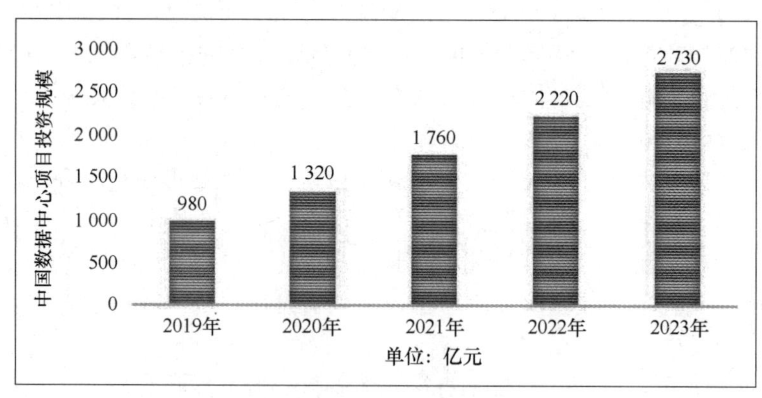

图 4　中国数据中心项目投资规模及预测

数据来源：CCDC 专家组调研。

新基建政策及国家数字化发展战略进一步加快各行业数字化转型进程，教育、医疗等诸多领域大范围采用数字技术及应用，传统行业数字化程度显著提升。2020 年，中国传统 IDC 业务市场规模达 994.2 亿元，同比增长 22.1%，较 2019 年增速出现大幅提升（见图 5）。

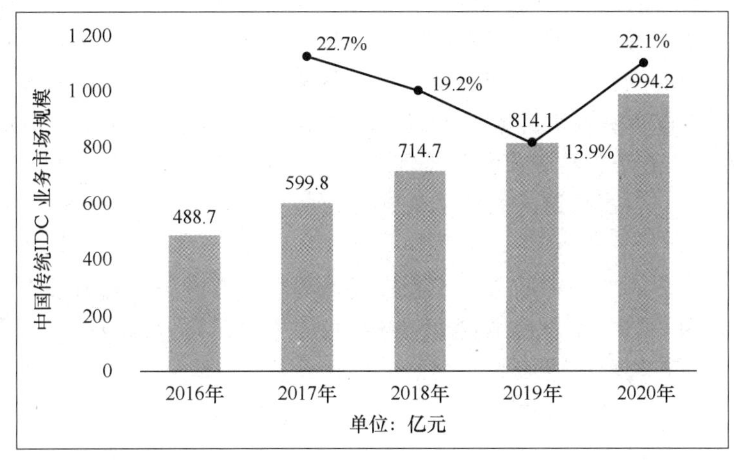

注：统计内容包括机架、端口、机房专线及增值服务，不含公有云（IaaS+PaaS）。

图 5　2016—2020 年中国传统 IDC 业务市场规模及增长

数据来源：CCDC 专家组调研。

3. IDC 建设投入增长情况

数据中心建设受 IDC 运营资质、网络部署、能耗指标、资源（电力、用水、土地等）等条件限制，对投资运营主体的要求较高。电信运营商和第三方 IDC 服务商仍是我国数据中心建设的主要参与者。截至 2019 年，三大基础电信运营商共占我国 IDC 市场约 60%的份额，其中，中国电信占比最高，约为 29%；中国联通、中国移动分别次之。第三方 IDC 服务商是除基础电信运营商外的数据中心建设的重要参与者。第三方 IDC 服务商的龙头效应显著，《中国数据中心第三方运营商分析报告（2020）》显示，我国“Top 10”第三方服务商包含万国数据、光环新网、世纪互联、中金数据、数据港、宝信软件、鹏博士、科华恒盛、秦淮数据、奥飞数据，占第三方 IDC 市场份额约 45%。

受新基建相关政策影响，以及企业业务需求增长等驱动，除大型互联网企业外，具备现金流及盈利能力支持的云计算服务厂商及新生代互联网公司加入自建大军，加大面向未来的数据中心投资建设力度与技术研发攻坚，以响应国家新基建的号召，应对未来市场竞争和业务挑战。

基于分担风险、整合资源等考虑，数据中心合建模式越来越多。云服务、电商、视频等应用市场竞争已进入白热化，为了提高自身服务品质、保障数据安全、控制基础设施成本，同时基于长远的技术、业务发展需要，大型互联网企业逐渐规划自有数据中心，成为一大重要的数据中心持有和运营主体。在建设模式上，大型互联网企业除自建、自运维数据中心外，还与电信运营商、第三方运营商合作建设，以期充分发挥运营商的网络带宽优势、第三方运营商的运维服务优势、大型互联网企业的技术和应用需求优势，同时整合土地、电力、能耗、带宽等方面资源，减少资金投入压力和销售压力，提高建设和运维效率、降低投资风险、缩短回报期。

（四）市场供需活跃

1．业务发展驱动

IDC 作为数据存储中心和数据交换中心，是大数据时代重要的基础设施，是承载云计算服务与未来业务发展的重要载体。IDC 业务可分为基础业务和增值业务两种。基础业务包括主机托管、资源（机位、机架、机房等）出租、管理服务（宽带管理、系统配置、数据备份、故障排除等）。增值业务是在基础业务的基础上提供安全防护（防火墙防护、入侵检测等）和增值业务，增值业务包含系统维护（负载均衡、智能 DNS、流量监控等）、其他服务（运行服务、其他支撑等）。

增值服务在数据中心业务中的占比不断提高，高端增值服务逐渐成为数据中心服务商的核心竞争力。数据中心服务商最初主要提供网站和服务器托管、应用托管等基础业务，随着业务经营战略的不断转型，增值服务在数据中心业务中的占比从 2010 年的 28%逐年增加到 2020 年的 55%。

2．数据应用需求拉动

2020 年 5 月，《中共中央 国务院关于新时代加快完善社会主义市场经济体制的意见》（以下简称《意见》）发布实施。《意见》把数据作为一种新的生产要素，提升到与土地、劳动力、资本、技术同等重要的地位，提出要“加快培育发展数据要素市场，建立数据资源清单管理机制，完善数据权属界定、开放共享、交易流通等标准和措施，发挥社会数据资源价值。推进数字政府建设，加强数据有序共享，依法保护个人信息”。这为打破数据应用中的种种障碍，更充分地发掘数据价值提供了政策保障。在这一政策背景下，更多的数据将流动起来，推动数字产业化及催生更多新模式、新业态的同时，还能通过与传统产业的深度融合，加快产业数字化步伐。

要发挥和提升数据的价值，大数据中心等基础设施的建设要先行，没有这些基础设施，数据的生成和流转就无从谈起。大数据中心的算力和数据容量，毫无疑问是企业数据应用的核心竞争力。国家层面对于新基建的重视，尤其是对于 5G、大数据中心、工业互联网等领域新型基础设施建设的重视，正好与国家对于将数据作为新型生产要素的重视形成了一致，也将带来对大数据中心等新型基础设施需求的快速增长。

在规模上，大型及超大型规模数据中心比例不断上升。在土地、电力资源相对充足的核心城市周边区域及二、三线区域中心城市，新建数据中心项目普遍呈现规模较大的特点。在行业应用上，消费互联网企业仍是目前主要的需求方，产业互联网需求将在未来逐步释放。

在短期内，大型互联网企业仍然是数据中心市场最主要的需求来源，公有云服务业务的快速成长是需求拉动的最主要驱动，但数字化政策推动下的传统行业数据中心需求尚未得到有效释放，稳步增长、整体占比有所下降。

目前，5G、人工智能等新技术开始与产业相结合，在应用领域逐步落地。智慧城市、金融科技、智能制造、智慧医疗等将加速推进。根据 5G 在 2020—2024 年进入商用推广期的进程，预计传统行业数字化转型带来的产业互联网需求将在未来得到释放。

3．数字化转型推动

在数字化转型国家经济发展战略背景下，国家有关部委发布的产业、企业数字化转型政策为数据中心产业提供了发展动力。

2020 年 8 月，国务院国资委办公厅印发《关于加快推进国有企业数字化转型工作的通知》，提出要把握方向，以推进产品创新数字化、生产运营智能化、用户服务敏捷化、产业体系生态化，加快推进产业数字化创新。要协同推进数字化转型工作，建立跨部门联合实施团队，探索建设数字化创新中心、创新实验室、智能调度中心、大数据中心等平台化、敏捷化的新型数字化组织，推动面向数字化转型的企业组织与管理变革，统筹构建数字化新型能力，以钉钉子的精神切实推动数字化转型工作，一张蓝图干到底。对接考核体系，以价值效益为导向，跟踪、评价、考核、对标和改进数字化转型工作。

2020 年 9 月，国家发展和改革委员会、科技部、工业和信息化部、财政部四部门联合印发《关于扩大战略性新兴产业投资 培育壮大新增长点增长极的指导意见》（发改高技〔2020〕1409 号），提出我国将聚焦重点产业领域，打造集聚发展高地，增强要素保障能力，优化投资服务环境。要加快新一代信息技术产业提质增效；稳步推进工业互联网、人工智能、物联网、车联网、大数据、云计算、区块链等技术集成创新和融合应用；加快推进基于信息化、数字化、智能化的新型城市基础设施建设。围绕智慧广电、媒体融合、5G 广播、智慧水利、智慧港口、智慧物流、智慧市政、智慧社区、智慧家政、智慧旅游、在线消费、在线教育、医疗健康等成长潜力大的新兴方向，实施中小企业“数字化赋能专项行动”，推动中小微企业“上云用数赋智”，培育形成一批支柱性产业；实施数字乡村发展战略，加快补全农村互联网基础设施短板，加强数字乡村产业体系建设，鼓励开发满足农民生产生活需求的信息化产品和应用，发展农村互联网新业态、新模式。

2020 年 10 月，国家发展和改革委员会、科技部、工业和信息化部、财政部、人力资源和社会保障部、中国人民银行六部门联合印发《关于支持民营企业加快改革发展与转型升级的实施意见》（发改体改〔2020〕1566 号），提出要促进民营企业数字化转型。实施企业“上云用数赋智”行动和中小企业“数字化赋能专项行动”，布局一批数字化转型促进中心，集聚一批面向中小企业的数字化服务商，开发符合中小企业需求的数字化平台、系统解决方案；实施工业互联网创新发展工程，支持优势企业提高工业互联网应用水平，带动发展网络协同制造、大规模个性化定制等新业态、新模式。

三、新基建热潮中数据中心发展趋势展望

新冠肺炎疫情对全球经济造成影响，增长动力弱化，增速同步放缓，主要经济体短期经济景气指数持续下行。2020 年 9 月，美国零售数据负增长，美联储降息概率加大，经济增长出现明显放缓。英国充满更多不确定性。日本经济进入平台期，未来上行动力和下行压力并存。俄罗斯经济下滑，俄罗斯 2020 年 9 月制造业采购经理人指数（PMI）为十年来最低。外资集体“出逃”，印度经济陷入危机。全球多边体系面临挑战，WTO 的地位和作用受到严重削弱，地缘政治不确定性因素增多，全球金融市场避险情绪加大，全球主要经济体经济增速普遍回落。全球经济形势加大了对我国供应链、产业链、创新链的冲击，我国经济运行依旧保持稳定。

同时，新冠肺炎疫情导致线下消费行业面临“冰封”，促使在线教育、远程办公、在线医疗需求大爆发，推动了数据流量快速增长，5G 带来的云视频、云办公等应用加快了流量持续增长，数据中心产业链整体受益。

2020年，在国家新基建政策的号召下，各地陆续出台新基建规划政策，助力数据中心产业发展迎来新拐点。在经济与政策的双重影响下，数据中心发展呈现以下趋势。

（一）“云+边+端”演变

云计算技术的应用与深化，正驱动数据中心建设、运营管理、服务模式变革。从欧美发达国家数据中心布局特点与发展进程来看，我国数据中心发展水平尚处在初级发展阶段，云计算技术的应用与深化将是我国数据中心发展“弯道超车”的一次良好机遇。

提升资源利用率、灵活扩展、动态调配正是云计算技术的优势。云计算技术的引入，使数据中心突破服务类型，更注重数据的存储和计算能力的虚拟化、设备维护管理的综合化。

边缘计算通过将云计算中心的计算、存储等资源和能力平台，下沉延伸到运营商网络侧边缘，在靠近移动用户的位置上提供网络能力，以及IT服务、环境和云计算服务能力，可以更好地满足业务层面实时数据处理需求，以及客户层面数据安全可靠要求。新基建的加速实施进一步推动5G、云计算、人工智能等新技术与产业深度融合，产生海量数据，带来大量分布式计算、存储、数据库管理需求，推动数据中心架构由“云+端”向“云+边+端”演变。

（二）可持续发展

由于信息时代的信息数据量出现了爆发式的增长，数据中心的规模也随之扩大，从而引发了一系列的后果，如服务器数量大大增加，服务器的运行负担加重，消耗的电力能源增加，对供电行业的要求更苛刻。据我国用电管理部门的调查统计，在过去的十年中，提供给数据中心服务器的电量增长了十倍，在数据中心的运营成本中，有一半都是由能源消耗造成的。不断上涨的能源成本和不断增长的计算需求，使数据中心的能耗问题引发越来越高的关注。

2020年9月，中国在联合国大会上向世界宣布了2030年前实现碳达峰，2060年前实现碳中和的目标。2021年两会期间，碳达峰、碳中和成为热议话题，被首次写进《政府工作报告》:“扎实做好碳达峰、碳中和各项工作。制定2030年前碳排放达峰行动方案。优化产业结构和能源结构。推动煤炭清洁高效利用，大力发展新能源，在确保安全的前提下积极有序发展核电。扩大环境保护、节能节水等企业所得税优惠目录范围，促进新型节能环保技术、装备和产品研发应用，培育壮大节能环保产业。”节能环保和绿色低碳将持续成为数据中心建设的主题词。

新时代的数据中心已成为绿色制造中的重点领域，需要进行合理设计、有效管理，向着绿色、节能、环保的可持续方向发展，努力降低数据中心的能源消耗水平，低PUE将成为数据中心规划建设的核心发力点。运营成本的降低，使数据中心具备更强的竞争力，在此过程中，大型IDC企业借助良好的功耗控制有望实现快速扩张，占据更大的市场份额，实现社会效益与经济效益的全面增长。

（三）自动化、智能化

随着数据中心规模的扩张，数据中心的设备种类、数量呈现倍数增长。如何实现海量设备的统一管理、综合运维，保障数据中心长期安全、节能、高效运行，成为业内人员重点关注内容。同时，随着大数据中心功能及内涵的演进，数据中心不仅需要管理和维护各种信息资源，而且需要运营信息资源，确保价值最大化。IT应用将“随需应变”，系统更加柔性，与业务运营融合在一起、实时互动，很难将业务和IT应用分开。新技术的不断发展对数据中心的服务模式、承载能力、扩展能力、处理能力、运维能力等都提出了更高要求，促使数据中心向自动化、智能化发展。

近年来，数据中心行业从资源交付向运维服务管理能力交付转变。数据中心的建设者和管理者逐渐意识到“建设好”的数据中心，更加需要“管理好”。大多数数据中心都采用了多地多中心的架构，并且趋向于规模大、密度高。另外，数据中心行业需要大规模的资金投入、水电土地资源的获取，较高的资源门槛形成了竞争壁垒。快速、高效的精细化管理，提供优质服务成为数据中心的核心竞争力。无论是高效成本管控，还是快速提供服务都需要自动化、智能化的管理工具作为支撑。

需要着重了解客户在信息化过程中的实际需求，从而制订与市场发展较为吻合的产品策略；也需要完善在差异化增值服务方面的能力。近年来，我国 IDC 业务的增值服务占比逐渐提升并超过基础服务占比，根据客户需求提供不同类型的增值服务能有效稳定维系客户，对于议价能力也有一定的提升。除此之外，数据中心还应该有针对性地制订运维方案，结合特定需求建设运维软件，实现对整个数据中心的高效管理与监控，提升整个数据中心的运行效率、减少故障的发生。一个大型的数据中心运维工作围绕着各专业子系统展开，因此提升系统设计及管理技术自动化、智能化将显著改善或提升 IDC 服务商的运维管理水平。

（四）投资多元化

数据中心在全球范围内有着广阔的市场前景，预计到 2023 年，全球数据中心市场规模将达到 943.5 亿美元。同样地，我国数据中心行业进入快速成长期。在成长阶段，市场需求开始上升，行业也随之繁荣起来。

1. 增加 REITs 融资渠道

2020 年 4 月 30 日，中国证监会、国家发展和改革委员会联合发布《关于推进基础设施领域不动产投资信托基金（REITs）试点相关工作的通知》，正式启动基础设施领域的公募 REITs（Real Estate Investment Trusts）试点。REITs 以发行权益投资证券的方式募集资金，且内容不局限于房地产，以基础设施为底层资产的则称为基础设施 REITs。该政策要求 REITs 在证券交易所公开发行交易，促使广大投资者进行新基建投资，拓宽了数据中心等企业的融资渠道。

近年来，各领域依托互联网实现万物互联，各大企业在数据资源方面高度重视，海量数据的处理及分析成为核心，数据已成为关键生产要素，大数据中心建设也获得政府支持。目前，中国在全球数字化领域高速发展，在全球数据中心产业中拥有强大的竞争力。

2. 传统重资产企业跨界进入

近年来，转型进入数据中心领域的传统企业数量进一步增长。首先，“三去一降一补”政策明确要求传统重资产型企业开拓新思路、寻找新方向、打造新产品，实现由劳动密集型产业向高新技术密集型产业转变。其次，房地产业、纺织业、材料制造与加工业、机械制造业等传统重资产企业在基础设施方面，有一定的厂房、水电等优势。

传统企业跨界进入数据中心领域，对数据中心市场发展起到促进作用，大量收购推动了传统企业与数据中心产业的跨界融合。例如，宝钢旗下宝信软件的数据中心业务发展良好，沙钢集团以 63 亿英镑全资收购欧洲最大的数据中心运营商 Global Switch，这也推动数据中心形成了资本和需求双增长态势。

（五）算力枢纽布局

2020年12月23日，国家发展和改革委员会、中央网信办、工业和信息化部、国家能源局四部门联合印发了《关于加快构建全国一体化大数据中心协同创新体系的指导意见》（发改高技〔2020〕1922号），提出要加强全国一体化大数据中心顶层设计，优化数据中心基础设施建设布局，加快实现数据中心集约化、规模化、绿色化发展。其主要内容：一是优化数据中心供给结构，引导区域范围内数据中心集聚，发展区域数据中心集群；有序发展规模适中、集约绿色的数据中心，服务本地区算力资源需求；对于效益差、能耗高的小散数据中心，要加快改造升级。二是推进网络互联互通，优化数据中心跨网、跨地域数据交互，实现更高质量的数据传输服务；加大对数据中心网络质量和保障能力的监测，提高网络通信质量。三是强化能源配套机制，探索建立电力网和数据网联动建设、协同运行机制，进一步降低数据中心用电成本；鼓励各地区结合布局导向，探索优化能耗政策，在区域范围内探索跨省能耗和效益分担共享合作。根据这个指导意见，四部门制定了《全国一体化大数据中心协同创新体系算力枢纽实施方案》（发改高技〔2021〕709号），提出统筹围绕国家重大区域发展战略，根据能源结构、产业布局、市场发展、气候环境等，布局建设全国一体化算力网络国家枢纽节点。在用户规模较大、应用需求强烈的京津冀、长三角、粤港澳大湾区、成渝地区，优化数据中心供给结构，扩展算力增长空间，实现大规模算力部署，满足重大区域发展战略实施需要。在贵州、内蒙古、甘肃、宁夏等可再生能源丰富、气候适宜、数据中心绿色发展潜力较大的地区，重点提升算力服务品质和利用效率，充分发挥资源优势，夯实网络等基础保障，积极承接全国范围的后台加工、离线分析、存储备份等非实时算力需求，打造面向全国的非实时算力保障基地。国家枢纽节点以外的地区，重点推动面向本地区业务需求的数据中心建设，打造具有地方特色、服务本地、规模适度的算力服务，并加强与邻近国家枢纽节点的网络联通。该实施方案还对数据中心集群、城市内部数据中心的任务分工提出了意见。四部门的指导意见和实施方案，将对我国数据中心的布局产生指导性的作用，特别是其所提出的“支持开展‘东数西算’示范工程，深化东西部算力协同”，是一个对数据中心发展趋势有重大影响的政策信号。

（作者单位：中国计算机用户协会数据中心专家委员会）

综合

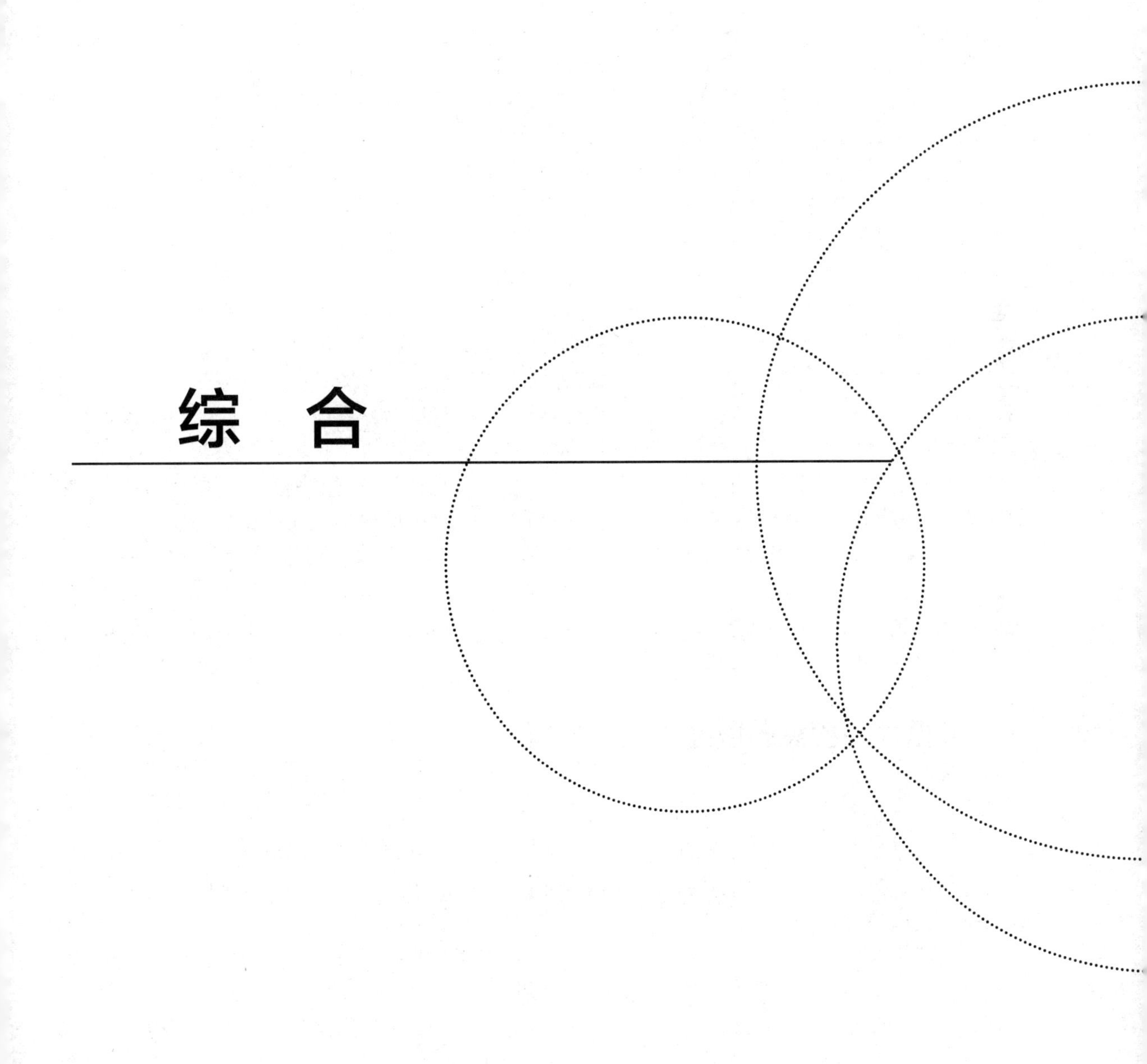

数据中心智慧园区建设的发展现状

张志深

数据中心智慧园区是数据中心行业发展到一定阶段的产物。作为园区的数据中心已经不仅是一个体量很大的单体建筑，还是以数据中心为主体的、各种辅助功能配套而形成的一个社区的建筑群；冠以“智慧”二字，则反映出该园区服务能力在质的方面有所提升。

依照创建数据中心智慧园区的主体划分，数据中心智慧园区可分为数据产业园区和互联网数据园区两类。数据产业园区多以当地政府为主体组织建设，其目的是以数据服务为焦点，吸纳计算机设备、系统集成、软件开发企业甚至各种公共实验室集聚入驻，打造数据中心产业生态，形成当地经济发展高地。一般认为，产业园区是由经济技术开发区的概念细化而来的，大约产生于 20 世纪 80 年代末至 90 年代初，到 21 世纪第一个十年数字经济蓬勃发展之后，陆续产生了软件园、影视园、动漫园等与信息技术相关的产业园区，在大数据的概念普及之后，冠以数据、大数据名称的园区也被各地争相建设。互联网数据园区无论投资构成如何，多以独立的企业形式出现，它以大规模的场地及机房设施、系统化的监控支持手段、高速可靠的内外部网络，营造出巨大算力和海量存储相结合的主机运行环境，为客户提供优质的网络基础资源，而不仅是企业入驻的环境，大型 IDC 往往具有互联网数据园区的特质。一般认为，互联网数据园区是由传统电信运营商和互联网巨头根据自己业务的需要建立的，后来随着云技术的普及应用，又面向社会提供服务，有近 20 年的发展历程。

在国家信息化发展的过程中，特别是近两年来，我国的数据中心智慧园区建设取得了一定成绩，出现了若干成功的案例，形成了符合中国信息化发展需要、适合中国国情的建设目标及建设方案，成为数据中心行业的翘楚。

一、数据中心智慧园区建设发展概况

（一）建设背景

新基建是智慧经济时代贯彻新发展理念，吸收新科技革命成果，实现国家生态化、数字化、智能化、高速化、新旧动能转换与经济结构对称态，建立现代化经济体系的国家基本建设与基础设施建设。

新基建主要包括 5G 基站建设、特高压、城际高速铁路和城市轨道交通、新能源汽车充电桩、大数据中心、人工智能、工业互联网七大领域，涉及诸多产业链，是以新发展为理念，以技术创新为驱动，以信息网络为基础，面向高质量发展需要，提供数字转型、智能升级、融合创新等服务的基础设施体系。

2020 年 3 月，中共中央政治局常务委员会召开会议提出，加快 5G 网络、数据中心等新型基础设施建设进度。

随着数据中心的建设数量、规模不断增长，诸多政府、金融企业、互联网公司等都在加快数据中心在全国各地的布局，逐渐形成了在全国多地部署数据中心园区的格局。虽然各园区基础设施及管理系统建设水平有待提高，功能尚不完善，楼控、消防、安保等多个系统需要进一步磨合、协调，但是发展路线正确，发展势头很好。各地方政府、电信运营商、大型互联网企业依据不同园区基础设施及业务系统现状，基于各园区对智慧园区建设的构想，利用新一代信息技术手段，优化管理流程，提高能源使用效率，增强各系统之间的快速反应和联动控制，实现园区的自动化、智慧化、低碳运行和园区价值的最大化，产生了一些数据中心行业智慧园区项目的建设标杆。

（二）智慧园区的相关术语描述

（1）智慧园区的由来。智慧园区是随着信息技术的发展和需求的提升，由传统方式向更多体现智慧的方式不断演进的结果。传统园区缺乏系统性规划，基于单点功能的建设，存在系统孤立、管理粗放且服务不足等问题，已难以满足人们日益增长的多样化需求。在需求与技术双轮驱动下，园区必将从封闭走向开放，由单一迈向融合，从服务缺失到拥有极致服务体验，从单点智能到整体智慧。

（2）智慧园区技术。智慧园区技术体现在：①运用数字化技术，以全面感知和泛在连接为基础的人、事、物的融合体，具备主动服务、智能进化等能提取特征的有机生命体和可持续发展空间；②利用各类传感器和物联网技术，构成感知神经网络，采集园区各类状态数据和业务数据，主动感知变化和需求，是园区内资源可视、状态可视、事件可控、业务可管的基础，保障服务连续性，提升设备的使用寿命；③借助有线、无线等多种连接方式，连接园区内的管理系统、数据系统、生产系统与业务系统等，打破数据和业务孤岛，打通垂直子系统，实现数据互通及业务和数据融合，实现泛在连接；④园区从被动响应到接触 AI 和大数据决策判断，主动告警、自动控制调节和辅助决策，变被动服务为主动服务。在 AI 和大数据等相关技术加持下，实现园区自学习、自适应、自进化的能力。通过智能进化，快速应用新技术，敏捷创新，实现园区自适应调节、优化和完善。

（3）智慧园区中台。统一建设智慧园区核心大脑，转变力智慧园区核心能力提供者，南向接入园区数据，北向为应用提供技术服务、数据服务等。沉淀通用能力，快速赋能未来新建园区。

（4）边缘节点。边缘节点是属地园区建设的园区能力接入点，具备各类子系统数据、业务对接的能力，初步收集处理数据在属地园区智能运营中心（Intelligent Operations Center，IOC）进行展示，并接入中台。边缘节点是智慧园区中台在园区的延伸，可视为轻量化的中台，但其能力和服务可由中台进行动态协同调配。

（5）云边协同。云边协同是边缘节点与智慧园区中台的协同，不仅在计算能力方面进行协同，还在应用、业务、数据、安全等多个方面进行协同。云边协同要求边缘节点必须接入智慧园区中台，并可由中台进行统一管理与分配，同时，边缘节点的一些复杂业务请求也会向上协同到中台进行处理。

（6）智能运营中心（IOC）。智能运营中心通过集中化的智能，监视并管理园区，提供了对日常运营的洞察，可以优化运营效率并改进规划。智能运营中心基于 3D 建模、BIM 数据、GIS 数据等进行 3D 空间的展示，将模型与数据结合，通过 3D 模型展示园区各类态势，是虚拟与现实的数字孪生，将现实世界的数据通过直观便捷的方式面向使用者，以辅助决策。

（7）物联网。物联网协议包括低功耗、远程、适用于小数据传输的无线通信技术 LoRa，以及基于 LoRa 设计的 LoRaWAN 及 NB-IoT 技术。目前，LoRaWAN 在国内私有化部署应用最为广泛，而 NB-IoT 协议被运营商主推。

（8）BIM。建筑信息模型（Building Information Modeling，BIM）是建筑学、工程学及土木工程的新工具。BIM 的核心是通过建立虚拟的建筑工程 3D 模型，利用数字化技术，为这个模型提供完整的、与实际情况一致的建筑工程信息库。该信息库不仅包含描述建筑物构件的几何信息、专业属性及状态信息，还包含非构件对象（如空间、运动行为）的状态信息。

（9）GIS。地理信息系统（Geographic Information System 或 Geo-Information System，GIS）有时又称为“地学信息系统”。它是一种特定的十分重要的空间信息系统。它是在计算机硬件、软件系统支持下，对整个或部分地面表层（包括大气层）空间中的有关地理分布数据进行采集、储存、管理、运算、分析、显示和描述的技术系统。

（10）3D GIS。3D GIS 是从数据结构到空间查询再到建模分析，都建立在三维数据模型基础上的地理信息系统。3D GIS 对客观世界的表达能给人更真实的感受，它以立体造型技术给用户展现地理空间现象，不仅能够表达空间对象间的平面关系，而且能描述和表达它们之间的垂向关系；另外，对空间对象进行 3D 空间分析和操作也是 3D GIS 特有的功能。

（三）智慧园区建设目标

在传统园区向数据中心智慧园区发展的建设过程中，具有共性的“痛点”主要集中在两个方面：一是缺乏顶层设计，各类园区规划中较少涉及园区信息化、智慧化的相关内容，已有的智慧园区规划，也多为物理架构或技术架构设计，容易脱离实际业务需求；二是智慧园区建设所需的信息资源整合缺乏统一标准、协调难度大、应用驱动缺乏问题导向，其结果是基本无法建立统一的信息资源体系和基础数据库，各类数据仍分散在各子系统中，难以整合到统一的数据信息平台并实现共享。

智慧化转型是解决传统园区“痛点”的最佳选择。用智慧化的方式重新定义园区，全方位重塑园区安全、体验、成本和效率；重塑园区管理运营模式，驱动企业管理的变革；重塑园区业务部署模式与运作模式，加速业务能力的发放与复制；从园区业务入手，开启企业、组织和社会智慧化转型。如图 1 所示为由传统产业园区向智慧园区的发展。

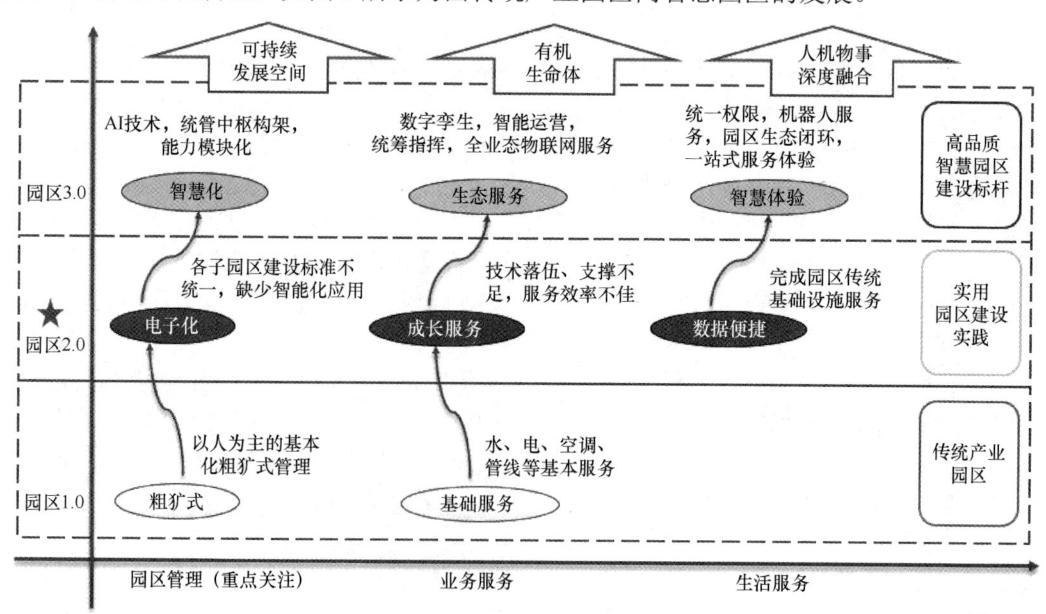

图 1　由传统产业园区向智慧园区的发展

因此，智慧园区的建设应从如下五个方面进行突破：一是提高能源使用效率，实现园区的低碳运营；二是管理流程优化，实现园区运行的全过程控制；三是强化统计分析，深度开发园区信息资源；四是提高人员劳动生产率，实现园区价值最大化；五是顺应国家新基建发展方向，推动新型园区战略发展。

（四）园区智慧展现的基础

智慧中台系统的落地形成园区智力资产，为数据中心园区建设提供了可复用的解决方案输出能力。智慧中台对园区智慧展现的作用体现在以下几个方面。

（1）共性业务沉淀。随着业务不断发展，将多样化业务需求以数字化形式沉淀到共享服务中台，持续丰富与沉淀核心业务服务能力，各前端应用可灵活按需使用中台服务，而不需要再从零开始构建。

（2）数据实时打通。按照业务域集中服务能力，共享服务所管理的数据，将业务数据沉淀到数据资源中心，在每个业务应用侧保证数据的一致性和实时性。

（3）快速业务开通。基于业务能力中心所提供的通用服务能力，最大化分离技术与业务，让前端运营组织更专注于各自领域本身的持续发展，以云化的业务能力快速支撑创新，打造差异化核心竞争力，为智慧园区的可持续发展打下基础。

（4）数据实时智能。在前端业务发生的同时，数据实时反映在共享的中台，智慧园区数据中心仅需要和中台进行统一对接，就可以实现数据标准统一与高效互通，通过数据智能驱动实时战略决策。

（5）中台持续运营。有效满足智慧园区业务的发展模式，灵活快速响应业务变化，持续扩容中台能力。各类中台通过独立运营的方式实现了业务数据模型的内聚与隔离，使得业务在数据模型层面具备了更好的扩展性，当前端业务需要随着业务需求快速反应时，能基于中台已有的业务能力快速进行组合和扩展。

（五）对标案例

下面用华为、阿里巴巴及万科的智慧园区举例说明目前中国智慧园区建设情况，从中可能窥视数据中心智慧园区的结构。

1. 华为智慧园区

如图 2 所示为华为智慧园区的结构和性能。

各行各业都在开展智慧园区的相关建设，科技领军企业华为在智慧园区方面提出“1+1+1”的理念，将视频云、大数据、集成通信、IoT 及其他的支撑服务打包封装组合形成统一的数字化使能平台，向下对接 ICT 基础设施，汇集多元数据，为上层应用提供统一接口，打造支撑一个智能运营中心。以华为深圳总部基地培训中心的试点为例，通过智慧园区的建设，其在安防事件响应、处置效率、综合能效、设备寿命等方面均有优化提升，同时让员工、访客在园区的体验也变得智能。华为智慧园区的特色在于通过丰富的通信基础设施，建立泛在的网络连接，打造可复用的数字化使能平台，建设一图可视的智能运营中心，实现了园区高效、便捷、安全、智能、节能的目标。

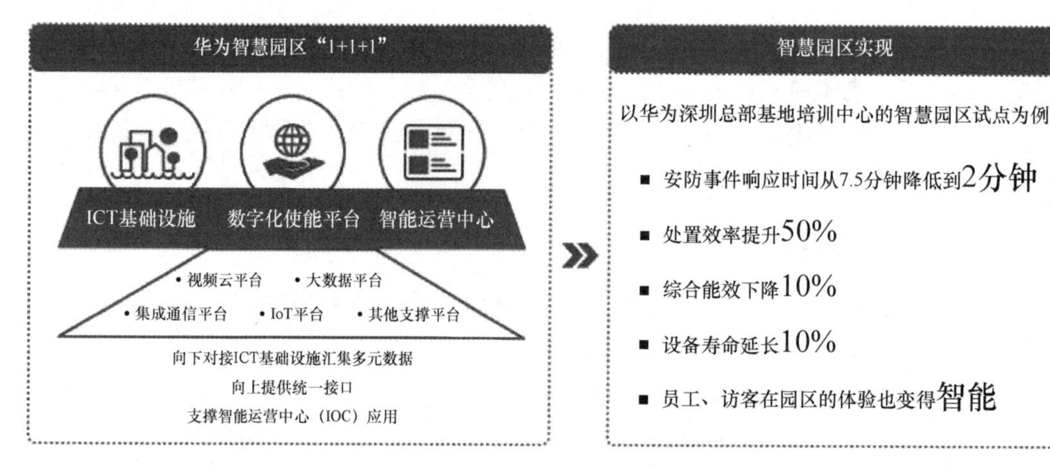

图 2　华为智慧园区的结构和性能

2. 阿里智慧园区

如图 3 所示为阿里智慧园区的构成要素和应用支撑。

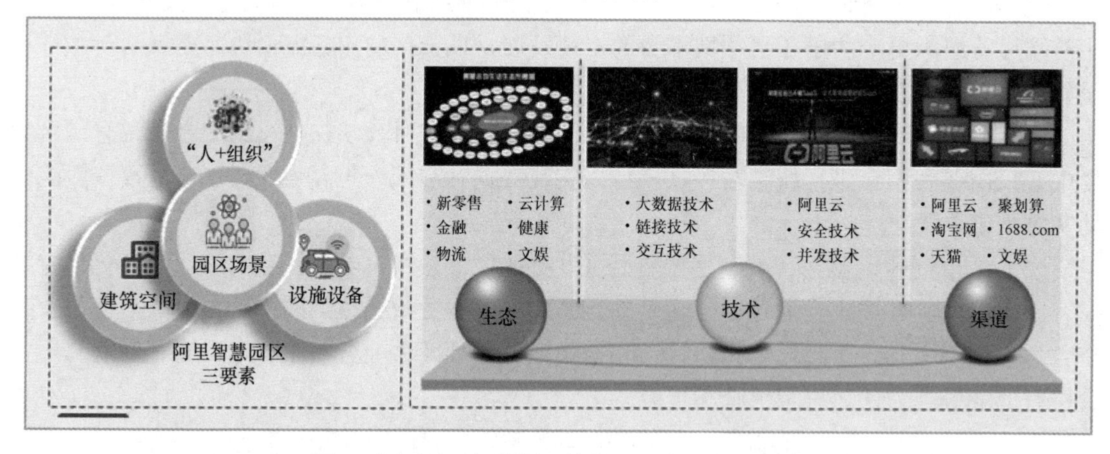

图 3　阿里巴巴智慧园区的构成要素和应用支撑

互联网领军者阿里巴巴也进行了智慧园区的建设，将园区内的人+组织、设施设备、建筑空间作为阿里智慧园区的三要素，基于三要素之间的关联关系，以及联动要素形成智慧园区场景，通过阿里巴巴自研的大数据、阿里云、链接、安全、交互、并发等多项技术能力，形成了阿里巴巴智慧园区的生态，其特色在于运用大数据、云计算技术，重视业务生态体系，搭建特色智慧园区。

3. 万科智慧园区

如图 4 所示为万科智慧园区的结构和能力。

万科作为房地产领军企业，也开展了智慧园区的建设，将各种基础设施采用物联网、传感网等方式进行两化融合，支撑车辆管理、一卡通、居家防盗等多种场景应用，基于 BIM 中台打造 BIM VR、BIM 驾驶舱、智慧社区等形成了 BIM 生态圈，实现动态化、精细化、标准化的管理。其特色在于强调用户体验，突出移动化/社交化的营销，运用大数据分析进行客户画像，以进行精准营销，实现了业务的重塑与再造。

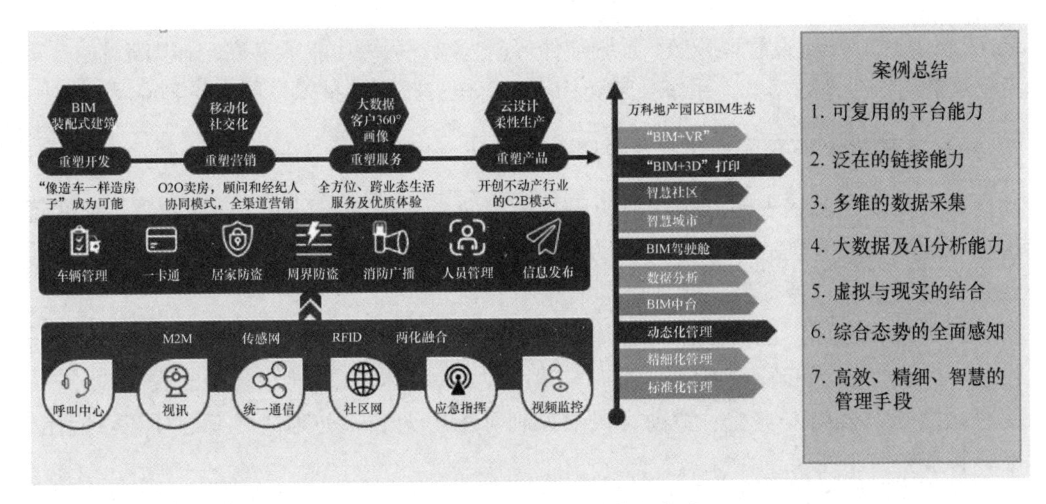

图 4　万科智慧园区的结构和能力

（六）智慧园区建设存在的不足

各行业数据中心根据园区业务、园区信息化管理、服务的相关现状，参照智慧园区的要求，得出“目前各园区整体智能化治理手段落后，尚未达到智慧园区标准”的结论。

1. 整体规划缺失，各属地建设、管理、服务标准不一

不同行业的数据中心的管理者对各园区管理和运作无法实现全国各地园区“一盘棋”的统筹决策，无法指导各园区的建设及发展方向，对各园区运作情况的掌控程度有限；管理者对各园区管理和服务的考核评估没有依据和标准，无法有效控制运营成本；各属地园区在对园区进行建设、管理、服务时也没有总体标准规范，各自为政，缺乏具体的方向指引，前瞻性不足；员工归属感不强，跨园区工作犹如跨单位拜访。

2. 基础设施仍显薄弱，共性支撑能力有待加强

部分园区建设时间较早，设备老化严重，且智能化程度较低，防范手段不足，需要更换部分基础设施，或者增加模数转换接口，以便联网上传数据。部分系统未进行集中管理，并且管理手段滞后，需要经过技术培训，方便更好地掌握末端点位及软件的使用情况。部分末端点位不足，如视频监控、门禁、极早期火灾自动报警、无线信号点位需要增加，才可满足未来 2～3 年内的使用需求。

3. 信息资源采集、共享、利用处于初级阶段

整体来看，各属地园区信息资源体系建设尚处于起步阶段，整体信息共享水平较低，信息资源价值未得到充分挖掘。数据孤岛化、碎片化严重，缺乏数据标准、数据管理规范和管理机制（如数据源认证、数据责任人、主数据管理等）没有规划提供统一通用的标准和接口，缺乏数据资产和数据管理意识，更多地偏重数据安全和保密性管理，而忽视了数据资产化的管理，大量数据沉睡在各自的系统之中，同时还存在数据采集盲区，造成“数据在睡觉，员工跑断腿”的局面。

4. 应用系统小、散、乱，系统集成低

目前，各园区均建有一定数量的业务应用信息系统，建设单位不统一、建设时间跨度大等客

观因素，导致系统存在建设管理分散、系统部件各自为政、系统功能不完整、难以满足业务需求、业务流程不贯通、工作效率低、系统技术架构相对落伍、跟不上技术发展形势等问题。

5. 整体智慧化水平不足，新技术应用有待提升

园区管理局限于园区安防、园区消防等几个方面，没有覆盖到园区节能管理、空间管理、建筑管理等领域，在管理方式上处于被动状态，无法针对园区各类情况调整管理策略。园区服务缺乏智慧化手段，便捷性与员工体验有待提升。

在管理智慧化方面，当前园区综合化管理缺乏统一的管理体系，特别是对人员、车辆、楼控设备、能耗、资产的管理方式还较为原始，没有对数据信息进行统一的收集和分析。此外，信息化协同办公尚未实现，考勤、权限控制等应用无法联动等情况普遍存在，园区管理成本高、管理效率低下。

二、数据中心智慧园区的建设方案

（一）建设方案的设计目标

不同行业的数据中心园区的建设时期不同、建设标准不同、建设模式不同、建设用途不一，造成信息孤岛、流程割裂等多个管理难题。因此，数据中心智慧园区建设将致力于打造“四统一”目标，即统一接入、统一平台、统一数据、统一体验。

1. 统一接入

统一接入即打造泛在感知网络园区，园区数字基础设施高速泛在、安全智能连接。为园区内的组织和个人提供安全、高速、便捷的网络环境，实现园区内的部件、人员随时随地接入网络，奠定泛在感知的网络基础。通过基础设施和感知网络的全面建设，实现对园区感知网络的全面覆盖，使园区各元素的各类信息能够全量接入。通过各园区智能化系统的改造与建设，建立数据中心的智慧园区标准规范，实现前端设备的统一接入，在各园区实现跨系统的联动，实现统一的控制与管理。

2. 统一平台

通过统一平台赋能精准治理园区。基于数字孪生及万物智联带来的数据爆炸趋势，以“互联网+园区治理”为理念，结合“云、智、大、物、移”五项新技术，以业务能力中心、数据资源中心、技术支撑中心、物联网平台为核心打造园区智慧中台，赋能园区数据全融合、状态全可视、业务全可管、事件全可控，打破园区原有系统割裂困境，实现园区深度洞察与决策智能化。通过园区智慧中台沉淀不同类型园区的管理规范与规则，通过平台能力对新建园区赋能，快速支撑新建园区的业务需求。

3. 统一数据

基于统一的园区智慧中台，形成数据中心的智慧园区知识图谱，打造统一的智慧园区数据模型，通过智慧中台数据能力，南向采集处理汇集各园区数据，通过智慧中台的园区知识图谱与数据模型，北向提供各类数据服务供应用及其他系统使用，让数据流转，挖掘数据价值。

4．统一体验

建设统一的智慧园区应用，为数据中心各园区的管理人员、工作人员、访客等多类人群提供智慧应用功能，重新定义园区服务，突出以人为本的理念，站在园区生活、工作的角度思考，面向园区人员的多样化需求，设计园区内一体化联动的服务场景，打通不同应用系统的界限，实现高效、便捷、统一的体验，体现良好的企业文化与对员工的关怀。

（二）建设方案的设计原则

1．统筹规划、全局优先

加强顶层设计与统筹，强调整体谋划发展。将数据中心智慧园区发展从一个整体的、系统的角度去考虑，从影响园区员工工作、园区业态、便捷服务等多层面考虑，把数据中心园区作为一个同行业园区标杆进行考虑，着重园区信息化体系的建设，在注重整体模块设计的同时，突出标志性业务建设及场景建设。数据中心智慧园区项目采用先进成熟的技术来架构各个子系统，以组成稳定可靠的系统，使其能安全平稳地运行，有效地消除各子系统可能产生的瓶颈，选用合适的设备来保证各子系统具有良好的扩展性。稳定性和安全性是项目的重点，只有稳定可靠的系统才能确保各设备的正常运行；只有良好的数据共享、实时的故障修复、实时备份等才能形成完整的管理体系。

2．需求导向、实用为纲

从园区员工、访客与业务需求出发，深挖园区各类用户最关心、最直接、最迫切的需求，创新应用场景、丰富园区服务种类、优化园区业务场景，突出业务内容和典型场景，在考虑数字基础设施建设的同时，强调园区业务的顺利开展，使园区各类人员能够切实感受到园区智慧化发展带来的便利，最终实现数字化设施、智慧化应用、集约化服务、现代化治理，满足园区全人群对智慧办公、便捷生活与舒适环境的期望。如果脱离实际使用目的，智慧园区只是简单堆砌一些技术，那无异于空中楼阁。智慧园区设计的实用性建立在对用户需求仔细理解的基础上。在满足系统功能及性能要求的前提下，尽量降低系统建设成本。采用经济实用的技术和设备，利用现有设备和资源，综合考虑系统的建设、升级和维护费用，不盲目投入。

3．循序渐进、重点突出

数据中心智慧园区的建设突出两个重点：园区智慧应用和信息化共性基础建设。在推进上实施循序渐进的策略：基础性的工作优先考虑，容易突破的工作优先开展。除从未来园区规划、建设、管理和服务全流程考虑外，更要结合园区实际、突出重点。以中台建设和物联网建设为首要任务，以 BIM、GIS 等共享基础支撑为建设重点，突出融合协同、开放创新模式的落实。

4．统一标准、兼容扩展

采用标准化的南向接入和集成接口，与各主要子系统及设备的主流技术兼容；采用标准化北向服务接口，方便快速地构建综合应用体系。采用云化架构，支持分布式部署，具备横向扩展能力，支撑高性能、高吞吐量、高并发、高可用业务场景，提供支持未来扩展的部署方式。控制协议、编解码协议、接口协议、视频文件格式、传输协议等应符合相关国家标准、行业标准等技术规范。

在建设整个智慧园区时，秉承技术先进、可扩展、系统实用、稳定性、架构合理、经济性、规范性、可维护性、可管理性、安全性、可靠性的基本原则，进行系统架构设计。

整个系统选型、软硬件设备的配置均要符合高新技术的潮流，关键的各类核心平台均采用国内外工程建设中被广泛采用的技术与产品。在满足功能的前提下，系统设计应具有一定的超前性，保证项目建设内容在今后一段时间内保持一定的先进性，以及未来系统互联的方便性。要采用先进开放的技术和产品、模块化设计，使系统规模和功能易于扩充，系统配套软件具有升级能力。所设计的系统和采用的产品应具有简单、实用、易操作、易维护的特点。系统的易操作和易维护是保证非计算机专业人员使用好本系统的必要条件，并且系统应具备自检、故障诊断及故障弱化功能，在出现故障时，应能得到及时、快速的维护。

5. 安全稳定、技术成熟

对系统采取必要的安全防护措施，防止计算机病毒感染、非法访问和黑客攻击，以及雷击、过载、断电和人为破坏等，具有高度的安全和保密性，并积极响应国家对关键信息基础设施自主、安全、可控的要求。采用成熟、稳定和通用的技术和设备，关键部分应有备份、冗余措施，能够保证系统长期稳定运行，有较强的容错和系统恢复能力，并积极响应国家的安全可靠性要求。

（三）整体架构的设计

在遵循内部信息化安全及运维体系要求的前提下，结合现有 OA 系统、一卡通系统、视频监控系统、会议管理系统，以及规划中的统一权限认证平台、智慧系统、资产管理系统，按照分层模块化设计思想，形成数据中心智慧园区的总体系统架构，呈“五横”“三纵”状，具体如图 5 所示。

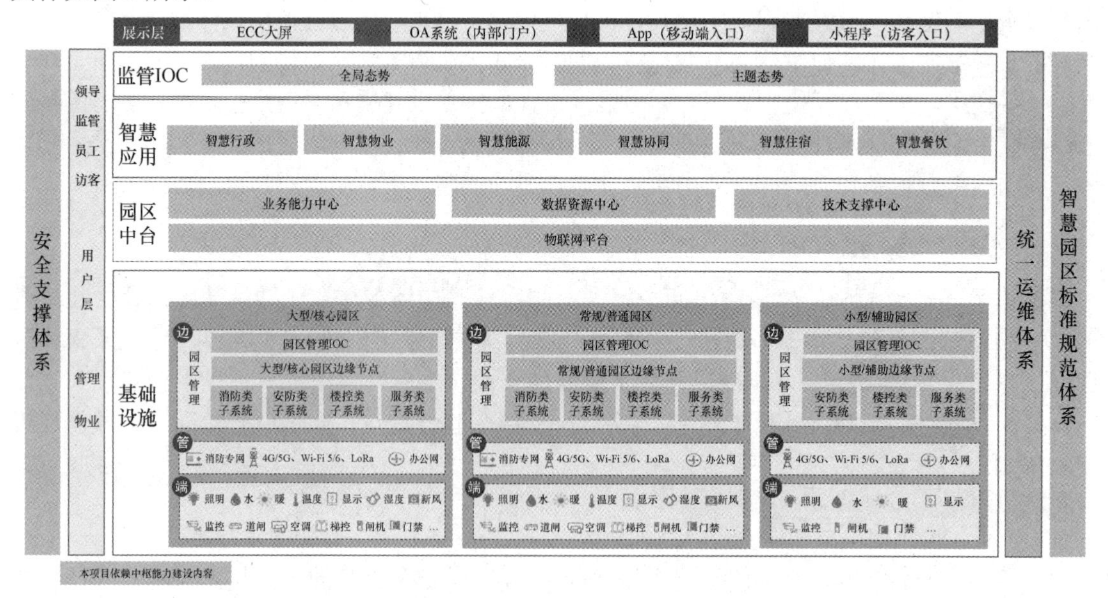

图 5 数据中心智慧园区的总体系统架构

1. “五横”的主要内容

“五横”包括基础设施层、园区中台层、智慧应用层、展示层、用户层。

（1）基础设施层。包括各园区南向子系统及终端设备、办公云平台、办公网及物联网，南向子系统及终端设备的各类信息数据通过物联网/Wi-Fi/有线网络等媒介将数据采集汇聚。单个园区的基础设施层分为端、管、边三个层次。端侧主要是各园区内已有和需要新建的设施设备，主要包括照明控制器、物联网水表、物联网智能电表、温度传感器、环境传感器、新风设备控制器、道闸、空调、梯控设备、门禁控制器、VR 眼镜、智能机器人、智能储物柜等终端设备，这些设备主要用于园区数据的采集、设备的远程控制与连接，通过这些终端设备，形成园区丰富的感知层次，将园区各方面的运行数据进行采集和转换。边侧是各园区的管理中心，对园区内端侧设备数据进行汇集及管理控制。在边侧建立安防类、消费类、楼控类、服务类的子系统，端侧设备将按类别接入这些子系统进行管理，通过边缘平台将各系统、各设施设备进行融合接入，实现边缘侧的系统联动、数据汇集、远程控制，并建立起园区边缘 IOC，实时展现各园区的运行态势，同时通过边缘平台，将园区各类运行数据上传到智慧园区中台。管侧是通过 4G/5G/Wi-Fi/物联网/消防专网/办公网等各种网络将端侧设备连接，实现指令与数据的传输，搭建丰富的链接方式及泛在的链接能力。

（2）园区中台层。在园区中台层，建立业务能力中心、数据资源中心、技术支撑中心、物联网平台。园区中台提供南向集成能力，将基础设施层各种设施设备、子系统的数据进行归集清洗处理，同时也与其他系统进行对接，实现系统数据的同步。园区中台为北向应用提供统一的业务与数据服务。

（3）智慧应用层。规划设计数据中心智慧园区的总中心智慧应用层，对智慧园区的资源、资产、用户、设施、物业等业务对象进行管控；业务场景包括设施设备资源、空间资源、安全防范、资产管理、人员管理、能耗管控、设施运维、外包服务等。

智慧园区智慧应用层以园区各类应用系统为基础，建立集视频监控、人/车管控、门禁管理、周界报警应用等为一体的园区管理平台，通过将多种应用功能模块集中整合在系统中，打破传统园区管理仅有对视频信息监控的功能，从多个维度对园区的安全生产工作进行管理。

智慧园区智慧应用层是集查询、定位、管理、分析为一体的园区综合管理系统，有效地帮助管理方对园区安全相关信息进行管理与分析，不仅是一个展示性的、美观的管理系统，还是一个具有具体应用价值的业务系统。

智慧园区智慧应用层是园区智慧化的重要的组成部分。为方便决策者决策或用户查询，通过汇集各方数据，并对数据进行梳理、整合，对智慧园区运行态势利用 GIS 地图、3D 时空、VR/AR 等先进技术，在 Pad、手机、大屏等各种终端对应用层的输出结果进行图形化、全方位的监控和展示，为管理人员决策、客服人员应答提供支持。

（4）展示层。以 OA 系统作为 PC 端入口，以手机 App/小程序作为移动端入口，通过大屏对园区态势进行全面展现。

（5）用户层。用户角色包括领导、监管、员工、访客等，分别将内部门户 OA 系统、移动端 App 作为入口。

2．“三纵”的主要内容。

“三纵”包括安全支撑体系、统一运维体系、智慧园区标准规范体系。

（1）安全支撑体系。安全支撑体系需要基于各单位内部信息化的安全整体规划，包括人员的安全、设备设施的安全、数据的安全等。

（2）统一运维体系。统一运维体系需要基于各单位内部信息化的运维整体规划，包括园区管理的运维、机房设施设备的运维、信息的运维等。

（3）智慧园区标准规范体系。智慧园区标准规范体系需要基于园区总体系统架构，建设关于基础设施、数据管理、资源规划、应用系统、安全及运维等的标准规范制度。

（四）技术架构的设计

为实现数据中心智慧园区的整体目标，在制订技术架构时，需要根据数据中心目前的业务特性，保障分层管理业务的运行，保障各园区管理业务的连续性。技术架构要点主要包括统一业务服务、统一数据服务、统一集成服务及云边协同等，如图6所示。

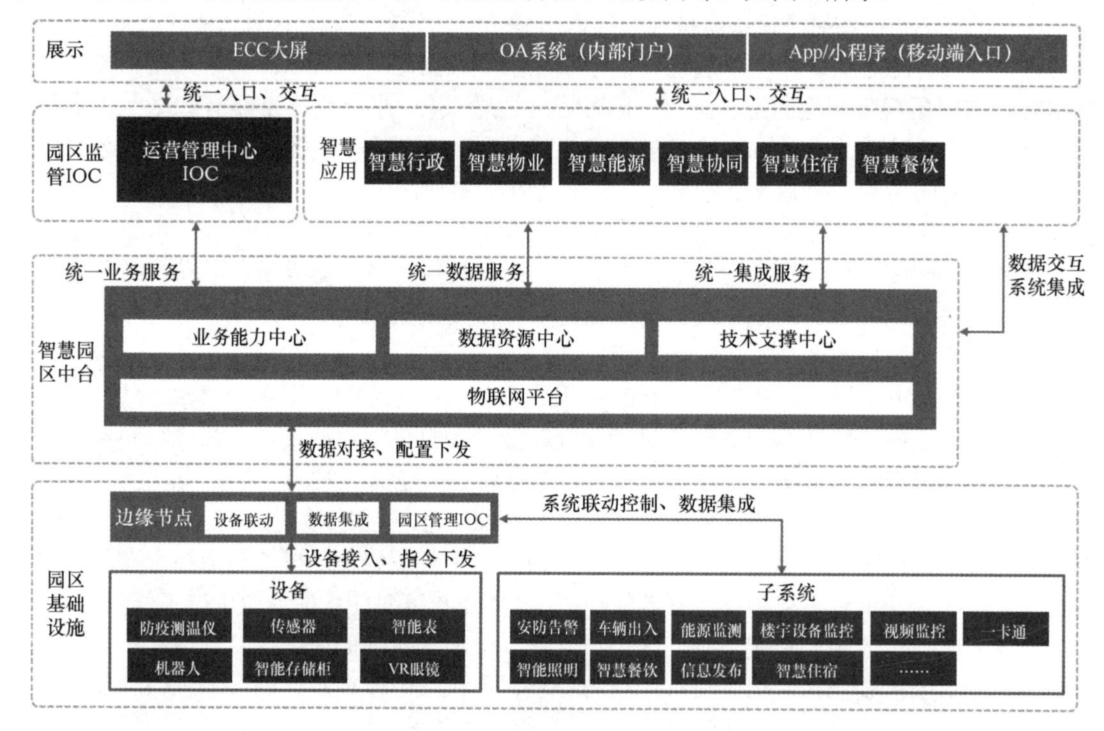

图6　智慧园区技术架构及其要点

1. 统一业务服务

智慧园区中台将为应用提供统一业务服务，主要包括统一用户服务、统一权限管理、统一告警服务、统一工单服务等多类服务。这些业务服务均为通用的园区功能，需要沉淀业务逻辑，制订联动策略等。这些业务服务以业务中心的方式进行归集，并在智慧园区中台内进行服务注册，以API方式对北向应用提供调用接口。

2. 统一数据服务

（1）智慧园区中台的数据服务。面向建设、管理及应用诉求，一站式提供从数据接入到数据消费全链路的智能数据构建与管理的大数据能力，包括产品、技术和方法论等，助力打造标准统一、融会贯通、资产化、服务化、闭环自优化的智能数据体系，以驱动创新。智慧园区中台将建立智慧园区的数据模型与知识图谱，利用AI算法，对全国各园区的运作态势进行分析、预测，通过数据资源中心API数据服务接口为IOC、应用等多个业务应用提供数据能力。

（2）边缘节点的数据采集与初步处理。边缘节点接入众多的直连设备与子系统，需要具备初步的数据采集分析能力，在边缘节点按照智慧园区中台搭建的智慧园区数据模型及知识图谱对各类数据进行轻量级的汇集与处理，通过园区管理 IOC 来展示，并将数据同步到智慧园区中台，由智慧园区中台进行全量的数据处理。

3．统一集成服务

统一集成服务指为各园区的直连设备、专业子系统、其他子系统提供集成能力，实现全域数据贯通、业务联动。

（1）直连设备。要在园区建设众多的物联网传感器、智能储物柜、智能机器人、VR 眼镜等智能化终端设备，这些设施设备需要与人员进行交互、业务协同等工作，需要进行联网操作，各类设施设备所采用的通信方式、传输协议不一致，异构特征明显，为实现智慧园区全面的感知能力，需要接入边缘节点实现设备接入、数据传输及指令下发等功能。

（2）专业子系统。现有数据中心园区大多均已建成众多的专业子系统，如安防告警系统、车辆出入管理系统、楼宇设备监控系统、视频监控系统、一卡通管理系统等，这些专业子系统都独立组网、各成体系，均是智慧园区重要的数据来源及重要设备的管理后台，各园区的系统数量较多，情况复杂，接口标准及通信协议不一致，系统现状复杂，为实现智慧园区的业务要求，需要对各专业子系统进行改造，接入边缘节点实现系统联动、数据采集。

（3）其他子系统。智慧园区业务场景复杂，不仅涉及数据中心各园区的专业子系统、设施设备，还包括在用的一些其他子系统，如餐饮消费、会议、资产管理、DCIM 等系统，需要实现业务协同、数据贯通。

4．云边协同

边缘计算将基础设施资源进行分布式部署再统一管理，智慧园区中台资源丰富，提出一站式服务，称为“中心云”，园区侧资源量较少的部署点称为“边缘云”。边缘节点由于部署在园区侧，通常只有数台服务器组成的虚拟化资源池，但是终端的各类设备是通过边缘侧接入边缘平台的，智慧园区中许多终端、传感器通过网络接入边缘平台中。通过云边协同，进行平台的资源调度，保障业务分层和业务连续。云边协同包含以下几个方面。

（1）资源协同：包括边缘节点提供的计算、存储、网络、虚拟化等基础设施资源的协同，以及边缘节点设备自身的生命周期管理协同。

（2）计算资源协同：在边缘云资源不足的情况下，可以调用中心云的资源进行补充，并满足边缘侧应用对资源的需要，中心云可以提供的资源包括裸机、虚拟机和容器。

（3）网络资源协同：在边缘侧与中心云连接的网络可能存在多条，在距离最近的网络发生拥塞时，网络控制器可以进行感知，并将流量引入较为空闲的链路上，通常控制器部署在中心云上，网络探针则部署在云的边缘。

（4）存储资源协同：当边缘云存储不足时，将一部分数据存到中心云，在应用需要时通过网络传输至客户端，从而节省边缘侧的存储资源。

（5）安全策略协同：边缘节点提供了部分安全策略，包括接入端的防火墙、安全组等，而中心云则提供了更为完善的安全策略，包括流量清洗、流量分析等。在安全策略协同的过程中，中心云若发现某个边缘云存在恶意流量，可以对其进行阻断，防止恶意流量在整个边缘云平台中扩散。

（6）应用管理协同：边缘节点提供网络增值应用部署与运行环境；云端实现对边缘节点增值网络应用的生命周期管理，包括应用的推送、安装、卸载、更新、监控及日志记录等。中心节点可以对已经存在的应用镜像在不同的边缘云上进行孵化启动，完成对应用的高可用保障和热迁移。

（7）业务管理协同：边缘节点提供增值网络业务应用实例；云端提供增值网络业务的统一业务编排能力，按需为客户提供相关网络增值业务。由于边缘侧的资源紧张，中心云可以对某些应用进行高优先级的处理，从而实现对业务不同优先级的分类和处理。

（8）不同地域的边缘协同：在某些应用场景中，应用需要在不同的地域进行同时部署或某些应用的热迁移，中心云需要根据应用的不同时段的地域要求，将其事先部署好，并下发策略实现应用的平滑迁移。

（五）功能架构的设计

针对数据中心智慧园区业务需求、制订业务架构，以及整体建设思路等方面的综合考虑，结合数据中心智慧园区实际使用部门、现有建设情况，设计制订数据中心智慧园区的系统功能架构，如图 7 所示。

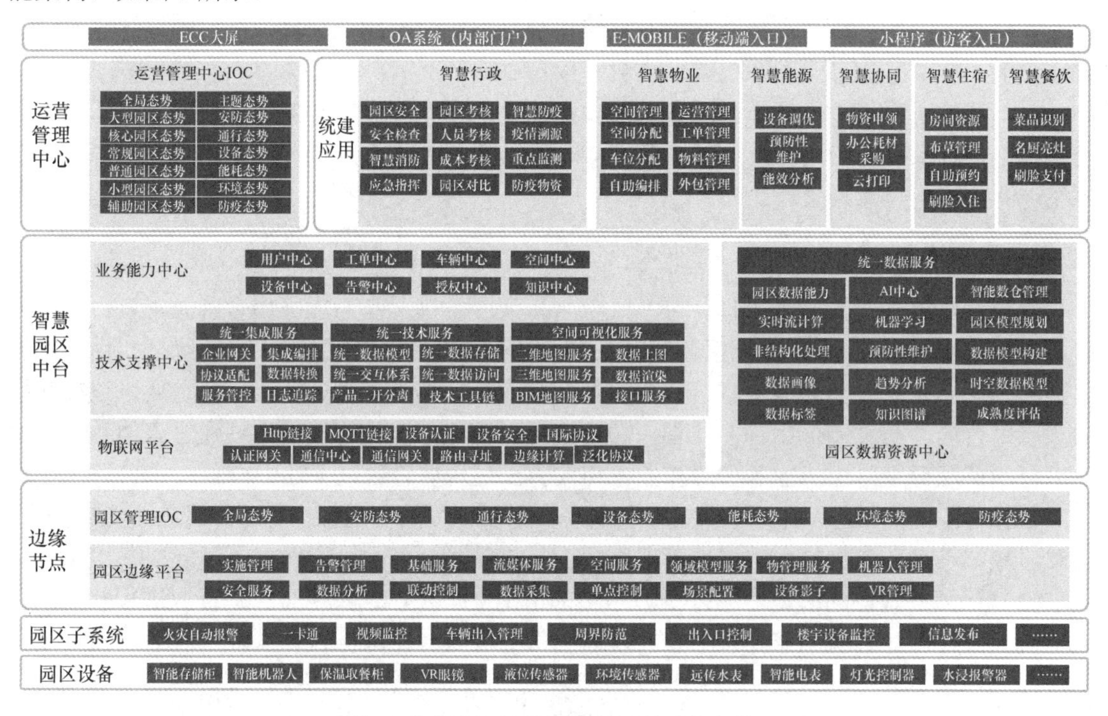

图 7　数据中心智慧园区的系统功能架构

1. 园区设备

园区设备是指为实现数据中心智慧园区业务目标，建设的物联网传感器、机器人、VR 眼镜、智能储物柜等多类终端设备。

2. 园区子系统

目前，各数据中心园区均建有各自的弱电系统，弱电系统主要包括车辆出入管理、一卡通、视频监控、楼控、消防、安防告警等多类子系统，这些子系统需要进行相应的改造及建设来接入边缘节点。

3. 边缘节点

边缘节点的建设内容包括边缘平台和边缘 IOC。园区边缘节点南向接入各终端设备与园区专业子系统，实现园区内的数据采集、业务联动、数据初步处理；北向为智慧园区中台提供各园区数据。在边缘节点需要实现园区本地化的业务处理及系统联动，支撑园区管理业务。边缘节点负责接入众多的直连设备与子系统。

边缘平台实现子系统的集成、物联网传感器的接入、设施设备的直连，具备设备接入管理、设备告警管理、流媒体服务、领域物模型服务、安全服务、单点控制、联动设置、设备影子、场景配置等管理功能，实现对园区内的各种 OT 设施设备 IT 化的初步汇集转换。

边缘 IOC 亦称单园区管理 IOC，在各单园区独立运行，展示安防、通行、能源、设备、环境等态势主题，实现管理人员对单园区态势的掌控，以便管理人员更精确细致地运营园区。

4. 智慧园区中台

智慧园区中台主要包括业务能力中心、技术支撑中心、数据资源中心、物联网平台。

（1）业务能力中心。业务能力中心为上层应用提供通用的业务服务能力，沉淀业务服务能力与业务联动能力，通过业务中台的搭建，实现上层应用的快速搭建，通过业务中台的搭建统一园区的业务管理标准与体系。通过业务能力中心可快速为其他园区提供业务能力中心的业务服务。

（2）技术支撑中心。建立数据中心智慧园区的通用技术支撑能力，通过技术支撑中心提供统一集成服务、统一可视化服务、统一技术工具，通过技术支撑中心，用“托拉拽”等方式对中台业务能力、数据能力进行快速封装组合，用零代码或少量代码快速支撑业务应用开发。

（3）数据资源中心。数据资源中心建立数据中心智慧园区数据模型及知识图谱，沉淀各园区的运行数据，打通其他系统的业务数据，通过数据资源中心数据处理能力，为 IOC、智慧园区应用提供统一的数据服务，打破数据孤岛，建立智慧园区数据标准与体系。

（4）物联网平台。建立数据中心智慧园区的物联网平台就是对物联网基础设施进行全连接，涵盖用户管理、设备管理、日志管理、规则管理、物联物控、统计分析等功能，具备提供分布式集成和分布式服务的能力，实现对各智能化子系统的实时数据、告警信息及历史数据的统一集成。对于上层应用，输出 OpenAPI、WebSocket、RestAPI 等基于物联网的通信接口，提供开放式微服务架构能力，包括安全认证服务、基础设施注册服务、数据处理、规则引擎、监控告警机制，以及 API 开放服务等。

5. 运营管理中心

运营管理中心即智能运营中心 IOC。IOC 采用先进的云计算、大数据、物联网、人工智等技术，实现业务全数字化、系统全连接、数据全融合。智能运营中心系统具备先进、完整、稳定、灵活、可发展等多种特点，需要较高的智能化水平。该平台为应用层提供操作及展示界面，用于用户进行业务操作，完成对园区的管理，实现数据融合、系统协同，实现园区的智慧使能，实现园区对象、资源、流程的可视、可管、可控，有效提升了安全防范、日常运营效率与运营水平。

IOC 的定位是报告中心、指挥中心，建立了“运营状态可视、业务分析&预警→辅助决策→执行”的能力，并融合园区应用，提供用户统一入口，实现园区的可视、可管、可控，最终实现园区的数字化运营目标。

6．统建应用

智慧园区的统建应用，面向数据中心全体员工、监管层人员、各园区管理层人员、物业公司管理及服务人员等多类人群，提供统一的应用功能，按人员、组织分角色、分区域实现应用权限管理，保障应用及数据安全。建设的内容包括但不限于智慧行政、智慧物业、智慧能源、智慧协同，以及包括住宿、餐饮甚至防疫在内的生活应用。

（1）智慧行政。智慧行政主要面向数据中心智慧园区总中心监管人员，以及园区管理部的管理人员，主要提供园区安全、视频监控、应急管理、园区考核四大功能。系统集中建设，按组织、人员、角色等进行权限分配与用户管理，支撑不同的用户功能需求。

园区安全。针对园内各类单位，提供涵盖消防、安全等各类事件分级监控和应急处置的应急监控值守平台。在提供上下级安全监控和处置的同时，为园区提供智能化自我消防安全管理应用系统、移动端及相关智能产品，便于单位自身落实消防安全责任及日常履职履责工作的管理；基于园区内单位企业、园区整体安全数据的积累和处理，提供隐患智能分析、风险评估和可视化展示。园区对单位企业整体监管和隐患排查整改，为园区智能化建设安全管理环节提供支撑保障。

视频监控。实现数据中心智慧园区总中心对各园区视频监控画面的统一调取、查看、展示，让总中心监管人员可以实时掌握各园区监控画面，了解各园区的现状。当各园区发生安防问题后，总中心可以第一时间调取监控画面，与各园区实时沟通，了解问题并进行解决。实现视频监控由“事后取证”向“事前预防”为主的转变。引入并使用人脸识别、车牌识别、人体识别、周界分析等领先技术和功能，做到算法应用不绑定硬件，一套硬件多算法并行运行，保证系统的开放性、先进性。

应急管理。充分利用现代网络通信技术、计算机技术和移动互联网技术，以资源数据库、方法库和知识库为基础，以地理信息系统、数据分析系统、信息表示系统为手段，实现对园区突发事件数据的快速、多维度的收集，以及应用多种媒体手段的通信方式，如图片、视频、文字、语音等。应急指挥中心的大数据分析和应用平台综合分析各种事件信息、资源数据库、预案库、知识库等，为指挥人员提高应急调度的辅助决策、应急资源的组织、协调和管理控制的效率，以及为现场应急处置人员的可视化调度与指挥提供支撑。

园区考核。建立多角度、多维度、多视角的统计分析。分析是共性问题还是特定问题，是偶尔发生还是普遍现象，是流程本身的问题还是人的问题，人员工作量是否饱和，能源消耗异常，进行园区横向对比、行业数据对比等，有效为园区提供流程优化工具。

（2）智慧物业。物业服务包括设施维修、保洁、养护、租赁、绿化、公告、通知等管理事务。物业管理者依此系统创建派发、查询工单，对工单进行跟踪管理，实时更新工单状态，工单结束后进行评分，对管理事务进行统计和历史查询等。

（3）智慧能源。随时监控园区内能效相关设备的运行状态，对能源使用的相关指标进行统一的展示，联动地图、视频、工单系统对运行过程中的能源事件和告警进行处置，提供园区能源管理的专业指标和报表，进一步降低能源消耗，实现绿色经济环保。

（4）智慧协同。在 5G 和后疫情时代的背景下，国家大力发展信息网络基础设施建设，推进新一代移动通信、互联网核心设备和智能终端的研发及产业化发展，加快推进物联网、云计算的研发和应用，信息技术行业因此备受关注。依托云计算及其相关技术，支持企业便捷链接供应商资源、深度参与寻源；满足企业从寻源到支付全流程的管理可视化。通过人工智能人脸识别等方式，通过智能储物柜实现无接触发放物资，实现物资精细化发放及管理，提升效率、降低成本。

（5）智慧生活。例如，将各园区分散的客房资源整合，由统一的客房管理系统管理，该系统与 OA 系统进行对接，可自动获取相关出差、临时住宿的信息，由管理员在平台内进行审核及资源核实，将入住信息下发到入住地点，由属地提供房卡及客房服务，同时短信或邮件通知申请人，通过人脸识别技术，实现自助预约、刷脸入住、自助服务、客房管理等功能。再如，在新冠肺炎疫情还没有完全结束的时期，每日监控各园区员工、访客等多种人员的进出、自动测温、自动报警、自动关联信息。通过智慧系统降低感染风险，保障基层人员健康，助力企业复工复产。

三、数据中心智慧园区的效益分析

通过数据中心智慧园区的建设，将传统园区的运营管理方式升级，利用新技术为园区管理赋能，为园区员工提供便利，为企业降低成本。数据中心智慧园区的建设将带来以下几个方面的效益提升。

（一）管理与服务效益

通过智慧园区项目的建设，提升数据中心智慧园区管理能力及水平，将传统的园区运营改变为智慧化、精细化的管理方式，主要体现在以下几个方面。

（1）体系建设：通过智慧园区项目的建设，建立数据中心园区建设标准、管理规范、服务标准，建立智慧园区中台统一数据中心的标准体系，未来新建园区可通过中台赋能，接入即用、避免重复建设。

（2）立体感知：通过智慧园区项目，建设数据中心各园区丰富的感知设施设备，通过中台能力实现虚拟与现实的数字孪生，让管理者、监管者更直观、更便捷地了解园区态势，支撑制定园区运行决策。通过系统联动响应，缩短事件响应时间 70%，减少告警误报 90%。

（3）体验提升：智慧园区通过人工智能、物联网等技术，在为管理者带来管理的智慧化的同时，还为员工带来更智慧化的生活、办公体验。通过数据贯通，让数据在系统中流转，减少员工为开通权限、申请服务等园区生活服务相关事项的奔波。

（二）经济效益

从整体出发，借鉴其他外部行业的智慧园区项目的成效，通过智慧园区项目的建设节省园区整体运作成本 10%以上，其绩效分析如图 8 所示。

（1）能源成本。通过智慧园区的建设，利用机器学习及能耗 AI 算法的能力，降低水、电、热等园区综合能源消耗 10%以上，实现节能减排。

（2）维修成本。通过智慧园区的建设，利用数据分析与挖掘的能力，建立设施设备的预防性维护、动态调整策略，实现故障事前预警，延长设施设备的无故障运行时间，降低维修成本。

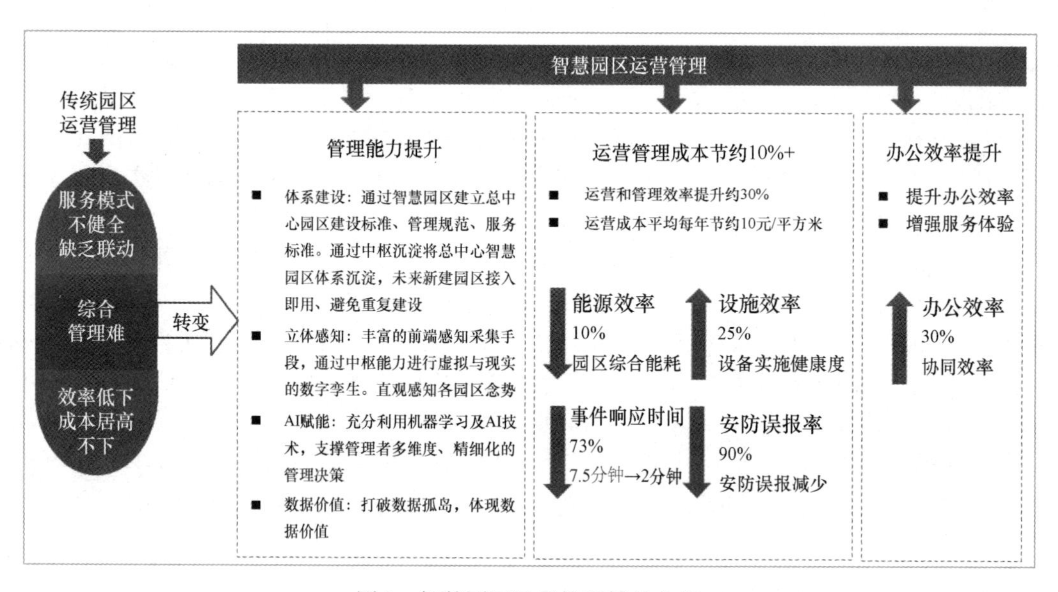

图 8　智慧园区运营管理绩效分析

综上所述，项目本身不仅有能力产生直接的经济效益，而且其间接效益远大于直接效益。

（作者单位：中国建设银行股份有限公司）

金融云数据中心基础设施的构建

查劲松

为了应对增长迅猛的金融线上业务，以及金融自主可控的全面提速给金融信息系统带来的挑战，近年来，金融行业数据中心的建设特别是总行/总部级数据中心的建设纷纷朝着大规模的云数据中心的方向发展。本文将从金融信息系统今后的发展趋势着手，简要介绍金融云数据中心基础设施构建的主要思路，以供广大数据中心建设者、运维者参考或借鉴。

一、金融云数据中心建设的必要性

（一）金融信息系统面临的变化与挑战

目前，金融信息系统所面临的变化与挑战至少来自三个方面，即快速增长的线上业务、剧烈动荡的金融市场，以及错综复杂的国际关系。

首先，金融线上交易行为的一种很重要的特点就是“随时、随地、随心”，这种特点导致金融交易量的变化从原有的具备一定规律的可预测波峰、波谷向突发性、无规律、难预测转变，加剧了信息系统资源统筹调度的难度。其次，动荡不安的金融市场直接导致金融信息系统在金融“黑天鹅”频发、突发情况下，面临突发的高并发量业务压力、高频的资源调度和部署压力，以及安全运行压力等。最后，国际形势波谲云诡，中美关系的不确定性导致金融数据中心自主运维压力更加凸显。

（二）金融数据中心的能力要求

金融信息系统始终肩负着保障我国金融市场安全、稳定、高效、便捷的职责，因此，作为金融信息系统基石的金融数据中心在面对上述三个方面带来的变化和挑战时必须不断提升安全运行、灵活扩展、快速部署和高效运维的能力，如图 1 所示。

1. 安全运行能力

金融数据中心的安全运行能力主要体现在可用性、业务连续性、灾备体系及自主可控等几个方面。突发公共事件，如新冠肺炎疫情，对金融数据中心的安全运行带来了严峻的考验。促使金融行业一方面需要进一步研究信息系统架构，以及部署方式，以进一步提升系统的可用性，另一方面势必需要对数据中心的灾备体系建设、业务连续性保障建设及自主可控方面做出进一步的发展规划。

2. 灵活扩展能力

金融数据中心是否具备灵活扩展能力，直接表现在资源是否能够按需分配和弹性伸缩。

随着金融客户线上交易行为的急剧增长，以及线上交易场景的日趋丰富，进一步要求金融数据中心对于资源要做到按需分配，才能满足突发、高并发、无规律、难预测的交易量变化。另外，资源的弹性伸缩和资源是否能有效利用也将对用户体验带来直接的影响。

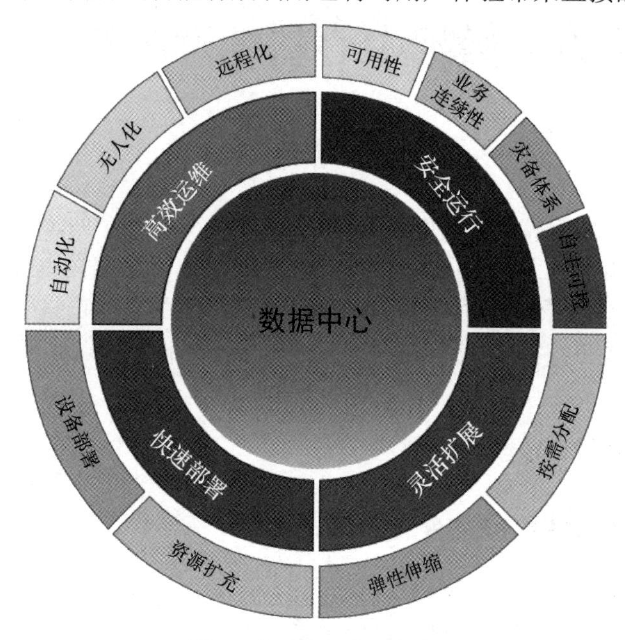

图1　金融数据中心能力

3. 快速部署能力

在金融数据中心建设发展过程中，不断增长的业务需求与有限的资源之间的矛盾一直存在，除有效利用资源外，资源扩充也是解决该矛盾的有效方法之一，但是在扩充资源时，如何做到设备部署，如何跟上业务需求增长的步伐是金融数据中心目前面临的重点问题。

4. 高效运维能力

运行维护是数据中心最主要的日常生产活动，运维人员不仅面临业务规模不断扩大、业务种类日趋繁杂、运行保障要求日益增高的业务态势，还面临主机/小机下移、分布式部署、集群部署等带来信息系统日趋复杂的情况。在设备数量、系统规模出现几何级数的增长后，故障定位、故障处理、监控事件的处置等给运维带来了极大的压力，如何做到高效运维，以及解决有限的人力资源与运维工作量之间的矛盾是金融数据中心亟待解决的问题。

（三）金融数据中心的发展态势

1. 信息系统架构从集中式向分布式演进

集中式架构和分布式架构相比，虽然在架构复杂度、运维复杂度和一致性方面具备一定优势，但是在资源的扩展性、灵活性及可用性方面却不如分布式架构。由于缺乏灵活的资源调配能力，传统的集中式架构已很难满足当前复杂多变的业务发展需求。

分布式架构虽然在架构和运维方面相对更加复杂，但按需分配、弹性伸缩和灵活的资源调配能力却是其优势。集中式架构与分布式架构简要对比如表1所示。

表 1　集中式架构与分布式架构简要对比

	扩展性	灵活性	可用性	一致性	架构复杂度	运维复杂度
集中式	低	低	低	高	低	低
分布式	高	高	高	最终一致性	高	高

由于分布式架构是将数据存放在不同的节点，根据 CAP 理论，即对于任何一个分布式计算系统，不可能同时满足以下三个特性：一致性（Consistency）、可用性（Availability）和分区容忍性（Partition Tolerance），而只能同时满足其中两项。其中，一致性通常指数据一致性，即要求所有节点数据保持一致；可用性即要求每个节点在发生故障时都可以提供服务；分区容忍性通常指各个节点之间的网络通信性能，即分布式系统在发生网络分区故障时，仍然需要保证对外提供一致性和可用性的服务，除非整个网络都发生故障。

因此，在分布式架构各节点间网络通信延迟或抖动等无法避免的情况下，在一致性和可用性之间必然要做出选择。数据一致性按要求可分为强一致性、弱一致性，如果要保障高可用性和业务连续性，数据强一致性则很难达到，但是弱一致性又无法满足要求，因此一般就折中采用最终一致性这种方式，即各个节点的数据被应用修改后，不要求每个节点都对数据在同一时刻更新，只要求将更新后的数据发布到整个系统中，这样可在保证系统高可用性的同时实现数据的最终一致性。

对于金融行业来说，不同的金融业务对数据的一致性要求不尽相同，对于除必须保持数据强一致性的核心应用（如总账、分户账等）之外的其他的对数据没有强一致性要求的应用，均可对数据采用最终一致性这种处理方式。因此，金融信息系统就可将核心应用继续保持集中式架构，而对于其他非核心应用则采用分布式架构，即“集中+分布”融合方式，如图 2 所示。

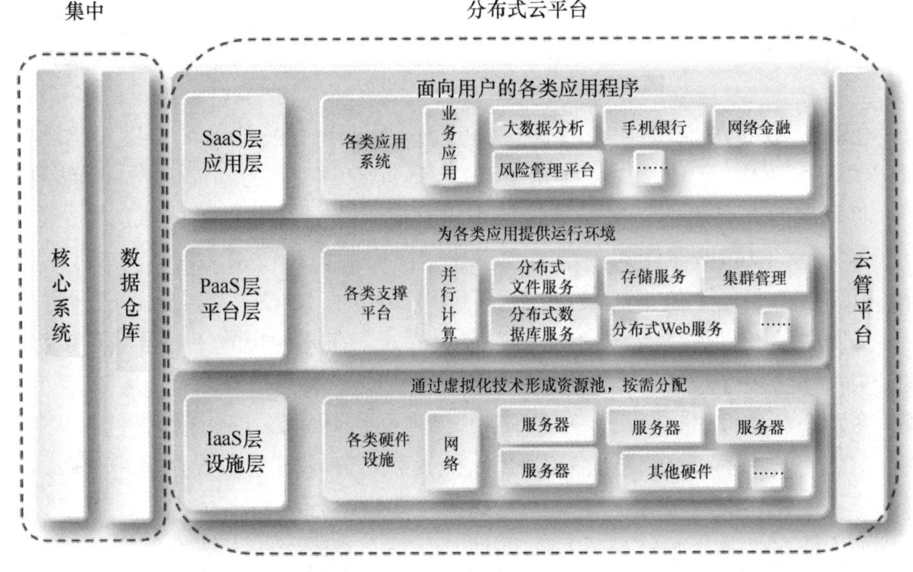

图 2　“集中+分布”融合方式

这种方式既能满足金融行业在账户上对数据强一致性的要求，又能利用分布式架构来解决高可用性、资源效率等问题，以处理大规模、多渠道、高并发的海量客户请求和庞大的运算任务，以满足多金融交易融合的复杂的金融业务。

虽然分布式架构受 CAP 理论的一些限制，而且相比传统的集中式架构在技术层面和运维层面更加复杂，但是只有分布式云平台灵活快速的资源调配、高效的数据存储、高性能的海量数据计算等才能支撑今后复杂多变的金融业务和金融交易，因此分布式架构是金融信息系统架构演进的必然选择。

2. 灾备体系从“两地三中心”迈向“多地多活”

RTO（Recovery Time Object，恢复时间目标）和 RPO（Recovery Point Object，恢复点目标）是衡量信息系统容灾能力的两项重要指标。RTO 是指灾难发生后，从 IT 系统宕机导致业务中断开始，到业务恢复正常之间的时间段。RPO 则是指数据恢复的时间点，即在灾难发生后，容灾系统能把数据恢复到灾难发生前时间点的数据，用来表示灾难发生后会丢失多少时间段的生产数据，也就是业务能容忍的最大的数据损失。例如，某 IT 系统容灾指标要求 RTO<30 分钟，RPO<15 分钟。假设该 IT 系统在上午 10:00 发生宕机造成业务中断，则必须在 30 分钟内让业务恢复正常运行，也就是说必须在上午 10:30 之前恢复业务，在恢复业务的同时，数据至少应恢复至上午 9:45 的数据，而 9:45 至 10:00 之间 15 分钟的数据就可能存在损失，如图 3 所示。

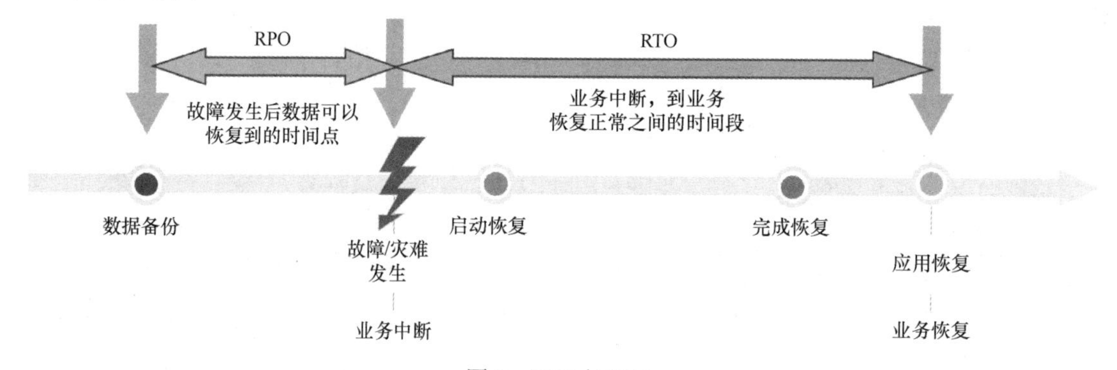

图 3　RTO 与 RPO

目前，金融行业为了业务连续性保障，均普遍采用“两地三中心”的模式建设灾备体系。“两地三中心”是指“生产中心+同城备份中心+异地灾备中心”的容灾模式，虽然这种模式保障了生产中心同城的高可用性，以及异地的灾难恢复，但是在这种模式下，多个数据中心之间存在着主备关系，因而存在针对灾难的响应与切换周期相对较长，RTO 与 RPO 无法实现业务零中断，以及资源利用率低下等缺点。为了缩短 RTO 和 RPO，金融行业在“两地三中心”的基础上，又发展了“同城双活+异地灾备”容灾模式，在此种模式下，虽然可以将同城灾备切换的 RTO 缩短至分钟级，但是其灾备体系架构仍然是“两地三中心”的模式，当发生全国性大范围的突发公共事件时，“两地三中心”的模式必然要面临业务连续性的极大挑战。

近几年，随着技术的进步，金融行业开始探索和研究基于分布式存储、分布式数据库、分布式网络等技术，以及以分布式架构为基础的“多地多活”灾备体系。在“多地多活”模式下，各数据中心虽然物理分布在不同的地域，但整个逻辑统一。多个数据中心之间实现有机结合与资源共享，跨多中心进行资源调配，各中心以并行方式一方面为业务访问提供服务，实现了对资源的有效利用；另一方面在一个数据中心发生故障或灾难的情况下，其他数据中心可以正常运行并对关键业务或全部业务实现接管，达到互为备份的效果，RTO 和 RPO 可以达到秒级甚至趋近于零，真正实现用户对故障的无感知。因此，对于全国性大范围的突发公共事件，“多地多活”相对“两地三中心”而言更有优势。

3. 自主可控全面提速，国产化进程势必加快

金融行业信息系统的自主可控事关国家安全和社会稳定，由于历史原因，我国金融行业信息系统多年来在硬件、存储、操作系统、数据库、中间件等核心设备及组件上均采用诸如IBM、HP、EMC、Orcale、CISCO等国外公司的产品，这些关键设备、组件的升级和维护均需要依赖外部，在当前国际形势日益严峻的情况下，外部关键技术的封锁可能对金融行业业务连续性带来不良影响，因此持续提升自主可控能力、加速国产化进程，是确保金融安全的重要的手段。

为打破国外产品在核心设备、数据库等方面的垄断，早在2014年，银行业就逐步开始了国产化替代工作。一方面通过购买国产品牌服务器，以及中低端网络设备来满足国产化率的要求，另一方面持续推进主机下移、小机下移，以减少对外部的技术依赖。随着信息系统架构的转型，以及国产分布式存储、国产分布式数据库等技术的发展，金融数据中心在技术层面真正达到自主可控指日可待。

另外，除IT设备、数据库、核心网络采用国产品牌外，不断提升自主运维的能力也是金融行业自主可控的一个重要方面。只有努力提升运维人员自身的专业技能，加强知识储备，全面提升自主实施的能力，才能尽最大可能降低对外部厂商的技术依赖。

4. 智能运维将加速落地

早期运维工作主要依靠运维人员个人的知识、技能和经验，但随着信息系统日趋复杂，设备越来越多，如果完全依赖人工操作的话，运维效率无法提升，并且很难控制操作风险，因此，可将部分人工的操作步骤标准化和固化之后利用如CMDB、DevOps等自动化工具来实现批量化、自动化运维。虽然自动化运维的出现极大地减少了人力成本，降低了操作风险，提高了运维效率，但是自动化运维的本质依然是人与工具相结合的模式，其运维决策仍然取决于运维人员的知识、技能和经验，因此自动化运维对于多中心、大规模、高复杂性的系统难以提升运维质量。

Gartner在2016年提出了智能运维（Artificial Intelligence for IT Operations，AIOps）的概念，就是将人工智能融入运维系统，以大数据和机器学习为基础，对海量的日志数据、业务数据、系统运行数据进行学习和分析，并得出有效的运维决策，然后通过自动化工具以实现对系统的整体运维。智能运维AIOps模型如图4所示。因此，智能运维不仅具备运维自动化的特点，同时还具备运维无人化和运维远程化的特点。

当新冠肺炎疫情这类突发性公共卫生事件发生时，给数据中心的运维带来的最直接的影响就是运维人员严重不足。要从根本上解决这一问题，也只有通过智能运维的落地来实现。当信息系统向分布式架构转型，当灾备体系迈向“多地多活”时，运维工作必然需要从自动化走向智能化，而分布式架构的云平台技术也为具备自动化、无人化和远程运维特点的智能化运维提供了技术保障。

日益丰富的金融业务形态，以及错综复杂的国际形势，再加上动荡不安的金融市场，对金融数据中心在安全运行、灵活扩展、快速部署和高效运维四个方面提出了更高的能力要求，而要持续提升这四个方面的能力，信息系统架构向分布式演进是基础，只有在分布式的信息系统架构下，“多地多活”、自主可控、智能运维才能得以逐步实现。伴随着分布式云平台技术的日趋成熟，金融行业纷纷通过分布式云平台技术来实现信息系统架构从集中式向“集中+分布式”演进，而要真正发挥分布式云平台技术的特点和优势，金融云数据中心的建设则是

基础和保障。

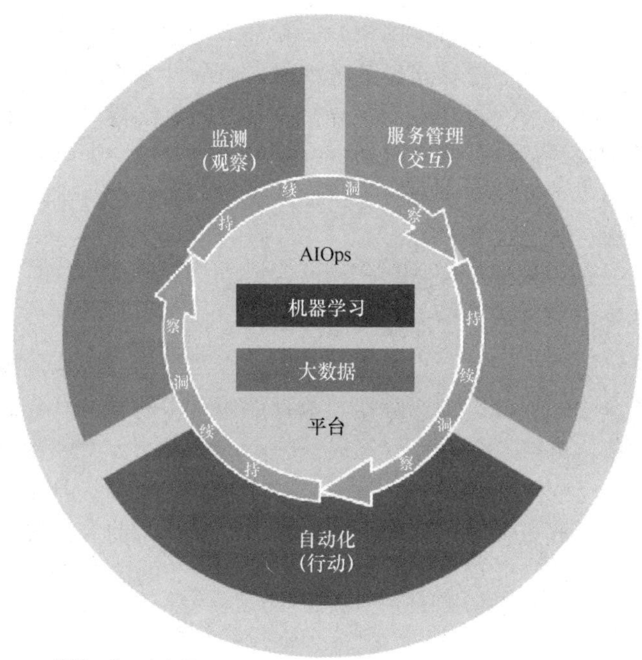

来源：Gartner's Report。

图 4　智能运维 AIOps 模型

二、金融云数据中心基础设施的构建原则

金融云数据中心基础设施所承载的是基于其上的分布式云平台，因此基础设施首先必须适应云平台的特点。同时，云平台技术也在不断地进步，因此基础设施还需要在全生命周期内适应云平台技术的发展。

（一）云平台的主要特点

云平台包括 IaaS 层、PaaS 层和 SaaS 层。其中，IaaS 层包含的对象主要有各种服务器、网络设备，以及负载均衡、加密机等 IT 设备硬件资源，主要通过虚拟化技术将 IT 设备的各类基础资源进行整合后提供给各类业务和应用使用；PaaS 层则在 IaaS 层基础之上，包括数据库、Web 服务、资源管理等中间件，主要为各类应用提供运行环境，并为用户提供开发平台；SaaS 层即应用层，面向用户提供各种应用程序，用户可通过网络来访问各类应用。云平台架构如图 5 所示。

从资源角度出发，云平台具备三个主要特点。

（1）资源池化。资源池化即通过虚拟化技术将 IT 设备的 CPU、内存、硬盘、网络等基础资源整合起来提供给各种业务系统使用，包括计算资源、存储资源和网络资源等。

（2）按需分配。资源池化以后，在统一的资源管理平台下，根据应用需求或用户访问需求动态地对资源进行自动分配和调度，即资源按需分配。

（3）具有伸缩性。除了能够按需分配，其各项资源的扩展和回收也是资源池的主要特性，因而高度的伸缩性也是云平台的主要特点之一。

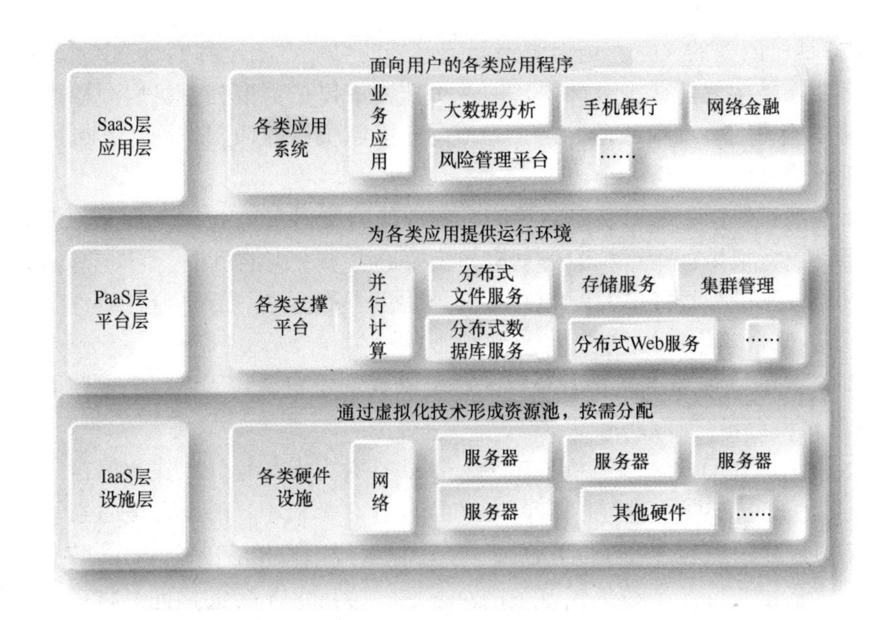

图 5　云平台架构

（二）金融云数据中心基础设施建设需要遵循的原则

金融云数据中心基础设施建设应跟上云平台技术发展的脚步，必须适应云平台的特点。同时，金融云数据中心基础设施相对于传统数据中心的基础设施来说，由于所承载的信息系统架构和技术不同，也就导致了不仅 IT 设备的种类不同（云中心以 x86 服务器为主，而传统数据中心则包括主机、小机、x86 服务器、存储等），在对基础设施的快速部署和灵活扩展的要求上也有所不同。因此，在建设时应遵循以下四项原则。

（1）合规性。金融云数据中心基础设施建设必须遵从监管要求、数据中心建设相关国家标准和金融行业标准，以及网络安全等级保护的相关要求。

（2）可用性。对于金融云数据中心来说，其基础设施的可用性要求不仅体现在供配电系统、制冷系统等基础架构的高可用性上，还由于 IaaS 平台的计算资源、存储资源、网络资源均采用分布式方式部署在不同的机柜中，因此“机柜级”高可用性应是金融云数据中心基础设施关注的重点之一。

（3）能够快速部署、灵活扩展。金融云数据中心主要承担网络金融、手机银行、风险管理、大数据分析等平台应用，其系统测试、上线投产、版本更新等相对频繁，因而基础设施在建设时就需要充分考虑全生命周期内的快速部署和灵活扩展，从而满足云平台的资源扩展和灵活调配需求。

（4）前瞻性。金融云数据中心一般规模较大，设备众多，运维更加复杂。因此在基础设施建设时，应充分考虑今后如物联网、人工智能等新技术、新应用、新产品的落地和适配。

三、金融云数据中心基础设施的构建布局

（一）机柜部署

基于集中式 IT 系统架构的传统数据中心，由于其 IT 系统架构呈现烟囱式的特征，基础

设施与 IT 设备是松散型的关系，虽然强调基础设施的可靠、安全和高标准，但与 IT 系统相互割裂，其基础设施构建往往由外向内，即在土建完成以后再根据主机房面积大小对机柜的布局进行规划，往往不会过多地考虑同一列或同一区域机柜的横向扩展，其机柜数量的确定更多依赖已建成的主机房面积大小。

对于分布式的云数据中心，从机柜级高可用性的角度出发，IaaS 平台中的计算资源、存储资源和网络资源特别是存储资源的宿主机均需要部署于不同的机柜。同时，IaaS 平台在横向扩展时一般均按照最小集群单元即 POD 进行扩展，也就是说，云平台计算资源和存储资源按照一个 POD 为一个单位进行扩展。

因此，单个 POD 所包含的机柜数量将是机柜布局的重点考虑因素，在规划机柜数量时宜按照 POD 所含机柜数量进行规划。

假设 IaaS 平台采用计算资源与存储资源分离式部署方案，且分布式数据存储按照三副本方式（可用性为 99.999 99%）进行，则单个 POD 包含 3 个机柜，每个机柜内部署多台计算节点和多台存储节点，每扩容 2 个 POD 增加一个计算集群，每扩容 2 个 POD 增加一个存储资源池。因此，对于上述 IaaS 平台部署方案，为满足后续 IaaS 平台的横向平滑扩展，则每列机柜数量宜按照 3 的倍数进行规划。

金融云数据中心基础设施在构建时建议按照从内向外的原则进行，即在获得 IaaS 平台横向扩展的最小颗粒度后，计算单机柜服务器数量、功率密度及单列机柜数量，从而确定主机房面积、配电容量、制冷容量等。

（二）机房巡检机器人适配

随着数据中心规模的增大，人工巡检是基础设施运维的一个难点，相较于人工巡检，巡检机器人具有巡检频率高、自动化程度高、多用途等特点和诸多优势。目前，金融行业、IDC 行业等都在积极探索巡检机器人的应用，可以预见，在不久的将来，巡检机器人将广泛地应用在大型数据中心内，成为基础设施智能运维的一个重要手段，因此，在金融云数据中心基础设施构建时需要前瞻性地考虑机房物理环境与巡检机器人之间的适配性，具体来讲建议关注以下几点。

（1）通过性。包括：机房内通道宽度；坡道坡度；封闭通道门框的高度；消防门、通道门、隔离门的开启方式及门禁控制；电梯控制；通风地板通风孔的直径和间隙。

（2）定位准确性。包括：机柜列的长度；定位标签；照度、玻璃反光、设备氛围灯、线缆等干扰。

（3）网络接入。网络接入方式包括 Wi-Fi、4G/5G 等方式，在基础设施建设时宜将上述接入方式统筹考虑。

（4）充电安全。宜设置相对独立的巡检机器人充电区域，并配置相应的消防设施、配电设施和监控设施，实现巡检机器人充电时的安全防护。

四、金融云数据中心基础设施的供配电系统

对于传统数据中心来说，目前基本按照复合密度的规划方式进行整体规划，即往往将主机房区域按照不同的功率密度进一步细化为各个子区域，一般分为高密度区域、中密度区域

和低密度区域，其对应于主/小机区域、存储区域、服务器区域和网络区域。但是对于云数据中心来说，单机柜功率密度基本都在 5kW 以上，也就是说，其功率密度基本为中、高密度，甚至包括网络机房，目前像华为的核心交换机 CE12808，其单机额定功率已达 3.5kW 以上，所以说云数据中心与传统数据中心相比，其功率密度大大增加。功率密度的增加也意味着云数据中心基础设施的配电系统和制冷系统在负荷计算、架构方式及可用性设计上与传统数据中心将有所区别。

（一）集中式与分布式的 IT 设备配电

由于传统数据中心的功率密度不高，IT 设备配电基本上都采用集中式配电方式。但对于云数据中心来说，由于功率密度相对传统数据中心要高得多，如采用集中式配电方式的话，则要求 UPS 具备很高的容量，但同时带来了占地面积大、风险集中、效率低下、灵活性差等缺点。特别是在灵活性方面，由于集中式配电的 UPS 一般采用塔式机，在扩容方面将受并机能力的限制。集中式与分布式的 IT 设备配电的特点对比如表 2 所示。

表 2　集中式与分布式的 IT 设备配电的特点对比

集中式配电	占地面积大	风险集中	效率低	灵活性差
分布式配电	电源入列	风险分散	效率高	灵活性强

由于分布式配电直接部署在机柜列，因而所需占地面积更小，风险也更为分散，其容量也可以更好地与负载进行匹配，运行效率相比集中式配电更高，最关键的是其灵活性和扩展能力大大强于集中式配电，在数据中心生命周期内能够根据负载的变化灵活地进行容量适配，虽然这种配电方式会带来如增加运维管理的复杂度等问题，但相对于云数据中心高功率密度的特点及对于扩展性的要求，分布式配电方式相比集中式配电方式更适用于云数据中心。

目前分布式配电方式主要有以下三种。

（1）模块级配电。采用模块化 UPS 或 HDVC，将其部署在机柜列，采用 2*N* 架构，即一路市电与一路 UPS，或者一路市电与一路高压直流等方式，其电池可以入列也可以出列。

（2）机柜级分布式配电。这种配电方式以天蝎机柜或 Facebook 的 OCP 架构为代表，如图 6 所示。

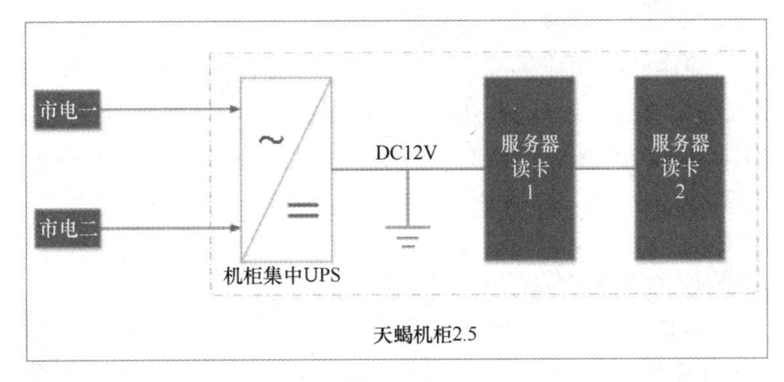

图 6　机柜级分布式配电示意

（3）设备级分布式配电。这种配电方式以微软的 LES 架构为代表，如图 7 所示。

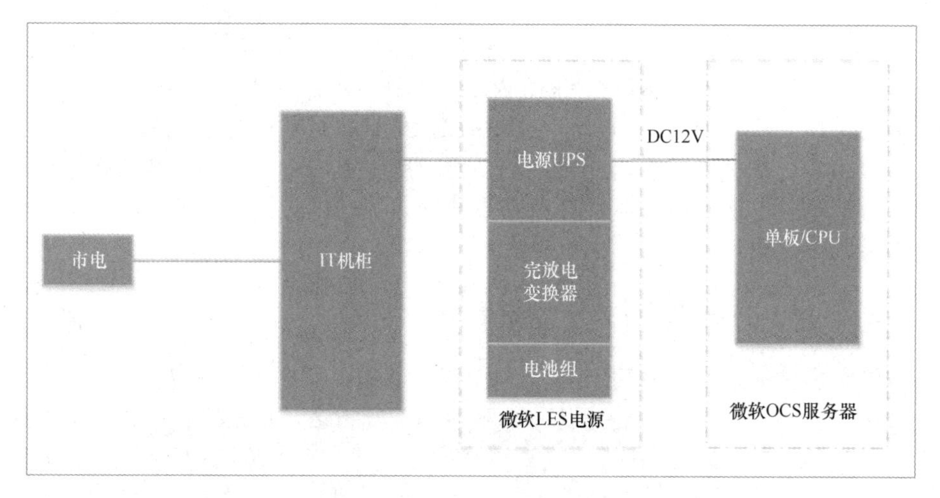

图 7　设备级分布式配电示意

由于机柜级和设备级分布式配电目前还受限于电池及 IT 设备本身，以及金融行业对于 IT 系统安全运行的特殊要求，机柜级和设备级分布式配电模式还暂时不适用于金融行业，模块级分布式配电相对更适合金融云数据中心对配电资源需要快速部署和灵活扩展的场景。

（二）不间断制冷系统的配电

从节能角度考虑，目前大型数据中心一般采用水冷系统，且在设计制冷系统架构时，都比较重视冷水机组、蓄冷罐、水泵和管路的容错或冗余，基本采用 2*N* 或“*N*+1”架构，其管路采用双供双回或环形管网方式。但是，大型数据中心对水冷系统各设施的配电的重视程度还有所欠缺。

据 Intel 实验分析，一个单机柜用电量约 9kW 的数据中心机房，一旦制冷系统停止运行，温度从 22℃上升至 40℃只需要 18 秒，上升到 57℃只需要 35 秒。而一旦超过 32℃，IT 设备就会出现故障，温度继续升高，IT 设备将会宕机保护，甚至损坏。因此，对于中、高功率密度的金融云数据中心来说，制冷系统配电的高可用性要求将越来越受到重视。

数据中心系统持续运行时间（Uptime）的需求，对于制冷提出了 A、B、C 三个等级。A 级为不间断制冷系统：不间断制冷系统需要为精密空调的风机、二次泵配置 UPS，并增加蓄冷罐；B 级为连续制冷系统：连续制冷系统需要为精密空调的风机、二次泵配置 UPS，但不增加蓄冷罐；C 级为可中断的制冷系统：对制冷系统不配置任何 UPS 设备，在电源故障时制冷系统将停止。《数据中心设计规范》（GB 50174—2017）对于 A 级机房也提出了“控制系统、末端冷冻水泵、空调末端风机应由不间断电源系统供电”等要求。

对于金融云数据中心来说，由于功率密度的提高，其制冷系统尤为重要，因此制冷系统不间断将是金融云数据中心基础设施构建时的一项基本要求。除制冷系统架构采用容错或冗余模式外，其配电架构也需要采用高可用性的解决方案。两路市电分别承担不同的冷水机组负载，当两路市电停电时，由发电机提供应急电源，冷冻水机组供电电源采用冗余方式；水泵供电采用两套 UPS 组成 2*N* 架构，末端采用两路 UPS 或一路 UPS 一路市电的冗余方式经 ATS（Automatic Transfer Switch，双电源自动切换开关）为水泵提供电源；末端空调采用两套 UPS 组成 2*N* 架构，末端采用两路 UPS 或一路 UPS 一路市电的冗余方式经 ATS 为末端空调提供电源。

五、金融云数据中心的模块化建设方式

金融云数据中心由于规模庞大，在建设时一般都会分阶段实施，其建设不可能一蹴而就，因此标准化、模块化的建设理念至关重要。同时，模块化产品则是让基础设施具备灵活的扩展能力和快速的部署能力的重要手段。

（一）模块化建设理念

模块化产品由于具备配置灵活、易于部署、节省空间、方便运维、提升效率等优势，对于提升数据中心安全运行、灵活扩展、快速部署和高效运维的能力有极大帮助，目前已得到了业界的广泛认可。模块化配电、模块化制冷、微模块、模块化 UPS、一体化机柜、智能小母线、集装箱机房等模块化产品已逐步应用在数据中心的基础设施建设中。然而，从目前来看，模块化的发展还有很长的路要走，模块化建设理念不仅依靠模块化产品的堆积，更重要的是模块化的设计理念。

模块化的设计理念包括接口标准化、空间区域模块化、功能区域模块化。接口标准化是指各功能模块、组件之间的接口应统一，以满足模块之间的互联互通，以及模块的快速部署、更新和扩展；空间区域模块化是指园区模块化、机房模块化、机房子区域模块化、机柜模块化等不同颗粒度的模块之间的协调、拼装、集成等；功能区域模块化则是指配电、制冷、综合布线、安防、消防、环境监控等具备不同的专业功能的模块或组件，这些不同专业功能的模块、组件之间需要相互协调、相互结合形成整体，从而降低基础设施的运营成本。

模块化的设计需要业主、设计单位、制造企业、施工单位之间打破行业之间、专业之间的壁垒，抛弃各行其是的传统的建设思维，以开放、包容、融合的新思维将数据中心基础设施的建设作为一个产品制造的过程，只有这样，模块化才能让金融云数据中心的基础设施走上一个新的台阶，才能让模块化的优势真正地发挥出来。

（二）模块化产品应用

模块化产品应用包括动力配电、制冷系统、UPS、精密空调、机柜等多种模块化产品。

（1）微模块产品。微模块产品围绕机柜微环境，由机柜、桥架、门禁、末端配电、空调及消防设施等各独立运行的组件组成，具备工厂预制、快速部署、弹性扩展、方式灵活、节能降耗等诸多优点，适用于机柜的快速安装。

（2）模块化机柜配电。整组模块采用双路模块化 UPS 配电，机柜级配电通过插接箱直接取至智能轨道式母线。由于智能轨道式母线的插接箱可在线插拔，具有可灵活调整位置、随时调相等特点，因而具备节约空间、快速部署、灵活扩展、方便运维等诸多优点，适用于云数据中心基础设施的机柜级配电的快速扩容。

对于传统数据中心来说，模块化产品应用是一个逐步发展的过程，早期的数据中心很少采用模块化的方法来进行设计和建设，由于模块化具备配置灵活、易于部署、节省空间、方便运维、提升效率等显著优点，近几年模块化产品已开始普遍应用于数据中心建设。

对于云数据中心来说，由于 IaaS 平台的虚拟机的大范围漂移（甚至是跨数据中心的漂移），以及频繁的资源调配是其日常运行的主要特征，因此金融云数据中心基础设施要具备快速部署和弹性扩展的能力，更应采用模块化的设计理念，且模块的颗粒度要较细，才能满足 IaaS

平台的这种运行特点。

例如，IaaS 平台的横向扩展主要涉及机柜的增加，且在增加时，一般会基于 IaaS 平台的最小配置单元进行扩展，如要满足这种颗粒度，则机柜的安装、配电、制冷及综合布线均需要采用标准化的组件方式才能达到快速部署和灵活扩展的目的，因此像微模块和智能轨道式母线这种模块化产品对于 IaaS 平台的横向平滑扩展将带来很大的帮助。

从“以账户为中心”到“以客户为中心”的业务模式；从集中式到“集中与分布式”的 IT 架构；从“两地三中心”到“多地多活”的 IT 基础设施布局，金融行业 IT 信息系统伴随着业务的需求变化和技术的应用不断向前发展，随之而来的是云数据中心建设这样一个新的开端，而基础设施如何跟上云平台技术的步伐，在未来如何从“随需应变”走向“随需而变”，如何从智能化迈向智慧化，将是金融云数据中心基础设施发展的核心问题。

（作者单位：中国银行股份有限公司信息科技运营中心）

金融行业数据中心建设发展现状及趋势

李崇辉

目前，在云计算和大数据、分布式架构转型等技术的促进下，金融行业数据中心建设迎来了一个新的建设高潮，金融行业的总部级数据中心建设规模越来越大，数据中心用电报装容量从几千 kVA 发展到几万 kVA、十几万 kVA。金融行业机房必须具备向用户提供能适应“突发性”的、大“数据吞吐量”需求的、高“数据传输率”的、安全和保密的 365 天×24 小时的连续工作能力。显而易见，稳定、可靠、安全是金融行业数据中心机房保障各种设备连续、正常、高效运行的重要前提，也是金融行业数据中心机房的一个显著特点。传统金融行业数据中心在规划设计时大多只注重安全性、可靠性，而对数据中心的能耗、环保及效率认识不足，或者没有把数据中心的节能、降耗和运营成本等进行综合考虑。为贯彻中共中央 国务院《关于加快推进生态文明建设的意见》《关于推动高质量发展的意见》的总体部署，克服传统数据中心建设周期长、能效不高、架构复杂、灵活性和扩展性有限等种种弊端，合理利用新技术，构建高可靠性、可灵活扩展、高效的金融行业数据中心是目前行业普遍关注的问题。

一、金融行业数据中心建设发展现状

金融行业主要包括银行业、保险业、证券/基金行业等，其数据中心机房分类情况一般如表 1 所示。

表 1　数据中心机房分类情况

机房分类	银行业			保险业	证券/基金
	大型商业银行	股份制银行	城商行/农商行/农信社		
一类 GB 50174-A 级	总行级的多地多中心机房	总行级的多地多中心机房	总行级的多地多中心机房	总公司数据中心	总部级多地多中心机房
二类 GB 50174-B 级	一级分行机房、涉及实时对外服务的总行级业务类处理中心、境外机构区域中心	一级分行、业务中心、海外分行	一级分行	分公司机房	A 型营业部机房
三类 GB 50174-C 级	一级分行同城机房、二级分行机房、分行级业务类处理中心、境外分行机房	二级分行或中心城市支行	城商行的支行、农商行/农信社的二级分行、同城及异地支行	中心支公司	B 型营业部机房
四类	营业网点、金融便利店、离行式自助银行等节点间	支行、营业网点、金融便利店、离行式自助银行	各类大小营业网点	营销服务部配线间	/

（一）银行业机房现状

1. 大型商业银行

第一类包括总行级的多地多中心机房。以自建独立综合性园区为主，数量在 3 个以上，机房建筑面积多为几千至几万平方米不等，机房内有大量不同类型计算机设备及网络设备。机房建设一般满足《数据中心设计规范》（GB 50174）中的 A 级机房标准。

第二类包括一级分行机房、涉及实时对外服务的总行级业务类处理中心、境外机构区域中心等。以自建为主，主要与办公大楼合建，占用 2～3 层，机房内除了网络设备，还有部分服务器、存储等设备，机房规模和等级低于总行级机房但高于二级分行和支行，自建机房建筑面积一般为 200～2 000 平方米不等，机房数量一般有几十个，机房标准一般满足《数据中心设计规范》（GB 50174）中的 A/B 级机房标准。

第三类包括一级分行同城机房、二级分行机房、涉及实时对外服务的一级分行级业务类处理中心、大型境外机构（境外分行）机房等。由于大多商业银行总行已实现对部分业务和系统设备上收，上收后的二级分行机房主要包括 2～3 个行内网络设备机柜、2～5 个运营商接入设备机柜（每家二级分行都不同），共 4～8 个机柜。机房建筑面积为几十至几百平方米，数量为几百个。机房建设一般满足《数据中心设计规范》（GB 50174）中的 B/C 级机房标准。

第四类机房包括营业网点、金融便利店、离行式自助银行等节点间或设备间。一般标准的营业网点节点间主要包括路由器、交换机、光端机和配线架等设备，此类设备通常占用 1～2 个机柜。机房建筑面积为几至几十平方米不等，数量为几千到几万个。

2. 股份制银行

第一类包括总行级多地多中心机房，以自建为主，机房内有大量不同类型计算机设备及大型网络设备，机房建筑面积多为 3 000 平方米以上，机房建设一般满足《数据中心设计规范》（GB 50174）中的 A 级机房标准。

第二类包括一级分行机房，涉及实时对外服务的总行级业务类处理中心、海外分行等。这类机房以自建或租赁运营商或第三方机房模块为主，机房内除网络设备外还有部分服务器、存储设备等，一般自建机房规模和等级低于总行级机房但高于二级分行和支行，机房建筑面积为 150～400 平方米，机房数量为三四十个，机房建设一般满足《数据中心设计规范》（GB 50174）中的 B 级机房标准。

第三类为二级分行和中心城市支行或直接称为支行机房，主要由办公室装修改造完成。二级分行或支行为所在省内一级分行下辖管理的分行式分支机构。由于部分股份制银行总行对部分业务和系统设备上收，上收后的二级分行机房设备主要包括 2～3 个行内网络设备机柜、2～5 个运营商接入设备机柜（每家二级分行都不同），总共 4～8 个机柜。有些中心城市支行一般无下设同城营业网点，且各类业务一般通过通信网络直接连接分行或总行，因此机房内设备较少。这类自建的机房的建筑面积一般在 25 平方米以上，机房建设一般满足《数据中心设计规范》（GB 50174）中的 B/C 级机房标准。

第四类为支行营业网点、金融便利店、离行式自助银行等节点间或设备间。一般标准的营业网点节点间主要包括路由器、交换机、光端机和配线架等，此类设备通常占用 1～2

个机柜；一般都是自建的，机房建筑面积为几平方米至 20 平方米，数量为几百到上千个。

3．城商行/农商行/农信社

第一类包括总行级多地多中心机房，其中，农商行和农信社因非跨区域经营，总行级别机房仅建设同城两中心，未建设异地灾备中心。机房目前以自建为主，机房内有大量计算机、存储及网络设备，机房建筑面积多为 1 000 平方米以上，机房建设一般满足《数据中心设计规范》（GB 50174）中的 A 级机房标准。

第二类包括一级分行机房，机房内除网络设备外，还有部分服务器、存储设备等，以自建为主，自建机房建筑面积为 100～200 平方米，机房建设一般满足《数据中心设计规范》（GB 50174）中的 B 级机房标准。

第三类包括城商行的支行、农商行/农信社的二级分行、同城及异地支行机房。城商行支行为所在省内一级分行下辖管理的分行式分支机构。机房内除网络设备外还有部分服务器、存储等设备，农商行/农信社的同城和异地支行机房内只配置网络设备。机房建筑面积为 30～50 平方米，机房建设一般满足《数据中心设计规范》（GB 50174）中的 B/C 级机房标准。

第四类为营业网点机房。城商行/农商行/农信社营业网点设置的机房，主要用于安装网络设备，机房规模和等级满足网点营业需要即可。机房建筑面积为几平方米至 20 平方米。

（二）保险业和证券/基金业机房现状

1．保险业

第一类为总公司数据中心，包括生产数据中心、同城灾备中心和异地灾备中心，小型保险机构一般无灾备中心。总公司数据中心用于支撑全公司业务生产、测试开发与办公，主要设备包括网络设备、服务器、存储、安全设备等。以自建为主，机房建筑面积多为几百至几万平方米，机房建设参考《数据中心设计规范》（GB 50174）中的 A 级机房标准。

第二类为分公司机房，用于支撑分公司业务与办公，安装网络设备、电话交换机、视频监控设备、服务器等。机房建筑面积多为 20～100 平方米，机房建设参考《数据中心设计规范》（GB 50174）中的 B/C 级机房标准。

第三类为中心支公司机房，用于支撑中心支公司业务与办公，安装网络设备、服务器等。机房建筑面积多为 15～30 平方米，机房建设参考《数据中心设计规范》（GB 50174）中的 C 级机房标准。

第四类为营销服务部配线间，用于支撑营销服务部业务与办公，安装网络设备，满足办公区消防要求。机房建筑面积一般小于 10 平方米。

2．证券/基金业

第一类为总部级多地多中心机房。总部数据中心用于支撑全公司业务生产、测试开发与办公，主要设备包括网络设备、服务器、存储、安全设备等。机房建筑面积多为 500 平方米以上，机房建设参考《数据中心设计规范》（GB 50174）中的 A 级机房标准。

第二类为 A 型营业部机房。机房内主要为网络设备，有少量服务器设备，面积一般不小于 20 平方米，会有独立于大楼照明用电的市电接入，配备的 UPS 一般采用双路供电方式。在市电中断情况下，应保证机房设备和不低于 25%的现场交易设施在交易时间内持续供电，满足证券营业部客户证券交易需要。后备电源采用柴油发电机方式，或采用UPS配备长延时电池的方式，提供应急用电。

第三类为B型营业部机房。机房内主要为网络设备，有少量服务器设备，面积一般不小于12平方米，至少配置一路UPS供电和一路市电供电，UPS电源单独使用能满足机房设备和不低于25%的现场交易设施在交易时间内持续供电，满足证券营业部客户证券交易需要。

二、传统金融业数据中心及基础设施建设情况

（一）总部级一类数据中心建设现状

传统金融业各类数据中心机房建筑设计相差不大，基本要求满足（GB 50174）《数据中心设计规范》中A级机房的标准，由于7×24小时不间断可靠性运行的要求，各类数据中心机房主要在基础设施建设方面存在较大差异。下面主要以供电系统、制冷系统设计方案说明现状。

当代数据中心对供配电系统的连续性提出了非常高的要求，供电设备经过多年发展，在其性能指标已完全满足IT网络设备要求的情况下，真正能为用户带来价值的是其可用性。

金融业一类数据中心机房对供电系统最重要的要求是该系统必须连续运行。$2N$ 或 $2(N+1)$的供电系统开始在传统金融业、大型数据中心中得到了普遍应用，通常也被称为双总线或双母线供电系统。严格的故障容错能力使数据中心具有维持有计划运行维护的能力，并且在无计划故障或运行错误时，不会发生机房运行过程中断的现象。

总部级一类数据中心机房的供电系统一般采取如下配置。

（1）交流输入配置了两种不同类型的电源——引自不同变电所的两路市电电源和备用柴油发电机，在两路市电电源故障时，柴油发电机有10～15秒的启动时间，转换开关也有百毫秒级的转换时间；在柴油发电机投入使用前，在后级UPS支撑下，不会对关键负载设备产生影响。

（2）UPS系统是完全独立的双总线系统，蓄电池满载后备时间一般不低于10分钟，两个系统中的所有设备包括输入转换开关都是相互隔离和冗余的。

（3）UPS输出配电也是冗余的，通过两条相互隔离和冗余的线路向双输入负载供电。

（4）机房照明、安全、空调制冷及其他设备的供电也实现了冗余容错功能。

总部级一类数据中心的供电系统架构如图1所示。

总部级一类数据中心的制冷系统经历了一个发展过程。

早期以中国工商银行西三旗数据中心、中国银行黑山扈数据中心、恒丰银行烟台数据中心，以及中信证券、民族证券机房等为代表的风冷直膨系统为主。2010年之后，一类数据中心制冷系统大多使用水冷系统，包括水冷冷水机组和风冷冷水机组。如广发银行南海信息中心机房、工商银行外高桥数据中心、农业银行稻香湖数据中心、建设银行武汉南湖数据中心、中国平安保险深圳观澜数据中心等，全部使用水冷冷水机组加末端下送风空调系统；建设银行稻香湖数据中心、工商银行嘉定数据中心、中信银行马坡数据中心等，全部或部分使用风冷冷水机组加末端下送风空调系统。

制冷系统一般冷水机组按照“N+X”（1或2）配置，末端空调按照2N冗余配置或“N+X”冗余配置，当然也有完全按照2N冗余配置的，如建设银行稻香湖数据中心、招商银行深圳平湖数据中心等。

总部级一类数据中心的供电系统构架等如图1所示。

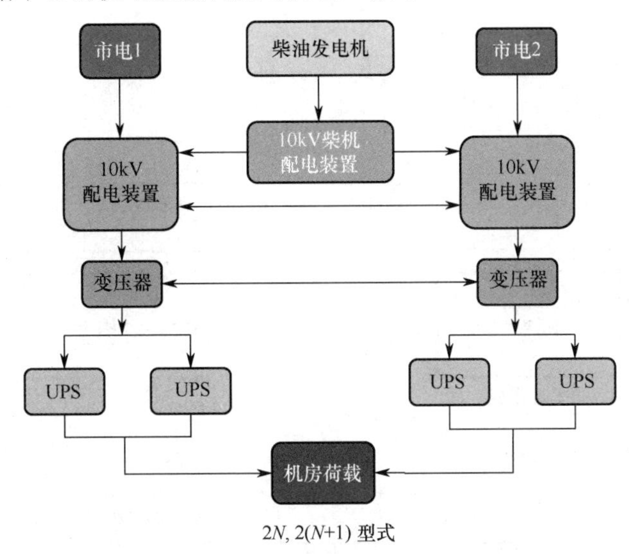

图1　总部级一类数据中心的供电系统架构

（二）分行或分公司二类数据中心建设情况

传统金融业二类数据中心一般满足《数据中心设计规范》（GB 50174）中B级机房的要求。高低压供电系统一般为2N冗余配置，由引自不同变电所的两路市电电源或同一变电站不同变压器“引入两路市电+备用柴油发电机”。UPS供电系统一般为2N冗余配置，蓄电池满载后备时间一般不低于30分钟，UPS输出配电也是冗余的，通过两条相互隔离和冗余的线路向双输入负载供电。

传统金融业二类数据中心普遍使用的供电系统架构如图2所示。

二类数据中心使用的制冷系统大多数为风冷直膨系统，采用“N+1”或“1+1”冗余配置。个别使用水冷空调（如工商银行广东分行）、双循环氟泵空调（如工商银行内蒙古分行）、双冷源空调。

（三）三类机房或支行营业网点机房建设情况

传统金融业分行三类机房或营业部、支行营业网点机房一般满足《数据中心设计规范》（GB 50174）中C级机房的要求。高低压供电系统一般为“一路市电电源+备用柴油发电机”，大型商业银行机房一般配备备用柴油发电机，股份制银行支行网点大多共用或租赁移动发电车作为备用电源；大型银行二级分行机房UPS供电系统一般采用“N+1”并机或“1+1”冗余配置，其他股份制银行支行网点大多配置1台UPS，满载后备时间一般不低于2小时，通过冗余的输出开关、线路向双输入负载供电。

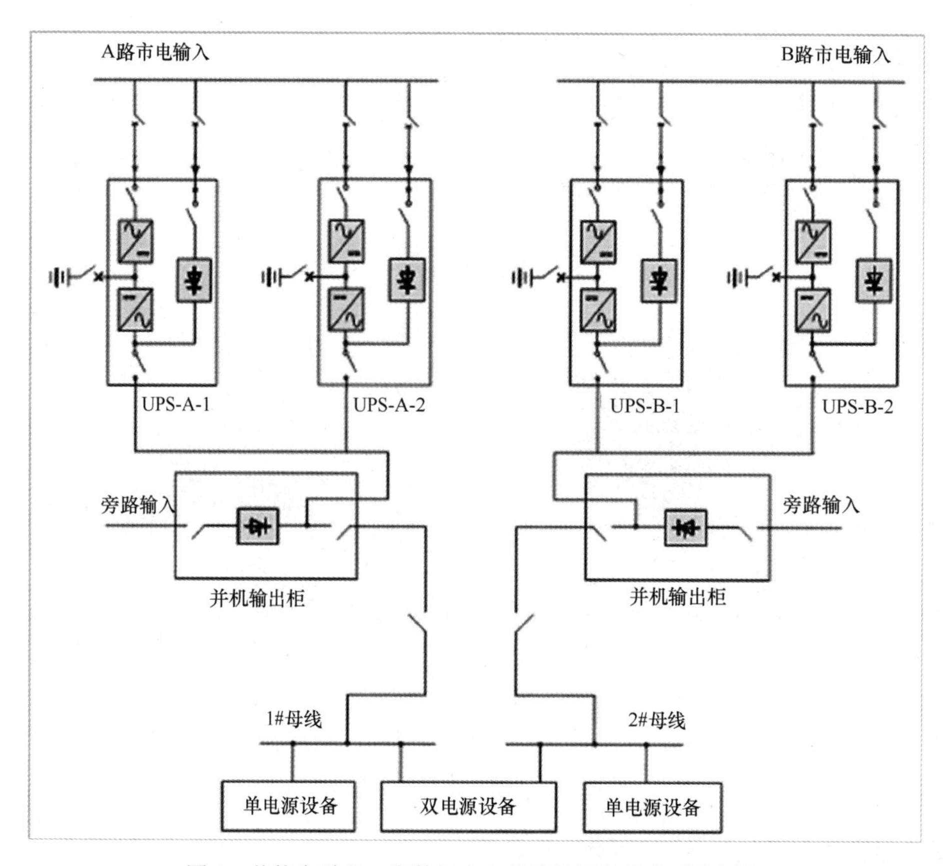

图 2　传统金融业二类数据中心普遍使用的供电系统架构

三类机房或支行营业网点机房大多配置分体空调、1 台小型精密空调，有的甚至可以不配置空调。

三、传统金融业数据中心建设存在的问题和面临的挑战

大型商业银行数据中心一般有以下几个特点：业务系统集中程度越来越高，基础架构规模庞大；外部监管、业务发展对生产系统稳定性与高可用性要求越来越高；全生命周期管理需求越来越强烈；前期的基础设施投入无法放弃，需要妥善整合。

基于上述因素，虽然我国大型商业银行数据中心发展势头良好，但由于发展速度过快，在数据中心建设管理方面也面临着以下几个问题和挑战。

（一）不断增加的成本压力

建造一个数据中心的基础环境往往需要规划 10 年或更久，尤其是对大型的商业银行来说，一方面，机房空间、电力及其他基础设施无法满足业务快速发展的需要，决策者们仍然面临着预算增速和业务支撑容量增速不匹配的情况；另一方面，数据中心集中了整个银行的所有数据，是高风险部门，如何确保基础设施安全稳定地运行，保证业务的连续性，商业银行仍在探索之中，如现阶段的“两地三中心”建设模式就是银行业探索出的保证业务连续性和数据高可靠性的一个方法，但其需要巨额投入和大量的技术支持。

（二）业务发展的不可预测性

虽然目前国家已出台《商业银行数据中心监管指引》，对商业银行数据中心的基础设施搭建要求及监管做出了大方向上的指导，但随着行业的快速发展，业务随着市场变化会出现规模、容量及 IT 的依赖关系的不确定性，大型商业银行就业务发展有着自己的理解，根据自己的战略规划和实际应用水平来摸索适合自己的基础设施管理和发展模式。虽然类似“因材施教”，但相信若是有相关的权威指导建议，可以避免错误的规划导致的额外投入，也可以促进后进银行的发展，使其在基础设施建设和管理上少走弯路。

（三）过度规划和能耗过高的问题

现在的数据中心供电系统规划实施多采用“一次到位”的方式，导致过度规划和设备利用率低下，在运行 4～5 年后负载量才逐渐增加到设计容量的 80%左右，而供电设备的实际负载量只达到设计容量的 30%左右。

伴随着数据中心建设的快速发展，数据中心能耗问题日益突出。一个大规模的数据中心 3 年的电能费用，大约相当于该数据中心的建设费用，由此可见，数据中心耗电量之大。另外，金融行业数据中心由于对可靠性要求比较高，基础设施普遍采用冗余配置，造成电能利用效率（PUE）较其他行业偏高的问题，节能任务较重。大集中、应用上收使得总行级数据中心规模越来越大，设备存储空间增加、计算能力增强，使得数据中心用电量和用电密度也有所增加。

（四）运行维护管理难度加大

随着服务器等设备的规模越来越大，机房空间、电力消耗规划及管理难度越来越大。传统的、手工方式的环境部署效率较低，难以满足业务服务对环境部署的时效性要求，特别是对于研发测试环境，环境变化频繁、全职环境维护人员少，此种矛盾更为突出。据某商业银行的数据，仅测试环境，每年新搭建环境及较大的环境调整近 1 000 次。应用系统在业务高峰期或版本测试的性能测试阶段，需要更多的系统资源支持，期望基础设施能够提供弹性的、动态的、自动化的供应手段。

四、金融行业数据中心建设及发展趋势

针对上述普遍存在的问题，随着分布式架构得到越来越多的应用，分行应用上收使得总行级数据中心规模越来越大，总行级数据中心维护的服务器数量与应用节点的数量急剧增加，而分行机房规模进一步缩小；中小型机房老化现象比较普遍，按照机房“新建—扩容—改造—再新建”约 10～15 年生命周期规律，一级、二级分行有 50%以上的机房运行已超过 10 年，未来分行机房将进入相对集中的改造期；银行的容灾体系逐步从“主备模式”向“双活、多活模式”转化，“两地三中心”建设模式在不同程度上会出现新的变化。这些变化会让金融行业数据中心的建设随之变化。

（一）总部级数据中心机房建设发展趋势

金融行业总部级数据中心机房建筑设计变化不大，但建设规模越来越大，配套基础设施要求自主可控和绿色节能，将出现以下趋势和特点。

（1）金融行业总部级数据中心规模越来越大。分布式架构得到越来越多的应用，维护的服务器数量与应用节点的数量急剧增加，5 万机架规模的数据中心随之出现，如中国工商银行、中国银行目前已规划建设超大规模云数据中心园区。

（2）模块化建设、分批启用。为了克服传统数据中心建设周期长、能效不高、架构复杂、灵活性和扩展性有限等种种弊端，模块化设计已成为建设数据中心的“几乎默认的方法”。

大型数据中心空间布局应按照模块化设计，模块化设计包括园区（园区总电力、经济用地、市政配套）、建筑单体（IT 模块数量、配电、制冷）、IT 模块和机柜几个维度，同时，数据中心各功能系统也采用模块化设计，在建造时可分模块、分楼层、分期建设。大型机房各个机房区域启用的时间要进行统筹考虑，按照需求分步投资建设和分步投入使用，有利于降低初期投资和减少资源浪费。同时，应充分考虑机房空间、动力、空调等因素的互相制约，避免出现有空间无空调、有空调无电力等状况。

（3）良好的灵活性与可扩展性。能够根据业务不断深入发展的需要满足机房区间模块分阶段的扩张需求，同时在模块扩展时，不影响已投入运行的机房模块的运行，在机房模块分阶段扩展时，相应的配套设施也可以同步扩展。

（4）更加绿色节能的基础设施产品或方案。选择优化的电气系统，双总线或双母线供电系统仍然是主要的供电模式，引自不同变电所的两路市电电源和备用柴油发电机作为电力供应的主要方式，采用组合电力模组设计可灵活扩充。制冷系统应优先采用高效率的水冷式空调系统、并使用变频的设备，随需应变，在场地条件有限和楼层较底低时，可考虑使用间接蒸发冷却技术。采用冷热通道隔离、辅助制冷系统、集中加湿、新风处理等技术，提高电源使用效率。

采用高效率和自主可控的 UPS 产品，如模块化 UPS 有着在线扩容、提供冗余、可在线维修维护等优势。目前，塔式（传统）UPS 效率低下，对于大型数据中心，一般初期 IT 设备用电量都比较小，模块化 UPS 尤其适合前期无法准确规划业务需求的情况，可以按照 IT 设备需求变化逐步购置模块进行在线扩容，充分降低初期投资和提高 UPS 运行效率，实现节能目标。

（二）分行及分公司数据中心机房建设发展趋势

金融行业中各分行、分公司数据中心机房高低压供电系统一般仍为 2N 冗余配置，由引自不同变电所的两路市电电源或同一变电站不同变压器引入“两路市电+备用柴油发电机”，UPS 供电系统一般仍为 2N 冗余配置。分行、分公司数据中心机房供电系统架构如图 3 所示。

规模较大的分行或分公司采用模块化机房设计（每个模块用电量都为 15～40kW）已成为主流模式；制冷系统使用下送风空调或列间空调；可选用塔式、机架式和模块化 UPS；消防系统采用无管网气体灭火系统。

较小的分行机房选用微模块机房（6～10kW）机房设计；使用行级空调或机架式空调（7.5～12.5kW，分别占用 8U、10U）；不间断公司系统采用机架式 UPS、分布式锂电池；微模块中消防系统可选用机架式消防模块。微模块机房一般以单排为主，如图 4 所示。

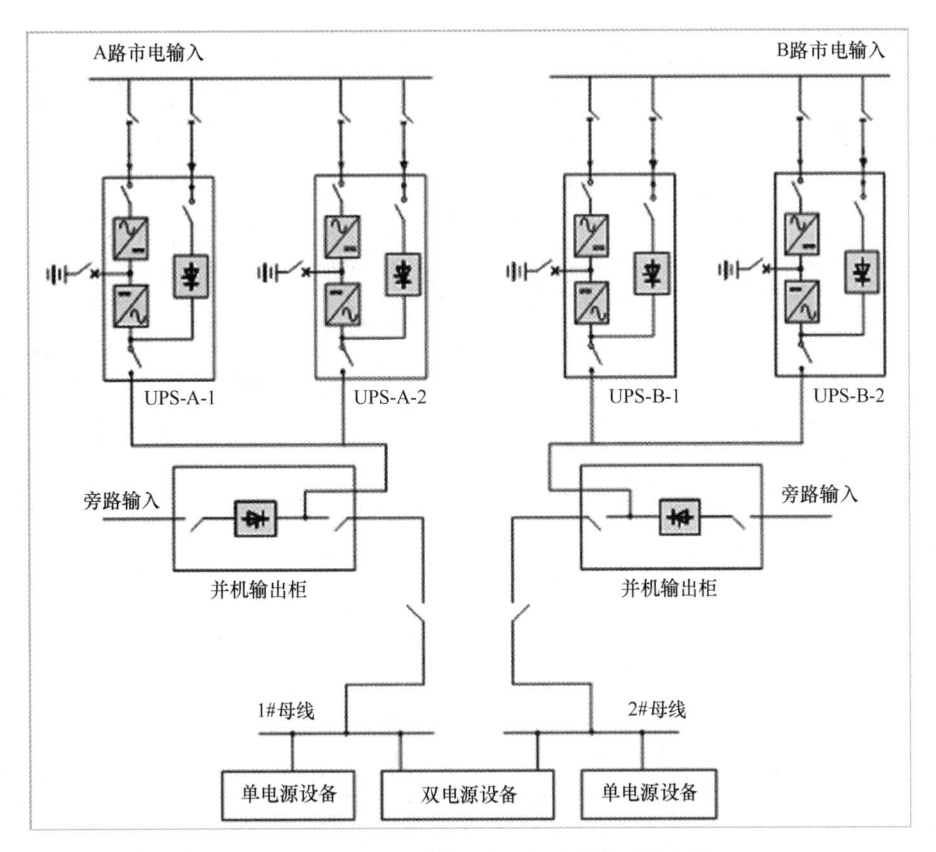

图 3　分行、分公司数据中心机房供电系统架构

图 4　微模块机房

（三）营业部或支行营业网点机房建设发展趋势

金融行业营业部或支行营业网点主要布置网络设备和监控设备，数量较少，UPS 一般满

载后备时间较长，除使用本身楼层市电外，大多共用或租赁移动发电车作为备用电源；UPS 供电系统一般采用“1+1”冗余配置，节点间大多无人值守，需要进行定期巡检，市电停电后主要依靠 UPS 配置的长延时蓄电池和应急发电机供电。

这种机房或设备间一般使用一体化机柜，规格为 19 英寸 42U，可单柜或并柜使用；单柜用电量为 3～10kW，采用机架式配电模块，C 级防雷；机柜中配置机架式 UPS，有后备电池续航；采用机架式制冷模块，冷热通道隔离设计；内置机架式消防模块；一体化机柜内设置温湿度、烟感等环境监控点，能被远程监控。

（作者单位：中国计算机用户协会数据中心分会）

边缘数据中心应用与发展

周灵　　黄亦明

边缘数据中心（Edge Data Center）是指为适应多接入边缘计算（Multi-Access Edge Computing，MEC）的需要而提供的计算环境。业界将这种部署在网络边缘侧的新型基础设施称为边缘数据中心，与 EDC（企业级数据中心）和 IDC（互联网数据中心）相比，边缘数据中心具有小型化、分布式、靠近用户等特点。Gartner 预测，到 2025 年，发生在边缘而不是中央数据中心的数据生成和处理将增长 75%。同时，IDC 中国（International Data Corporation，IDC，国际数据公司在中国的全资子公司）报告指出，一半以上的数据将由多达 800 亿个物联网设备在网络边缘生成。中国作为数据量最大、数据类型最丰富的国家之一，数据量年均增速超过 50%，数据总量全球占比将达到 20%。有关研究报告预计，到 2025 年需要在网络边缘进行分析、处理与存储的数据将超过 50%。可以预见，由边缘计算发展引发的边缘数据中心建设应用发展势头必将十分强劲。

一、边缘数据中心的特点

边缘数据中心作为数据中心的一种，必然带有数据中心的共性，具备电源系统、IT 设备运行环境保障系统等，其特征也很明显。

（一）边缘数据中心基础设施架构

5G 时代的到来对于边缘数据中心基础设施架构而言是较大的影响因素。5G 移动通信技术的飞速发展开启了万物互联时代，其具备的超高带宽、超低时延及全连接覆盖的网络能力，促使新商业应用场景得到不断丰富。

国际电信联盟（International Telecommunication Union，ITU）定义的 5G 未来移动应用包括以下三大场景。

（1）增强型移动宽带（eMBB）：通过更高的带宽和更短的时延提升商业应用带来的极致体验。主要应用有：超高清视频、大型在线游戏、增强现实（AR）等。关键性能指标为：用户体验速率、峰值速率、流量密度等。

（2）大规模机器类通信（mMTC）：海量的移动通信传感器网络，结合大数据、AI（人工智能）、云计算等技术，实现物与物之间、人与物之间全面的信息交互。主要应用有：智慧城市、智能家居等。关键性能指标为：接入数量、能效、个体及系统智能化与自动化水平。

（3）高可靠低时延通信（uRLLC）：通过 5G 无线技术实现高可靠、低时延、极高的可用性，提升商业应用带来的极致体验。主要应用有：工业自动化、远程医疗、智能电网、自动驾驶等。关键性能指标为：空口时延、可靠性、可用性、丢包率。

在 5G 时代，数据中心基础设施架构在原来集中式架构基础上，逐步分离产生分布式架构边缘数据中心，以适应海量用户集聚于数千米范围甚至 1 千米内的需要，出于对 5G 低时延、超带宽及成本等因素的考虑，同时出于对隐私安全的考虑，数据中心将从原来的“云+端”架构向“云+边+端”的架构演变，如图 1、图 2 所示。

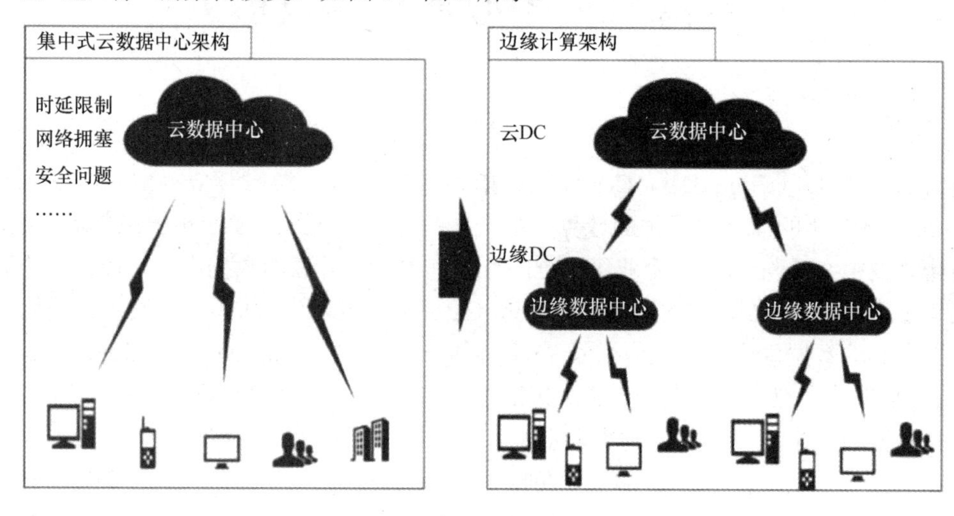

图 1　集中式云数据中心与边缘计算架构

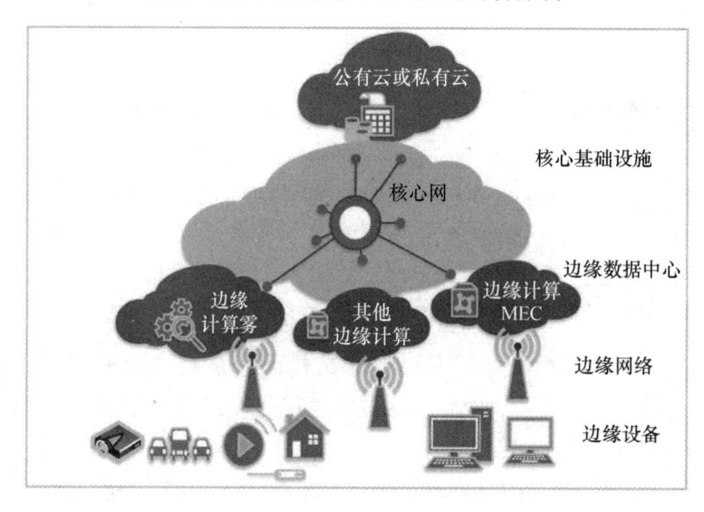

图 2　边缘计算“云+边+端”架构图

（二）边缘计算架构带来建设需求变化

按照部署设备的不同，电信运营商目前的通信网络机房可以分为部署 IT（信息技术）设备和承载内容的云数据中心、部署 CT（通信技术）设备的核心网机房，以及部署传输和交换设备的承载网机房三种类型。

进入 5G 时代，数据种类、数据形式和数据规模的爆发式增长，进一步加速了运营商 ICT（信息、通信和技术）网络架构转型。云数据中心的架构从原来的集中式逐步转变为“云+边+端”的分布式数据中心架构，边缘计算与中心云长短互补，实现数据、应用、AI（人工智能）算法、管理的协同，同时边缘计算能敏捷快速接入中心云。中心云、IDC、边缘数据中心、物联网之间的协同拓扑示意如图 3 所示。

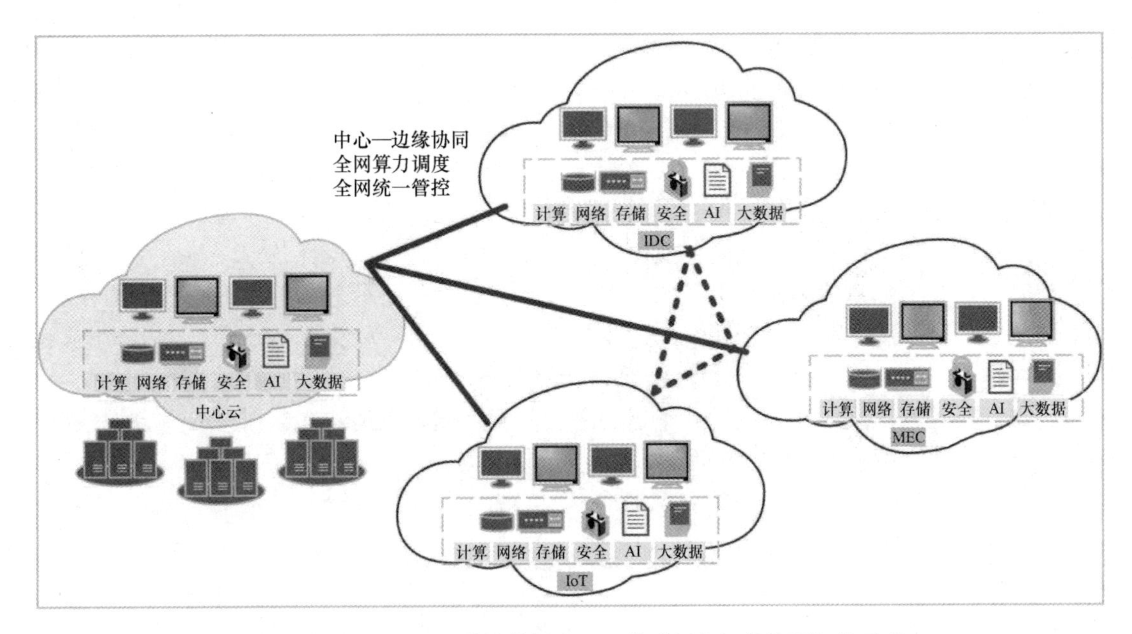

图 3　中心云、IDC、边缘数据中心、物联网之间的协同拓扑示意

超低时延的大量 5G 应用需要具备近端构建算力能力、本地化业务处理能力，以及可定制化能力等，使得海量、轻量化边缘数据中心的需求涌现。在面对不同场景的应用时，要求能够构建轻量、灵活的边缘云节点。针对不同的业务，端到端的时延要求不同，对边缘数据中心下沉程度的要求也不同，对于端到端时延要求小于 20ms 的业务而言，多数规划部署在接入机房和企业自有机房内；对于端到端时延要求在 20～50ms 的业务，多数规划部署在汇聚机房和企业自有机房内；对于端到端时延要求大于 50ms 的业务，对机房位置的敏感度大幅降低，其选址的规划可以在较大范围内、根据成本等因素综合考虑。当高功率密度的设备机柜（功率密度大于 5kW）成为常态时，部分设备机柜的功率密度达 15kW，给供电带来巨大挑战。传统的传输设备风道设计非“前进后出”，给制冷带来巨大挑战。

（三）边缘数据中心分类探讨

目前，对于边缘数据中心的分类方法尚未形成定论。对其的分类既可以借鉴传统数据中心按照机架规模分类的思路，也可以通过 IT 容量规模、场景及下沉位置等维度来进行分类。例如，场景多样是边缘数据中心的一个显著特点，因此从应用场景入手对边缘数据中心进行分类也是一个比较科学的思路。此外，边缘数据中心下沉的位置不尽相同，也可以作为边缘数据中心分类的一种思路。虽然这些分类方法的角度不同，但是都可以在各自的维度上为边缘数据中心分类提供参考。

可以考虑按其机架规模对边缘数据中心进行分类，这样既相对简单，又能以此为根据设计、安排其他相关设备的能力。规模划分参考如下。

边缘计算节点：1 个机柜或 1 台计算机或若干工控模块。

微型边缘数据中心：1 个以上，10 个以下机柜。

小型边缘数据中心：10～50 个机柜。

中型边缘数据中心：50～100 个机柜。

大型边缘数据中心：100 个以上机柜。

边缘数据中心需要重点考虑电力的规划和接入，因此通过IT设备容量规模来确定边缘数据中心的规模是一个较为合理的思路。从国内外的部署经验来看，边缘数据中心IT设备容量一般不超过2 MW。若空间因素受限，边缘数据中心可采用高密度机架，单机架负载容量推荐的使用范围为6～20kW。

从当前的实践来看，边缘数据中心的存在有其合理性。它在地理上靠近最终用户，降低了时延，减少了网络拥塞，某些简单应用程序、简单数据处理在局部范围内部运行，可以更快速地向用户反馈处理结果，把复杂的运算交给中央数据中心处理，可以获得较大的收益。基于此应用，目前边缘数据中心规模体量较小，1个机柜的较为多见，10个以上机柜的较为少见。随着5G和云计算的普及，以及边缘计算技术、边缘数据中心等概念的普及，企业级数据中心有可能下沉，边缘计算成为其承担的主要任务，届时小型边缘数据中心将会增多，中型、大型边缘数据中心也将陆续出现。

二、边缘数据中心的典型应用场景

（一）5G 基站

边缘数据中心的建设为更低时延的5G新业务的开展提供重要支撑。通过把中心局的IT资源迁移到基站侧，更靠近用户，有效地降低了时延。目前，在5G NFV核心网络虚拟化及无线接入网基带数据处理集中化的大背景下，国内有厂商推出5G边缘计算一体化机柜，成为基于移动网络虚拟化的一个典型的承载技术解决方案。产品采用一体化集成设计，将机柜、电源、电池、空调等系统巧妙地结合在一起，保障5G设备在适宜的环境中运行。通过模块化设计及通用接口定义，通信设备可即插即用，加速了5G网络建设。同时，5G基站边缘数据中心采用的可视化、精细化热管理、近端精准制冷、气流组织优化等技术，较好地解决了5G设备局部热点问题，能够降低PUE，节省运维费用。

（二）物联网应用

物联网（Internet of Things，IoT）是指基于互联网、传统电信网等信息承载体，让所有能够被独立寻址的普通物理对象之间实现互联互通的网络，真实的物体都可以通过应用电子标签实现联结。有咨询机构通过NB-IoT（窄带物联网）模块出货量增长趋势估算，我国物联网连接设备规模将从2018年的23亿个，增长到2022年的70亿个。物联网将成为边缘数据中心的另一个典型应用场景。边缘计算节点在能源物联网整体架构中的位置和作用如图4所示。

（三）人工智能计算

人工智能对图像和视频进行计算和分析的一个重要前提是：采集到的数据必须具备足够的清晰度，视频监控日益高清化，产生了非常庞大的视频数据量，但由于网络传输技术和网络环境的制约，传输大量的数据必然产生一定的时延。在当前大多数的人工智能计算都是借助云数据中心来做支撑的情况下，容易造成网络拥塞。将数据留在本地进行计算，在不联网的情况下就可以做实时的环境感知、人机交互和决策控制，可以更经济有效地解决问题。某互联网云应用厂商为内蒙古乌兰布统和荒漠化地区农作物种植试验安装了一套边缘数据中心设备，有20台标准服务器，相当于具备1 000台笔记本计算机的运算能力。重庆交通大学的科研人员使用环境采集系统、田间植物表型征采集系统、高光谱采集系统、全时视频监控系统，每天就地采集约 1TB 数据，经这套边缘数据中心设备清洗和初筛，再把有效数据上传到云端的智能运维平台，进行分类、鉴别、深度挖掘、机器学习。云端训练出来的 AI 模型也能下沉至边缘数据中心，进一步推动数据的就近处理，加快了试验的速度，收到了良好的效果。

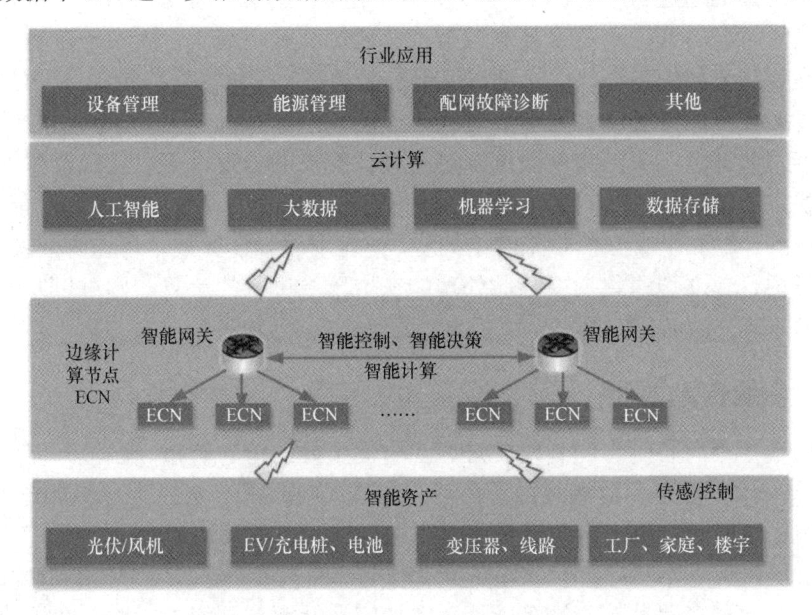

图 4　边缘计算节点在能源物联网整体架构中的位置和作用

此外，人工智能技术的发展对芯片也提出了更高的要求，因而在边缘侧进行负载整合就成为必然趋势。在不同设备上分离的负载将越来越多地通过虚拟化等技术，整合到一个单一、高性能的计算平台上，以实现一个综合的复杂功能。所以，通过部署边缘数据中心构建高性能的计算平台成为最佳的解决方案。

（四）工业互联网应用

工业互联网（Industrial Internet）以机器、原材料、控制系统、信息系统、产品及人之间的网络互联为基础，通过对工业数据的系统化管理和运算处理、实时交换数据、快速建模，满足工业场景特定自动化需求。工业互联网平台与其他云应用平台一样，包括边缘层、基础设施层（IaaS）、平台层（PaaS）、应用层（SaaS）。其中，在边缘层依托传感器、工业控制、物联网技术，支持各类工业设备和信息系统的接入，有大量的数据需要采集和传输。边缘数据中心方案以接近用户、安全性高、处理速度快的特点，支撑数据在边缘进行处理，更好地实现机器间的传感、交互和控制。对于工业互联网中数据体量较大、传输距离较长的边缘节点来说，建立专有的边缘数据中心，是一个既安全又经济的选择。近几年，边缘计算成为工业互联网的“热词”，2019 年 10 月，中国信息通信研究院和中国通信标准化协会共同主办“5G 应用征集大赛”，所征集的 101 个智慧工业案例中有 34 个案例使用了边缘计算技术，排在“5G+AI”、大数据、云计算之前，并且总结了边缘计算节点（数据中心）的部署形式。

（五）车联网应用

车联网（Internet of Vehicles）是指由车辆位置、速度和路线等信息构成的巨大交互网络。

严格来讲，车联网是移动的工业互联网。业界将车联网的网络架构概括为感知层、接入层、网络层和应用层。正因其移动的特征，对感知层、接入层的高敏感性，决定了车联网对边缘计算的要求更高、更迫切。

车联网中的车辆通过 GPS、RFID、传感器、摄像头图像处理等装置，完成自身环境和状态信息的采集，可以看作一个边缘计算的节点。通过互联网技术，所有的车辆边缘计算的结果也需要和汇集到云端的超级计算机里，用于机器学习，总结“好的经验”，再返回到每辆车中。如此往复循环，最终实现更为安全的自动驾驶。

所有车辆边缘计算结果汇集的数据经过超级计算机的处理，可以实现及时汇报路况、发现车辆运行状态、计算不同车辆最佳路线、安排信号灯周期等车联网的宏观功能。显而易见，所有车辆数据的传输和汇集必然带来网络拥塞，而运用边缘计算技术可以有效缓解网络拥塞。在一定的距离内，建立边缘数据中心，处理能在本区域进行的运算，则可以减轻网络压力，降低数据传输时延，改善用户体验。

（六）水资源自动监测

水利部门根据“河长制”的制度安排，在全国主要的跨省、市、县境河流的界面、断面安装了 8 万余套水资源自动监测装置。自动监测装置安放在一处空地的水泥线杆上，避雷、防攀爬、防盗窃措施一应俱全；装置采用太阳能供电，内部存储的蓄电池可以保证在连续 15 天无阳光照射的情况下不断电；一个悬挂于线杆中部的机箱，安装了除传感器外的所有设备，无须空调系统。通过多普勒超声波流量计、雷达流量计等传感设备，对断面流速、水温、流向、水位等进行 24 小时不间断在线监测，实时采集流速、水位数据，结合地形，计算断面流量。环境保护部门利用水资源自动监测装置，接入水质检测传感器，即可实现对水质污染程度、主要污染物成分等的监测。数据汇聚、收集、处理、存储设备是一台安装了水资源自动监测系统的高性能计算机或设备厂商专门定制的遥测终端机，它可以将采集或经过计算的数据通过网络传送到水利部门的接收中心。

（七）自动气象站

由于自然环境和工作条件的原因，气象是较早引入无人值守理念的领域。例如，湖北神农架大九湖国家湿地公园在 2008 年就建立了多要素自动监测气象站，除常规数值外，还结合景区的特点，监测负氧离子、大气电场等。这样的自动气象站在神农架林区有 38 个。

目前，中国气象机构建设的自动气象站可以在恶劣环境、无人值守的情况下全天候、全自动运行，按照国际气象组织 WMO 的气象观测标准，采集观测气压、气温、相对湿度、风向、风速、降水量、地温、能见度、雪深、蒸发、日照、辐射及其他气象要素数据。将各传感器采集的数据汇集处理后，上传到云端平台。例如，青海省格尔木市五道梁气象站地处青藏高原腹地、可可西里核心区，海拔高、气候恶劣，是一类艰苦气象站。该站是国道 109 线必经之地，所获取的气象资料对我国天气预报事业，生态环境保护工作，以及青藏铁路、青藏公路交通运输等具有重要价值。五道梁气象站的观测资料，经过本站处理生成的上报数据，可以通过移动、电信的双路有线传输和北斗卫星及时上传。

自动气象站由软件自动气象站系统和高精度数据采集器、多种传感器、支架及防护箱、太阳能供电四部分硬件组成。国家气象局为自动气象站的建设制定了标准规范，对其全自动性能、安装环境、太阳能电池板、设备功耗、后备电池续航时间、数据存储容量、设备高可行性、防盗、防雷、防牲畜及对动物活动的影响提出了要求。其中，与边缘数据中心相关的要求还有：每年定期对防雷设施进行全面检查，对接地电阻进行检测；支持有线或无线数据传输等。

（八）无人值守变电站

无人值守变电站主要应用在条件环境合适的 35kV 以上电压线路。站内不设置固定运行维护值班岗位，运行监视、主要控制操作由远端主站完成，通过变电站监控系统采集、存储、处理并向主站上传电网和设备运行信息、状态监测信息、辅助设备监测信息、计量信息。无人值守变电站监控系统的部署环境应当具备防火、防盗等措施；配置相应的视频安防、消防、门禁、环境监测等系统，支持远程监控；其场所环境温度分为三级，C0 级为−5℃～+45℃，C1 级为−25℃～+5℃，C2 级为−40℃～+70℃；相对湿度为 5%～95%；防雷和接地均应符合电力行业标准的要求。

当前，超高压远距离输电和大电网的出现，以及大容量发电机组的不断投入运行，使得电力系统的安全控制变得更为复杂，如果只依靠原来的人工抄表和记录，以人工操作为主，依靠原来变电站的旧设备，不进行技术改造，必然无法满足安全、稳定运行的需要，更不可能适应现代电力系统管理模式的需求。采用边缘计算技术，建设具有边缘数据中心属性的无人值守变电站，是提高输电管理水平的重要途径。无人值守变电站作为边缘数据中心，与其他数据中心相比，更需要充分考虑的问题是如何符合电磁防护的规定。

与无人值守变电站相类似的技术、系统和设施在高速铁路上也有应用。高速铁路沿线每隔 25km 要设置一座牵引变电站，多处于交通不便的地方，在管理控制方面有与输电变电站相似的需求，可用相同的方案加以解决。

（九）AR/VR 应用场景

AR/VR 应用场景包括教学培训、军事训练、远程医疗、设计、维护、修理等。与大众接触密切的应用场景有博物馆参观、景点游览、沉浸式动感影院、全息剧场、游戏等。

AR/VR 应用场景中的对象多为虚拟对象，其本质是计算机技术将人的意识代入一个虚拟的世界中。AR（Augmented Reality，增强现实）是有虚有实、虚实结合的场面，依靠摄像头拍摄实际的画面，在显示设备上展示出叠加的虚实结合的情景，对人眼看到的现实世界进行补充；VR（Virtual Reality，虚拟现实）是纯虚拟的场面，依靠位置跟踪器、数据手套、动作捕捉系统、数据头盔等，实现操作者在虚拟场景中的互动。

无论是哪种应用场景，在个人装备和主机之间都有大量的数据交互，规模大的应用场景还需要与中心平台进行交互。从当前 AR/VR 的应用实践看，要实现相对良好的用户体验，其系统不是一台 PC 机可以支持的，也不是通过任意网络连接即可获得远程支持的，需要引入边缘计算技术，在应用场景周边构建边缘数据中心，以支持 AR/VR 应用，必要时还要同时调用支平台资源，共同支撑、支持应用。

三、边缘数据中心建设挑战

从数据中心的全生命周期维度来看，边缘数据中心的基础设施建设面临以下挑战。

（一）规划设计

（1）边缘数据中心选址难。为满足业务的时延要求，边缘数据中心的选址需要下沉到离最终用户数千米范围甚至 1 千米范围内。类似省级运营商这样的用户，边缘数据中心站址规划通常在数百个以上。除利旧改造机房外，还有大量新建需求，不少地方出台了限制数据中心建设地域规划的政策，增加数据中心用地或在非规划区建设数据中心存在很大的困难。

（2）机房工勘工作量大。边缘数据中心多深入业务中心，现场条件较为复杂，需要平衡电力、制冷、承重、安全、环保等多重因素，并且多重因素交叉影响，使得选址的难度加大。同时，边缘数据中心站址分散，需要专业人员多次上站，导致机房工勘工作量大。

（3）需求难以准确预测。边缘计算的需求难以准确预测，也无法做到精准规划。若按传统的一次性面向终期需求进行规划，则业务全部上线前的较长时间面临高空置率的问题；若按业务新增需求时再规划并建设，则原有的初期架构无法满足新业务上线需求，改造困难，重置成本高。

（4）标准化设计难。边缘数据中心的站址、站型差异较大，每个机房设计都需要根据可用空间进行定制，尤其是利旧改造机房和大量的租用机房，无法做到标准化设计。实际的配电电缆布线、空调管路布线、通信线路等为匹配现场空间常常出现绕行、改道等情况，导致建设成本估算不精准，无法进行标准化设计。

（二）工程建设

（1）供配电架构适配融合业务难。边缘数据中心供配电架构无法与现有国家标准《数据中心设计规范》（GB 50174—2017）的评级标准匹配。海量机房站址供电资源差异大，大多数站址只有一路市电，少量站址有两路市电，大多数站址无法放置柴油发电机（原因有空间受限、承重受或噪音扰民等），当部分站址出现异常断电时，备电时长小于移动柴油发电机到达机房时长；接入、传输、交换、核心网和算力等多种设备需要一体化供配电架构。

（2）机房在线改造困难。边缘数据中心如果为利旧改造机房，原有设备柜多为 600mm 和 800mm 的深柜型，设备之间的通道宽度较窄，为 800～1 000mm。当存储、服务器机柜与通信设备融合部署时，会出现布局不齐整、冷热气流进气和排气方向不一致、1 100mm 深 IT 机柜堵塞原有消防通道等问题。同时，机房需要进行在线改造以保障原有业务不中断，这让改造难度进一步加大。

（3）制冷架构适配融合业务难。利旧改造机房制冷形式无法满足高功率密度机柜的部署需求，传统房间级空调的送风距离远，沿气流路径冷风温度上升超过 10℃，导致高功率密度机柜进风温度高、出现热点、设备性能下降、寿命缩短甚至发生宕机。同时，空调制冷量无法实现精准供给，也无法支撑不同功率密度机柜分区部署。同时，设备气流有前进后出、左进右出、右进左出、中部进风上下方向同时出风多种形式，在混合部署时，气流组织复杂。

（4）后期扩容难。每次扩容，基础设施各子系统必须齐备，工程量等同于完全重新改造一个小规模的机房。各类子系统供应商超过数十个，进场次数达数十次。

（三）运行维护

（1）能耗高。ICT（信息、通信和技术）设备进出风方式多样化，气流组织复杂，制冷效率低下。机柜数量和功率密度的双增长带来用电量的增大，PUE 居高不下。

（2）建筑资源投资成本高。不同设备不方便融合部署或高密度部署，导致机柜多，占用更多机房面积，空间使用率低。

（3）运维成本高。大量边缘数据中心节点需要运维人员值守巡检，人工成本高，缺乏适用的多机房统一管理平台。

（4）智能化程度不足。电源、电池、空调等基础设施自身不易实现智能化及自适应组网，通信机房原有动环监控系统与新智能管理系统难以融合，风险不可控。

四、边缘数据中心技术发展趋势

（一）通信技术与信息技术融合

原通信机房中 CT（通信技术）和 IT（信息技术）设备尺寸差异大，如核心网 EPC、UPF 网元和承载网传输设备只能适配 600mm 深机柜。服务器、存储等设备以 1 100mm/1 200mm 深机柜为主。以 VR 为例，要满足 HD MTP 小于 50ms 的时延要求，则需采用高速存储介质，设备深度为 800～900mm，需部署在 1 100mm/1 200mm 深机柜内。还要解决 IT 设备、BBU（基带单元）、接入设备、传输设备等各自分散部署在多个机柜内或多个模块内占用机房面积大的问题。

未来边缘数据中心的部署向一柜或一模块融合部署 CT 和 IT 设备的方向发展，1 100mm/1 200mm 深机柜可能成为标准模块。一个微模块不仅可以融合 ICT 设备，而且可以融合空调、电池、集中监控、交直流集成配电等机电设备。

（二）模块化一体化

5G 边缘计算一体化机柜是一个典型边缘计算一体化解决方案（见图 5）。采用一体化集成设计，将机柜、电源、电池、空调等系统巧妙地结合在一起，保障边缘计算设备在适宜的环境中运行；通过模块化设计及通用接口定义，通信设备可即插即用，适用于 5G 网络；采用可视化、精细化热管理技术，实现气流组织优化、近端精准制冷，解决边缘计算设备局部热点问题，降低 PUE 指标，节省运维费用。该方案荣获 2020 年数据中心科技成果奖二等奖。

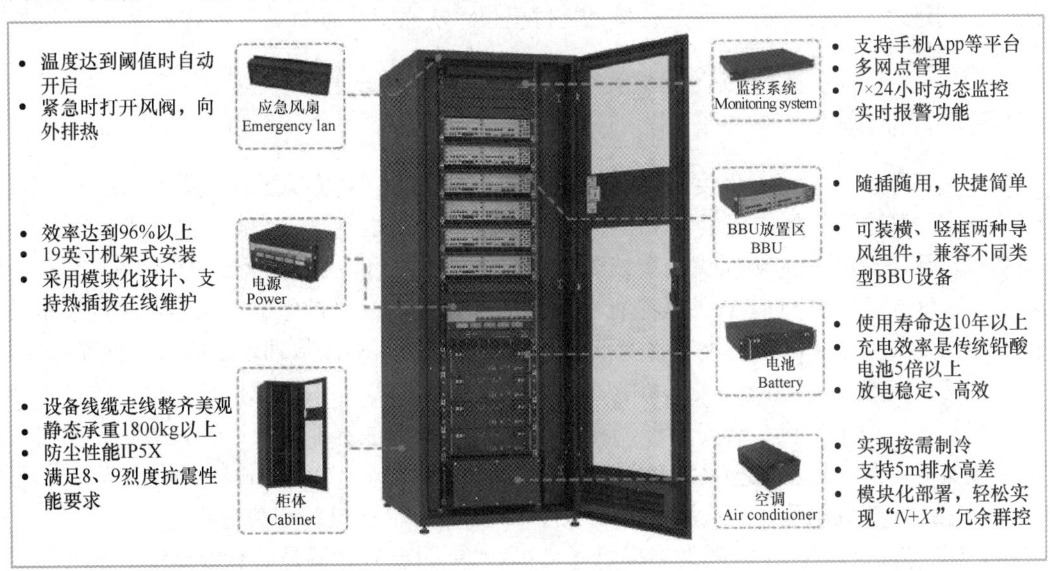

图 5　某厂商 5G 边缘计算一体化解决方案

（三）铁锂电池

边缘数据中心中采用铁锂电池入柜替代铅酸电池，是改变传统铅酸电池占地面积大、对机房承重要求高，以适配老旧机房的有效解决方案。铁锂电池方案降低了机房的改造难度。此外，可通过配合移动油机方式保证关键业务的连续性。铅酸电池与铁锂电池性能对比如表 1 所示。

表 1　铅酸电池与铁锂电池性能对比表

	铅酸电池	铁锂电池	备　注
能量体积密度	60～90 Wh/L	200～300 Wh/L	二者相比，铁锂电池体积可缩小约 70%
能量重量密度	30～50 Wh/kg	100～150 Wh/kg	二者相比，铁锂电池重量可减少约 70%
循环次数	约 150 次；100%DoD 约 600 次；50%DoD	约 3 000 次；100%DoD 约 6 000 次；50%DoD	二者相比，铁锂电池使用寿命长

注：DoD（Department of Defense），即循环深度。100%DoD 指电池每次放出的容量为实际容量的 100%。

（四）智能制造

（1）智能查勘设计。针对边缘数据中心标准化设计、多专业协同难的问题，未来将通过 3D 建模技术扫描现场，迅速建立基础设施的数字孪生模型，通过可视化设计规划、配置预算分析与建造模拟，减少海量站址的现场工勘作业量，降低工勘难度，提升效率。使用数字化设计工具，预置大量典型方案，自动结合工勘数据，修改少量参数后即可快速完成项目设计，输出所需的设计文档。设计平台能不断沉淀专家经验，并固化成自动算法，从而自动配置最佳设备，自动计算管道线缆等的数量，减少漏配、错配，缩短设计周期。

（2）智能实施交付。针对边缘数据中心工程建设难的问题，未来，BIM 技术结合云技术和人工智能技术会大量应用在工程实施和交付中，为现场实施管理提供信息化展示和作业指导。现场施工人员能结合 3D 化的施工指导 App，更方便地使用安装手册，也能够快速获取专家在线指导与协助。在施工过程中，可对项目的进度进行可视化实时监控，通过专业的甘特图进行计划进度分析，并能自动生成项目交付周报，从而优化项目管理流程、提升管理效率、缩短交付周期。

（五）智能运维

针对边缘数据中心运维程度不足的问题，未来运营维护阶段要达成以下目标：① 海量站址无人值守，管理系统要实现机房 7×24 小时无人巡检、智能管理、节省运维人力投入；② 从各高效部件到部件之间的协同优化系统能效运行曲线，制订设备及电源启闭策略，节省全网电费支出；③ 通过设备的运行曲线进行故障预测和预警，及时指导维护保养，满足设备及部件的全生命周期管理，减少突发事件对业务连续性的影响，确保基础设施的可靠性和可用性。

智能运维将依托物联网、人工智能、大数据等技术，实现：① 部件数字化，包括资产管理、租户管理、电子巡检、告警管理、容量管理等；② 部件智能化，通过负载率自动决策电源的启闭策略，通过各区域微环境的温度差异自动决策风阀、导流硬件的开启度等；③ 系统 AI 化，包括 AI 能效优化、AI 智能故障预测、AI 无人巡检和机房态势分析。

5G 时代给边缘数据中心的发展提供了良机，“十四五”时期是边缘数据中心发展的极为有利的时期。为应对边缘数据中心在规划、设计、建设及运维阶段存在的诸多挑战，应在政府的支持和引导下，尽快开展边缘数据中心标准化研究工作，深化产业界的研究与合作，共同推进边缘数据中心产业的快速、健康、有序发展。

（作者单位：南京邮电大学
北京国信天元质量测评认证有限公司）

数据中心黑科技和白科技的应用

杨 威

数据中心白科技是指目前的一些新产品和新技术，有些已经在数据中心得到应用，有些在其他行业得到应用，这类技术本身已是公开的技术，并没有什么神秘感可言，但是当它们应用到数据中心行业之后，发挥了很好的作用，应当加以宣传介绍，使之得到更广泛的应用。数据中心黑科技是指目前的一些新产品和新技术，在一些场合得到小规模的应用，但是这类技术究竟能够发挥什么作用，有什么显著的作用，还存在着一定的神秘感。这些黑科技是否能够应用到数据中心，需要更多的案例项目进行实际检验，在技术层面还需要进一步深入探讨。

白科技之一：
轨道式智能小母线系统 + 智能型 PDU 监控配电方案
实现数据中心的柔性配电+精细化监控功能

数据中心末端配电，从 UPS/HVDC 输出柜出来之后，最传统的做法是采用列头柜方式配电。“列头柜+电缆+机柜 PDU（Power Distribution Unit，电源分配单元）”为机柜内的 IT 设备提供电力供应。IT 设备的用电情况是数据中心最为重要的一个环节，因为 IT 设备的用电情况与 IT 系统运行情况直接关联，与能耗测量直接关联，与 PUE 计算直接关联。

“列头柜+电缆+机柜 PDU”方式供电面临几个问题：在列头柜分路开关和电缆一次布置完成后，很难二次改造。数据中心建设按照 5～10 年规划，但 3 年后、5 年后会增加什么类型的设备，设备电源是三相/单相都有可能变化，设备功率也会由 3kW、变成 5kW、8kW 等。如何满足机房内实际运维中的灵活可变要求成了一个问题。为了实现未来对 IT 机柜供电灵活可变的目的，智能小母线配电方式得到了越来越广泛的应用。

智能小母线配电系统是将供电母线槽安装于每排 IT 机柜的顶部，通过母线插接箱接触分支回路与 IT 机柜内部的 PDU 并进行连接的一种配电方式。母线容量为 100A 到 800A，有多种规格，从结构上分为 U 型母线、T 型母线、I 型母线等，配电端可分为单相、三相不同安培数的插接箱，从辅助功能上分配电型、电量监控型、温控型等功能。近年来，智能小母线的安装又分为吊装和固定等形式，插接箱分为向上插接和侧面插接，智能小母线生产厂家数量越来越多，结构形式多种多样，在数据中心行业快速发展。单独使用 PDU 与使用“轨道式智能小母线系统+智能型 PDU 监控”配电方案效果对比如图 1 所示。

关于配电开关保护的问题：传统方案为了适应更高功耗机柜的使用需求，往往将各个机柜的配电开关调大。例如，设计 2.86kW 机柜，列头柜开关为 13A；为了实现灵活性，能够满足 6～8kW 机柜使用需求，则将开关容量提高到 40A。

在短路情况下的变化：C 型脱扣曲线短路脱扣倍数为 7 倍；13×7=91A；40×7=280A；短路动作电流提高，带来的后果是原本需要 1 秒以内跳闸，变成了 50 秒之后的过载跳闸，延长了短路电流的作用时间，为后端 IT 设备带来较大隐患。

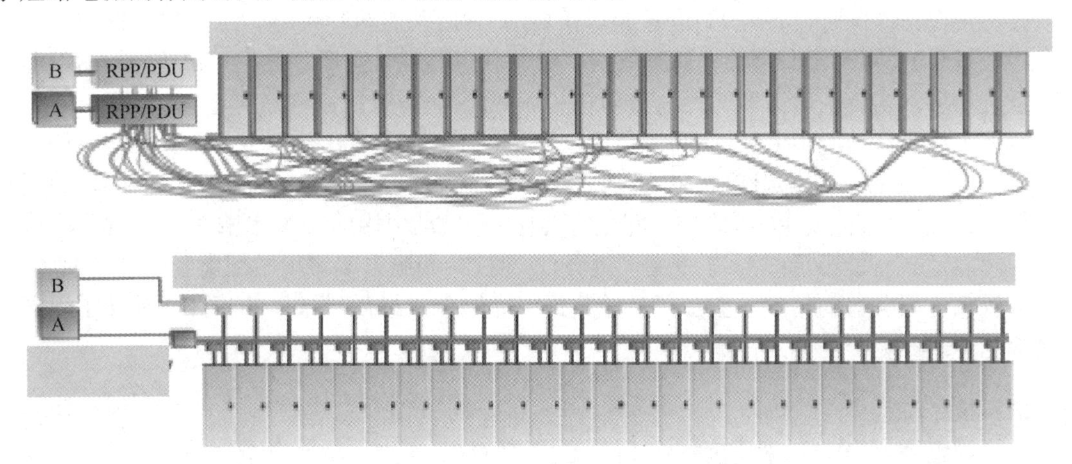

图 1　两种配电方案效果对比图

在过载情况下的变化：C 型脱扣曲线 5 倍过载脱扣时间是 5 秒；如果实际使用 13A 的机柜，产生 5 倍过载电流 65A，对于 40A 的开关是 1.6 倍，500 秒之后才能跳闸，延长了过载时间，增加了用电设备的损耗。C 型脱扣曲线 3 倍过载脱扣时间是 10 秒；如果实际使用 13A 的机柜，发生 3 倍过载电流 39A，对于 40A 的开关，还在正常电流值之内，不能及时跳闸提供保护。

智能小母线配电系统应用到数据中心领域，最为突出的优势主要有三点：① 将原有固定配电方式转变成灵活的配电方式，当负荷需要灵活变化时，省去了原有列头柜分路改造、电缆重新敷设等烦琐的流程，智能小母线变成了机柜配电资源池，不同的机柜按需取电；② 按需配置插接箱确保了每个 IT 机柜的配电开关都能起到合理的保护作用；③ 减少了列头柜占位，同比增加了 IT 机柜数量，更充分地利用了机房建筑空间。

末端配电测量方式：传统配电采用“列头柜+机柜 PDU”方式。近年来，采用智能列头柜的数据中心越来越多，智能列头柜可通过监测系统，对列头柜每个分路进行电力监控，监控范围包括电流、电压、功耗等。IT 机柜内部配有单路或双路 PDU，目前数据中心领域应用最多的是普通型 PDU，仅有配电功能。通常每个 IT 机柜安装 8～12 台服务器，智能列头柜无法监测这 8～12 台服务器中每台设备的功耗，监控系统只能知道每个 42U 机柜内运行功耗的总数，而不能知道安装在机柜里的每台设备的运行功耗。在数据中心配电末端存在着“最后一米”的盲区。这个盲区将数据中心供电系统和 IT 设备运行情况进行了彻底的隔离。

为了解决“最后一米”的盲区问题，智能型 PDU（见图 2）应运而生。智能型 PDU 具有以下功能：远程对整条 PDU 进行通断和电流、电压等参数的监测；能对 PDU 的每位插孔负载的电量参数进行监测，即可以对每台服务器的电量参数进行监测；有些项目还要求配置远程控制功能。

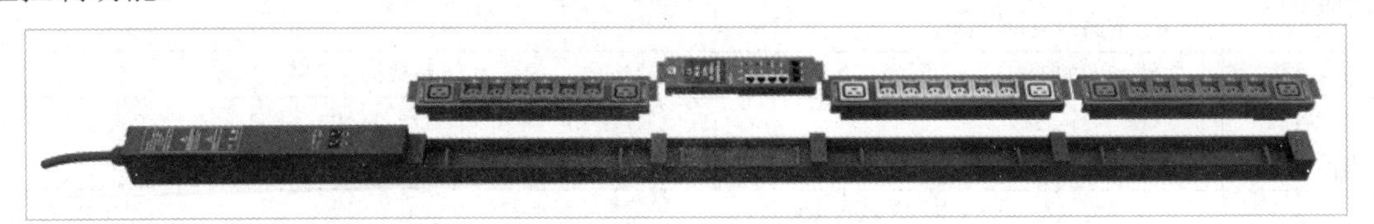

图 2　智能型 PDU

智能型 PDU 实现了对每台服务器运行功耗的实时监控，是 PUE 计算中 IT 设备耗电量的最直接测量数据；同时，每台 IT 设备的功耗数据上传到 IT 网管系统，IT 网管系统可以将电力监控数据与 IT 网管层监控数据进行核对，更有利于发现“僵尸”服务器和功耗异常的服务器等重要信息，实现了服务器运行电力功耗和业务能力直接的关联。

智能小母线和智能型 PDU 产品已经面世多年，智能小母线在数据中心行业应用案例逐渐增多，智能型 PDU 在数据中心的应用案例还比较少，尚未大规模应用。这也是将“轨道式智能小母线系统 + 智能型 PDU 监控”配电方案作为一项数据中心“白科技”的原因。通过前述介绍，“轨道式智能小母线系统 + 智能型 PDU 监控”配电方案实现了配电容量的柔性可变，以及监管每台服务器的精度，解决了目前数据中心监控“最后一米”的盲区，推动了数据中心精细化管理再上一个新的台阶。

白科技之二：
锂电池+分布式 UPS 技术
化整为零，简化原有 UPS 配电系统布局，降低对建筑的需求

数据中心 UPS/HVDC 系统目前常用的蓄电池为铅酸蓄电池，根据放电性能分为普通型和高倍率型两类。锂电池是近年来出现的新技术，尤其是在电动汽车领域得到广泛的应用。锂电池和铅酸蓄电池相比，主要优势是寿命长、体积能量密度和重量能量密度大、高电压输出、同比功率更高。铅酸蓄电池重量能量密度为 30～50Wh/kg，锂电池可达 100～150Wh/kg；铅酸蓄电池体积能量密度为 60～90Wh/L，锂电池可达 200～300Wh/L；重量和体积均相差 3 倍左右。因此，锂电池在承重、容量方面具有绝对的优势。

分布式 UPS 技术：传统数据中心集中设置 UPS 室、集中布置 UPS 主机及配套柜，以及电池室，这两部分几乎占用了数据中心主机房区域面积的 30%～50%。分布式 UPS 技术将原有大容量 UPS 主机拆分为一个个小容量 UPS 单元，分别部署到每个机柜内。同时，结合锂电池重量轻、体积小的优势，分布式 UPS 和锂电池备电均分散布置在各机柜内，占用机柜 4U～6U 空间，即可替代原有电力室和电池室的空间。采用“锂电池+分布式 UPS”的方案，服务器机柜高度通常由 42U 增加到 47U～52U，为服务器留有充足安装空间。传统 UPS 电源系统与分布式电源系统对比如表 1 所示。

表 1　传统 UPS 电源系统与分布式电源系统对比

	传统 UPS 电源系统	分布式电源系统
设计考虑	预先规划容量，前期处于低负荷运行状态，设计难度大，后期改造困难	前期设计简单，后期扩容和改造简单
可靠性	单机故障对整体供电影响较大，采用并机方式投资较大	分布式电源系统组成资源池，即消除了单点故障带来的业务中断，又提高了整个系统的可靠性
基础设施	需要在基建时就规划 UPS 室和电池室，对楼面承重要求高	无须规划 UPS 室和电池室，对楼面承重要求低，空间利用率高
建设方式	一次性投入，在运营初期负载率低时效率低下，容易造成投资浪费	根据业务发展按需分期部署，有效保护投资
运营维护	需要专业的动力运维工程师	运维简单，设备为 IT 化架构，支持热插拔
过载容忍度	一般不允许过载	单台设备具有 50%的过载容忍度，能源池中资源可以互相调度
节能效果	由于负载率过低，运行效率低下	通过能源管理系统可以动态调整设备负载率，运行效率高
备源效果	采用铅酸电池，充放电效率低、寿命短、功率密度低、占地面积大、承重要求高	采用锂电池系统，充放电效率高、寿命长、功率密度高、重量轻、易管理

采用“锂电池+分布式 UPS”技术方案，机房布局可省去原有 UPS 室、电池室的部分，免去原有铅酸蓄电池承重、排气等对建筑的限制，对数据中心的工艺设计和建筑设计均带来突破性的提升。分布式锂电系统常用部署方案如图 3 所示。

图 3　分布式锂电系统常用部署方案

锂电池技术已经面世多年，目前在电动汽车领域发展得如火如荼。锂电池原有的消防风险也在逐步得到妥善解决，分布式 UPS 也面世已久，但是目前采用“锂电池+分布式 UPS”技术的数据中心还不多，该项目技术尚未得到大规模应用。这也是我们将“锂电池+分布式 UPS”作为一项数据中心“白科技”的原因。通过前述介绍，“锂电池+分布式 UPS”技术可以节省空间、降低机房承重要求、提高机房利用率，对于新建数据中心是一种崭新的工艺设计思路，对于原有建筑改建数据中心，更能发挥承重要求低、空间要求低的优势，该项技术是数据中心供配电系统一种新的解决方案，也是机房建设过程的一个新的技术选项。

白科技之三：

变压器、低压柜、UPS/HVDC、蓄电池、输出柜一体化

电气设备整合，节省空间；实现工厂预制化拼装，缩短工期

国标 A 级数据中心最经典的传统配电系统架构为：双重市电+(N+1)柴油发电机+(2N)变压器、低压柜、(2N)UPS 或“HVDC+市电”，然后并机输出到列头柜，再双路输出到 IT 机柜。无论是 UPS 还是 HVDC，配电系统建设模式一直都是统一设计、分开招标、一起实施的，整个配电链路上的设备包括高压柜、变压器、低压柜、UPS 及并机输出柜等分别进行招标，各供应商再把所有设备运送到现场，由机电安装单位统一进行安装、接线、调试。这种传统建设模式存在空间占用大、配合工作多、现场施工量大等不足。

随着服务器运算能力的提高，服务器的功率增加，导致配电间的面积相对于 IT 设备的空间的比例也越来越高，对 4kW、6kW、8kW 不同功耗的数据中心，配电区面积和主机房区面积的比值等比例增加，配电区域占比越来越大是高密度机房面临的一个挑战。

建设周期长是传统配电系统面临的第二个挑战。各供应商的设备运输到现场后需要统一协调、部署，现场施工的工作量也大。数据中心众多设备之间有很强的关联性，一个设备或配套设施的需求、设计、采购发生变化，可能导致关联系统的变化，从而引起计划外的调整、变更、工程协调等问题，增加建设工期。

一体化配电系统集成了变压器、UPS/HVDC 和输出柜，目前的一体化配电系统大致有两种形式。

第一种是“传统变压器+UPS/HVDC”的形式，这种一体化电力模块运用大功率的

UPS/HVDC，多数厂家用了 1 000 kVA 甚至 1 200 kVA 的 UPS/HVDC，并且将 UPS/HVDC 融入了低压配电系统，采用上部母排连接或下部线缆连接的方式，将变压器、UPS/HVDC 输入、UPS/HVDC、UPS/HVDC 输出集成在一起，作为一个产品来提供，为大型数据中心提供 MW 级的供配备电一体化服务。这种供配电模块通过一体化的设计、高密度的部件集成，大大减少了电力系统占地面积；通过工厂预制化、去工程化，降低施工复杂度、缩短部署工期；此外，大多数产品还配置了集成的智能化监控系统，预留了外部通信接口，实现全链路可视化管理和预防性维护，确保系统的运行安全。

第二种是采用了“多脉冲移相变压器+HVDC”的形式，多脉冲移相变压器的采用可以让变压器端有更低的谐波和更高功率因数，从而去掉传统交流 UPS/HVDC 系统中功率模块内部的功率因数校正环节。这个环节的节省，使得整流柜内电源模块仅负责调压即可，拓扑结构得到很大简化，功率模块的体积也大大降低，模块效率可以达到峰值 98.5%。在轻载下（20%）时，效率也能达到 97.5%。

一体化配电系统的主要技术优势如下。

（1）节省电力机房的面积。例如，一个 A 级数据中心标准层的电力室布置，电力室对机房面积的比值达到了 30%左右。在同样 IT 功率需求的情况下，如果采用一体化配电系统，这个比值大约降低了 20%。这些节省的面积都可以用来布置机柜，增加数据中心的生产能力和经济收益。

（2）缩短工期。因为从中压输入到变压器，再到不间断低压输出等环节，自成一个完整链路，而且它是工厂预制、预先测试的，这个工厂预制的阶段可以和土建施工同步进行，一旦施工现场满足设备安装条件，就可以直接运到现场进行安装。只要在工程现场进行简单的固定、拼装就可以了。

（3）故障点减少。一体化配电系统设备集成化程度高，现场接线少，而且内置的监控管理系统可以对整个模块的电量参数（电压、电流等）、非电量参数（温度和绝缘状态等）等关键指标进行实时监控，降低了故障发生概率。一体化配电系统提供丰富的网络通信端口和友好的管理界面，为本地和远程监控管理提供了便利条件，提高了维护工作的效率。

（4）集成度高。设备集成为一体，原来连接低压柜到 UPS、UPS 到并机柜的线缆就大大缩短了，而且已经在工厂做好连接，不仅成本有所下降，线路的损耗也相应减小。据测算，整个链路效率大约可降低 0.3%。

一体化配电系统是近年来涌现的新技术、新方式，但是目前工程实际应用的案例数量还不多，尚未得到大规模应用。作为数据中心的一项“白科技”，应用一体化配电系统，具有节省电力机房面积、缩短工期、工厂预制接线、节省线缆长度等优势，使得数据中心配电系统也变成了简单的模块化建设模式，可快速部署。

白科技之四：
全景拼接、人脸识别、热成像、安防消防一体化 提升数据中心监控管理水平

近年来，安防领域新技术不断涌现，有些智慧安防新技术也可在数据中心行业应用。

（1）视频监控系统新技术应用。180 度全景拼接摄像机可以应用在数据中心行业，对数据中心机房楼宇外观和机房区内部进行“上帝视角”监控；人脸识别摄像机对进入数据中心人员进行识别比对，当外来人员进入时可及时报警，目前人脸识别已经成为安防领域的主流

应用，在数据中心行业亦可大规模应用；热成像摄像机对数据中心设备温度进行实时检测，遇到温度异常情况可及时报警；视频分析摄像机或服务器实现智能报警功能，如绊线入侵检测、区域入侵检测、攀高检测、徘徊检测（滞留）、离岗检测（值岗人数异常）、“睡岗”检测、打架斗殴检测、声音异常检测、服装检测、人群聚集检测、视频诊断检测等。

视频监控系统新技术可与动环监控系统相结合，从而提高温度、湿度、水浸、可燃气体、烟雾等传感器的工作能力，视频验证功能可避免动环监控系统的误报、增加辅助预警功能，从而提高数据中心管理水平。

（2）门禁系统新技术应用。门禁系统的新技术包括指纹、掌纹、人脸、指静脉、虹膜等多种生物识别技术，这类新技术均可应用到数据中心行业，提高数据中心的管理能力。

（3）机器人巡检新技术应用。机器人可对数据中心设备运行状态进行识别，实现视频巡检，自动化完成巡检任务，将现场图片及画面回传。在机器人完成工作后，自动返回充电，节省人工现场巡检的时间和成本。目前，已经有越来越多的数据中心配置了机器人巡检装置。

（4）智慧消防新技术应用。用电：通过智慧用电空气开关、智慧用电监测模块对数据中心用电情况进行监测，如对剩余电流、温度、故障电弧进行监测。用水：通过物联网采集终端实现对喷淋及消防栓末端水压监测，水池水箱液位监测。用传：智慧消防物联网设备接入传统消防主机，同步传统消防报警信号，平台可实时显示和联动视频。管理：消防安防一体化管理，消防报警联动安防，实现可视化监管。当监测到异常事件时，立即发出报警信号并通知相关人员处理。

智慧安防系统近年来涌现的新技术、新产品，有些已经在数据中心行业得到一定的应用和尝试。智慧安防系统是数据中心的一项“白科技”，合理使用智慧安防领域的新技术、新产品，可提高数据中心的监控、管理水平，提高数据中心的安全性，增加监控颗粒度，提高监控精度，并在一定程度上节省运营成本。

黑科技之一：

颠覆传统数据中心空调制冷的液冷技术

不受地域限制，实现超低 PUE

近年来，在数据中心的高能耗和低 PUE 政策要求背景下，数据中心的冷却技术正在由传统的机房、机柜级冷却探索发展到液冷的芯片级冷却；由低温冷却发展到高温冷却；由机械制冷发展到全年自然冷却。数据中心液冷技术是通过液态媒介将服务器发热元件的热量高效带走的冷却方式。采用液冷技术的机房，可以实现数据中心全球、全天候的自然散热，是符合数据中心制冷要求的一种全新解决方案。

液冷技术将冷却剂直接导向热源，同时由于液体比空气的比热容大，水的比热容为 4 200J/(kg·K)，绝缘油等液体的比热容与水相近，空气的比热容为 1 400J/(kg·K)，换算为体积比热容，水与空气之比约为 300，液体媒介散热速度远大于空气，因此制冷效率远高于风冷散热，每单位体积所传输的热量即散热效率高达原来的 300 倍。

目前，在数据中心行业尝试应用的液冷技术主要有冷板式液冷技术、浸没式液冷技术和喷淋式液冷技术三种形式（见图 4）。

1. 冷板式液冷技术

冷板式液冷数据中心通过冷板直接接触服务器的发热元件，省去了空气换热环节，提高了末端供水温度，进而将制冷系统的“能耗大户”压缩机省去。冷板式液冷技术采用定制冷板对服务器内部发热量较大的元件（如 CPU、GPU）等进行针对性冷却，将工作流体作为中间热量传输的媒介，把热量由热区传递到远处再进行冷却。工作液体与被冷却对象分离，工作液体不与电子器件直接接触，通过液冷板等高效热传导部件将被冷却对象的热量传递到冷媒中。通过风扇带走服务器主板上除芯片外的其他发热元器件的热量。主板上发热量最大的计算芯片部分由液冷方式带走热量，因此可以大大减少风扇的数量，以及冷却这部分空气所需的空调数量。

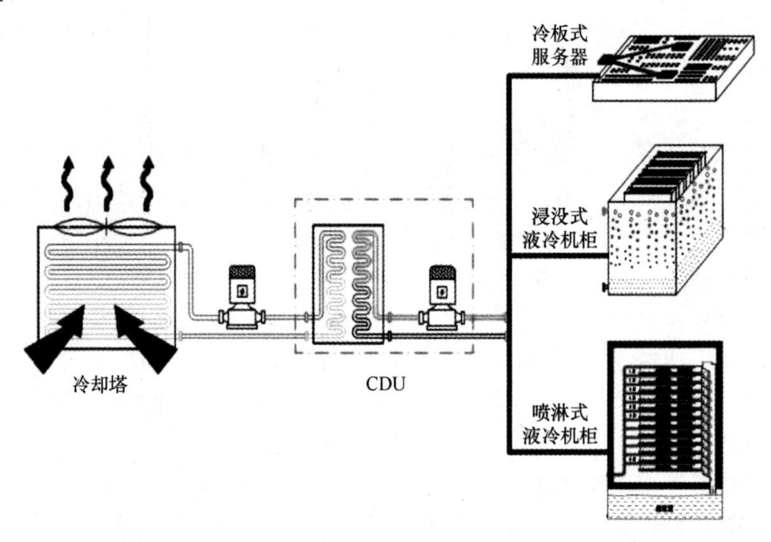

图 4　液冷技术的三种形式

冷板式液冷系统的主要特点是：服务器定制程度高，主要为冷板式结构，通过服务器内部冷板紧贴 CPU、GPU 的核心部件散出主要热量；除部分全覆盖定制液冷服务器外，还需要提供液冷、气冷系统两种散热通道才能散出服务器全部发热量；用于液冷系统的循环介质可选去离子水、乙二醇水溶液、丙二醇水溶液、单相非水溶液等，主要考虑电导率、洁净度等与服务器的兼容；地域性差异小，实现全国范围内的高能效，机房 pPUE 低至 0.08。在广州、深圳等地区应用案例实测全年平均 PUE 为 1.15。

2．浸没式液冷技术

浸没式液冷系统采用专用冷媒，具有不导电、无闪点、无腐蚀性、无毒性的特点，利用环保冷媒良好的热物理特性，通过控制系统物理参数，利用冷媒工质的气化潜热转移服务器内部热量，极大地提高了系统的换热效率。浸沉式液冷系统专用冷媒较传统冷媒而言，在系统压力较低的情况下即可实现 50℃～60℃的蒸发温度，无须利用压缩机进行机械制冷，从而使室外机组全年自然冷却工作方式成为可能。

浸没式液冷系统的主要特点是：整机功耗低，由于是全浸没方案，无风扇设计，风扇功耗降为 0；噪声低，区别于传统风冷机房，全浸没机房噪声控制在 35dB 以下；功率密度高，可进行高密度配置，实现整机柜功率 160kW；PUE 指标低，由于直接利用高品位完成热量转移，PUE 可低至 0.05。

浸没式液冷系统在成为未来数据中心建设的一个发展方向的同时也面临许多挑战，如材料兼容性、信号完整性、散热表面处理、稳定性、能源效率、监控与管理系统，在这些方面仍须进行深入的研究与探讨。

3. 喷淋式液冷技术

喷淋式液冷系统原理与浸没式液冷系统类似，采用专用冷媒，具有不导电、无闪点、无腐蚀性、无毒性的特点。喷淋式液冷系统直接对服务器芯片进行喷淋，通过冷媒的流动转移服务器内部热量，提高了系统的换热效率。喷淋式液冷系统有蒸发温度高、无须压缩机制冷、可全年自然冷却的特点。喷淋式液冷系统由液冷服务器、液冷机柜、液冷 CDU、冷却塔/风冷冷凝器组成。

喷淋式液冷系统的主要特点是：整机功耗低，由于是喷淋式方案，无风扇设计，风扇功耗降为 0；功率密度高，可进行高密度配置，实现单机柜功率 100kW；PUE 指标低，由于直接利用高品位完成热量转移，PUE 可低至 0.05。

三种形式的液冷技术，在数据中心行业应用要区分不同的场景。现有机房改造和新机房建设均可使用冷板式液冷技术，而浸没式液冷技术和喷淋式液冷技术要求较高，通常只适用于新建机房。普通服务器通过实施改造即可使用冷板式液冷系统，有利于在较大范围内应用，而喷淋式液冷系统需要对服务器进行整体改装，浸没式液冷系统更是要针对整个机房结构特殊定制，动作和风险都较大，难以下决心实施。冷板式液冷系统和喷淋式液冷系统都为开放式系统，机柜外的环境与机柜内相连通。对机房环境有相应的温湿度及洁净度要求，与传统机房相似。浸没式液冷将机柜与外界环境完全隔离，对机房环境要求较低。

从用户的角度看，液冷技术需要用户接受相应的改造风险，出租型第三方数据中心较难应用，自用型数据中心接受程度相对较高。

综上所述，液冷技术的应用颠覆了传统数据中心的空调制冷技术。由于 CPU、GPU 芯片的工作特性，芯片温度高、局部发热，液冷技术实现了精确制冷。液冷技术不受地域限制，无论纬度高低，在各种环境条件下，都能不使用电制冷，是能够实现超低 PUE 的黑科技。

黑科技之二：
基于“5G+AI”智慧监控
打通数据中心原有子系统，实现精细化控制和管理

现阶段，数据中心的监控系统主要涉及楼宇自动控制系统、动环监控系统、安防系统、变频控制系统、机电系统等。整个数据中心空调水系统、冷机、水泵、阀门、风扇等均各自为政，各监控系统更是分别建设、独立运行的。前些年，数据中心是没有集成和联动的，近几年来，有些数据中心通过 DCIM 等上层系统进行汇总，能实现的联动功能极其有限。各个系统分别运行，导致的问题一是需求和供给无法做到实时联动，二是采集精度不足，无法实现精细化控制，三是机电系统可调范围有限，无法做到精细化运行。上述三个问题使整个数据中心无法做到用一个“大脑”集中控制所有机电设备，各机电系统无法完美匹配，制冷供电能力和 IT 需求不能精细化对等，最终导致数据中心运行 PUE 指标一直处于高位，成本大幅增加。

5G 技术正式商用为数据中心的智慧化监控系统提供了便利条件。智慧数据中心监控系统的研究，就是要在 5G 大规模应用、物联网技术不断增强、AI 智慧监控理论不断应用的背景下，将原有分散建设的各监控子系统集中建设，对各机电系统提出精细化要求，通过集成平台（数字中台等理念），将数据中心的监视、采集、开关控制、数字化控制等领域的优势资源

充分利用起来，将数据中心各监控系统垂直打通，对所有前端设备进行“物联网化演变”，通过 5G 和 AI 技术的数据中心智慧监控系统实现数据中心精细化管理和智慧化运行。

基于 5G 和 AI 技术的数据中心智慧监控系统整体解决方案，包括平台系统、前端采集硬件、机电设备等，替换数据中心传统建设领域内分散建设的楼宇自动控制系统、动环监控系统、安防系统、变频控制系统，以及 IBMS/DCIM/DCOM 平台系统。

（作者单位：北京电信规划设计院有限公司）

生命周期维度的数据中心技术经济指标框架构建

黄亦明

数据中心是新基建信息化的底座，在数据中心建设中，技术是必要条件，而经济起决定性作用。电信运营商、互联网企业、第三方数据中心供应商，以及其他投资方和使用者，对其成本的评估角度各有不同，如何采用定量指标对数据中心技术经济进行全面评估，一直是行业内关注的问题。

一、数据中心技术经济指标框架构建的视角

中国计算机用户协会数据中心分会的会员一是数据中心的建设方和实际用户，他们是甲方，处于信息基础设施的需求侧；二是数据中心相关设施设备的制造（建造）厂商，他们是乙方，处于信息基础设施的供给侧；三是数据中心的设计、检测、认证、咨询等服务商，他们往往居于甲乙方的中间，处于中介方，亦可称丙方。另外，同是处于供给侧，因其有产品上下游的关系，不同厂商又形成了另一个层次的需求侧和供给侧。对于甲乙丙三方来说，所谓技术经济指标，理解和度量的尺度各不相同。兼顾甲乙丙三方，以数据中心生命周期维度进行框架的构建，无疑可以回避一些矛盾，让事情有个“开局”的做法。

需求侧、供给侧、中介方对某些问题的认知会有共同之处。不仅是甲乙双方，甚至是同一家公司不同的内部团队，对于数据中心预期成本和收益的评估可能也会存在较大的差异。乙方或公司内部的技术团队一般缺乏对主要经济参数的敏感度；而甲方或公司内部的财务团队也可能缺乏对关键技术参数的敏感度。站在不同的立场对同一个项目的评估，在最初的评价指标体系的建立上就存在着很大的偏差。但在数据中心业界，有通过技术经济分析的方法，结合数据中心行业特点，来构建数据中心基础设施关键技术经济评价指标体系的愿望，使构建数据中心技术经济指标框架具有了现实可行性。

构建数据中心技术经济指标框架的目的，因会员类型不同而各异，但不是不可以抽象出一个能够得到多方认可的目标。我们不妨把它描述为：通过数据中心基础设施技术经济指标框架的构建，逐步建立、完善数据中心基础设施全生命周期的评价标尺，通过分析度量数据中心不同阶段的主要技术经济指标，为数据中心基础设施选址、投资、建设、运营、改造，以及绩效评估等工作提供依据。

从数据中心项目全生命周期的角度，可按数据中心项目启动、设计、建设、运营四个阶段，构建数据中心技术经济指标框架。在构建时，国家标准《数据中心设计规范》（GB 50174—2017）、《数据中心基础设施施工及验收规范》（GB 50462—2015）是重要的依据，而全国咨询工程师（投资）职业资格考试教材中的《项目决策分析与评价》《现代咨询方法与实务》等课程是学习掌握构建指标方法的途径。

二、启动阶段技术经济指标框架

（一）需求信息

（1）需求识别：需求识别=显性需求+隐性需求。

（2）规模需求：机架数、单机架功率、土地规模、建筑规模等。

（二）经济评价

（1）收入测算：主要为机架租赁收入和 IDC 增值服务收入等。

（2）建设成本（CAPEX）：项目建设支出，一般指资金或固定资产的投入。

（3）运营成本（OPEX）：计算期内电费、水费、人工成本、设备维修保养费、资金成本等运营成本的总和。

（4）项目总拥有成本（TCO）：计算期内建设成本（CAPEX）与运营成本（OPEX）之和。

（5）内部收益率（IRR）净现值为零的折现率：大于资本成本率（或贷款利率），则理论上项目可行。

（6）动态投资回收期：考虑资金折现后的项目投资回收期。

（7）净现值（NPV）：特定项目未来现金流入与流出的现值之间的差额，若 NPV 大于 0，则理论上项目可行。

（8）息税折旧摊销前利润率（EBITDA）：未计利息、税项、折旧及摊销前的利润率，该指标越高，说明企业销售收入的盈利能力，以及回收折旧和摊销的能力越强。

（三）项目选址

（1）交通便捷：火车站、飞机场到达数据中心的道路不少于 2 条。

（2）安全距离：是否距离甲/乙类厂房和仓库、垃圾填埋场 2 000 米以上且远离强震源和强噪声。

（3）地质隐患：是否不在地质断层、地震频发、有可能塌方等地区。

（4）水患隐患：是否不在有滑坡危险或水坝水库可能影响的区域。

（5）电力供给：是否有两路来自不同变电站的市电且采用埋底接入。

（6）通信便捷：是否有两路或两路以上通信传输接入。

（7）居民区距离：是否距离居民区 100 米以上。

（四）电力能源

（1）供电电压等级：10kV、35kV、110kV、220kV 等。

（2）外市电容量：变压器设备总容量；设计负荷容量。

（3）电费单价：电费单价元/度。

（4）其他能源单价：项目除电费以外的水费、天然气等能源接入和使用费用单价。

（五）合规手续

（1）项目立项：《工业和信息化固定资产投资项目》审批备案。

（2）项目节能审查：国家发展和改革委员会《固定资产投资项目节能审查》。

（3）环境评价：生态环境部《建设项目环境评价审批》。

三、设计阶段技术经济指标框架

（一）机架能力

（1）设计等级：是否按国标 A 级或者 TIA-942 美国标准 Tier III、Tier IV 设计。

（2）单位机架 IT 功率：单位机架 IT 功率 3～20kW。

（3）单位机架 U 位数：单位机架 42U、46U 等。

（二）机架建设成本

（1）单位机柜土建成本：含项目征地、机房楼宇建设、室外场地建设费用等。

（2）单位机柜电力接入成本：含 2 路 110kV 外线电缆、110kV 变电站建设及各类规费等。

（3）大机电单位机柜成本：包含降压变压器、油机、水冷机组、高低压配电柜、冷却塔费用等。

（4）小机电单位机柜成本：包含楼层 UPS 系统、母线、机架、地板费用等。

（5）单位机柜成本：单位机柜土建成本+单位机柜大机电成本。

（6）单位 kW 造价（IT 功率）：单位机柜成本÷单位机架 IT 功率。

（三）机架规划率

（1）单机架建筑面积（平方米）：建筑面积÷机柜数。

（2）单机架机房面积（平方米）：主机房规划面积÷规划机柜数。

（3）机房建筑面积系数：机房面积系数 =机房面积之和（平方米）÷总建筑面积（平方米）× 100%。

（4）机房使用面积系数：主机房规划面积÷(主机房规划面积+电池室面积+电力室面积+高低压变配电室面积+油机室面积+弱电机房面积)。

（四）绿色节能

（1）设计 PUE。PUE=数据中心总设备能耗÷IT 设备能耗。

（2）设计 WUE：水利用效率或水使用效率，其定义是数据中心的年度用水量除以 IT 设备的能源，以升/千瓦时为单位。WUE 指标应包括现场使用的水，以及数据中心之外所用的水。

（3）其他节能措施：太阳能、风能等、三联供、湖水降温等的利用。

四、建设阶段技术经济指标

（1）建设预算执行率：建设预算执行率=建设实际投资÷建设预算投资× 100%。

（2）工期偏离率：工期偏离率=各阶段实际工期÷该阶段预算工期× 100%。

（3）变更率：变更率=某阶段变更增减费用÷本阶段建设预算× 100%。

（4）大宗商品波动率：实时关注同一种大宗商品价格走势，进行对比分析。

（5）建造等级：项目通过假负载压力测试获得第三方检测报告，获国标 A 级机房认证、金融动力系统 A 级等级评定。

五、运营阶段技术经济指标

（一）运营管理

（1）外市电负载率：变压器容量实际利用率。

（2）空调负载率：实际空调负荷利用率（不含备用机）。

（3）机架上架率：机柜上架率=已出租使用机柜÷全部可使用机柜× 100%。

（4）机架电力容量利用率：机柜电力容量利用率=实际机柜电力容量÷机柜设计电力容量× 100%。

（5）机架空间利用率：机柜空间利用率=实际机柜已使用空间容量÷机柜空间容量× 100%。

（6）运维等级：获得运维等级评定。

（二）运营收支

（1）单机架运维人力成本：主要包含每个月单机架运维人力成本。

（2）单机架设备维护成本：主要包含每个月单机架设备维修保养费用成本。

（3）单机架电费：单机架电费=IT 功率×PUE×24×30.5=总电费÷在用机架数。

（4）单机架水费：单机架水费=总水费÷在用机架数。

（5）带宽费用：网络带宽通信费用。

（6）实际运营成本（OPEX）：运营成本的总和。

（7）实际运营收入：实际机架租赁收入和 IDC 增值服务收入及计划。

（三）绿色节能

（1）运行 PUE：运行实测 PUE，可与设计 PUE 对比分析。

（2）运行 WUE：运行实测 WUE，可与设计 WUE 对比分析。

（3）其他节能措施：优化节能措施及可再生能源的利用等。

六、以生命周期为维度进行指标评价的展望

随着行业成熟度的提高，以及技术经济评价体系的完善，近年来，不仅在数据中心建设期，在数据中心全生命周期中各阶段都开始采用相关技术经济指标进行评价。数据中心全生命周期管理已经成为数据中心产品的主要市场竞争力，对应的各生命周期的经济技术指标评价的重要性凸显。很多管理经验丰富的数据中心企业，能够结合自身特点利用技术经济指标来管理数据中心产品，向管理要效率，让技术经济指标直接为产品价值服务。

由于不同会员单位收入来源不同、盈利模式不同、关注点不同、经营能力不同、行业经验不同，因此可能会有各自独特关注的技术经济指标。同时，数据中心产业链上各类型的单位都可以利用技术经济指标来衡量自身企业的经营绩效情况。如投资人、决策者肯定更加关

注启动阶段和设计阶段的各项指标，项目管理人员可能更加关注设计和建设阶段的指标，运营和提供运维服务的单位更加关注运维阶段的指标。数据中心关键技术经济评价指标能给产业链上的各类型的公司提供经营决策参考，构建、挖掘、探讨、使用数据中心关键技术经济评价指标是非常必要的。

按照生命周期维度，先构建数据中心技术经济指标框架，让其良好的可扩展性引发业界的思考，为数据中心在行业协会的协调下，构建相对全面的、定量的、覆盖数据中心全生命周期的技术经济评价指标体系是一件可期的事情，起码可以先从相对成熟的阶段做起。

（作者单位：北京国信天元质量测评认证有限公司）

供 配 电

数据中心使用绿色能源的愿景和我国电力能源结构调整

徐杰彦　徐　婧　王聪生

绿色发展一直是数据中心业界十分关注的话题，多年来，以降低 PUE（Power Usage Effectiveness，用电效率）为抓手，在节能方面进行了持续不懈的努力。2020 年 9 月，习近平主席在第七十五届联合国大会上宣布：中国将提高国家自主贡献力度，采取更加有力的政策和措施，二氧化碳排放力争于 2030 年前达到峰值，努力争取 2060 年前实现碳中和。2020 年 10 月 29 日，中共中央十九届五中全会通过了《中共中央关于制定国民经济和社会发展第十四个五年规划和二〇三五年远景目标的建议》，在推动绿色发展，促进人与自然和谐共生一节，提出了“加快推动绿色低碳发展”“支持绿色技术创新，推进清洁生产”“推进重点行业和重要领域绿色化改造”等要求。围绕学习贯彻习近平主席讲话精神，结合制定本行业、本系统、本单位的“十四五”发展规划，数据中心如何提高绿色发展水平再次成为热议的话题。在关注节能降耗、减少污染排放（屏蔽噪声、废弃蓄电池无害处理等）、节水的同时，数据中心使用绿色能源也多有提及，并且与碳达峰（碳排放在由升转降过程中的最高点）、碳中和（人为排放源与通过植树造林、碳捕集与封存技术等人为吸收碳达到平衡）加以关联。

数据中心作为耗能大户，主要是耗电，是电力的需求侧。电力部门是供给侧，数据中心使用的电力是一次能源生产的，还是可再生、清洁能源生产的，取决于国家电力能源结构，数据中心并无太多的选择权。在一定程度上可以说，数据中心使用绿色能源的愿景受制于我国电力能源结构的情况。

一、当前能源形势与未来能源的发展方向

我们所处的时代堪称“能源时代”。人们从来没有像今天这样重视能源，世界能源形势的热点问题更是备受瞩目。2020 年，世界能源年总消费量约 206 亿吨标准煤，其中，石油、天然气、煤等化石能源占 84%，大部分电力也是依赖化石能源生产的，核能、太阳能、水力、风力、波浪能、潮汐能、地热等能源约占 16%。化石能源价格比较低廉，开发利用的技术也比较成熟，并且已经形成系统化和标准化体系。虽然发达国家在遭受 20 世纪 70 年代两次石油危机打击后，千方百计摆脱对石油的过度依赖，但是由于能源结构的变化涉及技术、经济及基础设施等多方面因素，需要一个漫长的过程，预计在今后十多年，乃至更多年里，煤炭、石油和天然气仍是主要的能源和电力生产的主要燃料。

另外，一个国家的能源需求和消费与其经济（GDP 的增长程度）密切相关，经济水平高，人民生活质量高，衣、食、住、行的能耗就高。但在达到一定水平后，能耗的增加就会减缓。从发达国家走过的路来看，人均 GDP 在 1 000～10 000 美元时，人均能源消费量增长较快，在 GDP 超过 10 000 美元后，人均能源消费量放缓。我国正处在人均能源消费量增长较快的起步阶段，能源需求增势强劲；而且我国是一个人均能源相对贫乏的国家，人均石油、天然气、煤的可采储量分别占世界平均值的 20.1%、5.1%和 86.2%，特别是原油的缺口较大，2020 年我国生

产原油 1.95 亿吨，进口原油 5.4 亿吨，对外依存度超过 2/3，供需矛盾相当尖锐。

世界能源以化石能源为主的结构特征，使得化石能源走向枯竭和化石能源利用对环境的污染及影响气候变暖等问题依然困扰人类。二氧化碳排放量的增加使全球变暖，2020 年是有记录以来最热的一年，欧洲的平均表面温度比工业化前的基准高 2.2℃，比上一个创纪录的年份 2019 年高出近 0.5℃。自 20 世纪 70 年代以来，由于人类排放二氧化碳和其他温室气体，全球每十年一直以 0.2℃左右的速度稳定升温。世界各国都制定了能源发展战略，将合理利用和节约常规能源、研发清洁的新能源和切实保护生态环境、减少碳排放作为基本国策。

展望未来能源发展，可再生能源和新型电力系统技术被广泛认为是引领全球能源向绿色低碳转型的重要载体，受到各主要国家的高度重视。面对日益严重的能源资源约束、生态环境恶化、气候变化加剧等重大挑战，全球主要国家纷纷加快了“低碳化”乃至“去碳化”能源体系的建设步伐。根据国际能源署（IEA）预测，可再生能源在全球发电量中的占比将从当前的 25%左右攀升至 2050 年的 86%。为有效应对可再生能源大规模发展给能源系统的可靠性和稳定性带来的新挑战，各国都在积极探索发展包括先进可再生能源、可再生能源友好并网、新一代电力系统、大容量储能及应用、氢能及燃料电池、多能互补与供需互动等高比例可再生能源系统技术，开展了一系列形式多样、场景各异的试验示范工作。同时，以更安全、高效、经济为主要特征的新一代核能技术及其多元化应用，也是全球能源科技创新的主要方向。福岛核事故后，全球核电建设整体进入稳妥审慎发展阶段，但核能技术创新的步伐并未减缓，各国在三代和新一代核反应堆、模块化小型堆、先进核燃料及循环、在役机组延寿和智慧运维、核能供热等多元应用等方面开展了大量技术研发和试验示范工作，为引领未来全球核能产业安全高效发展奠定了坚实基础。

2020 年 9 月，国际能源署发布了《能源技术展望 2020》，其中指出，要实现能源转型和气候目标，全球需要大力开发和部署清洁能源技术。《能源技术展望 2020》中系统评估了一系列不同的清洁能源技术选项，以寻求在确保能源系统弹性和安全性的同时于 2050 年左右实现净零排放的可行方案，并给出了未来到 2070 年可持续发展情景中全球各种能源的发电量，如图 1 所示。

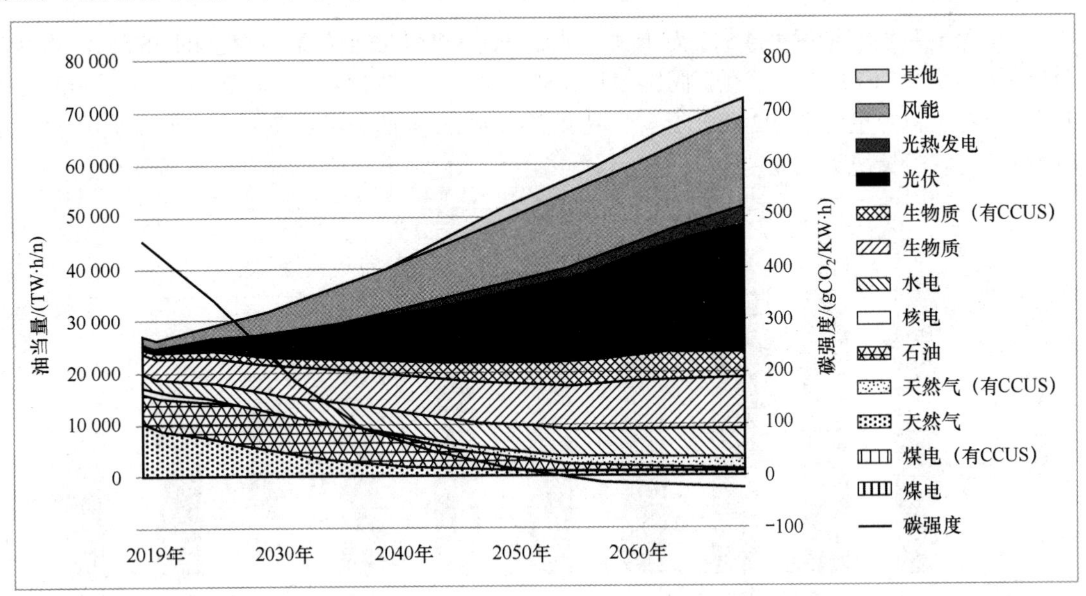

图 1　可持续发展情景中全球各种能源的发电量

二、我国电力能源结构、发电装机容量及分布

目前，我国发电结构中火电仍占主导地位，发电装机容量和发电量开始从高速增长进入低速增长阶段，从两位数增长转为个位数增长。无论是发电装机容量还是发电量，都呈现出可再生能源占比扩大的趋势。2020 年，我国“十三五”规划已圆满收官，虽然经历了新冠肺炎疫情的冲击，全国发电装机容量仍然从 2015 年年底的 15 亿千瓦增长到 2020 年年底的 22 亿千瓦，年均增长 7.6%，高于“预期 2020 年全国发电装机容量 20 亿千瓦，年均增长 5.5%”的规划目标。2020 年，全国全口径发电装机容量达 220 058 万千瓦，同比增长 9.5%。全国十大发电装机容量省份情况如图 2 所示。

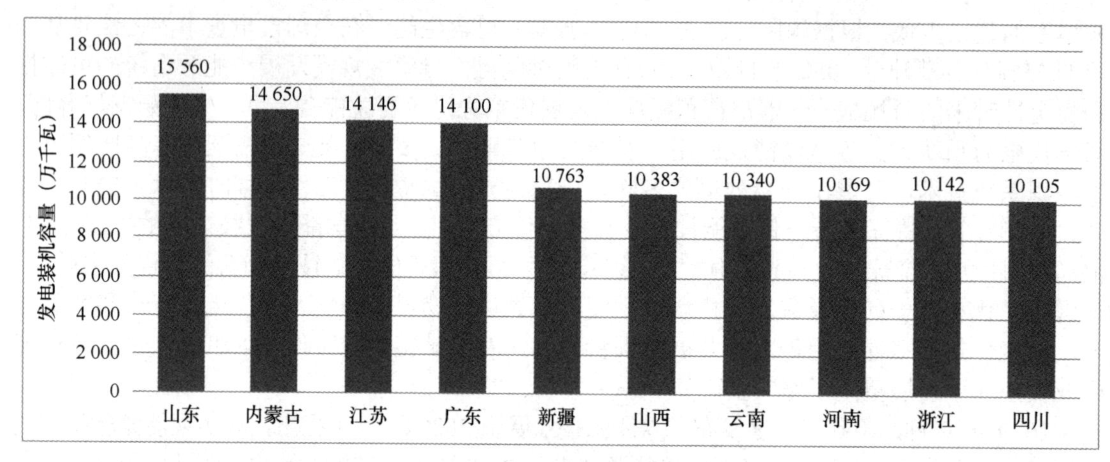

图 2　全国十大发电装机容量省份情况

（一）火电

全国火电装机容量达 124 517 万千瓦，同比增长 4.7%，占全部装机容量的 56.58%。其中，煤电装机容量为 107 992 万千瓦，同比增长 3.8%，占全部装机容量的 49.07%，首次降至 50% 以下；气电装机容量为 9 802 万千瓦，同比增长 8.6%，全部装机容量的 4.45%。全国十大火电装机容量省份情况见图 3 所示。

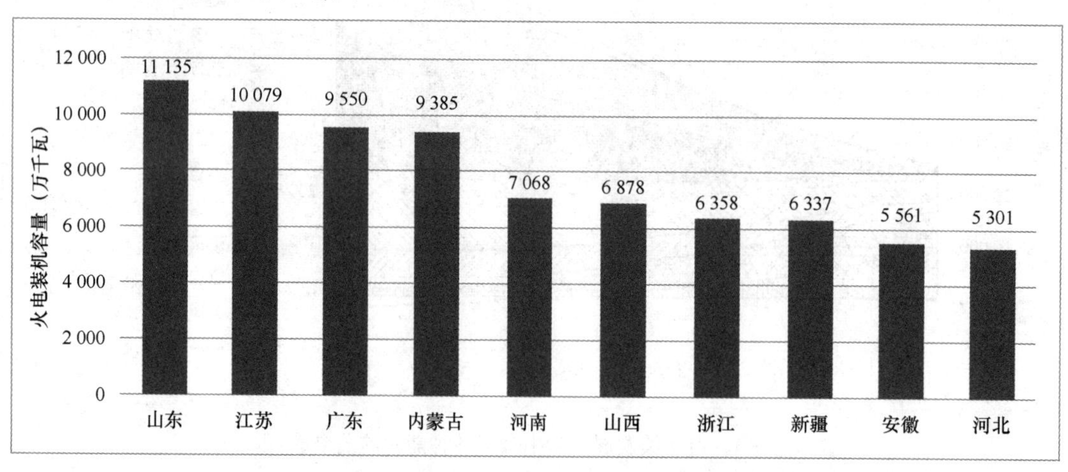

图 3　全国十大火电装机容量省份情况

（二）水电

全国水电装机容量达 37 016 万千瓦（含抽水蓄能 3 149 万千瓦），同比增长 3.4%，占全部装机容量的 16.82%。全国十大水电装机容量省份情况如图 4 所示。

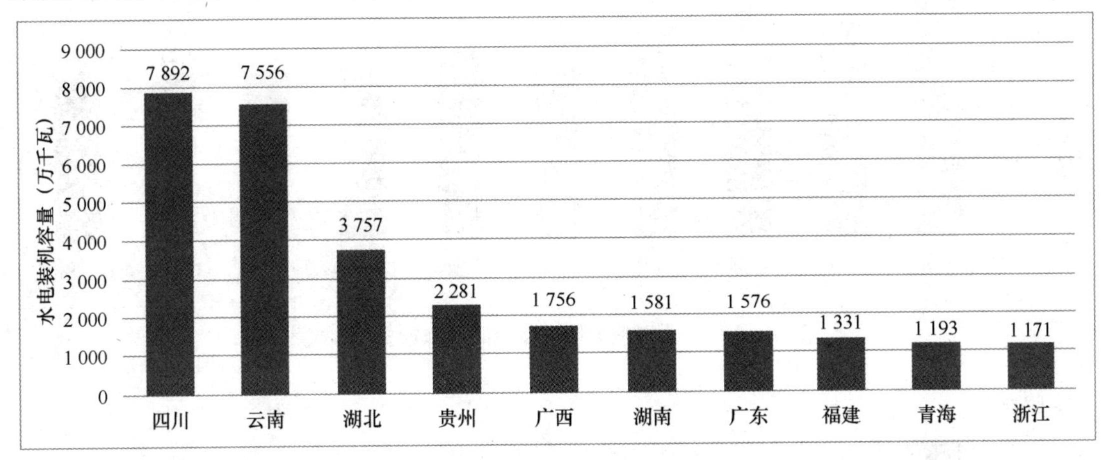

图 4　全国十大水电力装机容量省份情况

（三）风电

全国并网风电装机容量达 28 153 万千瓦，同比增长 34.6%，占全部装机容量的 12.79%。全国十大并网风电装机容量省份情况如图 5 所示。

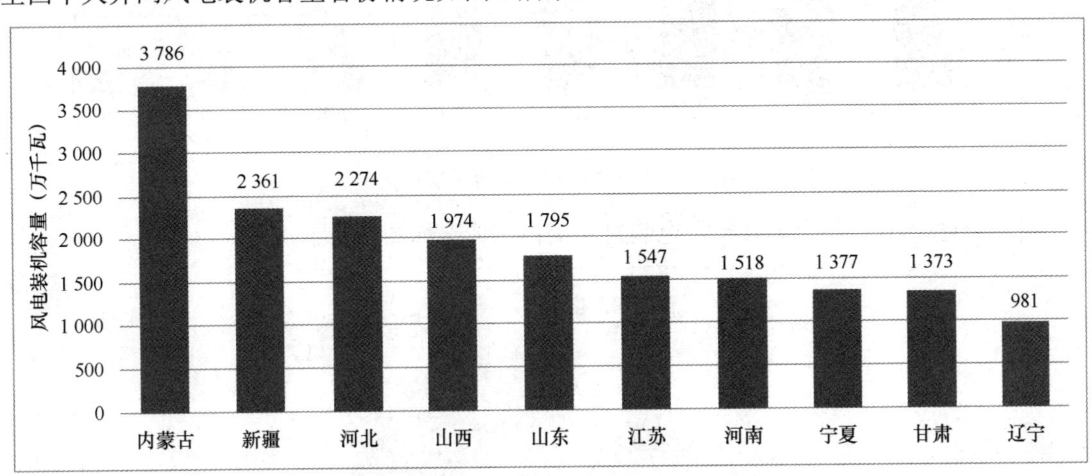

图 5　全国十大并网风电装机容量省份情况

（四）太阳能发电

全国并网太阳能发电装机容量达 25 343 万千瓦，同比增长 24.1%，占全部装机容量的 11.52%。全国十大并网太阳能发电装机容量省份情况如 6 所示。

（五）核电

全国核电装机容量达 4 989 万千瓦，同比增长 2.4%，占全部装机容量的 2.27%。全国八大核电装机容量省份情况如图 7 所示。

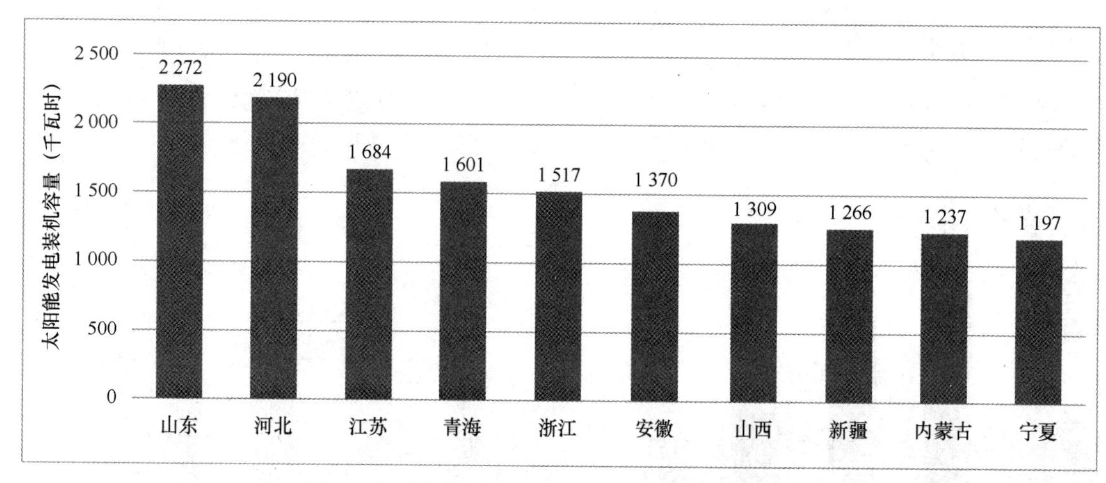

图 6　全国十大并网太阳能发电装机容量省份情况

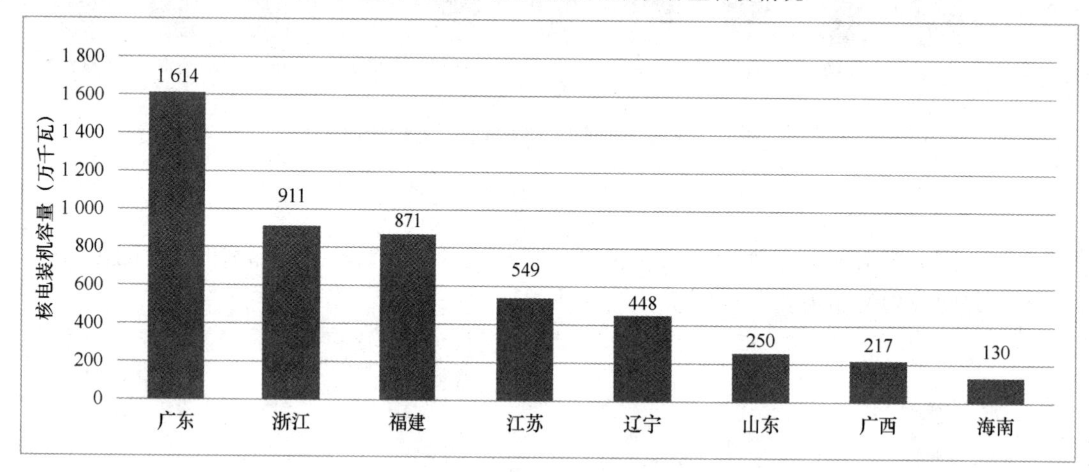

图 7　全国八大核电装机容量省份情况

综上所述，2020 年全国各类发电装机容量占比情况如图 8 所示。

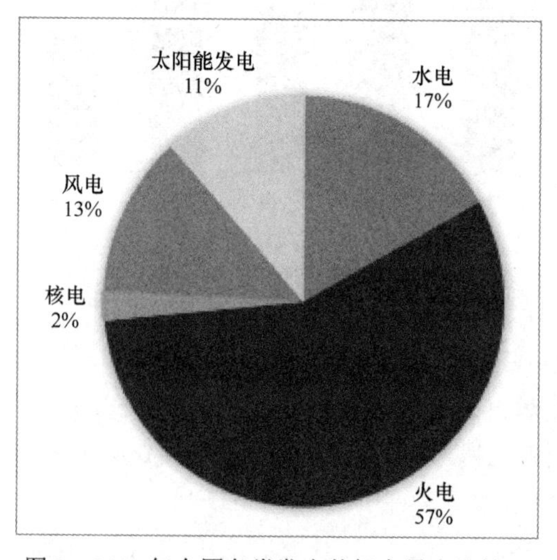

图 8　2020 年全国各类发电装机容量占比情况

数据来源：2020 年全国电力工业统计快报。

根据中国电力企业联合会预测，2021 年全国基建新增发电装机容量将达 1.8 亿千瓦左右，2021 年年底全国发电装机容量将达 23.7 亿千瓦，同比增长 7.7%左右。风电和太阳能发电装机比例比 2020 年年底提高 3 个百分点左右，对电力系统灵活性调节能力的需求进一步增加。

2021 年是未来五年国家能源战略定调之年，能源政策制定的首要议题是落实习近平主席 2020 年 9 月在联合国大会上做出的“碳达峰、碳中和”的郑重承诺。从经济结构调整到具体行业实践，实现净零排放的路径多、覆盖广，能源领域应聚焦三大减排着力点：低碳电力、能效提升和净零技术。2021 年也将成为针对上述议题形成顶层思路和路径设计的关键窗口期。

三、我国主要发电技术、发电量及碳减排

（一）火电

火力发电厂简称火电厂，是以煤、石油、天然气为燃料生产电能的工厂。它的基本生产过程是：燃料在锅炉中燃烧加热水形成蒸汽，将燃料的化学能转变成热能，蒸汽压力推动汽轮机旋转，将热能转变成机械能，然后汽轮机带动发电机旋转，将机械能转变成电能。按燃料划分，火电厂包括燃煤发电厂、燃油发电厂、燃气发电厂、余热发电厂和以垃圾及工业废料为燃料的发电厂。2020 年，火电厂全年发电量为 51 743 亿千瓦时，占发电总量的 67.8%。煤电存量优化和增量控制是电力减排的“基本盘”，在电力部门或国家整体低碳目标达成过程中，煤电的减排路径与可再生能源的持续渗透扮演了举足轻重的角色。煤电存量机组优化直接关乎 2030 年碳达峰目标的达成，这将有赖于运营效率的提升与小型低效机组的淘汰。新增机组寿命预期将延伸至 2040 年之后，从而在碳中和关键攻坚窗口期带来减排压力，合理安排煤电增量将成为绸缪碳中和策略的重要“先手”。

（二）水电

水力发电厂简称水电厂，是把水的势能和动能转换成电能的工厂。它的基本生产过程是：从河流高处或其他水库内引水，利用水的压力或流速冲击水轮机旋转，将重力势能和动能转变成机械能，然后水轮机带动发电机旋转，将机械能转变成电能。水电厂可分为常规水电厂（包括梯级水电厂）、抽水蓄能电厂、潮汐电站和波浪能电站。常规水电厂又可按水头集中方式、水库调节径流性能分类。其中，按水头集中方式，可划分为坝式水电厂、引水式水电厂和混合式水电厂；按水库调节径流性能，可划分为多年调节、年调节、季调节、周调节、日调节水电厂和不调节径流的径流式水电厂。水电是清洁能源，在整个发电过程中不消耗燃料，也没有碳排放。2020 年，我国水电厂全年发电量为 13 552 亿千瓦时，占发电总量的 17.8%。

（三）核电

核电站是指通过适当的装置将核能转变成电能的设施。轻原子核的融合和重原子核的分裂都能释放出能量，分别称为核聚变能和核裂变能。在聚变或裂变时释放大量热能，能量按照核能－机械能－电能进行转换，这种电力即为核电。核电站以核反应堆代替火电站的锅炉，以核燃料在核反应堆中发生特殊形式的“燃烧”产生热能，加热水产生蒸汽。核电站的系统和设备通常由两大部分组成：核系统和设备，又称核岛；常规系统和设备，又称常规岛。20 世纪 90 年代，为了消除美国三里岛和苏联切尔诺贝利核电站事故的负面影响，世界核电业界

集中力量对严重事故的预防和缓解进行了研究和攻关，美国和欧洲先后出台了《先进轻水堆用户要求文件》（URD 文件）、《欧洲用户对轻水堆核电站的要求》（EUR 文件），进一步明确了预防与缓解严重事故，提高核电站安全可靠性的要求。因此，国际上通常把满足 URD 文件或 EUR 文件的核电机组称为第三代核电机组，美国西屋公司的 AP100、法国阿海珐公司的 EPR，以及我国的华龙一号均属于第三代核电机组。核电站在运行过程中消耗核燃料，但不产生碳排放。2020 年，我国核电站全年发电量为 3 662 亿千瓦时，占发电总量的 4.8%。

（四）风电

风力发电简称风电，是把风的动能转变成机械动能，再通过传动装置和发电机把机械能转化为电能的发电方式，其原理是利用风力带动风车叶片旋转，再通过增速机将旋转的速度提升，来促使发电机发电。依据风车技术，只要达到约 3m/s 的微风速度（微风的程度），便可以开始发电。风力发电正在世界上形成一股热潮，因为风力发电不需要使用燃料，没有碳排放，也不会产生辐射或空气污染。我国的风力资源丰富，绝大多数地区的平均风速都在 3m/s 以上，特别是东北、西北、西南高原和沿海岛屿，平均风速更大，在这些地区，发展风电有很大的潜力。2020 年，我国并网风电全年发电量为 4 665 亿千瓦时，占发电总量的 6.1%。

（五）太阳能发电

太阳能发电包括太阳能光发电和太阳能热发电。2020 年，我国并网太阳能发电全年发电量为 2 611 亿千瓦时，占发电总量的 3.4%。

太阳能光发电是指无须通过热过程直接将光能转变为电能的发电方式，包括光伏发电、光化学发电、光感应发电和光生物发电。光伏发电是利用太阳能级半导体电子器件有效地吸收太阳光辐射能，并使之转变成电能的直接发电方式，是当今太阳能光发电的主流。光伏发电系统主要由太阳能电池、蓄电池、控制器和逆变器组成。其中，太阳能电池是光伏发电系统的关键部分，太阳能电池板的质量和成本将直接决定整个系统的质量和成本。太阳能电池主要分为晶体硅电池和薄膜电池两类，前者包括单晶硅电池、多晶硅电池两种，后者主要包括非晶体硅太阳能电池、铜铟镓硒太阳能电池和碲化镉太阳能电池。单晶硅太阳能电池的光电转换效率为 15%左右，最高可达 23%，在太阳能电池中光电转换效率最高，但其制造成本高。单晶硅太阳能电池的使用寿命一般可达 15 年，最高可达 25 年。薄膜太阳能电池是用硅、硫化镉、砷化镓等薄膜为基体材料的太阳能电池。薄膜太阳能电池可以使用质轻、价低的基底材料（如玻璃、塑料、陶瓷等）来制造，形成可产生电压的薄膜厚度不到 1 微米，便于运输和安装。

太阳能热发电通过水或其他工质先将太阳能转化为热能，再将热能通过热机（如汽轮机）带动发电机发电，与常规热力发电类似，只不过其热能不是来自燃料，而是来自太阳能。太阳能热发电主要有以下五种类型：塔式系统、槽式系统、盘式系统、太阳池和太阳能塔热气流发电。前三种是聚光型太阳能热发电系统，后两种是非聚光型太阳能热发电系统。目前，广泛应用的太阳能热发电系统有：太阳塔式聚焦系统、槽形抛物面聚焦系统和盘形抛物面聚焦系统。聚焦式太阳能热发电系统的传热工质主要是水、水蒸气和熔盐等，这些传热工质在接收器内可以加热到 450℃后用于发电。抛物槽式聚焦系统是利用抛物柱面槽式发射镜将太阳光聚集到管形的接收器上，并将管内传热工质加热，在热换气器内产生蒸汽，推动常规汽轮机发电。太阳能热发电比光伏发电更稳定，还可以通过配置储热系统将热能暂时储存数小时，以备夜晚或用电高峰时之需。

四、虚拟电厂与储能电站

随着可再生能源成为未来全球能源发展的主要方向，虚拟电厂成为一种实现可再生能源发电大规模接入电网的区域性多能源聚合模式。虚拟电厂的提出是为了整合各种分布式能源，其基本概念是通过分布式电力管理系统将电网中分布式电源、可控负荷和储能装置聚合成一个虚拟的可控集合体，参与电网的运行和调度，协调智能电网与分布式电源间的矛盾，充分挖掘分布式能源为电网和用户所带来的价值和效益。虚拟电厂主要由发电系统（风、光、水、燃气、生物质等电厂）、可控负荷（工业园区、智能楼宇、数据中心）、储能设备、通信、调度和控制系统等构成。虚拟电厂与储能电站示意图如图 9 所示。

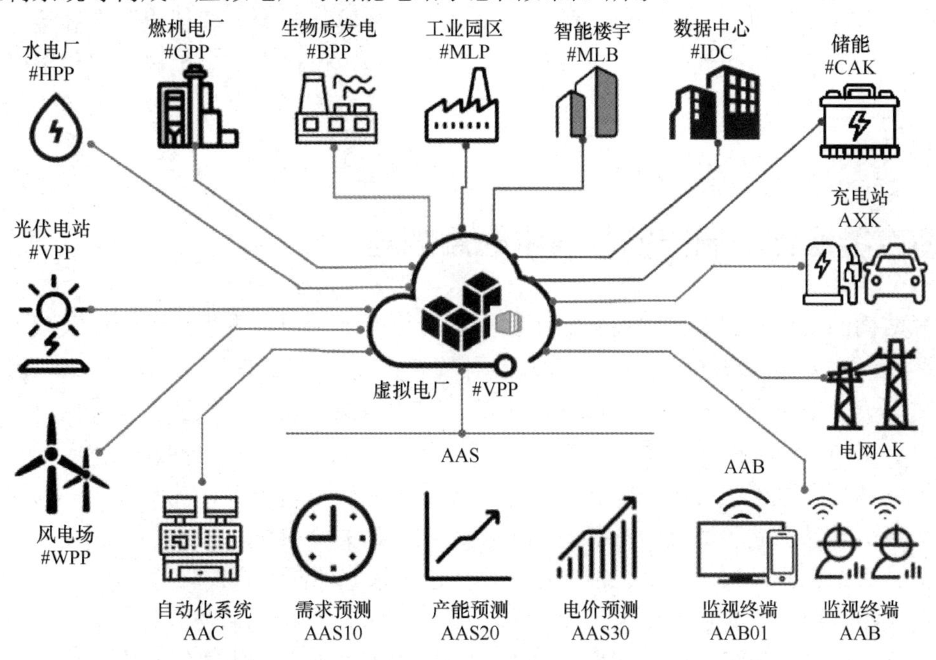

图 9　虚拟电厂与储能电站示意图

在虚拟电厂中，分散安装在配电网中的清洁电源、受控负荷和储能系统合并作为一个特别的电厂参与电网运行，每个部分均与能量管理系统（EMS）相连，控制中心通过智能电网的双向信息传送，利用 EMS 系统进行统一调度协调机端潮流、受端负荷及储能系统，从而达到降低发电损耗、减少碳排放、优化资源利用、降低电网峰值负荷和提高供电可靠性的目的。

发电系统主要包括家庭型（Domestic Distributed Generation，DDG）和公用型（Public Distributed Generation，PDG）两类分布式电源。DDG 的主要功能是满足用户自身负荷，如果电能盈余，则将多余的电能输送给电网；如果电能不足，则由电网向用户提供电能。典型的 DDG 系统主要是小型的分布式电源，为个人住宅、商业或工业企业等服务。PDG 主要是将自身所生产的电能输送到电网，其运营目的就是出售所生产的电能。典型的 PDG 系统主要包含风电、光伏发电、小水电、生物质发电和分布式燃机等新能源发电装置。

能量存储系统可以补偿可再生能源发电的波动性和不可控性，可适应电力需求的变化，改善可再生能源波动导致的电网薄弱性问题，增强系统接纳可再生能源发电的能力和提高能源利用效率。

通信、调度和控制系统是虚拟电厂进行能量管理、数据采集与监控，以及与电力系统调度中心通信的重要环节。通过与电网或与其他虚拟电厂进行信息交互，虚拟电厂的管理更加可视化，也便于电网对虚拟电厂进行监控管理。

虚拟电厂相当于一个带有传输系统的发电站，它在电力传输过程中肩负了许多其他工作，如负责制订发电时间表、限定发电上限、控制经营成本等。有了这些功能之后，一个独立的虚拟电厂可以随时与电力运营的其他参与者取得联系，并提供相应的服务。

虚拟电厂作为一个灵活整合各类分布式电源的方案，不仅可以整合各种具有不同发电方式的分布式能源，还可以结合各类分布式电源的功能特性，综合空间条件合理地将一系列分布式电源组合成一个整体。可以用常规发电站所使用的统计数据来衡量虚拟电厂的效用，如预计产量、电压调节能力、电能储备能力、电能上升率等。此外，虚拟电厂也满足了一些可控的需求，如需求价格弹性、负荷恢复模式，这些参数也可作为衡量虚拟电厂作用的参数。虚拟电厂概念的提出，使得分布式能源大范围投入电网运行成为可能，也可以为传输系统的管理提供服务。

五、适应能源结构调整的数据中心规划与布局

能源结构的变化与调整，将使数据中心更多、更好地利用可再生能源，尽量减少能源的跨区域调配，变输电为输光（信号），提高能源的利用效率。2020 年 12 月 23 日，国家发展和改革委员会、中央网信办、工业和信息化部、国家能源局联合发布了《关于加快构建全国一体化大数据中心协同创新体系的指导意见》（以下简称《指导意见》），明确了今后一个时期，构建全国一体化大数据中心的整体建设思路、体系构成、基本要求、发展方向，为加快建设提供了政策引导，引起了数据中心行业的高度重视，相关专家纷纷结合自己的经历和视角，围绕《指导意见》的精神，发表了很多见解，提出了很好的落实思路。

根据《指导意见》的部署要求，2021 年 5 月，国家发展和改革委员会、中央网信办、工业和信息化部、国家能源局联合印发了《全国一体化大数据中心协同创新体系算力枢纽实施方案》（发改高技〔2021〕709 号，以下简称《方案》），明确提出布局全国算力网络国家枢纽节点，启动实施“东数西算”工程，构建国家算力网络体系，为今后数据中心的规划与布局指明了方向，是今后一个时期数据中心规划与布局的总体发展趋势。

《方案》要求，加强统筹，促进全国范围数据中心合理布局、有序发展，避免一哄而上、供需失衡。随着各行业数字转型升级进度加快，特别是 5G 等新技术的快速普及应用，全社会数据总量爆发式增长，数据资源存储、计算和应用需求大幅提升，迫切需要推动数据中心合理布局、供需平衡、绿色集约和互联互通，构建数据中心、云计算、大数据一体化的新型算力网络体系，促进数据要素流通应用，实现数据中心绿色高质量发展。《方案》中还具体提出四个方面的基本原则。一是加强统筹。加强数据中心统筹规划和规范管理，开展数据中心、网络、土地、用能、水、电等方面的政策协同。二是绿色集约。推动数据中心绿色可持续发展，加快节能低碳技术的研发应用，提升能源利用效率，降低数据中心能耗。加大对基础设施资源的整合调度，推动老旧基础设施转型升级。三是自主创新。以应用研究带动基础研究，

加强对大数据关键软/硬件产品的研发支持和大规模应用推广力度，尽快突破关键核心技术，提升大数据全产业链自主创新能力。四是安全可靠。加强对基础网络、数据中心、云平台、数据和应用的一体化安全保障，提高大数据安全可靠水平。加强对个人隐私等敏感信息的保护，确保基础设施和数据的安全。

《方案》要求，围绕国家重大区域发展战略，根据能源结构、产业布局、市场发展、气候环境等，在京津冀、长三角、粤港澳大湾区、成渝，以及贵州、内蒙古、甘肃、宁夏等地布局建设全国一体化算力网络国家枢纽节点（以下简称“国家枢纽节点”），发展数据中心集群，引导数据中心集约化、规模化、绿色化发展。国家枢纽节点之间进一步打通网络传输通道，加快实施“东数西算”工程，提升跨区域算力调度水平。同时，加强云算力服务、数据流通、数据应用、安全保障等方面的探索与实践，发挥示范和带动作用。对于国家枢纽节点以外的地区，统筹省内数据中心规划布局，与国家枢纽节点加强衔接，参与国家和省之间算力级联调度，开展算力与算法、数据、应用资源的一体化协同创新。

打造具有地方特色、服务本地、规模适度的算力服务。根据不同的节点定位，《方案》具体提出，对于京津冀、长三角、粤港澳大湾区、成渝等用户规模较大、应用需求强烈的节点，重点统筹好城市内部和周边区域的数据中心布局，实现大规模算力部署与土地、用能、水、电等资源的协调可持续，优化数据中心供给结构，扩展算力增长空间，满足重大区域发展战略实施需要。对于贵州、内蒙古、甘肃、宁夏等可再生能源丰富、气候适宜、数据中心绿色发展潜力较大的节点，重点提升算力服务品质和利用效率，充分发挥资源优势，夯实网络等基础保障，积极承接全国范围的后台加工、离线分析、存储备份等非实时算力需求，打造面向全国的非实时性算力保障基地。

此外，《方案》还提出，对于国家枢纽节点以外的地区，重点推动面向本地区业务需求的数据中心建设，加强对数据中心绿色化、集约化管理，打造具有地方特色、服务本地、规模适度的算力服务。加强与邻近国家枢纽节点的网络联通。后续根据发展需要，适时增加国家枢纽节点。

在数据中心布局方面，《方案》提出，要按照绿色、集约原则，加强对数据中心的统筹规划布局，结合市场需求、能源供给、网络条件等实际情况，推动各行业领域的数据中心有序发展。原则上，将大型和超大型数据中心布局到可再生能源等资源相对丰富的区域，优化网络、能源等资源保障。在城市城区范围，为规模适中、具有极低时延要求的边缘数据中心留出发展空间，确保城市资源高效利用。《方案》具体指出，要引导超大型、大型数据中心集聚发展，构建数据中心集群，推进大规模数据的“云端”分析处理，重点支持对海量规模数据的集中处理，支撑工业互联网、金融证券、灾害预警、远程医疗、视频通话、人工智能推理等抵近一线、高频实时交互型的业务需求，数据中心端到端单向网络时延原则上在 20 毫秒范围内。在城市城区内部，加快对现有数据中心的改造升级，以提升效能。支持发展高性能、边缘数据中心。鼓励城区内的数据中心作为算力“边缘”端，优先满足金融市场高频交易、虚拟现实/增强现实（VR/AR）、超高清视频、车联网、联网无人机、智慧电力、智能工厂、智能安防等实时性要求高的业务需求，数据中心端到端单向网络时延原则上在 10 毫秒范围内。

按照《方案》要求，国家枢纽节点需要承担以下九项重点任务。

（一）加强绿色集约建设

以数据中心集群布局等为抓手，加强绿色数据中心建设，强化节能降耗要求。推动数据中心采用高密度集成高效电子信息设备、新型机房精密空调、液冷、机柜模块化、余热回收利用等节能技术模式。在满足安全运维的前提下，鼓励选用动力电池梯级利用产品作为储能和备用电源装置。加快推动老旧基础设施转型升级。完善覆盖电能使用效率、算力使用效率、可再生能源利用率等指标在内的数据中心综合节能评价标准体系。

（二）推动核心技术突破

加大服务器芯片、操作系统、数据库、中间件、分布式计算与存储、数据流通模型等软/硬件产品的规模化应用。支持和推广大数据基础架构、分布式数据操作系统、大数据分析等方面的平台级原创技术。组织科研院所、高校、企业、技术社区等力量协同研发和应用关键技术产品，提升大数据全产业链自主创新能力。

（三）加快网络互联互通

建设数据中心集群之间，以及集群和主要城市之间的高速数据传输网络，优化通信网络结构，扩展网络通信带宽，减少数据绕转时延。建立数据中心网络监测体系，推动数据中心与网络高效供给对接和协同发展。在国家枢纽节点内建立合理的网络结算机制，降低长途传输费用。围绕数据中心集群，稳妥有序推进国家新型互联网交换中心、国家互联网骨干直连点建设，促进互联网企业、云服务商、电信运营商等多方流量互联互通。

（四）加强能源供给保障

推动数据中心充分利用风能、太阳能、潮汐能、生物质能等可再生能源。支持数据中心集群配套可再生能源电站。扩大可再生能源市场化交易范围，鼓励数据中心企业参与可再生能源市场交易。支持数据中心采用大用户直供、拉专线、建设分布式光伏电站等方式提升可再生能源电力消费。保障数据中心用地和用水资源。

（五）强化能耗监测管理

建立健全数据中心能耗监测机制和技术体系。加强数据中心能耗指标统筹，从省、区、市层面对数据中心集群进行统一能耗指标调配，鼓励通过用能权交易配置能耗指标。探索开展跨省能耗和效益分担共享合作。鼓励数据中心在完成最低消纳责任权重的基础上，努力完成激励性消纳责任权重目标。

（六）提升算力服务水平

支持政府部门和企事业单位整合内部算力资源，对集群和城区内部的数据中心进行一体化调度。支持在公有云、行业云等领域开展多云管理服务，加强多云之间、云和数据中心之间、云和网络之间的一体化资源调度。支持建设一体化准入集成验证环境，进一步打通跨行业、跨地区、跨层级的算力资源，构建算力服务资源池。

（七）促进数据有序流通

建设数据共享、数据开放、政企数据融合应用等数据流通共性设施平台，建立健全数据流通管理体制机制。试验多方安全计算、区块链、隐私计算、数据沙箱等技术模式，构建数据可信流通环境，提高数据流通效率。探索数据资源分级分类，研究制订相关规范标准。

（八）深化数据智能应用

开展一体化城市数据大脑建设，为城市产业结构调整、经济运行监测、社会服务与治理、交通出行、生态环境等领域提供大数据支持。选择公共卫生、自然灾害、市场监管等突发应急场景，试验开展“数据靶场”建设，探索不同应急状态下的数据利用规则和协同机制。

（九）确保网络数据安全

完善海量数据汇聚融合的风险识别与防护技术、数据脱敏技术、数据安全合规性评估认证、数据加密保护机制及相关技术监测手段，同步规划、同步建设、同步使用安全技术措施，保障业务稳定和数据安全。加快推进全国互联网数据中心、云平台等数据安全技术监测手段建设，提升敏感数据泄露监测、数据异常流动分析等技术保障能力。

2021 年 3 月 11 日，第十三届全国人民代表大会第四次会议通过了《中华人民共和国国民经济和社会发展第十四个五年规划和 2035 年远景目标纲要》，其中提出的“重点控制化石能源消费”“推动能源清洁低碳安全高效利用”等要求，已经作为电力行业制订行业发展规划的基础。可以相信，随着“十四五”规划要求的落实，电力行业将继续坚持绿色发展导向，推动能源供给革命，建立多元供应体系，大力推进化石能源清洁高效利用，优先发展可再生能源，安全有序发展核电，加快提升非化石能源在能源供应中的比重，走新时代能源高质量发展之路的步伐会更快、更稳，电力行业所提供的能源绿色程度会更高，更好地服务于绿色数据中心的建设。

（作者单位：国家电网公司综合能源规划设计研究院
国家电力投资集团公司
中国能源建设集团公司）

大型数据中心的电力规划与发展趋势

郭利群　侯　杰

2019—2020 年是我国互联网数据中心（IDC）、企业级数据中心（EDC）、超级计算数据中心等大型数据中心快速发展的时期。保障大型数据中心安全运行的因素很多，安全运行贯穿于数据中心的全生命周期，其中，电力供应是基础条件之一。电力规划是大型数据中心在规划阶段就需要考虑的最重要的因素，规划设计人员既需要根据客户对业务连续性的要求，合理选择数据中心的系统类型和保障等级，同时也要做出相应合理的电力规划，还要充分考虑电力能源的发展趋势，保证大型数据中心能够在较长的时间内符合国家的节能环保政策。

一、大型数据中心电力规划的背景和环境

2015 年 9 月，国务院印发了《促进大数据发展行动纲要》，大数据成为国家级的发展战略。2018 年 12 月，中央经济工作会议重新定义了基础设施建设，把 5G、人工智能、工业互联网、物联网等定义为“新型基础设施建设”（简称“新基建”）。2020 年，新基建按下快进键，若干重量级的利好政策相继出台。2020 年 3 月 4 日，国家决策层明确要求“加快 5G 网络、数据中心等新型基础设施建设进度”，凸显数据中心在国计民生中的重要作用；2020 年 3 月 30 日，中共中央、国务院印发《关于构建更加完善的要素市场化配置体制机制的意见》，提出要扩大要素市场化配置范围，健全要素市场体系，提出要“加快培育数据要素市场”，要求各地区各部门明确职责分工，完善工作机制，落实工作责任，研究制定出台配套政策措施。2020 年 12 月，国家发展和改革委员会、中央网信办、工业和信息化部、国家能源局四部门联合出台《关于加快构建全国一体化大数据中心协同创新体系的指导意见》（发改高技〔2020〕1922 号），明确加快构建全国一体化大数据中心协同创新体系，引领我国数字经济高质量发展，助力国家治理体系和治理能力现代化。数据中心作为数据、计算和网络的中心，支撑新一代信息技术加速创新、支撑数网协同发展、推动网络强国建设的作用，已经形成共识。

万物互联、信息化、数字化是大趋势，数据中心成为企业未来发展的基础设施。数据中心作为数字经济的枢纽作用在新冠肺炎疫情防控期间体现得淋漓尽致。突然爆发的新冠肺炎疫情，迫使在线办公、在线教育、在线医疗、在线娱乐等成了“抗疫”生活的重要部分，各大应用平台的工作模式大范围普及，随之而来的是线上数据量激增，这一切都需要强有力的数据中心来支撑，百度、阿里巴巴、腾讯等互联网企业一度紧急扩容，用来完成对数据的计算、传输及存储。

随着数据中心的建设向大型化发展，大型数据中心惊人的电力消耗引起社会广泛关注。根据 2020 年年初 *Science* 刊登的文章《重新校准全球数据中心能耗估算》，2018 年全球数据中心的耗电规模为 205TW・h，达到全球总用电量的 1%。中国数据中心总耗电量 2017 年约 1 200 亿 kW・h，2018 年约 1 600 亿 kW・h，2020 年达到 2 000 亿 kW・h。实际上，数据中

心作为数字经济的底座，承载了云计算、大数据、人工智能、物联网、工业互联网等新一代技术和平台的运转，数据中心为这些运营在其上的业务和应用分担了能耗责任。

2020 年 9 月，中国在联合国大会上向世界宣布了 2030 年实现碳达峰，2060 年前实现碳中和的目标。这一承诺对公认的“耗能大户”数据中心来说无疑是一个新的要求，数据中心亟须顺应这一发展趋势，通过降能耗、低碳排放，在国家实现“双碳目标”的过程中做出自己的贡献。

数据中心在能效水平的提高方面还有很大的潜力。2013 年以前，全国超大型数据中心的平均 PUE 超过 1.7，到 2019 年年底，全国超大型数据中心的平均 PUE 为 1.46，虽然有很大的进步，但距世界先进水平仍有差距，有实现大幅度提升的可能。据统计，2013 年以来，我国数据中心总体规模快速增长，截至 2019 年年底，我国在用数据中心机架总规模达 315 万架，近 5 年年均增速超过 30%，大型以上数据中心增长较快，数量超过 250 个，机架规模达到 237 万架，占比超过 70%；规划在建大型以上数据中心超过 180 个，机架规模超过 300 万架，保持持续增长势头。如此巨大的规模，全国数据中心平均 PUE 的任何一个微小的进步，其绝对值都是不可小觑的数字。

2019—2020 年还有一个明显的趋势是大型和超大型数据中心的建设速度在加快，数据中心市场在调整。按照此趋势发展下去，超大型数据中心的数量会逐年递增，中小企业或基层政府的自用数据中心将被整合，甚至有些小型 IDC 也将不复存在或被整体出售。如此，在大型数据中心规划时，其电力资源能否被有效、经济地利用，备用电源是否安全可靠均成为数据中心项目成败的关键指标。

二、保障等级对电力规划的要求

国家标准《数据中心设计规范》（GB 50174—2017）中将数据中心的保障等级划分为 A、B、C 三个级别，A 级为最高级；美国国家标准学会（ANSI）、美国电信产业协会（TIA）及其技术工程委员会共同发布的《数据中心电信基础设施标准》（TIA-942），将数据中心的保障等级划分为 Rated-1、Rated-2、Rated-3 和 Rated-4，其中 Rated-4 为最高级；Uptime Institute（数据中心标准组织和第三方认证机构，直译为：正常运行时间研究所）将数据中心的保障等级划分为 Tier Ⅰ、Tier Ⅱ、Tier Ⅲ和 Tier Ⅳ，其中 Tier Ⅳ为最高级。A 级、Rated-4 和 Tier Ⅳ的保障等级是相对应的，其核心词都是“容错”。

在数据中心规划之初，就要确定数据中心的保障等级，这与电力资源的申请、项目投资额息息相关。表 1、表 2 以 GB 50174—2017、Uptime Institute 两种标准为例，对数据中心不同保障等级对于 UPS 配置、数据中心可用性的要求进行了比较。

表 1　GB 50174—2017 中 A、B、C 等级的 UPS 配置要求

GB 50174—2017	UPS 系统配置要求	说　明
A	$2N$，$2(N+1)$	双系统（相同系统）同时运行，适合金融等行业
	$(N+1)$+市电	双系统（不同系统）同时运行，适合互联网等行业
	$(N+1)$，$(N+1)$，…	2 个或 2 个以上数据中心同时运行，数据实时传输，适用于云计算数据中心
B	N+1	单系统冗余
C	N	满足基本需要

表 2　Uptime Institute 中 Tier Ⅰ/Ⅱ/Ⅲ/Ⅳ等级的可用性要求

Uptime Institute	可用性	说　明
Tier Ⅳ	99.995%	容错（Fault tolerant）
Tier Ⅲ	99.982%	可同时维护（Concurrently maintainable）
Tier Ⅱ	99.741%	单路径，具有冗余部件（Single path, redundant components）
Tier Ⅰ	99.671%	单路径，无冗余（Single path, no redundancy）

在 GB 50174—2017 附录 A 各级数据中心技术要求中，罗列了 A、B、C 三个保障等级对选址、环境、建筑与结构、空气调节、电气、网络与布线系统、环境和设备监控系统、安全防范系统、给水排水、消防与安全等 10 个方面的技术要求，保障等级越高，需要投入的基础设施越多，采取的保障措施越严格。其中，对供电的要求如表 3 所示。

表 3　GB 50174—2017 附录 A 中对 A、B、C 等级的供电的要求

项　目	A 级	B 级	C 级	备　注
供电电源	应由双重电源供电	宜由双重电源供电	两回线路供电	—
供电网络中独立于正常电源的专用馈电线路	可作为备用电源	—	—	—
变压器	应满足容错要求，可采用 2*N* 系统	应满足冗余要求，宜设置 *N*+1 冗余	应满足基本需要 *N*	A 级也可采用其他避免单点故障的系统配置
后备柴油发电机系统	应设置 *N*+*X* 冗余（*X*=1～*N*）	当供电电源只有一路时，需设置后备柴油发电机系统，宜设置 *N*+1 冗余	当不间断电源系统的供电时间满足信息存储要求时，可不设置柴油发电机	—

设计人员需要分析客户对计划内关机和计划外故障的容忍度，并且引导客户理解信息中断的后果、了解未来的业务发展，从而确定客户对业务连续性的要求，根据业务特点合理选择数据中心的系统类型和保障等级。

已知的如金融用户受银保监会的监管要求，其建立的“两地三中心”（同城生产中心、同城灾备中心和异地灾备中心）数据中心均需满足 GB 50174—2017 的 A 级要求；自有数据中心用户的大型、超大型数据中心往往要求达到 A 级，甚至一些中型数据中心由于是中小型用户的总部级数据中心，也要求达到 A 级；对于出租型数据中心，在早期建设时曾经有混合建设的要求，如一部分 A 级、一部分 B 级。

根据工业和信息化部《关于数据中心建设布局的指导意见》，以功率 2.5kW 为一个标准机架，超大型数据中心规模≥10 000 个标准机架，大型数据中心规模≥3 000 个且<10 000 个标准机架，中小型数据中心规模<3 000 个标准机架。经过近几年的发展，单个数据中心建设规模不断扩大，数量在 3 000 个标准机架以上规模的数据中心基本上不存在 B 级和 C 级需求。

对于超级计算数据中心（简称超算中心）来说，首先超算中心基本不需要出口带宽，超算模块里的 PC 集群通过交换机直接连接办公楼层的交换机，再连接至工作站；其次是单机柜功率密度大，超算模块单机柜 20kW 就很常见，如果是曙光那类液冷的模块可以达到单机柜 200kW；最后是保障级别，超算中心每年在停电检修时，即使所有设备全部停掉，停机的损失也就是设备少工作两天而已，超算中心正在工作时也只需要保证存储单元和运算分配单元不断电即可。整个超算中心功耗巨大，然而保障强度并不高，如果按照常规 A 级标准保障运

行，则会造成相当大的经济损失，因此基本上都是按照 C 级标准实施的，仅部分关键负荷按照 A 级标准保障运行。

需要注意的是，在数据中心基础设施等级认证环节，任何一个系统不满足相应等级都会导致整体评级不满足。例如，电气、智能化系统按照 Tier Ⅳ设计，空调系统按照 Tier Ⅲ设计，则只能评定为 Tier Ⅲ，所谓的“Tier Ⅲ+”只是宣传的噱头。

三、单机柜功率对电力规划的要求

基于 IT 设备技术变化的影响，服务器的应用场景已经发生了显著的变化，小型计算机开始被机架式服务器所取代。早期数据中心的机架式服务器高度一般为 3～5U，现代数据中心采用的服务器高度一般为 2U 或 1U（注：U 在服务器领域中特指机架式服务器厚度，1U=4.45cm），随着服务器高度降低，单机柜耗电量飙升。

一个标准的 42U 机柜留给服务器的空间大约是 36U，通常 2U 服务器的满载功耗大概在 350W 左右，那么支撑约 18 台 2U 服务器的单机柜供电量需要达到 6kW，而在换成部署 36 台 1U 服务器的时候，供电量就要达到 12kW。但日常使用中，服务器一般不会满负载运转，单台服务器的功耗往往低于 300W，在这种情况下，机柜电量最多利用到 70%。因此，有经验的 IDC 租户在上架时都会对服务器标称电量打一个折扣，以期符合租用时约定的单机柜耗电量，避免租金损失。

根据长期工作经验，目前主流的机柜功率是以 4～6kW 为主的，占比为 43%，但是高功率的机柜数量占比也不小，6kW 及以上的机柜占比为 32%，10～12kW 的机柜较少，而 12kW 以上的机柜并不常见，此外还有一些零散自有用户维持在 3kW 以下。预计在未来 1～2 年内，尽管仍有大量的 4～6kW 机柜，但是数据中心单机柜功率的主要值会由 4～6kW 向 6～8kW 提升，8～10kW 的机柜比例较现在有明显上升，甚至可能出现相当数量的 12kW 以上的机柜。

需要注意的是，单机柜功率密度的加大，会增加对于数据中心电源可靠性的要求。以往的低密度数据中心甚至可以利用主机房的整体空间作为备用冷池，单机柜功率密度 3kW 的数据中心其房间冷池可以保证空调系统断电停机以后 480s 的制冷量，而 10kW 的数据中心在 240s 后就会热保护关机。不同功率密度下冷却失效后的机房温度情况及热保护关机时间如表 4 所示。

表 4　不同功率密度下冷却失效后的机房温度情况及热保护关机时间

功率密度	冷却失效时间								
（kW/机柜）	30℃	60℃	120℃	240℃	300℃	360℃	420℃	480℃	540℃
1.5	21.1℃	22.2℃	24.4℃	28.9℃	31.1℃	33.3℃	35.5℃	37.7℃	39.9℃
3	23.4℃	26.7℃	33.4℃	46. 9℃	53.6℃	60.3℃	67.0℃	▲	
5	26.4℃	32.7℃	45. 5℃	70.9℃	▲				
8	30.9℃	41.7℃	63.4℃	▲					
10	33.9℃	47.7℃	75.4℃	▲					
15	41.4℃	62.7℃	▲						
20	48.9℃	▲							
30	▲								

▲：热保护关机。

由表 4 可以看到，随着单机柜功率密度的增加，为保证数据中心连续可靠运行，持续制冷要求空调的电源由 UPS 提供，数据中心用于散热和冷却的成本会加大，用于保障这些新增空调设备的运营费用会增加，发生停机中断的风险也在增大。

四、备用电源对电力规划的要求

在大型数据中心的设计中，备用电源是必须包括的内容，柴油发电机作为自备应急电源应该引起设计人员的重点关注。如何为高级别的数据中心提供稳定可靠的电力供应一直是重中之重，能够持续稳定进行高质量的供电是柴油发电机的强项，作为市电的备用，在今后相当长的一个时期仍然可以列为首选。

《数据中心设计规范》（GB 50174—2017）第 8.1.14 条规定：A 级数据中心发电机组应连续和不限时运行，发电机组的输出功率应满足数据中心最大平均负荷的需要。

《往复式内燃机驱动的交流发电机组》（GB/T 2820—2009）定义了柴油发电机组按照负荷率和使用时间的长短所标定的 4 种功率：COP、PRP、LTP 和 ESP。其中，持续功率（COP）和基本功率（PRP）是满足机组长期不限时运行的功率标定。此外，2018 版的《往复式内燃机驱动的交流发电机组》（ISO 8528）定义了 DCP 功率。柴油发电机组各功率段指标如表 5 所示。

表 5　柴油发电机组各功率段指标

功率种类	持续功率（COP）	基本功率（PRP）	限时运行功率（LTP）	紧急备用功率（ESP）	数据中心功率（DCP）
负载种类	恒定负载	变动负载	恒定负载	变动负载	可变或连续负载
负载率	100%	70%，24 小时内	100%	70%，24 小时内	由厂商确定
年使用时间	不限	不限	500 小时	200 小时	不限
大修间隔	以发动机原厂操作保养手册或维修手册为准，一般大于 20 000 小时				约 8 000 小时

从表 5 可以看出：① 持续功率（COP）是机组最基本的能力，其他功率是在此基础上的强化功率，通过限制使用时间和平均负载，降低寿命和可靠性来提高最大的功率；② 持续功率（COP）不是每台机组都会标注的，须防范招标风险；③ DCP 的采用将对建设和运维成本造成直接影响。

对于数据中心，由于其负载大多数都是 IT 负载，由 UPS 提供持续运行的电源，其所选用的柴油发电机组应该达到 GB/T 2820—2009 所规定 G3 级性能等级规定的要求，同时达到《通信用柴油发电机组的进网质量认证检测实施细则》规定的 24 项性能指标要求。

由于我国电网是国家电网，其可靠性远超过私人电网，再加上电费远低于柴油发电机组的发电费用，因此我国大型数据中心的主电源都采用市电，柴油发电机仅作为备用电源。在这种前提下，数据中心建设过程中产生了对市电的依赖，在一定程度上不太重视柴油发电机组，更有甚者认为那只是一个“摆设”。然而，市电并不是 100%可靠的。根据《城市配电网规划设计规范》（GB 50613—2010），城市中压（10kV/20kV）用户供电可靠率指标如表 6 所示。

表 6　10kV/20kV 用户供电可靠率指标

供电区类别	供电可靠率（%）	累计平均停电次数（次/年・户）	累计平均停电时间（小时/年・户）
中心城区	99.90	3	9
一般地区	99.85	5	13
郊区	99.80	8	18

从表 6 可以看出，备用电源的设置是符合国情的。设计人员和用户应该牢记数据中心建设的铁律："风险自主可控！"

为数不多的由市电造成的停电事件很少见诸媒体，但即使为数不多的限电、停电"旧闻"仍然值得警醒。2018 年，北京亦庄电力公司对变电站进行改造，其中泰河变电站、博兴变电站改造期为 6 月 1 日至 15 日，科创街变电站改造期为 6 月 15 日至 6 月 30 日，共计 30 天。在改造期间，电力公司表示，用电单位务必将平日用电负荷减少、限制 25%，大批位于亦庄的数据中心开始采用柴油发电机带载。2018 年 6 月 17 日，新浪微博经历了"黑色一小时"，故障原因是"外部机房整层掉电"。2018 年 11 月 19 日，西安南郊因为上级 330kV 变电站故障，造成大唐西市、科技二路、南三环等地大面积停电，这种电压级别已经涉及城市环网了，用户即便有两个 110kV 电站供电，其上级站也可能是同一个。

断电事故影响数据中心的事例在国外也有发生。2017 年 5 月 27 日，英国航空公司拥有的 Boadicea House 和 Comet House 两个数据中心因市电原因先后宕机，事故持续了 3 天，机票预订、办理登机手续系统、呼叫中心和移动应用程序受影响而无法使用，导致英国航空公司 672 个航班被取消，75 000 名乘客的航班被取消或延迟，损失超过 1 亿英镑。在美国也发生过达美航空公司数据中心的电力中断，造成高达 1.5 亿美元的经济损失的事故。Uptime Institute 2018 年发布的调研数据显示，近 1/3 的数据中心中断事故，是由电力中断造成的，其中不乏市电的原因。

随着国家对民生的关注，在限电、保电的过程中，数据中心这类"耗电大户"被限电的可能性越来越大，那么自备柴油发电机是否可靠呢？柴油发电机房发生事故，是万里挑一还是万中无一？前述北京亦庄限电仅开始不到 10 天即出现两起柴油发电机事故，一起是机组着火，另一起是机组运行超温停机，都造成了重大损失。本该作为保险措施的柴油发电机组，在电力规划、电气设计阶段就可能因为投资因素被打折，或者是提高 PRP 平均输出功率到大于 70%，或者是不重视机房的进排风措施，还有两栋机房共用一组备用柴发这类"聪明"做法，都造成了危机真正来临时起不到保障作用的后果。在电力规划阶段科学设置备用电源不应成可有可无之事，这与买车险一样，事到临头才能体会到它的用处。

五、新型节能技术和设备对电力规划的支持

在数据中心节能研究上，各种新技术纷纷涌现，其中，业内热议的有高压直流（HVDC）供电、锂离子电池储能等。

（一）高压直流（HVDC）供电

传统的 UPS 是由整流器进行 AC/DC 整流、电池组挂在中间、逆变器进行 DC/AC 转换，

从而完成整个供电环节的。HVDC 生产商的常见宣传则是少了一个 DC/AC 转换，拓扑变得简单，从而可靠性提高，也使得电能利用效率大大提高。实际上，根据通信行业标准《通信用240V 直流供电系统》（YD/T 2378—2011）的要求："交流输入应与直流输出电气隔离"，即在 HVDC 电源中必须有隔离变压器，这就意味着 HVDC 在经过整流器的 AC/DC 变换后，其直流母线上的高压需要再经过"DC/AC→高频变压器→AC/DC"两次变换才能得到 DC 240V。HVDC 特点分析如表 7 所示。

表 7　HVDC 特点分析

序号	特　点	分　析
1	减少变换级数，整体效率更高	HVDC 变换级数为 3 级；HVDC 效率高于 UPS 仅是相对于默认的 12 脉冲相控整流的工频 UPS 效率只有 90%而言，且真实测试数据并不支持这一说法
2	电池直挂在输出母线上，相当于提供另外一路备份，可靠性更高	HVDC 的蓄电池直挂母线，直接面对 IT 设备，利弊都很明显，好处是电池作为电能储备可以无缝衔接，且没有电能转换损失；风险是有统计数据显示，数据中心电源系统的故障 90%由蓄电池系统引起，万一电池短路故障，后端 IT 设备系统没有任何缓冲，会发生电源瞬态闪断事故
3	相对于 HVDC 可以靠蓄电池作为电源备份，UPS 系统的蓄电池电能无法直接供给负载，必须通过逆变模块输出。如果逆变模块损坏，即使蓄电池有充足的电量，也不能给负载供电	UPS 逆变模块损坏还可以转静态旁路，而 HVDC 没有旁路设计，其 AC/DC 或 DC/DC 转换模块若是损坏，或者当出现系统性故障时，由于备用电池通常配置的时间是 15 分钟，在备用电池放完的时间内，如果故障还不能修复，即使外部市电和柴油发电机正常，由于后面都是直流配电系统，无法绕过 HVDC 为负载供电，负载也会面临数据设备断电的风险
4	兼容现有绝大多数 IT 设备的高频开关电源，用电设备几乎不用做任何更改，推广非常容易	数据设备不兼容的问题往往靠加逆变器解决，这种小型逆变器的供电可靠性弱；原设计使用 AC 的设备未经设备厂商承诺允许改用 DC 供电，可能存在法律风险
5	拓扑结构非常简单，可靠性提高	HVDC 最大的亮点在于高压直流模块并机技术没有频率和相位同步的问题，只需要负荷均分即可，因此并机简单可靠，系统扩容非常容易，稳定性与可靠性都有相应的提高
6	高压直流系统为模块化热插拔设计，运维非常方便	UPS 也能够做到模块化，同样具备高可维护性，故障恢复时间大大缩短
7	高压直流系统具备模块休眠功能，根据实时负载需求开启合适的工作模块个数，提高工作模块的负载率，也让多余的模块处于休眠状态，从而全程工作在经济负载率上，可以提高效率	这也是多数 IGBT 整流的 UPS（尤其是模块化 UPS）多年来宣传的技术特点，但无论是 HVDC 还是 UPS，ECO 和模块休眠到唤醒都是设备从一个状态到另一个状态的改变，其中必然存在风险，可能在冗余架构中被掩盖，但仍然客观存在且运维人员不愿承担该风险，这是多年来模块休眠技术难以推广的原因之一

经过十年的发展，HVDC 典型模块效率可达 94%～96%，而当前高频 UPS 普遍已将整机效率做到了 97%以上；而且 HVDC 与高频 UPS 都可以通过模块休眠技术来提高低负载率时的运行效率，所以单纯地说 HVDC 节能、效率高是站不住脚的。经过与多位 IDC 从业人士交流，总结发现若干应用了 HVDC 的数据中心之所以节能效果显著，其主要原因是采用了以下方法：① "市电+HVDC"混合使用；② HVDC 模块休眠，以保证最大经济负载率；③ 通过技术手段定制 IT 设备电源模块，使得设备优先使用市电，HVDC 回路保持有压无流状态，以提高系统效率。

以上这些方法在用户方有能力实现IT层面冗余的条件下问题不明显，但对于其他用户就困难了，“一路市电主供+一路休眠”，电源瞬态闪断和谐波治理都是问题；市电直供没有电源质量可言，业内人士也提到电网的稳定性是要综合考虑的因素，在局部地区电网不稳定、闪断频率较高的情况下，不建议采用市电加高压直流供电的方案。

当采用“高压直流+市电”直供时，对市电要求提高，市电直接供电的电源质量应满足电子信息设备正常运行的要求，即服务器能承受市电波动带来的影响。另外，为减小对柴油发电机组的影响，服务器电源的功率因数须大于0.95，谐波电流须小于或等于5%，避免容性负载冲击造成柴油发电机组带载困难。

如果能够实现IT设备的电源模块定制，省略设备的AC/DC转化环节，那么此时再采用与传统UPS效率相仿的HVDC，则可以提高系统整体效率，这时的HVDC系统才真正显现出节能效果。HVDC技术在数据中心的大规模应用是一个系统工程，涉及后端用电设备、技术标准、产业链保障等方面的问题，单纯拿一个产品说节能效果是对行业的不负责任。

（二）锂离子电池

据统计，在2014年，锂离子电池的成本是阀控铅酸（VRLA）电池的4倍。3年前，锂离子电池的标准化生产成本约为阀控铅酸（VRLA）电池的3倍。而在2019—2020年，锂离子电池的成本约为阀控铅酸（VRLA）电池的2倍。锂离子电池相对于VRLA的重量轻、功率密度大、循环次数多，使得它进入了数据中心业主的视线。根据数据显示，2019年，UPS电池需求量在12～15GW·h，但锂电在UPS的渗透率不及5%，最大的问题不在技术，目前最大的阻力是锂电池尚不具备成本优势，且应用标准不统一，导致普及成本高。未来锂电池成本在什么时间点能与铅酸电池持平，UPS对锂离子电池工作方式和工况要求如何，主流的电池组型号与配置方案有哪些，将是下一步锂电普及应用应关注的重点。

锂离子电池在数据中心应用的主要顾虑是在电池的热失控。锂离子电池发生热失控主要是由于内部产热远高于散热速率，在锂离子电池的内部积攒了大量的热量，从而引起连锁反应，导致电池起火和爆炸。热失控的4个主要原因是：① 过热触发热失控；② 过充电触发热失控；③ 内短路触发热失控；④ 机械触发热失控。对于数据中心来说，主要原因是过充电触发热失控。

在锂离子电池仓储、使用场所发生火灾的，可按照C类火灾扑救方法，使用大量水进行冷却降温，严防爆炸事故发生。锂离子电池具备持续放电特性，在明火熄灭后，应继续利用水枪对火场持续冷却1小时以上，并使用测温仪进行实时监测。以上是消防专业给出的扑灭原则。鉴于三元锂电池热失控温度仅为两百多摄氏度，太活跃导致危险性高，故推荐在数据中心应用应以磷酸铁锂（$LiFePO_4$）电池为主。由于分子式结构中的氧原子被牢牢地锁在磷酸根中，结构非常稳定，只有在温度达到900℃的时候，磷酸根的化学键才会断裂，释放出氧原子助燃，所以释放的热量远远低于三元锂电池，不易引发热失控。

六、市政供电对电力规划的制约

数据中心相比于民用建筑，其一大特点就是超高能耗，同样的建筑面积，其耗电量是民用建筑的十几倍甚至几十倍；同时，其对用电的可靠性要求比较高，需要双路甚至多路供电。因此，大型数据中心电力规划受到市政供电的严重制约，数据中心的选址需要考虑市政供电是否能够满足需求，没有充足的电力供应，则无法建设数据中心。同时，供电的可靠性及稳定性也需要重点考虑。例如，数据中心选址的区域内或供电路由范围内，近期有地铁等建设规划，随时可能会将供电线路挖断，与此类似的对供电稳定性会造成影响的各种情况均需要综合考虑。

在大型数据中心后期运营成本中，电费占很大权重，出于运营节约考虑，内蒙古西部的乌兰察布、和林格尔，以及贵州的贵安新区，均因其低廉的电费价格和理想的自然冷却环境成为数据中心建设的“热门地块”。

大型数据中心建设过程中最重要的环节就是供电报装。难点在于是否能够取得足够的进线回路和容量，是否能够取得两路来自不同 110kV 变电站的线路。以国网北京市电力公司为例，“十三五”期间共规划建设 1 座 500kV 变电站、8 座 220kV 变电站、27 座 110kV 变电站。其中，行政办公区内共规划建设 7 座变电站，包括 2 座 220kV 变电站、5 座 110kV 变电站，分两批陆续投运。可见每座 110kV 变配电站的建设均需要经过电网五年的规划，且每个站的出线间隔有限，故供电公司非常重视间隔利用率。

电力是大型数据中心基础设施最重要的资源，数据中心的投产必须以可靠的电力资源作为基础。对大型数据中心项目周期影响最大的是建设自上级站至本项目输电线路的成本及周期，往往需要十个月甚至更长的时间。若园区电力需求规模太大，根据当地供电公司自建变电站的要求及供电电压等级等因素，还有可能需要用户自建 110kV 变电站，从而占用项目地皮，并增加日后的人员和运维费用。

此外，供电公司在建筑物内两路电源面对面翻牌检修的操作流程，与数据中心两路电源应保证物理隔离的要求相抵触。两路市电电源能否设置在不同电气房间、备自投装置是否允许自动运行也是需要与供电公司沟通的关键因素。

当数据中心同时具有中压系统和低压系统时，理想的情况是允许中压备自投装置自动投运，保证供电连续性；低压备自投装置宜为自动投入（需设置延时，避开中压备自投装置操作时间），亦可设为手动，作为供电冗余保障措施。

对于 10kV 出线，供电公司一般规定 300mm^2 中压电缆允许带 10 000kVA 容量，或者 400mm^2 中压电缆允许带 10 000kW 容量。从表 8 中可以简单估算在最大限度使用市电线路容量下，单路 10kV 线路最大可负担的机柜数量。需要注意的是，表 8 中的 PUE 装机值是考虑了极端天气的裕量，不是节能政策的目标值。

表 8　对应不同单机柜功率密度、PUE 值及中压线路容量的机柜数量估算表

单机柜 IT 电量（kW）	PUE 装机值	10kV 线路容量	机柜数量	单机柜 IT 电量（kW）	PUE 装机值	10kV 线路容量	机柜数量
3.5	1.4	10 000 kVA	1 939	7	1.4	10 000 kVA	969
	1.5		1 809		1.5		905
	1.4	10 000 kW	2 041		1.4	10 000 kW	1 020
	1.5		1 905		1.5		952
5	1.4	10 000 kVA	1 357	10	1.4	10 000 kVA	679
	1.5		1 267		1.5		633
	1.4	10 000 kW	1 429		1.4	10 000 kW	714
	1.5		1 333		1.5		667

七、节能政策对电力规划的引导

（一）地方政府的政策

大型数据中心对电力的庞大需求，以及数据中心高耗能的现实，已经成为项目能否落地的重要因素。2019—2021 年，不少城市出台的对数据中心建设的指导性文件规范，相当一部分涉及节能政策，这种趋势对于大型数据中心的电力规划有着非常强的引领作用。

北京市的相关文件和规定，通过纳入绿色电力交易体系，提高 PUE 超限数据中心度电成本的方式，倒逼数据中心提高可再生能源使用比例，制约超标 PUE。相关文件中提出，2021 年及以后建成的项目，年可再生能源利用量占年能源消费量的比例每年按 10%递增，到 2030 年实现 100%（不含电网既有可再生能源占比）。据统计，2020 年北京地区数据中心产业增速降至 19%，远低于全国 43.3%的增速，追求“高质低速”的政策导向十分明显。

上海市用一种类似“投资回报率”的思路推动数据中心建设项目改革，相关文件和规定要求数据中心所有方和服务器所有方承诺占用电力资源后的经济回报。同时，对已投产的数据中心关键指标提出了细致的要求，如要考核的指标有：Rackon（IT 设备上架率）、PUE（电能利用效率）、Prack（平均机架运行功率）、WUE（水资源使用效率）、数据中心绿色等级、数据中心可靠性等级，以及数据中心安全性等级等。

广州市一方面暂停现有数据中心企业新增机柜，另一方面鼓励其搬迁至数据中心统筹聚集区，进行集约化建设。在电力能源配备方面，通过电力现货市场交易消纳海上风电，推进及支持珠三角地区现有中高时延数据中心向低时延及边缘计算类业务转型，或者向规划集聚区迁移。

数据中心运营是一个资金持续投入、收益逐步回收的长期过程，运营期的运营维护成本包括设备折旧费、水电费用、网络通信费、保险费用、运维费用、物业服务费用、管理费用、财务费用等。国内数据中心运营成本中约 50%为电力支出，为此，数据中心所有者重视采用节能技术降低运营成本，也是数据中心发展的必由之路，数据中心领域的技术创新与节能工作刻不容缓。

（二）国家政策

在国家层面，数据中心的能耗问题已经引起广泛关注。2020 年，国家发展和改革委员会、中央网信办、工业和信息化部、国家能源局四部门联合出台《关于加快构建全国一体化大数据中心协同创新体系的指导意见》（发改高技〔2020〕1922 号），在这个指导意见中，对现有数据中心提出以下要求：发展区域数据中心集群，引导区域范围内数据中心集聚，促进规模化、集约化、绿色化发展；引导各省（自治区、直辖市）充分整合利用现有资源，以市场需求为导向，有序发展规模适中、集约绿色的数据中心，服务本地区算力资源需求；对于效益差、能耗高的小散数据中心，要加快改造升级，提升效能。这些政策的贯彻落实，将引导现有大型数据中心的电力规划（包括电力规划的升级完善）向着顺应绿色节能趋势的方向发展。更值得关注的是，该指导意见中还提出，要在全国范围内形成布局合理、绿色集约的基础设施一体化格局。东西部数据中心实现结构性平衡，大型、超大型数据中心运行电能利用效率降到 1.3 以下。

根据这个指导意见，四部门还制定了《全国一体化大数据中心协同创新体系算力枢纽实施方案》（发改高技〔2021〕709 号），提出统筹布局建设全国一体化算力网络国家枢纽节点，在用户规模较大、应用需求强烈的地区，优化数据中心供给结构，实现大规模算力部署；在可再生能源丰富的地区，打造面向全国的非实时性算力保障基地。在国家枢纽节点以外的地区，重点推动面向本地区业务需求的数据中心建设，提供服务本地、规模适度的算力服务。特别是该方案中提出的开展“东数西算”，深化东西部算力协同，将给大型数据中心的电力规划产生深远影响。

大数据、智能制造、移动互联网、云计算的发展离不开大型数据中心的支持，作为大型数据中心基础设施设计的关键环节，电力规划、设备选择尤为重要。建设方和规划设计人员都需要深刻理解大型数据中心对业务连续性的要求，在充分保障满足数据中心所需保障等级的基础之上，根据国家相关政策和技术标准规范，制订科学的电力规划方案。

（作者单位：中国建筑设计研究院有限公司
中国建设银行股份有限公司运营数据中心）

数据中心不间断供电技术与发展

陈四雄

数据中心不间断供电系统是数据中心为信息化设备提供优质、纯净、稳定、可靠电力能源的供配电系统，主要由中、低压变配电系统，柴油发电机系统，不间断电源系统（Uninterruptible Power System，UPS），以及末端配电系统等组成，是实现IT负载不间断持续供电的重要保障，其可靠性直接影响数据中心的供电可靠性。近年来，随着新型功率半导体器件的发展、新型电力电子电能变换拓扑的发明，以及数字控制技术的应用，不间断供电系统涌现出新型供电构架、电源产品和智慧电能技术，提高了系统的可靠性、经济性、配置灵活性和可扩展性。

一、数据中心不间断供电技术需求

用户需求是推动数据中心不间断供电技术发展的原动力。随着互联网和大数据产业的不断发展，数据中心的数据信息量越来越大，实时在线的用户数量也越来越多，电力中断导致的相同时间的业务停运所造成的经济损失不断上升。因此，业主对数据中心的不间断供电系统在可靠性、可用性、可扩展性、节能性、安全性、新能源应用等方面均提出了更高的要求，供电技术和模式向着模块化、预制化、智能化、精简化等方向创新演变。

（一）可靠性

大型数据中心供电的任何故障都可能给业主和客户带来重大的经济损失或灾难性的后果。因此，数据中心能否可靠运营的关键之一是IT设备的不间断供电。在保证不间断供电的前提下，不断提升不间断供电构架的可靠性，是数据中心用户一直以来的核心需求。

根据当前不同规模数据中心的划分，不同级别的数据中心对数据中心不间断供电的需求有所不同。在国家标准《数据中心设计规范》（GB 50174—2017）中，将电子信息机房分为A、B、C三级；美国《数据中心通信网络基础设施标准》（TIA-942-A）将数据中心分为Ⅳ、Ⅲ、Ⅱ、Ⅰ四级。这两种规范对数据中心供电系统的不间断和可靠性需求对比如表1所示。

表1　两种规范对数据中心供电系统的不同断和可靠性需求对比

GB 50174—2017	A级机房	B级机房	C级机房
《数据中心设计规范》不间断供电与可靠性需求说明	应由双重电源供电，变压器 $2N$ 配置，后备柴油发电机“$N+X$”冗余配置，允许电压波动范围+7%～−10%，允许断电持续时间 0～10ms，不间断电源系统 $2N$ 或“$N+1$”冗余配置	宜由双重电源供电，变压器“$N+1$”配置，当供电电源只有一路时，需设备后备柴油发电机系统并采用“$N+1$”冗余配置，允许电压波动范围−10%～+7%，允许断电持续时间为 0～10ms，不间断电源系统“$N+1$”冗余配置	两回线路供电，变压器 N 配置，当不间断电源系统的供电时间满足信息存储要求时，可不设置柴油发电机，允许电压波动范围−10%～+7%，允许断电持续时间为 0～10ms，不间断电源系统采用 N 扩容系统，无冗余配置

（续表）

TIA-942-A	Ⅳ级数据中心	Ⅲ级数据中心	Ⅱ级数据中心	Ⅰ级数据中心
《数据中心通信网络基础设施标准》不间断供电与可靠性需求说明	不间断电源分布模块冗余或集中冗余，2*N*冗余配置，具备自动旁路与维修旁路功能，电池后备时间为 15min，柴油发电机组为整体机房负载提供后备电源且为 2*N* 冗余配置	不间断电源分布模块冗余或集中冗余，*N*+1 冗余配置，具备自动旁路与维修旁路功能，电池后备时间为 10min，柴油发电机组为整体机房负载提供后备电源且为“*N*+1”冗余配置	不间断电源单机或并联模块，*N* 配置，具备自动旁路与维修旁路功能，电池后备时间为 7min，柴油发电机组为 UPS 系统与机械动力系统提供后备电源且无冗余要求	不间断电源单机或并联模块，*N* 配置，无旁路与维修旁路要求，电池后备时间为 5min，柴油发电机组只为 UPS 系统提供后备电源且无冗余要求

由表 1 可以看到相关规范对数据中心供电的电压波动、断电时间、冗余构架等都提出了明确的要求。

数据中心不间断供电系统一般包括高压配电系统、变压器、柴油发电机组、低压配电系统、防雷器、UPS、电池组、列头柜、机架分配单元（PDU）、连接器等组成环节。每个环节都对应着一定的可靠性，而且它们之间的可靠性指标可能相差很大，而一个系统的可靠性往往取决于可靠性最低的那个环节，任何一个环节失效，都可能导致不间断供电系统的故障。目前，各数据中心客户对系统的可靠性都提出了明确的要求，各大互联网运营商建设机房中明确要求各系统的设计须满足《数据中心设计规范》（GB 50174—2017）及相关标准中的强制性要求。

为保证重要数据中心不间断供电的高可靠性，除了提升每个环节和设备的基础可靠性，客户还希望从系统规划设计的角度，通过对供电系统进行设备冗余、不间断供电回路冗余设计等方法来提高可靠性。例如，针对单回路供电系统，不间断供电设备可采用“1+1”系统、“*N*+1”系统、“*N*+*X*”系统等设备并联冗余方法；针对供电回路的可靠性冗余，可采用“2*N*”冗余系统等。

当然，任何的设备冗余或回路冗余都将带来不间断供电系统成本的上升，如何平衡不间断供电系统的可靠性和成本也就成为客户和供电系统设计者在数据中心规划前期需要重点考虑的问题。

（二）可用性

随着数据中心单位时间运行价值的提升，客户对数据中心的可用性也提出了明确的要求。

在《电工术语 可信性与服务质量》（GB/T 2900.13—2008）中，对可用性的定义如下：在所要求的外部资源得到提供的情况下，产品在给定的条件下，在给定的时刻或时间区间内处于能完成要求功能的状态的能力。

对于数据中心不间断供电系统，根据当前不同规模数据中心的划分，不同级别的数据中心对数据中心供电系统可用性的要求如表 2 所示。

表 2　不同级别的数据中心对数据中心供电系统可用性的要求

GB 50174—2017	A 级机房	B 级机房	C 级机房
《数据中心设计规范》可用性要求	“容错”系统，可用性最高	“冗余”系统，可用性居中	“基本需求”，可用性最低

（续表）

TIA-942-A	Ⅳ级数据中心	Ⅲ级数据中心	Ⅱ级数据中心	Ⅰ级数据中心
《数据中心通信网络基础设施标准》可用性要求	“容错的”，场地基础设施的容量和能力能够允许任何有计划的操作而不导致关键设备破坏	“不间断维护的”，场地基础设施在任何情况下的任何有计划的操作都不会中断计算机硬件运行	“有冗余部件的”，有冗余部件的设备较难受到有计划或无意的行为影响而遭受破坏	“基础的”，易受有计划地或无意的行为影响而遭受破坏的

注：《数据中心通信网络基础设施标准》（TIA-942-A）中对数据中心等级定义最先由 Uptime 学院在它的白皮书《采用分类等级的方式定义场地基础设施性能的工业标准》中提出。

从可用性角度而言，数据中心连续供电的能力可以用可用度（A）来衡量。在系统与设备失效率与修复率均为恒定的情况下，稳态可用度可表示为平均可用时间同平均可用时间与平均不可用时间的和之比。设备的平均可用时间采用 MTBF（Mean Time Between Failures，平均无故障时间或平均开工时间）计算，平均不可用时间采用 MTTR（Mean Time To Repair，平均故障修复时间或平均停工时间）计算，则可用度（A）的计算方法如下：

$$A=\frac{\mathrm{MTBF}}{\mathrm{MTBF}+\mathrm{MTTR}}$$

（三）可扩展性

可扩展性是指在机房规划设计和建设中，不间断供电系统的设备布局设计和安装工程需要为日后系统的可改造和升级功能提供必要的条件。可扩展性的需求主要来源于负载设备的变化升级、数据中心分期建设及系统扩容等客户对未来数据中心建设的不确定性。

由于 IT 技术的快速发展，数据中心内 IT 设备可能在 2～3 年内发生显著的变化，机架内用电设备功率密度的不断提升给数据中心供配电提出了更高要求，单电源设备与双电源设备对配电要求不同，交流设备与直流设备对配电要求也不同。例如，一个机柜如果安装早期的服务器，只能容纳 10 台服务器；发展到今天，一个机柜则可容纳 40 台 1U 的服务器。这就需要在机房设计建设之初，考虑电力基础设施能否适应这种功率密度不断提升所带来的升级要求。

另外，由于数据中心基础设施的建设属于重资产投入。如果客户没有立刻进驻，则一次性的基础设施投入可能导致项目收益率下降，严重影响数据中心业主的经济效益。因此，数据中心业主会根据客户需求进度，分期建设相应区域的数据中心，例如，目前的微模块数据中心就是典型的分期建设解决方案。数据中心的分期建设需求，对于不间断供电系统的可扩展性也提出了相应的可扩展性要求。

（四）节能性

从数据中心对电力的规划和实际需求来看，数据中心是重要的高耗能产业。以目前常见的拥有 1 000 个机柜的中型数据中心为例，假定平均每个机柜负载量按 3.5kW 算，则每年的用电量可达 3 066 万 kW·h。如果国家商业平均电价按 1 元/kW·h 计算，则年均电费逾三千万元。根据行业运营经验，数据中心电费在整个运维费用中所占比例可超过 60%。可见，对于中大型数据中心，节能十分重要。目前，越来越多的数据中心在建设时将数据中心能源使用效率（PUE）列为一个关键指标，追求更低的 PUE，建设绿色节能数据中心已经成为业内共识。

根据行业经验，在数据中心的总能耗里，IT 设备能耗约占 50%，空调制冷系统约占 35%，照明及配电能耗约占 15%。因此，除了采用能耗低的 IT 设备，以及各种降低空调制冷系统的能耗和提升效能等方法，提升不间断供电系统运行效率也是实现显著节能效果的途径之一。

从技术的角度看，优化不间断供电构架、采用高效率不间断供电设备、提高不间断供电系统及电源设备的利用率、采用智能化能效管理方案等，都是十分有效的节能方法。这些方法不仅可以有效减少不间断电源系统的自身损耗，而且可因损耗的减少继续降低数据中心制冷需求，从而实现进一步的系统节能。

（五）安全性

数据中心对不间断供电系统的安全性需求除了要求不间断，还主要涉及设备安全与人身安全需求。

在数据中心的日常运行中，除了直接断电会影响 IT 系统安全运行并可能造成重大经济损失，供电回路的雷击浪涌脉冲、供电的电能质量、供电回路的零地共模干扰等也将对 IT 系统产生显著的安全威胁。例如，未经可靠防雷保护的供电电缆、通信电缆引入数据中心可能引起数据中心 IT 设备工作异常，甚至引起设备损坏；供电回路的电压波动、谐波成分也会导致设备无法正常运行，造成业务中断；当供电回路的零地共模干扰进入计算机的数据传输路径时，将直接影响系统数据可靠性，导致传输数据丢包、误码甚至数据崩溃，过大的噪声干扰也可能导致计算机设备内的半导体器件发生混乱或损坏。

另外，除了规划、设计与建设，合理的运维也是保证数据中心可靠运行和良好经济效益的关键。但是，在人员运维过程中，不合理的电气安全设计，以及不合理的接地保护都可能增大运维人员被电击的隐患。因此，保证运维人员的电气安全也显得尤为关键。

在数据中心不间断供电系统安全设计中，通常采用适当的电气隔离与合理接地的方法，以提升设备安全水平和人员安全水平。例如，通过合理的电气隔离，可以有效避免雷击能量、零地共模干扰对负载的影响；通过合理的能量变换隔离，可以有效改善不间断供电系统的电能质量，保证 IT 负载的可靠运行；通过合理的电气隔离和接地，可有效提升运维人员的人身安全保障。

（六）新能源应用

随着数据中心的大规模建设与应用，作为耗能大户的数据中心行业，电力费用是其最主要的运营成本，可占数据中心总运营成本的 60%以上。另外，新能源应用技术不断成熟，应用成本逐步贴近传统能源。因此，数据中心业主对新能源的引入与应用保持了高度的关注。

新能源包括太阳能、生物质能、风能等，其最大的优势就是环保、可持续。提高新能源在数据中心能源消耗中的占比是实现绿色数据中心、降低数据中心运营成本的重要手段之一。然而，新能源往往具有不稳定性、间歇性和随时间变化等特点，这使得新能源在数据中心的高效可靠应用过程中面临诸多新挑战。不过，储能技术的发展和成本的不断降低，给绿色能源在数据中心的引入带来更加丰富的电力拓扑结构和调控手段。分布式储能技术与数据中心供电系统的结合是提升数据中心可再生能源渗透率的有效方法。

近些年，西方发达国家一些领先企业在光伏发电、生物质发电、风力发电、地热发电、潮汐发电等可再生能源的开发，以及在数据中心供能运用方面有了成功的尝试，建设了一批采用可再生能源供电的绿色数据中心。如美国采用生物质发电、光伏发电、风力发电的可再生能源组合，为部分数据中心提供了超过 100MW 的供电保障能力。美国的苹果、谷歌、亚马逊、微软等全球科技巨头，自 2007 年开始，便积极投身于可再生能源的研究和应用。其中，谷歌计划在 2025 年之前，数据中心实现完全由清洁能源供电。苹果在 2019 年扩建的 3 个数据中心使用的都是可再生能源。与此同时，我国不少企业也在尝试大力发展建设绿色新能源数据中心，利用光伏发电、生物质发电及冷热电三联供技术的组合应用，建设完全使用可再生能源、实现零碳排放的数据中心。

二、数据中心不间断电源集成化发展及其新动向

（一）不间断供电构架的持续优化

数据中心供电系统构架的核心是不间断电源系统，组成该系统的主要设备有交流 UPS 或高压直流 UPS（High Voltage Direct Current，HVDC）。为满足数据中心不同可靠性等级的供电要求，目前业界采用不同的不间断供电构架解决方案。

对于 Tier Ⅰ级机房供电系统，不间断电源系统配置无冗余。对于 Tier Ⅱ级机房供电系统，不间断电源系统则采用设备多机并联冗余方案，即“*N*+*X*”不间断冗余供电系统。其中，“*N*”为扩容系统，“*X*”为冗余并机数量，不间断供电设备常见形式为交流 UPS。事实上，如果设计采用直流不间断供电系统，HVDC 也适用。对于规模较大、对可靠性要求较高的 Tier Ⅲ级或 Tier Ⅳ级机房供电系统，不间断电源系统则采用“2*N*”供电系统。“2*N*”供电系统不但实现了不间断供电功能，还大幅度提高了不间断供电系统的可靠性。另外，为进一步提升可靠性，每路不间断供电回路中还可以采用“*N*+*X*”设备冗余系统。

根据标准要求，数据中心交流配网市电采用双重电源、两回线路供电的方式。对于“2*N*”不间断供电系统，由于两路供电均完全采用相同的供电回路，因此供电系统可靠性最高。不过“2*N*”不间断供电系统的成本也相应最高，另外，考虑到数据中心巨大的耗电量，近年来各大互联网公司和运营商也在供电架构设计上注重要可靠的前提下也开始兼顾经济性，体现出十分明确的“从可靠性向可靠性+经济性并重发展”的特征。

数据中心“2*N*”不间断供电系统的构架如图 1 所示。该构架为 IT 负载同时配置两路不间断供电回路，不间断供电回路中的 UPS 设备可以是交流 UPS 也可以是 HVDC，但采用交流 UPS 的情况较为常见，不同 UPS 的电池挂接位置不同。该供电系统最主要的特点是能在很大程度上满足 IT 设备不间断供电可靠性的要求。

在确保可靠性的前提下，为了实现供电节能经济运行目的，用市电直供替代其中一路不间断供电，形成了数据中心“市电直供+UPS/HVDC”不间断电源构架，如图 2 所示。不间断供电回路中的 UPS 设备可以是交流 UPS 也可以是 HVDC，但采用 HVDC 的情况较为常见。与 2*N* 系统的不同点在于，本供电构架只有一路为不间断供电电源，另一路是没有不间断设备保护的市电。由于将市电直供给负载，则交流电网输入的雷击、浪涌、谐波、闪断等电能质量问题将直接传导给负载，可能引起负载运行方面的问题。

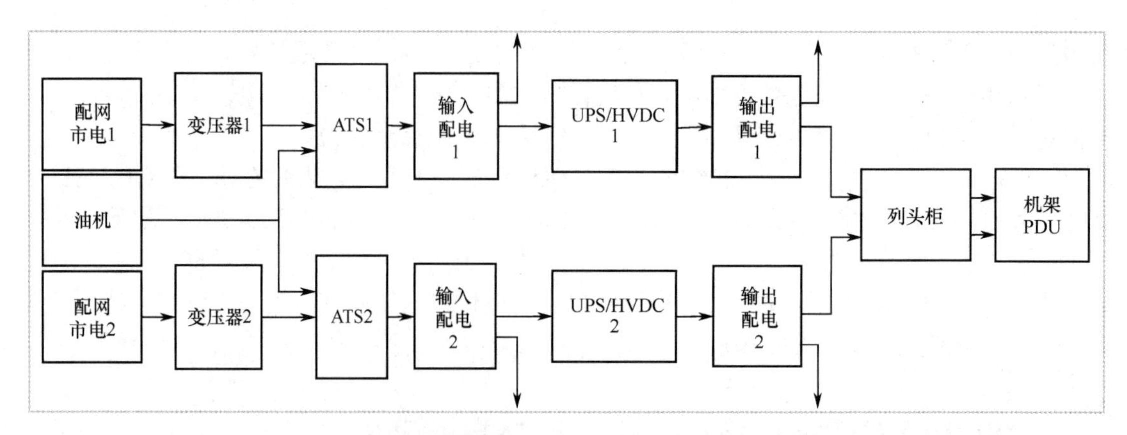

图 1　数据中心“2*N*”不间断供电构架

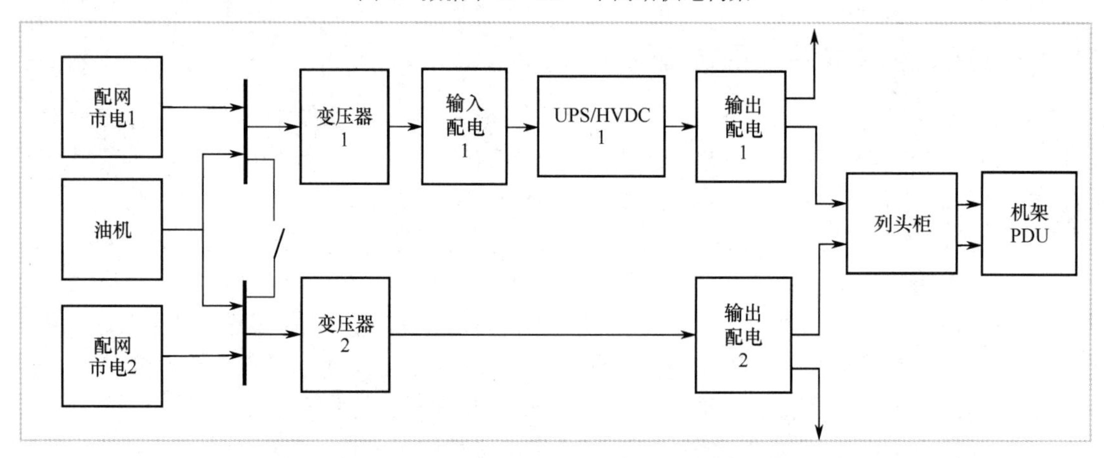

图 2　数据中心“市电直供+UPS/HVDC”不间断供电构架

（二）不间断电源的集成化发展

考虑到数据中心变配电系统建设模式存在效率低、损耗大、占地面积大、建设运维复杂和初期投资成本高等“痛点”，数据中心向更紧凑、占地面积更小、更高效、易部署的方向发展，将原供电构架中的变压器、配电、不间断电源集成起来，形成了数据中心“中压直供”集成式不间断电源，其架构如图 3 所示。

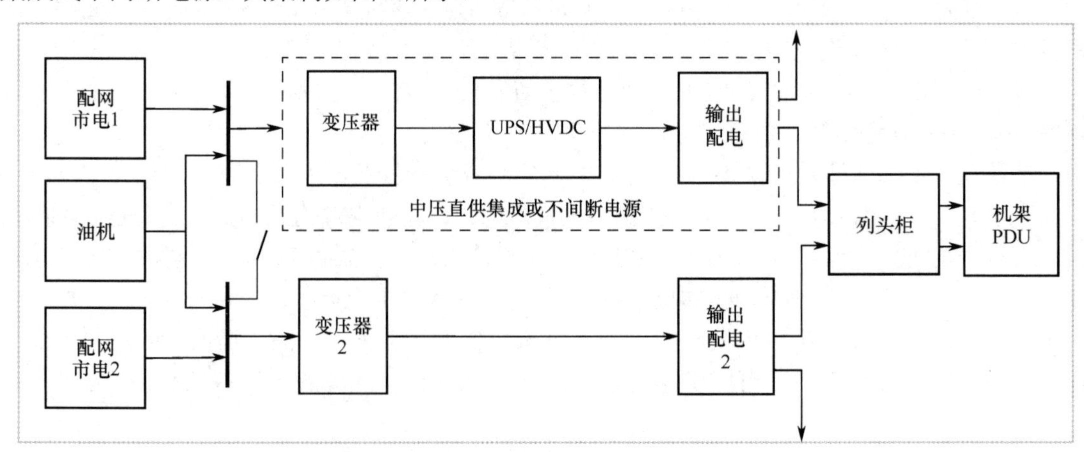

图 3　数据中心“中压直供”集成式不间断供电构架

在“中压直供”集成式不间断供电构架中，不间断供电电源将10kVac的配电、隔离中压变压、不间断电源和输出配电等环节进行了柔性集成。相比于传统数据中心的供电方案，占地面积减少50%，其设备和工程施工量可节省40%，架构简洁、可靠性高，蓄电池单独安装，系统容量可以根据需求进行灵活配置。

单从配电与功率变换级数来看，“中压直供”集成式不间断电源与传统供配电方案相比，主要整合了交流配电环节，使得整个供配电系统更为紧凑，并没有减少功率变换级数。但由于相对传统方案更加紧凑，因此该方案具有高效率、高可靠性、高功率密度、高功率容量，以及维护方便等特点，可以实现以下几点。

（1）模组化、预制化。产品在工厂完成加工，标准接口，直接现场安装，实现设备的快速部署。

（2）标准化。直流、交流方案统一，变压器、电源模块通用，灵活组合，自由搭配，可以很方便地满足数据中心不间断供电系统电源的各种需求。

（3）可维护性。在“市电+不间断电源”应用中，由于方案统一，可以通过双系统实现母联，完成各项设备例行检修、维护、改造、变更、扩容等相关要求。

（4）智能化。通过集成综合监控，实时掌握系统运行状况，对故障进行快速定位与维护，同时具有预警功能，实现主动式运维管理，能够将故障防于未然。

“中压直供”集成式不间断电源，最早以阿里“巴拿马”电源为代表，其基本原理有别于传统变压器+UPS/HVDC的集成模式。“巴拿马”电源采用移相变压器，取代工频变压器，将传统模式中HVDC电源PFC（Power Factor Correction，功率因数校正）功能前置到变压器，简化了HVDC电源模块结构，并集成了部分中心配电环节，实现了从10kVac到240Vdc整个供电链路的优化集成。“巴拿马”电源替代了原有的10kV交流配电、变压器、低压配电、240V/336V直流供电系统和输出配电单元等设备及相关配套设施，具有高效、安全、可靠、节省空间、低成本、易安装和易维护等显著优势，进而降低了整个系统的体积，提高了系统效率。

“巴拿马”电源具有的显著优势，促使各电源厂商也逐步跟进。易事特的“东风ENPOWER”高压直流供电电源，科华的“云动力”中压直供集成式不间断电源等，均是此类型的“中压直供”集成式不间断电源。然而，“巴拿马”电源与目前数据中心分期建设的形式有一定的矛盾，应用中应当根据实际情况选用。此外，“巴拿马”电源集成化和预制化的一些优点，其他供电构架也可以吸收应用，所以“巴拿马”电源未来是否能成为主流供电构架还有待于市场的验证。

不间断供电回路中的UPS设备可以是HVDC，也可以是交流UPS。以维谛的“数据中心预制化电力模块”电源为代表，如图4所示为维滂预制式供配电模组，系统采用传统变压器集成交流UPS，实现10kVac到220Vac整个供电链路的集成输出。

2021年1月，清华大学能源互联网研究院直流研究中心、大容量电力电子与新型电力传输研究中心电机系赵争鸣教授团队，曾嵘教授、余占清副教授、黄瑜珑副教授团队，联合广东电网有限责任公司，依托国家重点研发计划“智能电网技术与装备”重点专项“交直流混合的分布式可再生能源关键技术、核心装备和工程示范研究”，创新性地提出第三类中压直供集成不间断电源方案——数据中心全直流供电方案，系统供能效率可提升15%以上。首个兆瓦级全直流供电数据中心在东莞建成投运，为实现碳达峰、碳中和目标贡献了数据中心供能系统的技术路径。电源采用创新研制的共高频交流母线拓扑结构的多功能、多端口兆瓦级电力电子变压器，最高效率达98.3%，实现了“基于能量平衡协调控制”策略，使高功率密度、多功能协调的电力电子变压器达到国际领先水平。

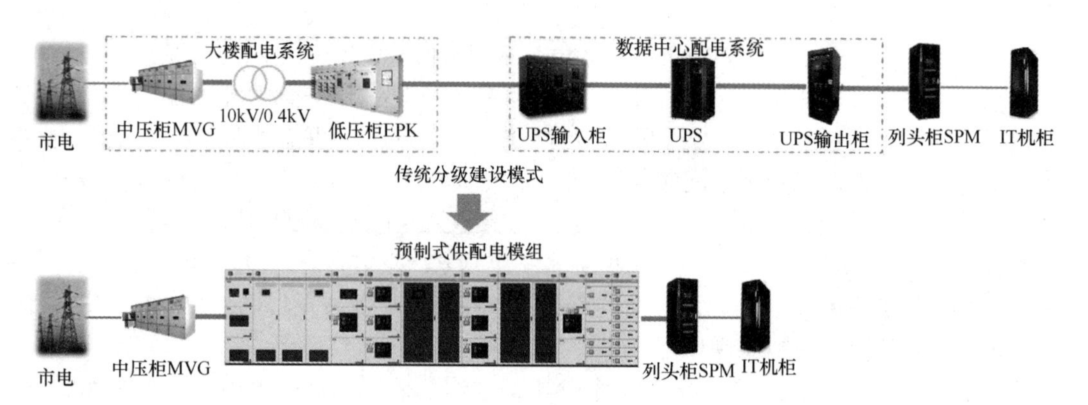

图4 维谛预制式供配电模组

三、数据中心不间断电源智慧化发展及其新动向

随着泛在电力物联网、工业互联网、高精尖芯片制造、超大型云计算中心、国家重大工程等领域对大容量不间断供电系统的要求日益严苛，数据中心不间断供电系统需要将人、运维流程、设备运行数据和数据中心事件结合在一起，体现出智慧化的特点，以保证数据中心整个系统的智能化。

（一）模组化

为提高 UPS 方案的安全性、可靠性，设计人员和运维人员在实际工作过程中总结出了如单机系统、串联冗余系统、并联冗余系统、分布式冗余系统、单机双总线系统、“1+1”系统并联双总线等多种配置方案。这些方案在一定程度上提高了系统和供电的可靠性，但也带来了诸多问题，如设备投资大、配套设备投资增加、占地面积更大、运营成本升高、维护和扩容困难、风险大等。为了解决这些问题，众多 UPS 厂商率先在新技术的发展方面做了积极的探索和工作，推出了模块化 UPS 电源系统。

模块化 UPS 系统是将 UPS 各部分功能完全以模块化实现的 UPS 产品，模块化 UPS 有着在线扩容、提供冗余、在线维修维护等优势，采用“$N+X$”并机模式获得冗余，模块化 UPS 有着节约投资成本、节约维护成本、占地面积小等优势，无论从哪种角度考虑，模块化 UPS 都比传统 UPS 更安全且有更好的性价比。目前，国内市场主流模块化 UPS 厂商有施耐德、维谛、华为、科华、易事特、科士达、台达、志成冠军等。事实上，随着国内 UPS 厂商的崛起，以华为为代表的国产模块化 UPS 和其代表的 100kW 功率模块已达到国内技术和市场的龙头地位。2020 年，科华更是在全球首发 125kW UPS 功率模块，在功率密度上率先实现突破，填补了行业空白。

但是，随着模块化 UPS 的大规模应用，模块化机随着数据中心应用功率等级越来越大，导致模块设计功率密度越来越高、系统功率模块数量越来越多、设备使用器件数也越来越大。一方面，模块化 UPS 采用大量分立元件，大量分立元件因元件批次及参数离散性、PCB（Printed Circuit Board，印刷电路板）走线杂散参数、产品品质工艺控制点数量巨大等因素，都对设备产品企业的产品质量控制提出了更高的要求；另一方面，模块功率等级设计得越来越大，前后版本功率模块不向下兼容，导致模块化电源原有的易拔插、易维护等特性逐步被侵蚀。此外，随着应用模块数量的增加，模块间并机、均流通信节点越多，风机散热等易损件也越多，这些都势必在不同程度上影响整个不间断供电系统的可靠性。

为兼顾塔式 UPS 的高度集成化、高可靠性，易损器件的易维护性，以及模块化 UPS 的易维护、可扩容、高冗余等特点，业界又推出 UPS 的模组化设计理念。模组化 UPS 创新性地采用功率单元模组化设计，使 UPS 系统将塔式 UPS 与模块化 UPS 的突出优势融为一体，兼具高可靠性、高可用性、易维护、超强环境适应性等关键优势，产品功率通过并柜方式覆盖 0.3～1.2MVA。目前，国内具备模组化 UPS 技术与产品的主流厂商只有维谛、科华和伊顿等几家，其中，科华模组 UPS 单模块功率设计可达 200kW，是业界模组化 UPS 最大容量单模块设计。

通过大功率变换装备的控制、功率结构、热设计、多维度模组化设计，实现模组间的灵活组合与超大功率扩容。在结构上，采用大功率模组化结构设计，相互独立，无并联环流，由多个功率柜组合实现不同功率段至兆瓦级电能变换装备的扩容；在控制上，单机集中式控制，多机分布式控制，实现装备并机扩容与快速组合。在热设计上，采用风道内器件温度梯次布局设计方法，功率器件与电路板独立风道工艺设计，实现装备高效热管控。

塔式 UPS、模块化 UPS 与模组化 UPS 优势及不足对比如表 3 所示。

表 3　塔式 UPS、模块化 UPS 与模组化 UPS 优势及不足对比

项　目	塔式 UPS	模块化 UPS	模组化 UPS
模块化	无	功率每个功率模块独立	功率单元分相模块化
整机器件数	少	多	少
体积	大	小	小
可维护性	整机维护，部件更换困难	更换功率模块，模块部件维修困难	更换功率模块，模块部件维修方便
单系统可靠性	高	较两者低	高
可扩展性	一般，需要并机扩容	一般，模块满插后不可再扩容	方便，可根据需要并柜扩容
冗余	并机	并模块、并机	并机、并柜

（二）绿色节能

随着 5G、云计算等新兴技术的大规模推广应用，用户需求正呈几何级爆发之势。我国数据中心的数量随之急速攀升，相应的用电量也在急剧增加，对电力供应提出新的挑战。在此背景下，我国特别强调一项衡量数据中心能效水平的评价指标——PUE（Power Usage Effectiveness，电源使用效率）。该指标由数据中心设备总能耗除以信息设备能耗得出，基准值为 2，数值越接近 1，则意味着能源利用效率越高。2020 年 2 月，工信部、国家机关事务管理局、国家能源局出台《关于加强绿色数据中心建设的指导意见》，要求到 2022 年“数据中心平均能耗基本达到国际先进水平，新建大型、超大型数据中心的 PUE 达到 1.4 以下”。

数据中心作为能耗大户，节能举措涉及供电架构、散热规划、优化机房设计、布局、使用、管理等众多方面。作为数据中心不间断供电系统中的核心设备，UPS 也需要发展相应的节能技术。UPS 中经济运行模式 ECO（合成词，由环保 Ecology、节能 Conservation、动力 Optimization 首字母组成）是为了实现数据中心节能降耗而开发的功能，各主流厂商也都相继推出具有 ECO 功能的 UPS。

ECO 模式下虽然 UPS 也是在线运行的，但 IT 负载并不是始终由 UPS 逆变器带载，而是优先由旁路带载，逆变器空转减少无用热量的产生，因而提高系统效率。早期，由于客户更关注数据中心 IT 负载供电的可靠性，而对 UPS 的 ECO 模式的稳定性持谨慎态度。因此，数据中心 UPS 的 ECO 功能使用范围较为有限。但是，随着数字化控制技术的成熟，维谛、科华、华为等厂家纷纷推出 ECO 模式的升级版——超级 ECO 模式。

超级 ECO 模式与简单进行旁路带载的 ECO 模式不同。超级 ECO 模式让 UPS 的整流与逆变器同时在线运行，运行过程中主要针对市电输入进行快速检测，对市电输入进行有源滤波，可在提升产品效率的同时，改善局域电网环境，大幅降低用电成本。这样既避免了用户对 UPS 在 ECO 过程旁路待机的顾虑，又提升了 IT 负载供电质量，当然这必然要以损失少许效率为代价。超级 ECO 模式对市电谐波的补偿，使之在 UPS 运行过程中实现了 IT 负载的绿色供电与系统节能。

此外，在超大功率 UPS 系统使用过程中，科华、维谛等厂商还设计出针对并机系统的经济适用模式——并机智能休眠功能。该功能专为超大功率并机系统开发，在开启智能休眠功能后，并机系统可实时检测负载变化情况，利用负载情况和独创的负载预测算法，实现并机系统部分 UPS 的自动休眠，降低整个系统的运行功耗，减少客户运行成本。例如，3 台 500kVA 设备构成三机并联扩容运行模式，IT 负载总功率为 300kW 的应用场景，在三机全开情况下，单机负载率为 300÷0.9÷1 500×100%=22.2%，此时 UPS 运行效率为 96%，合计损耗=100×4%×3=12kW；而在 1 台休眠、2 台运行的情况下，单机负载率为 300÷0.9÷1 000×100%=33.3%，此时 UPS 运行效率为 97%，合计损耗=150×3%×2=9kW。可见，通过产品功能的持续创新优化，可以不断推进数据中心不间断供电的绿色节能发展。

（三）智能化

新一轮科技革命和产业变革蓬勃推进，全球智能产业快速发展。新一代数据中心超大功率 UPS 在新型数字化技术的加持下变得越来越贴近用户需求，新型 UPS 的智能化技术以其优秀的产品设计、卓越的性能指标，帮助各行业用户打造高效可靠的供电系统，从容应对数据中心不间断供电系统升级的严峻挑战。所谓 UPS 智能化技术，是使 UPS 除了完成最基本的不间断供电功能，还能实现电网事件记录、故障告警、参数自动测试分析和调节等智能化功能。具有代表性的几个新型 UPS 智能化应用如下。

1. “黑匣子”功能

具备智能时序录波功能，可顺序记录故障时的运行参数和波形，解决系统记录时序混乱、事件回溯困难等问题，快速、精准定位故障，有效提升运维效率。当电网异常、设备异常或负载供电异常时，黑匣子会完整地记录异常发生瞬间前后数个工频周期的交流输入端、输出端和直流母线端的关键波形，辅助异常诊断定位和快速修复，大大提升事故追溯、诊断、修复的效率，大幅降低事后维护工作量。如图 5 所示为智能化 UPS“黑匣子”功能记录的电网闪断和电压骤降。

2. 关键器件的健康状态监测

数据中心不间断电源一经投入，会常年不间断运行。随着运行时间的推移，UPS 中电容器、风机等易损件会逐渐老化甚至失效。像电池一样，电容器会随着时间的推移而降级。一款典型的电容器可能会被制造商评定为能够维持大约 7 年全天候持续使用。但是，在有利的操作条件下，其可以提供长达 10 年的正常使用寿命。当电容器发生故障时，数据中心的运营管理人员可能看不到任何可见的影响，但其他电容器将不得不承担其工作负载，这会缩短其使用寿命。在很多情况下，电容器故障会触发 UPS 切换到旁路模式，在此期间，其不能保护下游的工作负载。

电压骤降、闪断
电网电压瞬时跌落至标称值的10%至90%
持续瞬间在数秒中
又恢复正常

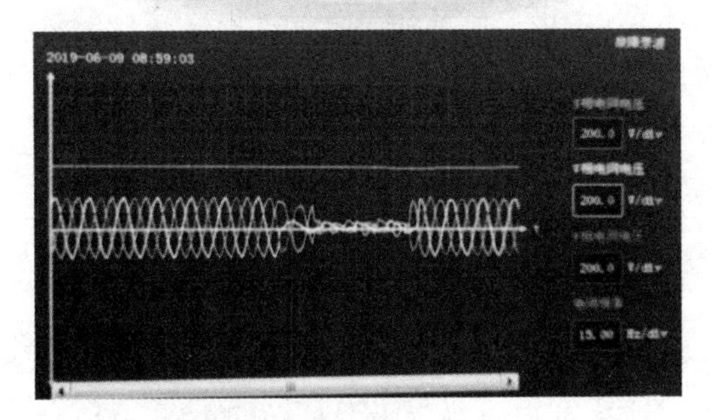

1. 事故发生时间2019年06月09日，08∶59∶03。
2. 事故现象为电网瞬时掉电。陷落低压至0V（-100%）；持续时间90ms（4.5个周波）。
3. 事故发生可能原因：上级变电站倒闸切换。

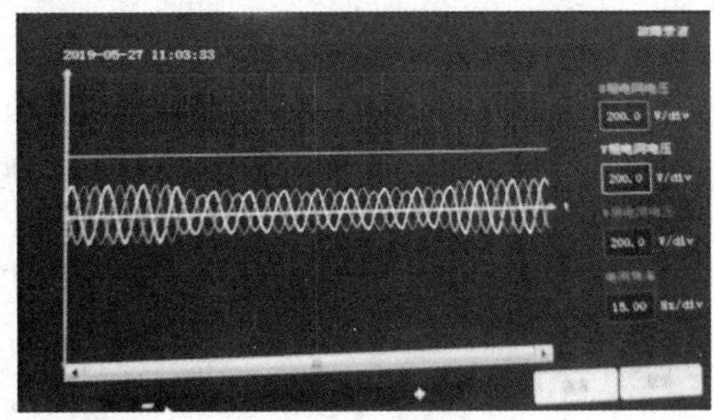

1. 事故发生时间2019年05月27日，11∶03∶33。
2. 事故现象为电网电压陷落。陷落低压至141V左右（-37%）；持续时间1 600ms（8个周波）。
3. 事故发生可能原因：外部线路大负荷启停、短路等引起暂降陷落。

图 5　智能化 UPS“黑匣子”功能记录的电网闪断和电压骤降

因此，企业数据中心运营管理人员需要主动关注在日常运维中不起眼的、经常被忽视 UPS 设备中的这些易损件，在线监测 UPS 风机、电容、母线等关键器件的参数（如电压、电流、温度、转速等），通过健康状态监测功能的软件算法计算器件当下的健康状态，结合大量的历史数据和运维经验并给出维护建议。这项技术能够在设备实际运行过程中、事故发生前及时有效地提示和告警，把事后补救变为事前预防，帮助大量客户减少运维时间和人力成本。如图 6 所示为 UPS 风机健康状态监测。

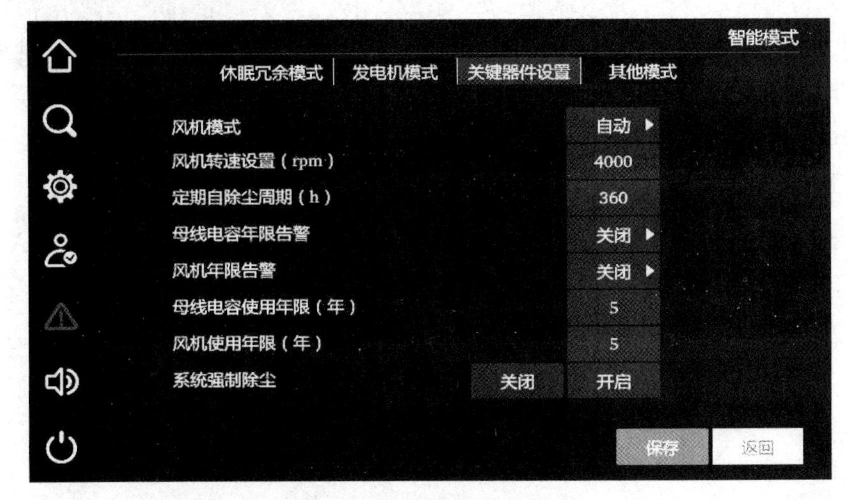

图 6　UPS 风机健康状态监测

3．电池无风险放电测试功能

在 UPS 设备运维过程中需要对电池进行放电测试，但该测试极易造成用户 IT 负载断电。新型电池无风险放电测试功能，可在市电态转为电池态供电时整流器母线电压不断电，当电池态切回市电态时市电态处于热备份，避免两者在切换状态下的掉电风险。

4．智能柔性缓启技术

在 UPS 各类复杂的使用场景中，市电断电恢复后，UPS 将由电池态切回市电态供电，如果 UPS 整流器输入不能缓启动，将造成较大电流/电压直接对电网的冲击。因此，UPS 行业技术专家们开发了智能缓冲技术，通过识别输入端接入情况和输出端负载情况，自动实现整流侧缓启和输出电压缓启功能，避免设备在启动、切换等使用过程中对输入/输出侧造成强冲击电流，极大程度上保证了供电系统整体稳定性和可靠性；同时可成倍降低 UPS 前端备用发电机配置比例，发电机配比由 2.0 降低至 1.1，减少经济投入。

（四）BMS 智慧化管理

专业蓄电池监测管理系统（Battery Monitoring and Management System，简称 BMS）可确保客户 UPS 铅酸、铅碳等储能电池系统稳定安全运行，其主要功能集电池数据的采集、分析、存储、展示为一体，实现多电池群的集中监控与智能管理。系统能够获得电池的内阻、电压、温度、电池剩余容量（SOC）、电池健康度（SOH）等参数，并运用数理统计方法，为客户提供准确、全面、详细的电池组性能指标。为了确保用户电池使用安全，许多主流 UPS 厂商包括维帝、施耐德、华为、科华、科仕达等都有自己的 BMS 产品配合 UPS 使用。

图 7 展示的是一款 BMS 产品的系统架构。该产品既可用作前端采集设备向后台服务器传输数据，也可独立作为本地电池监控服务专家系统，通过网页向客户展示电池组信息，是一款高性能、高可靠性、功能强大的智能电池监控管理系统。

得益于日益成熟的人工智能技术，BMS 的功能也从单一的电池群数据收集与记录提升至海量数据分析、智慧故障预测、智能运维管理等。成熟的 BMS 产品收集海量的电池数据，数据量囊括多工况、多场景、多维度；在数据中提取特征，进行特征构造，搭建预测模型并且优化模型，最终将模型泛化；系统采用神经网络（NN）深度学习方法，训练出带有最优参数的预测模型，可预测全工况下电池群的 SOC、SOH 和电池故障情况。系统通过快速的人工智能算法，实时对数据结果进行修正，单节电池健康计算准确性达 99.9%以上，解决了客户在大量后备电池使用场景下存在潜在故障的隐患，并使得客户无须到电池现场即可准确获得电池健康度信息，确保了高端电源系统在各种场景下的高可靠性。

（五）智能运维

数据中心智能运维系统通过对各类信息的综合分析，除完成 UPS 相应部分正常运行的控制功能外，还应完成对运行中 UPS 的实时监测。对电路中的重要数据信息进行分析处理，从中得知各部分电路工作是否正常等；在 UPS 发生故障时，根据检测结果，及时进行分析，诊断出故障部位，并给出处理方法；根据现场需要及时采取必要的自身应急保护控制动作，以防故障影响面扩大；完成必要的自身维护，具有交换信息功能，可以随时向计算机输入或从联网机获取信息。

1．智能联动

数据中心不间断电源在工作过程中如发生市电中断、市电恢复、电池耗尽等事件，用户通常希望能与其他设备实现逻辑联动或主动上报当前用电环境状态，这样极大地方便了数据中心运维人员，降低了工作人员的工作强度。如图 8 所示为 UPS 能源联动功能的界面。

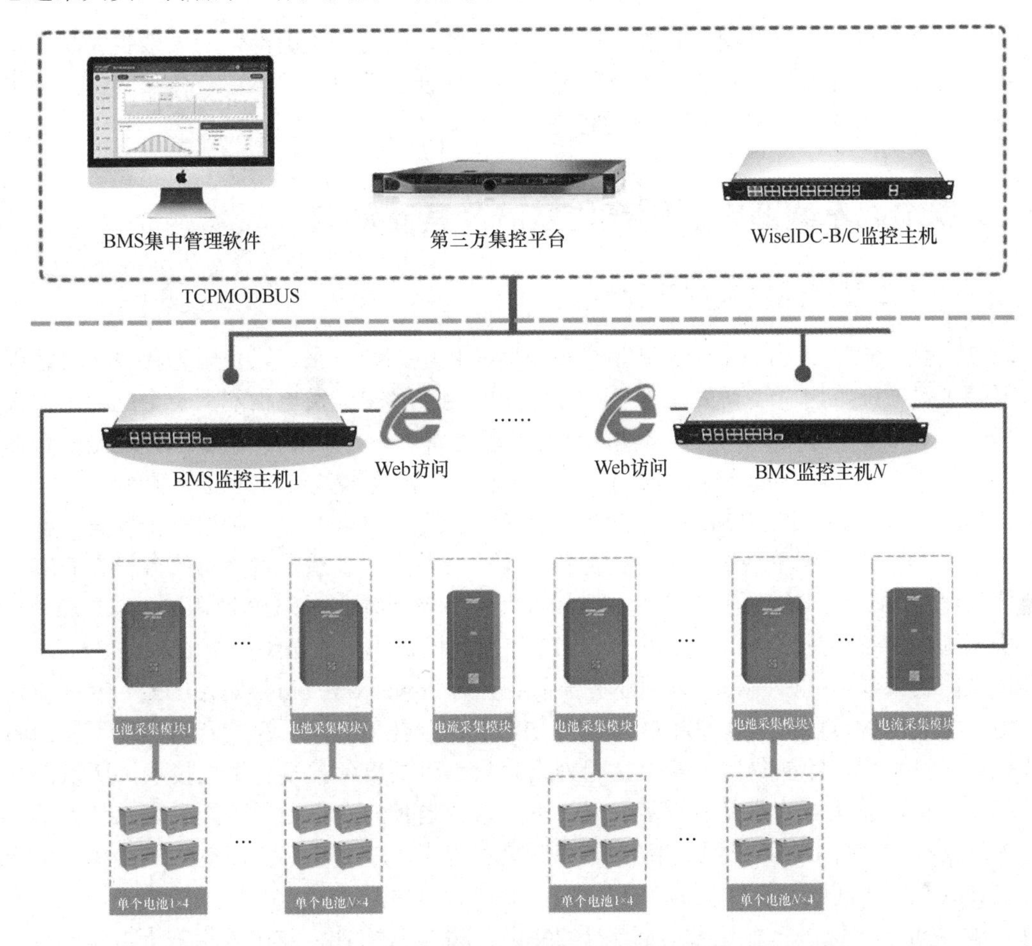

图 7　BMS 产品的系统架构

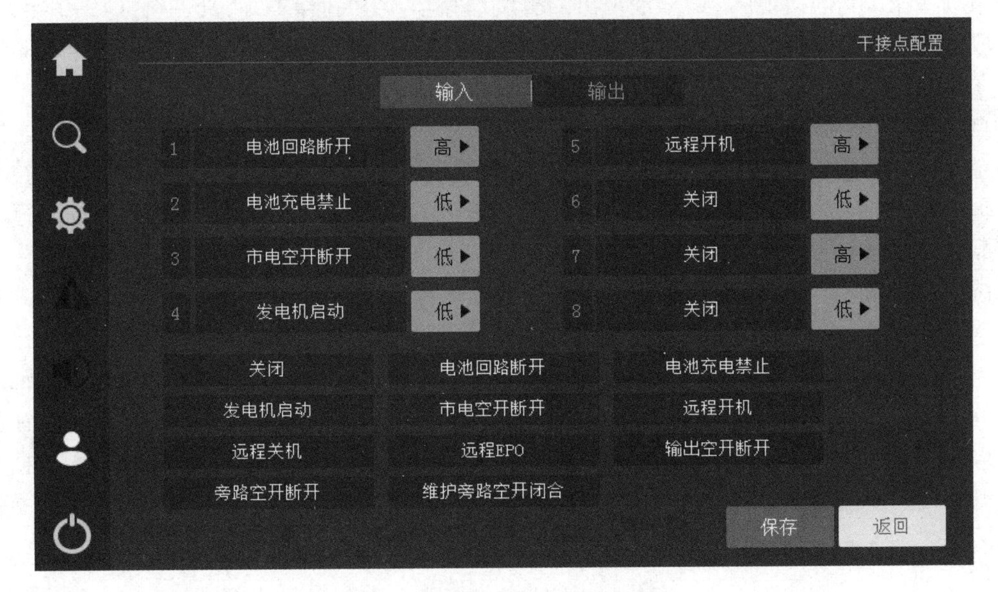

图 8　UPS 能源联动功能的界面

2. 易耗部件智能资产管理

实现颗粒度更小的资产安全管理，不仅支持电容、风扇等关键部件的失效告警功能，提醒运维人员及时更换器件，实现器件级管理，还可通过主机面板记录更换备品备件的种类、日期与ID，实现备品备件的资产追溯与管理，运维省心无忧。

四、数据中心不间断电源国产化发展及其新动向

（一）UPS 国产品牌发展历程

自 20 世纪 60 年代出现了一种新型交流不间断供电系统以来，以美国为代表的发达国家相继开始了对 UPS 的生产、研究工作。早期的 UPS 由一台交流发电机配上一个几吨重的大飞轮。1967 年，我国进口英国的一台 1 900 计算机就配备了一台 20kVA 的 UPS，这是一台在转子轴上安装了一个 5 吨重的飞轮的电动交流发电机。施耐德电气被认为是全球首台 UPS 的缔造者，1964 年，梅兰日兰（MGE，1992 年被施耐德电气收购）设计制造了全球第一台三相 UPS，并在之后的 55 年里创造了多个世界第一：研发并生产制造了世界第一台静态 UPS、第一台模块化 UPS、第一台兆瓦级 UPS、第一台大功率全高频 IGBT UPS 等。

中国国内第一台进口静止式 UPS 是 1972 年尼克松访华期间送给中国的两台 EXIDE（伊顿公司电能质量业务 Powerware 系列业务部前身）的 Powerware plus 6kVA UPS。1976 年，当时的电子工业部决定自行研制 50kVA 不间断电源。这项任务落在了江苏省电子厅下属的南京无线电厂（714 厂，即熊猫厂）身上。因为当时只是引进设备，没有引进技术，所以没有相应的技术资料。在这样的情况下，南京无线电厂联合当时的南京工学院（现为东南大学）针对国内这仅有的两台 UPS 进行长期研制，克服重重困难，1979 年终于成功生产出我国第一台自己设计制造的不间断电源样机 BDYl-79 型，并进行试生产。

我国 UPS 国产品牌产业化发展起步于 20 世纪 80 年代中期，与国外相差十多年。目前，国内市场主流 UPS 厂商中，最早涌现出的有厦门科华（1988 年）、青岛创统（1990 年）、广东志成冠军（1992 年）、深圳科仕达（1993 年）等国产 UPS 厂商，其中，厦门科华还是国内第一家承担首批“国家级火炬计划项目”和第一家深圳 A 股成功上市的 UPS 企业。

直到十年前，国内电源行业整体技术和工艺水平与国外厂商相比还有一定的差距。国外巨头企业掌握高端大功率 UPS 的核心技术，建立了并机技术、单机容量、关键控制等技术门槛。国内各行业大型数据中心大功率 UPS 市场完全被垄断，起初科华、科仕达、志成冠军等国产品牌主要耕耘于中小功率 UPS 市场等。

国内 UPS 行业经过 30 年多年的发展，目前以华为（模块化 UPS）、科华（大功率 UPS）、科仕达（小功率 UPS）为代表的少数国内较大规模的厂家在市场份额、高端技术等方面已经接近甚至超越国际知名品牌，国内数据中心建设、国防、地铁等重大工程领域的供电系统都逐渐被国有 UPS 厂商所占领，并有逐步取代进口品牌的趋势，华为的模块化 UPS 从几十千瓦到兆瓦级水平，科华的模组化产品、模块化产品也从几十千瓦到兆瓦级水平，满足了大型数据中心及国家重大工程应用需求。科华还成为核电全行业核岛应用高端不间断电源的唯一国产品牌提供商。

（二）从国产品牌到国产化制造到全自主可控

近年来，中美贸易摩擦日益频繁，以美国为首的西方国家频频通过限制芯片出口对我国电子制造业的发展进行打压，使得对进口芯片设计生产有所依赖的电子企业存在较大的经营风险，对我国重大工程的建设与安全造成重大威胁。“伊朗震网”和“棱镜门”等事件也一再表明，有效防范利用芯片设计后门进行远程控制，以及黑客对信息系统侵入所导致的供电系统安全隐患，是确保我国国防、金融、社会民生等重要数据中心信息系统日常、特别是战时的不间断供电可靠性与安全性的重要需求。

将系统控制到信息数据的话语权掌握在国家手中，是我国实现国家信息安全与国防信息装备发展、企业供应链安全发展的战略基础；核心主控芯片、通信芯片、功率半导体器件的国产化，以及产品关键技术的自主可控，是实现我国电力电子产业健康持续发展的必由之路。

自 2013 年国家提出自主可控以来，自主可控已经上升到国家战略高度。自主可控是我国战略信息安全与国防建设信息安全的一项基本需要，也是保障能源安全、信息安全、产品供应链安全的重要基础与前提。随着我国的科技创新能力显著提升，原计划为 2020 年“十三五”期间完成党政军市场自主可控产品的替代，2020 年之后在国计民生行业推进，这一进程因中美贸易摩擦升级加速推进。当前，我国芯片、操作系统、数据库等核心元件国产占有率相对较低，未来“党政军+国计民生八大行业”的国产替代将为国产软/硬件带来巨大发展空间。重视核心技术研发，大力投入研发费用带来的成果十分显著。近年来，我国陆续在芯片、处理器、航空航天材料、核心元器件等多个高科技制造领域取得技术突破，逐渐打破欧美日等的垄断。

过往，在国内的不间断电源行业及产品中，关键控制芯片、通信芯片，以及功率半导器件一直被国外品牌所垄断，完全依赖进口。随着我国对国产芯片、功率器件等核心技术的不断突破，以及国内芯片产业的日益完善，在国产芯片支持方面已具备必要的基础条件与一定的国产芯片产业链支撑，使得基于国产芯片的全自主可控大功率 UPS 的设计与制造成为可能。为了提升客户信息系统不间断供电的安全性与可靠性、UPS 产品自身的信息安全与系统可靠性，以及企业产品生产供应链的安全，国内华为、科华等公司纷纷决定开展基于国产芯片的全自主可控 UPS 系统项目开发，立足于实现一款主控制芯片、通信芯片、功率半导体器件国产化率达 100%的纯国产 UPS，以适应当前国家信息系统供电安全需求，以及国防建设对国防装备的全国产化需求，积极响应国家半导行业国产化发展的战略布局，实现我国大功率不间断电源系统的完全自主可控与国产化发展。可喜的是，在 2020 年下半年，科华的全自主可控的 400kVA 大功率 UPS 通过了行业协会组织的院士专家鉴定，实现了 100%全自主可控，具备了量产条件。

五、总结和归纳

用户需求是推动数据中心不间断供电技术发展的原动力，业主对数据中心的不间断供电系统在可靠性、可用性、可扩展性、节能性、安全性、新能源应用等方面均提出了更高的要求。随着智能化技术的发展，数据中心不间断供电构架快速发展，不间断供电电源技术得到了显著的提升，并涌现出许多新型不间断供电构架和智慧电能技术，对供电系统的可靠性、成本与节能、配置灵活性和可扩展性等提供了有效的技术支撑，从而推进不间断电源的应用出现从塔机、模块化机向兼具两种机型优点的模组化的转变，从注重系统的可靠性向在注重可靠性的基础上兼具系统的可用性变化，从单纯不间断供电保障向辅助数据中心 IT 设备用电环境分析的智能化转变，从简单在线式运行方式向智能 ECO 模式、从依靠维护检修人员经验向设备自主器件运维方向发展等众多智慧化趋势发展。

对近年来数据中心不间断供电构架发展进行行业技术分析和发展研判，可以总结归纳如下四点。

（一）以经济性主导的体积小型化

近年来，数据中心不间断供电构架从追逐可靠性向兼顾经济性方向发展，不间断供电系统从原来 2*N* 不间断供电构架向“市电直供+不间断电源”发展，再将不间断电源供电系统进一步整合为中压直供集成电源，极大缩减了不间断供电电源的占地面积。这其中主要代表为基于移相变压器的“巴拿马”电源和基于传统供电构架的“数据中心预制化 UPS 电源系统”。其中，“巴拿马”电源中压变压器采用移相变压器，将传统模式中 HVDC 电源 PFC 功能前置到变压器，从而简化了 HVDC 电源模块结构，进而减小了不间断供电电源体积，提高了系统供电效率；而以维谛“数据中心预制化电力模块”电源为代表的中压直供集成电源，基于传统供电模式优化中间配电环节，对系统进行集成化、预制化，也达到了减小电源体积、提升系统供电效率的目标，同时方便了客户系统配电，提升了客户供电的灵活性。

（二）以使用效能拉动的产品智能化

人工智能与大数据分析技术日新月异，并广泛应用到各行各业。围绕数据中心不间断电源，行业呈现包括超级 ECO、产品黑匣子、器件健康度监测、BMS 大数据分析，以及智能运维等智慧化发展趋势，极大丰富了 UPS 产品功能，提高了产品智能化程度，便利了客户的产品使用与运维。

（三）锂离子电池将成为主流后备储能单元

虽然铅酸电池仍是目前数据中心备用电池的主流，但随着近年来我国能量密度更高、功率更大、循环使用寿命更长高效能锂离子电池成功研制，以及在电动汽车、储能系统等行业中的广泛应用，未来锂离子电池有望逐步取代铅酸蓄电池成为数据中心 UPS 的主要后备储能单元。

（四）UPS 国产化是做大做强制造业的应有之义

国产 UPS 发展历程就是中国电力电子产业自力更生的发展史，在国内电子企业遭受以美国为首的西方国家的无端打压之时，国内厂商自强不息，实现了 UPS 产品从国产品牌全面落后到逐步超越，再到所有设计元器件 100%国产化制造的全自主可控设计的历史性跨越。在将成为制造业大国、制造业强国的今天，UPS 国产化必然是不可阻挡的趋势。

（作者单位：科华数据股份有限公司）

电力储能技术及其在数据中心的应用前景

宁　娜

2017 年 9 月 22 日，国家发展和改革委员会、财政部、科技部、工业和信息化部、国家能源局印发了《关于促进储能技术与产业发展的指导意见》（发改能源〔2017〕1701 号），提出了“十三五”期间要实现的发展目标。到 2020 年年底，随着“十三五”发展规划的完成，该指导意见提出的“研发一批重大关键技术与核心装备，主要储能技术达到国际先进水平”“初步建立储能技术标准体系，形成一批重点技术规范和标准”“探索一批可推广的商业模式”“储能产业发展进入商业化初期”等储能发展目标基本实现，为包括数据中心在内的各个行业更多地利用储能技术奠定了基础。

一、电力储能技术发展现状

目前，我国储能呈现多元化发展的良好态势，技术研发应用加速，总体上已初步具备产业化的基础，对于构建“清洁低碳、安全高效”的现代能源产业体系，推进我国能源行业供给侧改革、推动能源生产和利用方式变革发挥了积极作用。

（一）电力储能技术分类及应用场景

电力储能，即电能的存储，主要通过化学及物理的方式实现。一般包括物理储能、化学储能和电磁储能三种类型。

（1）物理储能，指采用水、空气等为储能介质，储能过程中介质不发生化学变化的一种储能方式，主要有抽水蓄能、飞轮储能和压缩空气储能技术。

（2）化学储能，指利用化学的方式进行电能的存储。目前主流的化学储能技术是指电化学储能技术，主要包括铅蓄电池、锂离子电池、钠硫电池、液流电池、钠离子电池、液态金属电池等，其中，铅蓄电池、锂离子电池、钠硫电池及液流电池技术较为成熟。

（3）电磁储能，主要有电容器储能及超导储能两类，其中，电容器储能主要根据电化学双电层理论研制而成，超导储能主要通过超导体制成的线圈储存磁场能量。

每种储能类型的技术特性不同，在实际应用中也会有各自适合应用的场景。例如，根据能量存储和释放的外部特征划分，超级电容、飞轮储能、超导储能的功率密度大、响应速度快，属于功率型储能电池，可应用于短时间内对功率需求较高的场合，如改善电能质量、提供快速功率支撑等。压缩空气储能、抽水蓄能、电池储能的能量密度大，属于能量型储能电池，适用于对能量需求较高，需要储能设备提供较长时间电能支撑的场合。

（二）各类电力储能技术的性能

物理储能技术、化学储能技术和电磁储能技术主要性能指标分别如表 1、表 2、表 3 所示。

表 1　物理储能技术主要性能指标

	抽水蓄能	飞轮储能	压缩空气储能
容量规模	GW·h	MW·h	GW·h
功率规模	GW	几十 MW	百 MW
能量密度（$W·h·kg^{-1}$）	0.5～2	20～80	3～6
功率密度（$W·kg^{-1}$）	0.1～0.3	>4 000	0.5～2.0
响应时间	分钟	毫秒	分钟
循环次数	>10 000 次	百万次	>10 000 次
寿命	40～60 年	20 年	30 年
充放电效率	71%～80%	85%～95%	40%～75%
优势	容量规模大、寿命长	功率密度高、响应快、寿命长、免维护	容量规模大、寿命长
劣势	受地理环境限制、对生态环境有一定影响	成本高、自放电严重	效率低、受地理环境约束

表 2　化学储能技术主要性能指标

	铅蓄电池	锂离子电池*	钠硫电池	全钒液流电池
容量规模	百 MW·h	百 MW·h	百 MW·h	百 MW·h
功率规模	几十 MW	百 MW	几十 MW	几十 MW
能量密度（$W·h·kg^{-1}$）	40～80	80～170	150～240	12～40
功率密度（$W·kg^{-1}$）	150～500	1 500～2 500	130～230	50～100
响应时间	毫秒	毫秒	毫秒	毫秒
循环次数	500～3 000 次	2 000～10 000 次	4 500 次	5 000～10 000 次
寿命	5～8 年	10 年	15 年	>10 年
充放电效率	70%～90%	>90%	75%～90%	75%～85%
优势	成本低、可回收率高、安全性能好、响应时间短	效率高、能量密度高、响应快	效率高、能量密度高、响应快	循环寿命高、安全性能好
劣势	能量密度低、寿命短、受放电深度影响大	安全性较差、成本与铅酸电池相比较高	需要高温条件，安全性较差	能量密度低、效率低

备注：*主要指磷酸铁锂电池。

表 3　电磁储能技术主要性能指标

	超级电容	超导储能
容量规模	MW·h	—
功率规模	几十 MW	10～100MJ
能量密度（$W·h·kg^{-1}$）	2.5～15	1.1
功率密度（$W·kg^{-1}$）	1 000～10 000	5 000
响应时间	毫秒	毫秒
循环次数	百万次	—
寿命	15 年	30 年
充放电效率	>90%	>95%
优势	功率密度高、响应快、寿命长、安全性高	响应快、效率高
劣势	成本高、能量密度低	成本高、能量密度低

（三）电力储能的应用领域

目前，储能技术在电力系统中发、输、配、用各个环节均有应用，储能可以提供多重服务，不仅可以为电力用户提供大量的服务，还能为发电企业、电网公司提供大量的服务。按照储能提供的最主要的服务，应用领域可以分为电源侧、输配电和用户侧，具体如表 4 所示。

表 4　电力储能的应用领域

	电源侧			输配电	用户侧
	大宗电量服务	辅助服务	新能源发电侧		
细分应用领域	电能时移	调频	削峰填谷	输配电升级	电能质量
	电容量供应	备用	跟踪计划出力	减少输电阻塞	功率稳定
	—	电压支持	调频	电压支持	零售电能量时移
	—	黑启动	平滑出力	—	需求响应

二、电力储能市场的发展现状

（一）抽水蓄能占据主导地位，电化学储能进入快速发展期

根据中国能源研究会储能专委会/中关村储能产业技术联盟（CNESA）全球储能项目库的不完全统计，截至 2020 年年底，中国已投入运营储能项目的累计装机规模为 35.6GW，占全球储能市场的 18.6%，同比增长 9.8%。与全球市场类似，抽水蓄能仍是中国当前累计装机规模最大的一类储能技术，累计装机规模达 31.79GW，同比增长 4.9%，所占比重在“十三五”末期迎来新低点，首次低于 90%，为 89.3%（见图 1）。电化学储能紧随其后，累计装机规模为 3 269.2MW，同比增长 91.2%（见图 2）。与抽水蓄能不同的是，电化学储能的装机规模在“十三五”期间快速增长，年复合增长率（2016—2020 年）为 87%，所占比重也由“十二五”末期的 0.7%提升至“十三五”末期的 9.2%（见图 3）。熔融盐储热位列第三，累计装机规模为 520MW，同比增长 23.8%（见图 1）。

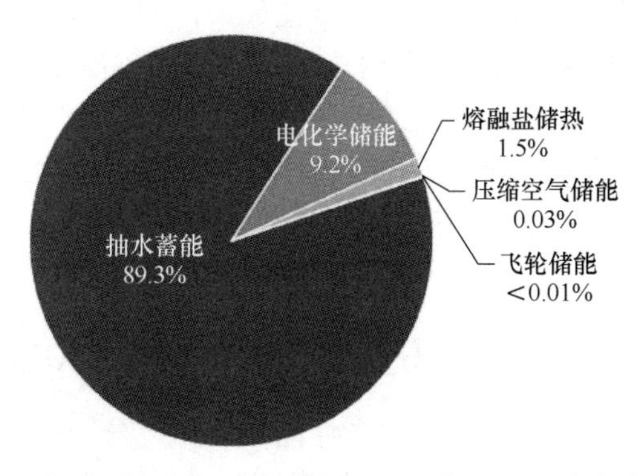

图 1　中国储能市场累计装机分布（截至 2020 年年底）

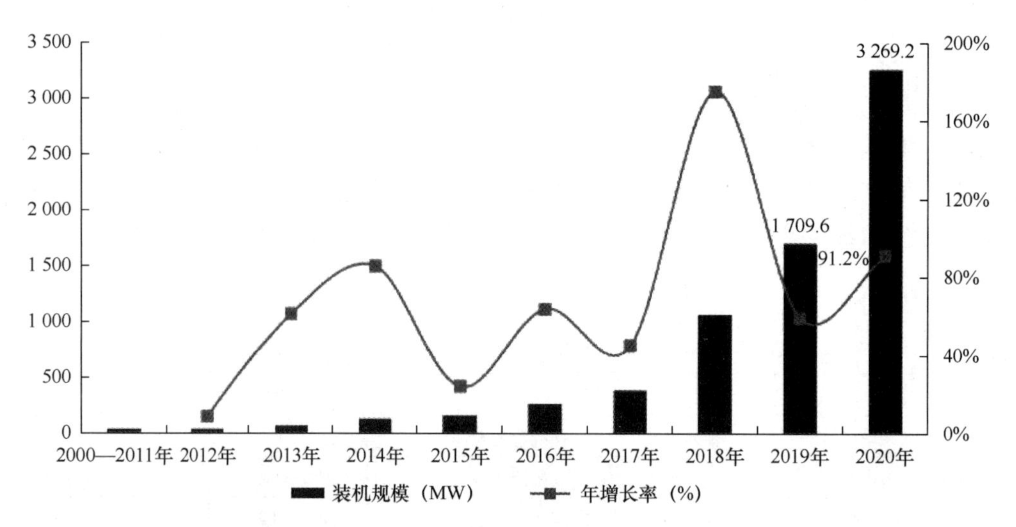

图 2　历年中国电化学储能累计装机规模（截至 2020 年年底）

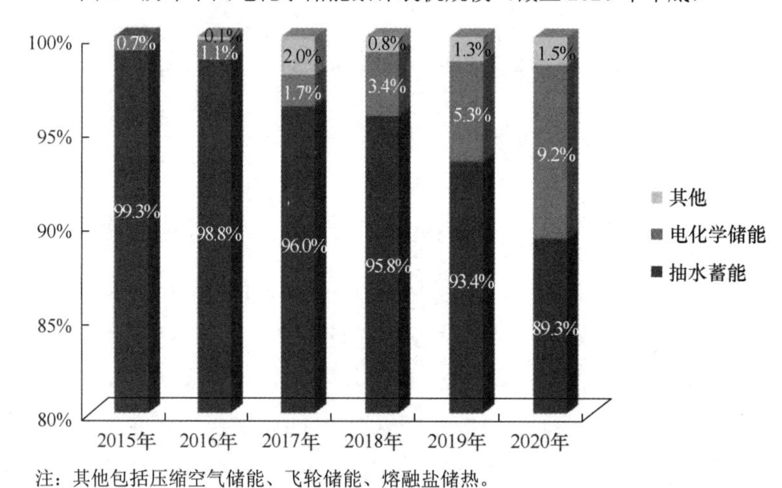

注：其他包括压缩空气储能、飞轮储能、熔融盐储热。

图 3　“十三五”时期中国储能市场累计装机分布情况

（二）电化学储能新增投运规模首次突破 1GW

2020 年，中国新增投运储能项目的装机规模为 3 160.6MW，占全球储能市场的 49%，同比增长 178%。其中，电化学储能的新增投运规模最大，为 1 559.6MW，同比增长 145%（见图 4）。在经过“十二五”时期的示范应用阶段之后，随着政策支持力度的加大、市场机制的深入探索、多领域融合的逐步渗透，电化学储能在 2016 年正式迎来商业化阶段，装机规模快速增长，并在“十三五”末期达到历史新高，新增投运规模首次突破 1GW 大关，是 2015 年新增投运规模的近 50 倍，超过 2019 年年底累计投运规模的九成，正式迈入“规模化发展”的新阶段。

（三）累计投运规模 Top 10 省份，装机规模均达 100MW 以上

截至 2020 年年底，中国已投运的电化学储能项目主要分布在 33 个省（市）中（含港、澳、台地区），累计装机规模达 100MW 以上的省市数量大幅提升，增幅为 225%，由 2019 年的 4 个增加至 2020 年的 13 个，并且首次出现累计投运规模达 500MW 以上的省份。

累计投运规模排在前十位的省（市）分别是：江苏、广东、青海、安徽、河南、西藏、新疆、内蒙古、山东和北京（见图 5）。排名在前十的省（市）首次全部实现了 100MW 以上的累计投运规模，特别是江苏和广东的累计规模更是首次突破了 500MW。此外，江苏连续 4 年占据了累计投运规模第一的位置，安徽和西藏则是首次进入前十榜单的省份。

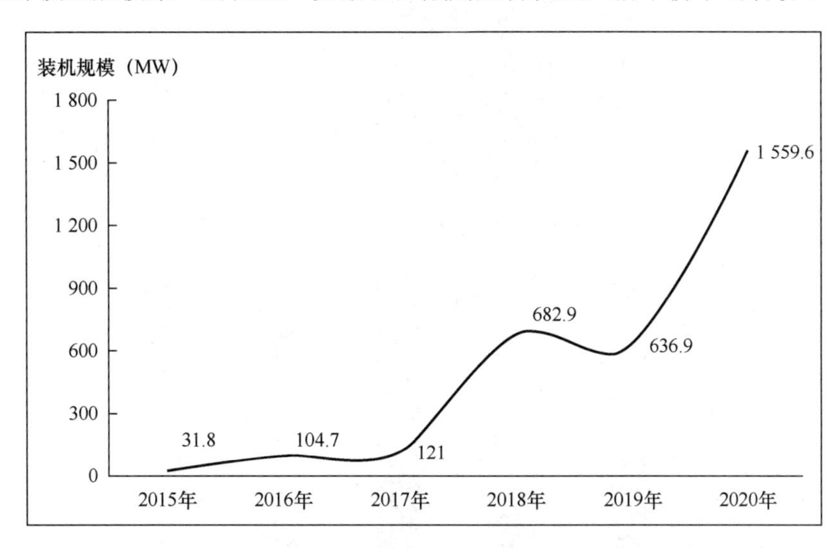

图 4　中国新增投运电化学储能项目规模（2015—2020 年）

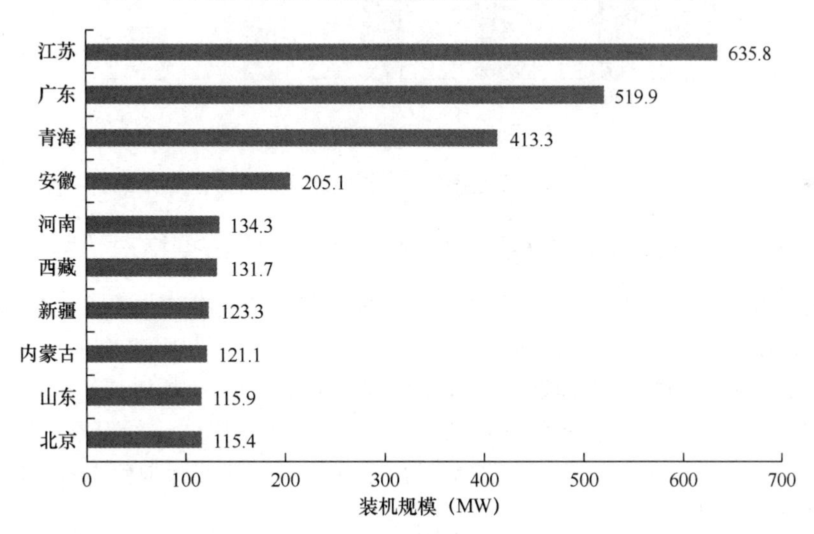

图 5　中国已投运电化学储能项目累计装机规模排名前十省（市）（截至 2020 年年底）

（四）在各类电化学储能技术中，锂离子电池装机规模最大

截至 2020 年年底，从中国已投运的电化学储能项目的技术分布上看，锂离子电池的累计装机规模最大，为 2 902.4MW，同比增长 211%，占比接近 90%（见图 6）。

受电动汽车市场快速发展的驱动，锂离子电池在电力储能领域一直保持着高占比和高增速的发展态势，近五年来，累计装机占比大多在 60%以上，年复合增长率（2016—2020 年）为 105%（见图 7）。锂离子电池作为最主要的应用技术，目前系统成本已突破 1 500 元/kW·h 的关键拐点，将成为我国电化学储能从“商业化初期”迈入“规模化发展”新阶段的重要力量。

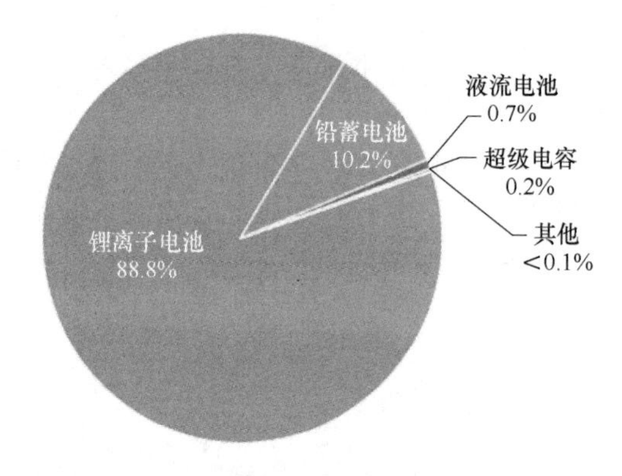

图 6　中国已投运电化学储能项目的技术累计装机分布（截至 2020 年年底）

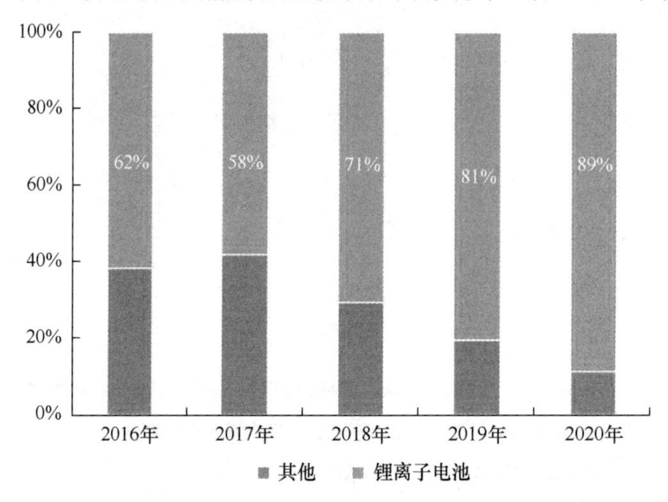

图 7　近五年中国已投运锂离子电池储能项目的累计装机占比

（五）在各个应用领域中，锂离子电池储能技术均占据绝对优势

截至 2020 年年底，从中国已投运的电化学储能项目的应用分布上看，电源侧的累计装机规模首次超越用户侧（见图 8），位列第一，达到 1 554.6MW，同比增长 175%，实现了倍数级增长。这主要得益于 2020 年储能在新能源发电侧的爆发式发展，新增投运规模达 584.2MW，同比增长 438%，占 2020 年国内市场份额的 50%，创造了历史新高。“双碳”目标的提出，加速能源转型步伐，新能源将迎来跨越式发展，以新能源为主体的新型电力系统的构建将为储能的规模化发展创造更大空间。

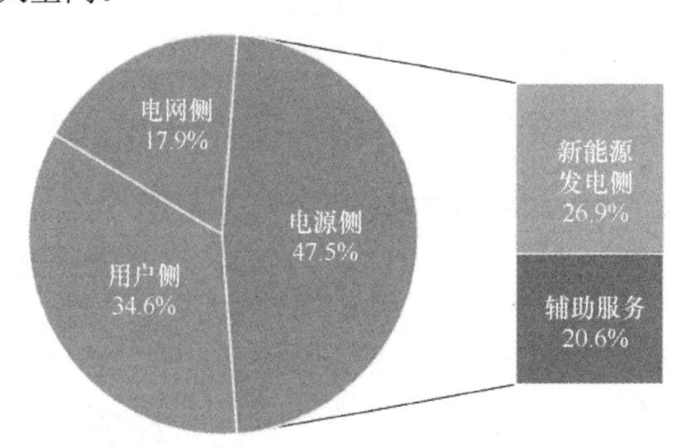

图 8　中国已投运电化学储能项目的应用累计装机分布（截至 2020 年年底）

从各个应用领域储能技术的累计装机分布上看，锂离子电池均占最大比重，特别是在电源侧和电网侧中的占比接近 100%（见图 9）。

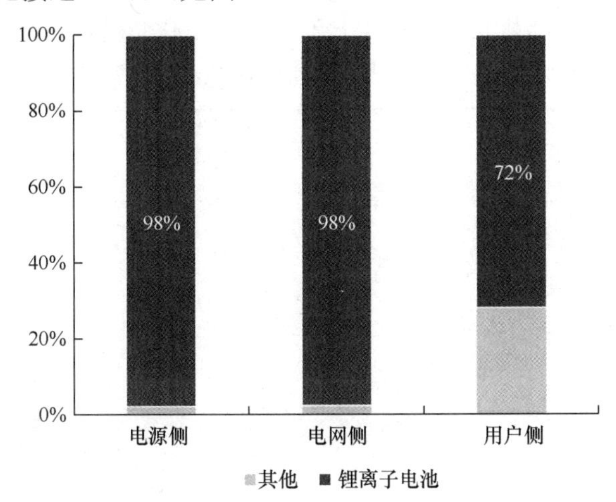

图 9　中国已投运电化学储能项目的累计装机分布（2000—2020 年）

三、电力储能市场的发展趋势

经过 2019 年的市场调整，我国电化学储能产业再次开始高速增长，即便是 2020 年的新冠肺炎疫情也不能阻挡其规模化发展的趋势。

（一）未来五年市场发展预测

基于保守场景和理想场景预测电化学储能 2021—2025 年的市场容量，这两种场景的差异主要体现在：①政策推进产业发展的速度差异；②不同场景下可再生能源与储能结合发展的效益疏导情况的差别；③辅助服务市场及现货市场改革推进的速度，以及服务价格政策执行的稳定程度；④资本市场对电化学储能技术与应用的可持续发展、营利性的信心指数；⑤储能技术成本下降速度的预估，以及安全保障体系建设的速度。

在保守场景中，预计 2021 年我国电化学储能产业仍将快速发展，累计投运规模将达 5 790.8MW，年增长率达 77.1%；2022 年市场累计规模将向 10GW 大关冲刺，快速发展的趋势将覆盖整个“十四五”期间。到 2026 年，将有超过 35GW 的电化学储能技术应用于整个电力市场（见图 10）。储能与可再生能源结合发展是近年重要的增长点，将实现从“强配”到“标配”的转变，但储能的收益疏导问题仍不能完全解决；独立储能电站为电网提供服务的体系和机制有望建设完善，这一模式或将成为储能提供辅助服务的主体；分布式光伏和储能的整合也将改变储能在用户侧盈利仅依靠峰谷价差实现的现状。未来五年是储能探索和实现市场的“刚需”应用、系统产品化、获取稳定商业利益的重要时期。根据预测数据，电化学储能累计规模 2021—2025 年复合增长率（CAGR）为 57.4%，市场将呈现稳步、快速增长的趋势。

在理想场景中，碳达峰和碳中和目标对可再生能源和储能行业都是巨大利好的消息。“双碳”目标也将推动更多地方政策推动储能应用。在较理想的市场发展前提下，预计 2021 年市场累计规模将再创新高，达到 6 614.8MW，在 2020 年的高增速之后再实现 102.3%的增长；当年新增投运容量为 3 345.6MW，同比增长 114.5%。随着以新能源为主体的新型电力系统的建设，储能的规模化应用迫在眉睫，如果未来两年能顺利达成稳定的盈利模式，“十四五”的后两年将再形成一轮高速增长，2024 年和 2025 年分别达到 32.7GW 和 55.9GW（见图 11），以配合风、光在 2025 年的装机目标。根据预测数据，电化学储能 2021—2025 年复合增长率（CAGR）将超过 70%，市场将呈现非常积极、快速的发展趋势。

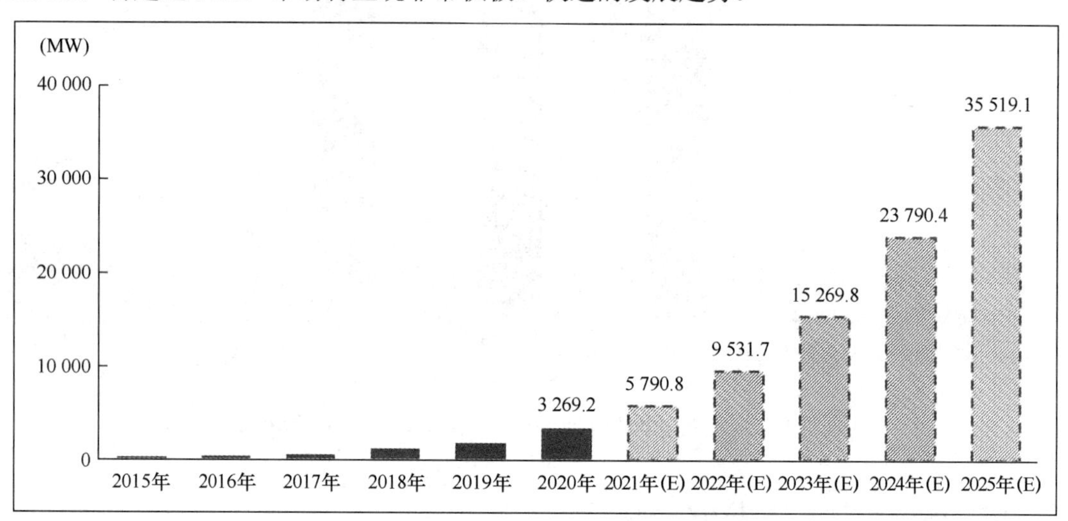

图 10　中国电化学储能累计投运规模预测（保守场景，2021—2025 年）

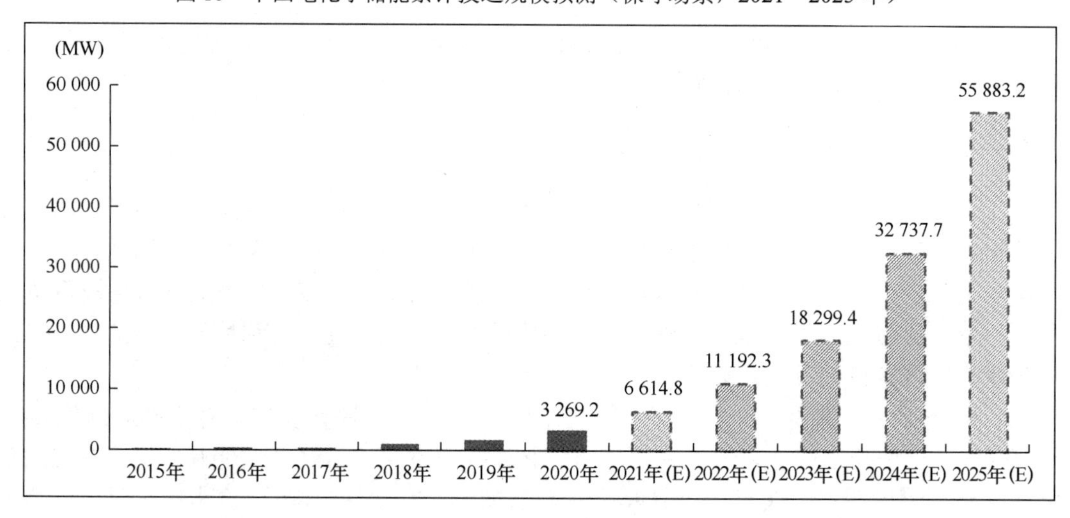

图 11　中国电化学储能累计投运规模预测（理想场景，2021—2025 年）

（二）未来五年行业发展预测

2021—2025 年市场容量的发展以我国电化学储能行业迅猛发展为基础。综合分析政策走向、外部市场环境和储能技术应用发展路线，预计在“十四五”期间，我国电化学储能行业将实现新的突破，正式跨入规模化发展阶段，原因有以下 3 点。

（1）2020 年 9 月，中国在联合国大会上承诺：二氧化碳排放力争于 2030 年前达到峰值，努力争取 2060 年前实现碳中和。“双碳”目标加速推动了我国可再生能源的广泛应用，是以新能源为主体的新型电力系统建设的助推器，也为储能大规模市场化发展奠定了基础。

（2）利好政策频出，可再生能源整合储能的多种应用模式迅速在各地铺开，仅在 2021 年年初，已有二十余省（市）推出相关储能配置政策。

（3）电改不断深入，市场规则逐步向包括储能在内的新的市场主体倾斜，近几年的政策已经极大地推动储能以独立身份深度参与电力辅助服务。

（三）未来五年发展环境预测

随着我国能源发展战略的调整、电改的深入，储能应用的外部环境更加友好、完善，以锂离子电池为代表的电化学储能技术性能提升、成本下降、安全性保障体系完善、产品化设计成熟等，都为储能系统的规模化、市场化应用铺平了道路。在发电侧，可再生能源与储能的融合应用是近期储能大规模、大容量应用的主战场，是储能近年的重要增长点；在电网侧，储能技术将有助于电网实现精细化管理，有利于电力系统的高效率、低成本运行，将成为电网领域不可或缺的技术支撑；在用户侧，储能不仅可以帮助用户降低用电费用、实现灾备，“源网荷储一体化”政策将通过优化整合区域电源侧、电网侧、负荷侧资源，构建“源网荷储”高度融合的新型电力系统发展路径，促进用电方的生产、工作、生活和交通的深度融合。

储能应用逐步铺开，一些新老问题也更加凸显，如产业需要持续、长效化的市场机制，储能的盈利能力不稳定，受政策变化和价格竞争影响大，技术和应用标准体系不完善，以及系统集成设计水平不高、人才匮乏等。虽然问题存在，但已经不能阻碍储能产业大规模发展应用的大环境、大势头。在未来 10 年，储能应用的小幅下降调整有可能发生在局部时间和区域内，但电化学储能行业整体将保持快速增长态势，新增应用规模将呈现几何级增长。

四、数据中心行业储能技术应用前景

近年来，我国数据中心产业快速发展，保持平均每年 30%左右的增速，预计未来仍将保持快速增长势头。与此同时，在能源转型和“双碳”目标的大背景下，数据中心产业的能源降耗、绿色和低碳发展进程，正不断引发社会关注。近几年，国家和各地方纷纷出台政策严控数据中心能耗，提出能耗指标要求，鼓励对数据中心进行绿色节能改造，以提高数据中心能效水平。建立绿色数据中心已经成为未来数据中心发展的方向，而储能是值得期待的有效促进绿色数据中心建设的技术之一。

（一）储能在数据中心行业的主要应用

1. 备用电源

在过去，储能系统在国内的数据中心一般用作备用电源。储能所用的电池使用寿命通常为 5 年左右，这意味着为保证备电安全性，每 5 年左右就需要更换一批电池。但是，由于数据中心所依赖的市电可靠性高，很少放电，电池一直处于浮充状态，具体状态不可知，需要通过定期的假负载测试来检验电池的性能。在储能型数据中心，电池每天都会放电，放电后电压一目了然，很容易判断电池的好坏，有助于及时剔除不良电池，同时也省去了每年做假负载测试的费用。

2．削峰填谷

利用峰谷电价差获取收益，是目前储能系统应用较为普遍的商业模式，也是效益最高的一种商业模式。数据中心配置储能系统，相较于传统备电模式，一方面可以保证电力供应的稳定性和持续性，不会轻易断电；另一方面可以利用削峰填谷获得收益在夜间低电价时充电，白天高电价时放出部分电量，有效减少数据中心的电费开支。

3．新能源+储能

当前，数据中心已经面临急迫的节能降耗要求，今后还可能会面临碳排放配额等问题。运用可再生能源发电有可能成为建设绿色数据中心的一条“救济”途径。基于数据中心的用电特征，数据中心不能仅依靠光伏发电或风力发电等可再生能源“自发自用”，因为一方面其成本较高，另一方面光伏发电或风力发电具有不连续的特点，而且还存在弃光/风等现象，稳定性较差，因此可再生能源若要取代传统能源实现大规模应用，必须保证其供电的安全可靠。

储能系统在可再生能源发电系统中的应用，可以解决上述供电不平衡的问题。将可再生能源发电系统与储能系统结合，通过存储光伏发电或风电，在用电高峰时释放，能够起到调节负荷、减少弃电、平滑新能源输出、提高电能质量等作用。

4．多站融合

多站融合是指在变电站站址资源上，融合建设数据中心、充换电站、储能站、5G 基站、北斗基站、光伏电站等，通过深挖变电站的资源价值，对内支撑电力物联网建设，对外培育新兴市场，推进全社会新型数字基础设施建设。

（二）主流储能技术在数据中心的发展前景

1．锂离子电池

目前，在大多数数据中心设施中，铅酸电池、铅炭电池仍然是 UPS 电源常用的储能设备。综合循环寿命和投资成本等角度来说，铅炭电池仍是相对比较保守的一类储能技术选择。国内电动汽车的快速发展，带动了锂离子电池技术的不断突破、生产规模不断扩大，其成本也在不断下降。锂离子电池将在数据中心得到大规模应用，逐渐走向全面锂电化。与传统铅蓄电池相比，锂离子电池生命周期是铅酸电池的两倍，同时在占地面积、运维效率、使用寿命和安全性等方面存在优势，可节省 70%的用地面积，实现供电系统的高密化和模块化。

2．全钒液流电池

全钒液流电池技术是一种长时储能技术，持续放电时间可达 4 小时以上。与铅蓄电池、锂离子电池相比，全钒液流电池循环寿命长、安全性好。据悉，中国移动襄阳云计算中心与襄阳大力电工已在共同探讨全钒液流电池在数据中心的应用，以推动数据中心节能减排。

3．飞轮储能

很多数据中心，如医院的数据中心、超级计算中心、托管设施和许多其他运营设施已经将 UPS 电源与飞轮储能系统配套使用，作为构建绿色电力基础设施的下一步措施，同时也在收获使用飞轮系统的可靠性和成本优势。在飞轮系统 20 年的使用寿命中，维护要求最低、无废物处置问题、无冷却成本，与一次断电事故需要其支撑 5 分钟的铅酸蓄电池组相比，飞轮储能系统可以每年节省 10 万～20 万美元。

除上述主流电力储能技术外，燃料电池在数据中心领域中也有应用，主要集中在国外，美国银行、可口可乐、沃尔玛、eBay、谷歌及苹果等公司都在数据中心使用了布鲁姆能源的燃料电池供电。但是，成本过高是燃料电池难以广泛应用的一个重要因素，目前，很多企业都参与到燃料电池技术研发浪潮中，如果成本能进一步压低，燃料电池在备用电源供应方面也会有广阔的应用前景。

（作者单位：中关村储能产业技术联盟）

绿色节能

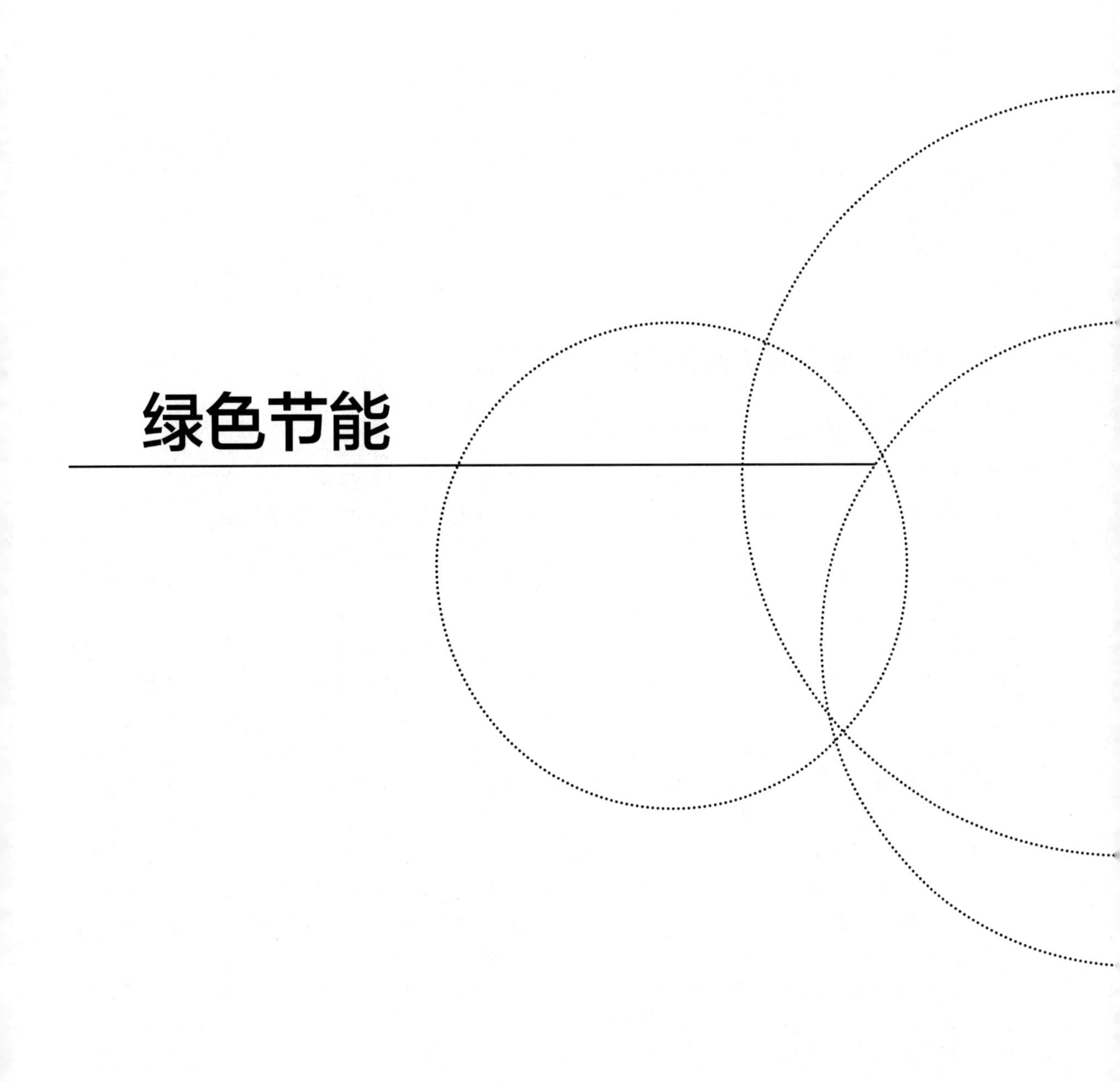

绿色数据中心建设的发展及未来展望

郭　丰

数据中心规模的快速增长带来的能源消耗问题得到了全世界广泛的关注，中国政府和IT业界特别是数据中心行业对此也十分重视。2015年3月，工业和信息化部、国家机关事务管理局与国家能源局联合开展了国家绿色数据中心试点工作。该项工作以建立绿色数据中心的推进机制、引导数据中心节能环保水平全面提升为目标，以既有绿色数据中心工作为基础，在生产制造、能源、电信、互联网、公共机构、金融等重点应用领域，选择了一批代表性强、工作基础好、管理水平高的数据中心先行试点，发挥辐射带动作用，引导我国数据中心行业走向低碳循环绿色发展之路。近两年来，绿色数据中心建设相继取得可喜的进展。

一、绿色数据中心建设工作的进展情况

（一）国家相关部门指导力度增强

在绿色发展、低碳发展的总体格局下，国家相关部门以出台指导意见、推荐典型的方式，加大了指导力度，引导更多数据中心走高效、低碳、集约、循环的绿色发展道路。

2019年2月，工业和信息化部、国家机关事务管理局与国家能源局联合发布了《关于加强绿色数据中心建设的指导意见》（工信部联节〔2019〕24号）。该意见中指出：建设绿色数据中心是构建新一代信息基础设施的重要任务，是保障资源环境可持续的基本要求，是深入实施制造强国、网络强国战略的有力举措。为了引导数据中心走高效、清洁、集约、循环的绿色发展道路，实现数据中心持续健康发展，引入了数据中心全生命周期绿色发展理念，提出了政策引领、市场主导，改造存量、优化增量，创新驱动和服务先行的原则。具体提出“提升新建数据中心绿色发展水平、加强在用数据中心绿色运维和改造、加快绿色技术产品创新推广、提升绿色支撑服务能力、探索与创新市场推动机制”五个方面的举措。明确了“强化绿色设计、深化绿色施工和采购、完善绿色运行维护制度、有序推动节能与绿色化改造、加强废旧电器电子产品处理、加快绿色关键和共性技术产品研发创新、加快先进适用绿色技术产品推广应用、完善标准体系、培育第三方服务机构、探索与创新市场推动机制”十项核心任务，涵盖了节能、节地、节水、节材和环境保护等各个方面。自该指导意见发布以来，绿色数据中心建设工作得到了广泛的关注，受到了行业高度的重视。

2020年8月，根据绿色数据中心试点工作取得一定成效的实际情况，工业和信息化部、国家发展和改革委员会、商务部、国管局、银保监会联合发出《关于组织开展国家绿色数据中心（2020年）推荐工作的通知》（工信厅联节函〔2020〕183号），组织开展国家绿色数据中心（2020年）的推荐工作。经申报单位自评价、第三方机构评价、省级工业和信息化主管部门及相关单位推荐、专家评审、公示等程序，工业和信息化部、国家发展和改革委员会、商务部、国管局、银保监会、国家能源局确定了60家2020年度国家绿色数据中心名单，于2021年1月27日，以《中华人民共和国工业和信息化部 中华人民共和国国家发展和改革委

员会 中华人民共和国商务部 国家机关事务管理局 中国银行保险监督管理委员会 国家能源局公告 2021 年第 2 号》文件正式公布。

（二）绿色设计理念深入人心

在产业发展初期，数据中心通常是作为公共建筑的一种类型进行设计的，没有分出单独的设计团队。随着数据中心建设的快速发展，数据中心使用者对机房的认识逐步深入，以及对数据中心主要专业设计技术要求的提出，设计单位纷纷开辟单独的设计部门，专门承接数据中心类型项目的设计。数据中心项目的设计开始成为继住宅、博物馆和体育场馆等类型外的新设计类型。

在具体设计中，设计单位站在全局高度，对数据机房进行总体规划设计，力争达到能源利用率最优化和投资效益最大化。除了考虑数据中心的功能性，还需要从节能环保的角度出发，对功能指标进行细致的分析，平衡各专业的需求，在深入了解绿色节能技术的原理及应用方式、考虑未来的运维需求后，选取适合的技术解决方案，保证数据中心综合能效保持在较高的水平。

此外，设计单位通常还参与把控包括初投资及运维成本的数据中心总体成本。在此基础上，数据中心设计者也积极参与数据中心的立项、前期调研、设计、实施、调试及运维等全生命周期过程的各个阶段，发挥设计者的技术优势，与数据中心的业主和运维团队共同提高数据中心的绿色水平。

有数据显示，一个经过总体规划设计最优化的数据中心的建设成本和运行成本要比未经总体规划设计的数据中心具有更加明显的优势。为此，目前各地的既有数据中心的使用者、设计者已经主动使用绿色数据中心规划设计，积极应用绿色节能技术及高效产品，建成使用的数据中心节能效果十分显著。

（三）绿色改造初步得到重视

数据中心建设不是一劳永逸的项目，而是一个不断演进的过程。在数据中心投入运行的过程中，需要有效应对需求变化，不断预测资源容量需求，持续提升运行服务质量，根据对数据中心运行管理长期的经验进行评估和总结，形成数据中心的改进需求，从而不断地进行改进。近年来，数据中心机房随着服务器的技术升级和需求增长，其设备功率密度不断增加，机房总耗电量不断上升，给机房节能提出了更高的要求。同时，国内许多数据中心，特别是 20 世纪 90 年代前后建设的数据中心，由于机房的增容或原有换热设备的效率下降，其安全性和稳定性均受到较大影响，因而这些数据中心迫切需要改造。

数据中心机房改造根据需求不同，可分为轻度改造和升级换代两类。轻度改造是针对数据中心局部问题开展的优化调整，一般涉及一个或多个专业；升级换代则针对传统数据中心进行重新设计和建设，需要全专业统筹考虑。

如在中央国家机关，以及部分在京所属公共机构的 26 个数据中心机房中，使用面积最小的为 52.8 m^2，使用面积最大的为 4 000 m^2，26 个机房的总面积为 15 052.8 m^2。在投入使用时间方面，2000 年以前的共 3 个，2000—2005 年的共 4 个，2005—2010 年的共 10 个，2010 年至今的共 4 个。2010 年以前投入使用的机房数量占总机房数量的 85%，这些设备的投入使用时间均大于 4 年，特别是有 7 个机房投入使用时间已在 8 年以上，各类设施设备老旧情况严重。为此，对这 26 个机房进行了数据中心机房综合节能改造项目，主要涉及机房检测、冷热源系统改造、围护结构改造、气流组织改善、局部热点处理、新风系统改造、能耗计量监测管理系统和节能体系运行维护培训八个部分。

改造完成后每年可节电 1 408.7 万度，折合标准煤 5 691.3 吨/年，节能效果明显。项目建成后，可对各机房能耗进行实时监测、统计分析，为国家相关部门开展数据中心节能工作研究、出台相关政策提供基础数据和实施经验，有助于推进全国公共机构数据中心机房的建筑节能工作的深入开展，同时为全社会数据中心节能工作发挥示范作用。

（四）先进适用技术不断涌现

1. 冷却系统的节能技术

数据中心冷却系统为保证数据中心 IT 设备、电源、电池等设备的高效稳定运行提供了适宜的温度和湿度等环境，其自身也消耗了大量的电能，约占整个数据中心能耗的 20%～40%，是数据中心能耗最大的辅助设备。从数据中心冷却系统能耗构成上看，主要由冷源设备（制冷机组）能耗、输配设备（主要是水泵、输送风机）能耗及散热设备能耗（主要是末端散热风机、冷却塔风机和空气冷却器风机等）构成。作为能耗最大的辅助系统，冷却系统是提效降耗的关键。数据中心高效制冷技术、基于热管和蒸发冷却的自然冷却技术都得到了快速的发展。磁悬浮离心冷水机组、变频离心高温冷水机组、变频螺杆高温冷水机组、“冷水机组+自然冷却”系统、高效热管自然冷却系统、蒸发冷却制取冷风技术、蒸发冷却制取冷水技术、蒸发冷凝技术在数据中心领域都有了应用案例。在保证数据中心安全高效运行的同时，数据中心的能源利用效率也得到了明显提升。

2. 供配电系统的节能技术

数据中心供配电系统是为 IT 设备提供稳定、可靠的动力电源支持的系统。数据中心的电气系统包括变配电系统、备用发电机组、不间断电源系统、机柜配电系统、照明及建筑电气系统等，各部分均应选择自损耗较小、能源效率较高的设备，优选具有节能运行模式的设备，优化设备配置和系统结构设计，最大限度地减少能源损耗。高效变压设备、高压直流系统和锂电池，以及高频化、模块化、直流化、智能化、数字化、绿色节能化的不间断电源系统（UPS）逐渐获得市场的认同。

3. 存储系统的节能技术

存储系统是计算机中存放程序和数据的各种存储设备、控制部件及管理信息调度的设备（硬件）和算法（软件）组成的系统。现阶段，数据中心对于存储能力的需求正处于呈指数型增长的爆发期，存储系统的能耗在数据中心 IT 设备总体能耗所占比例也在不断提升，现在数据存储和数据处理的能耗已经达到与计算能力所需能耗接近甚至超出的程度。近年来，存储技术在不断发展中，主流趋势是在更小的空间里提供更高的容量，即提升单位存储容量，另一个趋势是提供更高的性能，即更大的 I/O 能力。同时，从节能目的出发的硬盘及设备升级、存储分级管理、融合存储技术和新型存储介质等各种存储应用管理技术也在不断发展。

4. 数据中心的节能管理技术

随着计算机通信技术的高速发展，不断扩张的数据中心与有限的人力资源矛盾逐渐凸显。更方便地维护数据中心网络与各类基础设施，更好地管理数据中心能源、资产，提升数据中心的维护水平和管理效率，成为运维人员的迫切需求，构建专家级的数据中心资源信息管控系统是未来发展的趋势。资源信息管控系统可同建筑、基础配套的BIM模型融合，实现精准故障定位、3D可视全方位运行状态监控和动态资产管理；同时，通过对基础设施的电冷资源使用、设备的运行效率和服务器的运行功率等大数据分析，对能源使用进行智能管控、划分，确保能源被合理、高效地利用。集中化、一体化和智能化的资源信息管控系统，打破了传统数据中心各子系统分散处理的垂直体系，实现“集中化运维、一体化管理、智能化分析”的系统支撑，从而实现主动、高效、流程化的运营管理目标，减少运维人员数量、降低维护成本、优化资源管理、提升运维效率。

数值仿真是针对工程领域或自然科学中的问题，根据问题的物理模型利用计算机构建其相应的计算模型，确定其中的几何空间、物理信息、边界条件和计算方法，并进行仿真计算的技术。与实验研究方法相比，数值仿真技术具有较易实现和费用低廉的优点。根据数值仿真的应用目的不同，分为面向建筑设计的BIM技术、面向环境控制的CFD技术与面向系统和建筑设备的能耗模拟技术，具体实践上可根据不同使用需求进行选择。如实现两两相通、甚至三者融合，可有力地促进建筑－环境－能源一体化的设计，实现更有效的减排与节能。《关于加强绿色数据中心建设的指导意见》中明确指出：“鼓励应用数值模拟技术进行热场仿真分析，验证设计冷量及机房流场特性”。如何更准确、智能和及时地预测数据中心的运行情况，如何将人工智能与数值计算相结合，如何建立数值模型与新型冷却方法的试验研究及验证基地都将是数值仿真技术在数据中心应用的重要发展趋势。

5. 改变准予热交换格局的液冷技术

液冷是利用液体具有远大于空气的比热容和对流传热能力，通过直接接触电子芯片或通过金属等具有高导热率材料间接接触电子芯片的方式由冷却液快速带走电子芯片产生的热量的冷却方式，可有效解决超高热流密度的散热问题，单机柜功率可达几十千瓦以上，极大地提升了机房资源的利用率，并具有极低的运行噪声和运行功耗。冷却液入口温度可提高到30℃以上，甚至达到50℃，冷源侧在全年大部分时间甚至全年都可实现自然冷却，大幅降低对于冷源的需求，全年PUE可小于1.10。同时，可以进行热量回收及综合利用，以提高能源利用效率及减少对环境的影响。液冷技术还能大幅度降低芯片的核心温度，提高芯片的可靠性和寿命，并给IT设备的技术进步提供更大的发展空间。因此，应用液冷技术可以有效解决传统数据中心“热岛效应突出、资源利用率低、高能耗高浪费”三大痛点，在数据中心领域受到了广泛的关注。

二、绿色数据中心建设工作的未来展望

（一）绿色数据中心建设任重道远

2015年3月，工业和信息化部、国家机关事务管理局与国家能源局联合组织国家绿色数据中心试点工作时，参与试点工作的数据中心在试点前的年平均PUE为2.20，与世界先进水平有较大差距。经过努力，2018年，试点单位验收时年平均PUE降至1.80左右。2019年，据有关机构对203家数据中心的统计，其年平均PUE进一步降低到1.70左右。投入使用时间在5年以内的数据中心年平均PUE约为1.40。部分数据中心开始积极应用各类可再生能源。既有能源利用效率较低的数据中心也积极开展绿色节能改造工作，通过优化设备布局、外围

护结构（密封、遮阳和保温等）、供配电方式、制冷架构、智能运行策略，以及提升单机柜功率密度等方式改善能源使用效率。中国的绿色数据中心建设取得了可喜的进展。

但同时，从 203 家数据中心各机柜规模等级的平均 PUE 来看（见表 1），中国的数据中心能效水平仍有较大提升空间。

表 1　不同机柜规模数据中心年平均 PUE 情况表

机柜规模（个）	平均 PUE
<100	1.69
100～500	1.73
500～1 000	1.65
1 000～3 000	1.59
3 000～10 000	1.51
>10 000	1.40
未充分利用	2.67

此外，数据中心机柜的功率密度及 IT 设备的实际使用率也有待提高。随着数据中心规模的扩大，数据中心的用水、制冷剂的选用，以及废旧电气电子设备、废弃物的处理应得到更大的关注。

（二）绿色数据中心建设将与时俱进

根据相关统计数据及数据中心绿色发展形势，我们认为，未来中国的绿色数据中心发展将呈现以下几个趋势。

（1）数据中心行业将从被动响应转变为主动选择各类绿色数据中心先进适用技术产品、绿色数据中心设计和绿色运维管理手段，显著提升数据中心能效水平。

（2）因为规模较小，改造相比新建或迁移不具备成本优势，而且运维成本较高、经济性较差，大部分建成 5 年以上且规模在 1 000 个机柜以下的数据中心将会在较短的时间内被淘汰。

（3）中型数据中心将会在现有规模下不断发展，通过不断提高运维管理水平来保持竞争力。

（4）预计未来，提高机柜的功率密度、实际使用率将是数据中心绿色发展的关注方向，液冷数据中心和云计算预计将得到更多的关注。

（5）随着电力改革的推进、可再生能源成本的降低，预计数据中心将可以通过电力市场化交易、自建可再生能源项目和绿证交易等方式，就地消纳或跨省跨区采购更多的可再生能源，提升绿色能源的使用比例。

（6）数据中心布局将逐步从核心城市向周边区域、电力资源充裕和自然资源优势明显的地区溢出延伸。

（作者单位：中国电子学会）

数据中心供电系统节能技术与途径

杨晓平 石葆春 王 伟

随着数据中心的数量和规模剧增，数据中心的耗能和节能问题日益引起各界的重视。国家和地方政府已经出台了相应的限令和指导意见，要求数据中心的能源使用效率（Power Usage Effectiveness，PUE）从“十二五”期间的1.5，压缩到“十三五”期间的1.4，进而到“十四五”期间的1.3，甚至有的地方政府出台了控制在1.25的近乎“苛刻”的指令。

一般认为，数据中心总能耗为IT设备能耗、制冷系统能耗、供配电系统能耗与其他（照明和加湿、新风、智能化等其他辅助设施）能耗的总和。当PUE为2.0时，除IT设备能耗之外其他3项能耗的比例为7:2:1。依此比例套算，当PUE为1.4时，IT设备能耗占总能耗的71.42%；制冷系统能耗占总能耗的20.00%；供配电系统能耗占总能耗的5.71%；其他能耗占总能耗的2.86%。

长期以来，电力行业和数据中心行业在供配电系统节能方面持续不懈努力，近年来又有三相UPS电源、新一代一体化配电、非合金变压器等技术逐步被采用，得到了较好的效果。

一、数据中心的供配电系统架构

数据中心的供配电系统由外部市电、后备电源、中压、变压器、不间断电源（UPS或HVDC）、低压分配组成。对于一个高等级的数据中心，配电系统标准的设计采用2*N*冗余架构，两路市电+自备发电机，两路独立的中低压配电（包括变压器）、两路独立的不间断电源（UPS或HVDC）。在两路独立的配电中，还增加了中压和低压的母联装置，提高了配电系统的可靠性和容错能力，在电力中断、一路配电故障或检修时，仍然可以保障IT设备的正常运行，典型的数据中心配电系统架构如图1所示。

从图1可以看出，供配电系统主要的耗能（损耗）来自变压器、不间断电源，以及各链路上的开关和线路的损耗。这些也成为数据中心供配电节能的关注点。

二、三相UPS电源节能技术

作为数据中心供配电系统的核心设备之一，三相UPS电源一直存在迫切的效率创新需求。用户对UPS供配电系统的需求主要体现在：高可用性、高效率、全生命周期TCO（Total Cost of Ownership，总体拥有成本）、对负载类型运输安装就位及场地环境的适应性，以及使用操作维护扩容过程中的灵活性。基于用户这几个方面的需求，目前三相UPS电源主要进行了4个方面的技术创新。

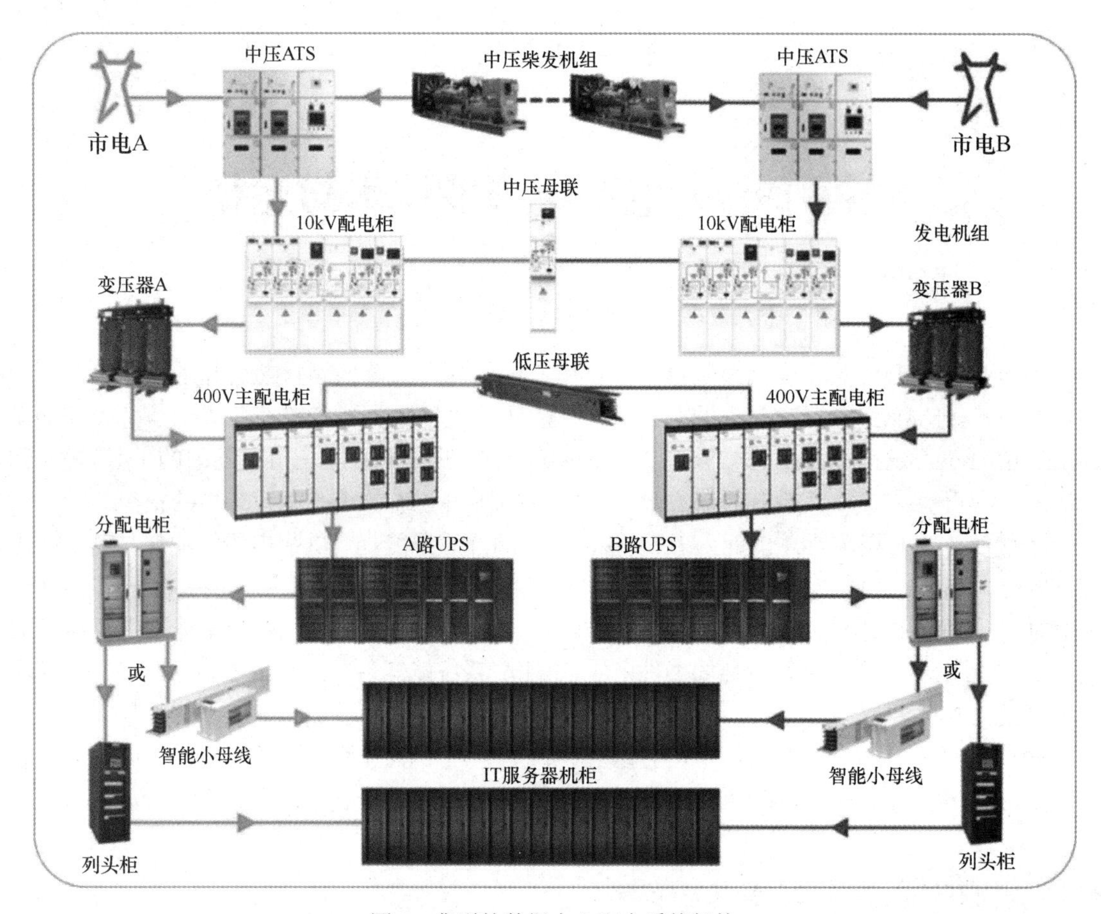

图 1　典型的数据中心配电系统架构

（一）运行模式的创新：超级旁路优先运行模式

三相 UPS 盛行的在线双变换运行模式经过整流器和逆变器两次 100%变换，功率器件承受了所有负荷，元器件疲劳老化和寿命降低，导致 UPS 产品效率低至 90%～95%。这就是早期工频机和两电平高频机状态。

从 2012 年开始，UPS 制造商研制了第一代 ECO（Economic 的缩写，指经济、划算）模式。在 ECO 模式下 UPS 旁路运行，由市电直接给负载供电，效率提高到 98%。但是市电电网故障千变万化，该模式并不能 100%保证从旁路模式切换到逆变器模式的可用性，当切换时间超过 IT 设备能够承受的范围时，有可能造成 IT 设备重启，降低 UPS 可用性。

为了解决此问题，UPS 制造商研究开发了超级旁路优先运行模式（E 变换模式），逆变器与旁路市电并联工作，逆变器精确控制的结果是最终实现由旁路市电提供有功功率（基波电流），逆变器提供无功功率（谐波电流），两者合起来就是负载所需要的电流。因此，市电的输入功率因数可大于 0.99，输入的谐波电流小于 3%，同时输入三相电流平衡。该模式下 UPS 提供一级供电质量，保证负载设备的正常运行。当市电电网出现问题的时候，会自动关断旁路市电供电，由于不存在切换时间，或者说切换时间为 0ms，从而保证了可用性。另外，特殊的可控硅关断控制技术，也确保电池的能量在任何情况下都不会倒灌回电网。

超级旁路优先运行模式最大的优点在于逆变器仅进行了部分功率的补偿，长期处于轻载运行，因此元器件的疲劳老化轻微、寿命延长，系统可用性提高，效率高达 99%。完全满足用户高可用性、高效率、高性能指标参数的要求。革命性的超级旁路优先运行模式如图2所示。

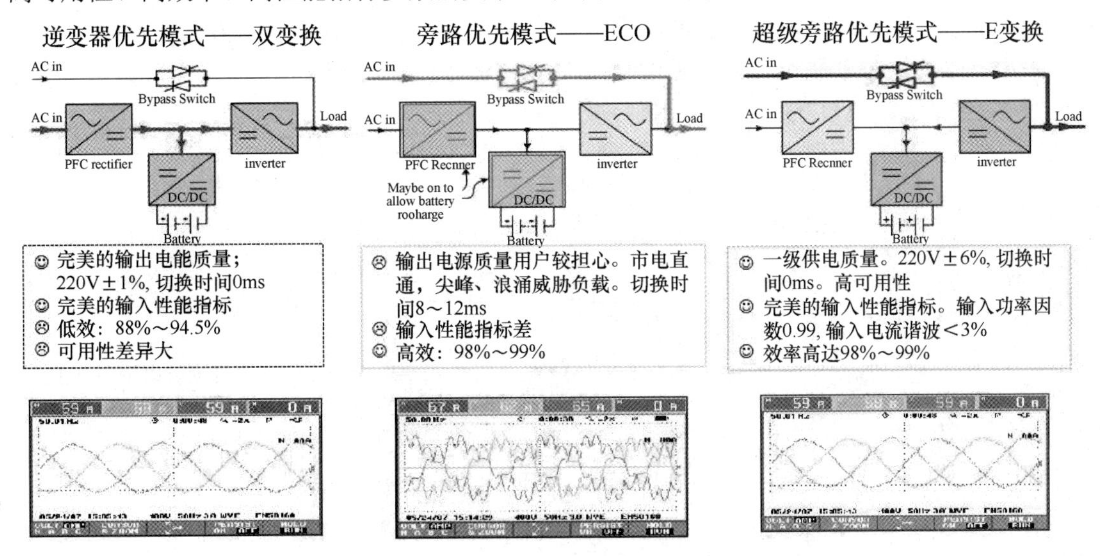

图2　革命性的超级旁路优先运行模式

（二）多电平逆变器技术：混合三/四电平

大多数传统的三相UPS采用两电平逆变器的技术。以常见的高频机为例，在高频机两电平逆变器架构中，其功率器件IGBT（Insulated Gate Bipolar Transistor，绝缘栅双极型晶体管）的承压就是直流母线电压800V，只能挑选耐压值为1 200V甚至1 500V的IGBT功率器件。耐压值越高的功率器件，其失效率越高。因此，为了提高逆变器的可用性，必须降低功率器件的承压。

三电平逆变器通过增加功率器件串联来分担高频机的800V直流母线电压，使得每个功率器件的承压降低到400V，这样就可以选择600V或800V耐压的功率器件，从而提高可用性。四电平逆变器能够使功率器件的承压降低到直流母线电压的1/3即266V。因此，可以采用500V或600V耐压的功率器件，使得逆变器的可用性得到进一步提高。从效率的角度来讲，三种技术的效率分别为94.5%、96%、96.5%。两/三/四电平技术的比较如图3所示。

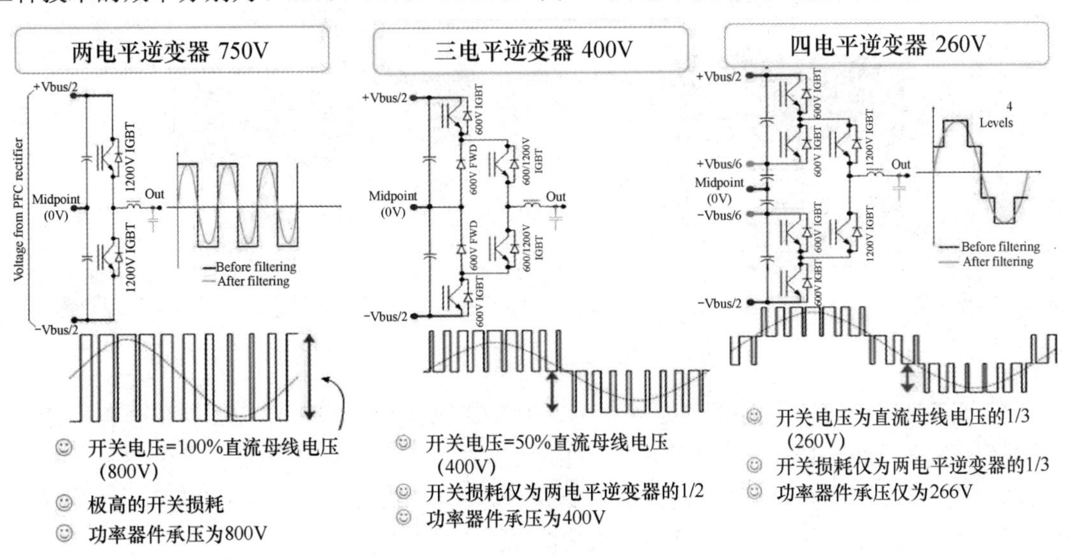

图3　两/三/四电平技术的比较

能否继续采用五电平、六电平逆变器呢？我们需要找到一个平衡。多电平逆变器的缺点在于其增加了功率器件的数量，使得制造成本提高，理论上的故障率也会相应提高。

考虑到平衡，最新采用的技术是混合型架构的三电平逆变器技术。该架构增加了一个零电压开关控制环节，使得 IGBT 的开关损耗减少了50%，逆变器效率达到了目前最高的 7.5%。同时功率器件的数量也降到了 24 个。新型混合三电平逆变器如图 4 所示。

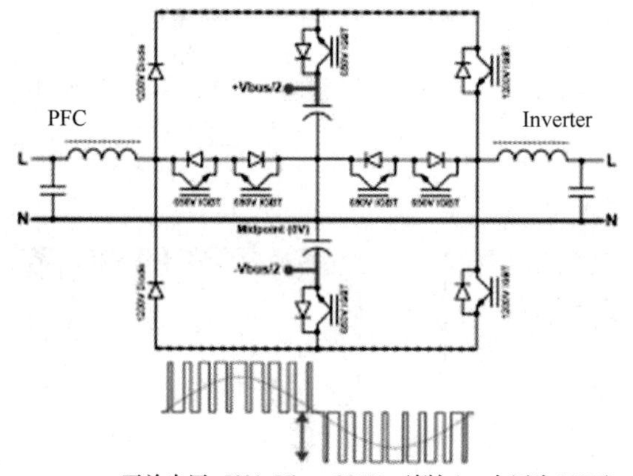

开关电压=50%×Vbus=225V （例如bus电压为450V）
结果：开关损耗最低（25%）

关键亮点

1. 软开关DC bus
2. 使用零电压开关技术比传统三电平的开关损耗减少50%
3. 低导通损耗
4. 性能不打折：100%真正的“双变”
5. 超高效率，用标准元器件实现

图 4　新型混合三电平逆变器

（三）模块化和类模块化技术：搭建大功率 UPS 供配电系统

要搭建大功率 UPS 供配电系统，一般采用并联技术。目前有两种并联物理架构。

第一种并联物理架构，如图 5 左侧所示，为传统的多台并机的大功率 UPS 系统。每台 UPS 可被认为是一个大模块。

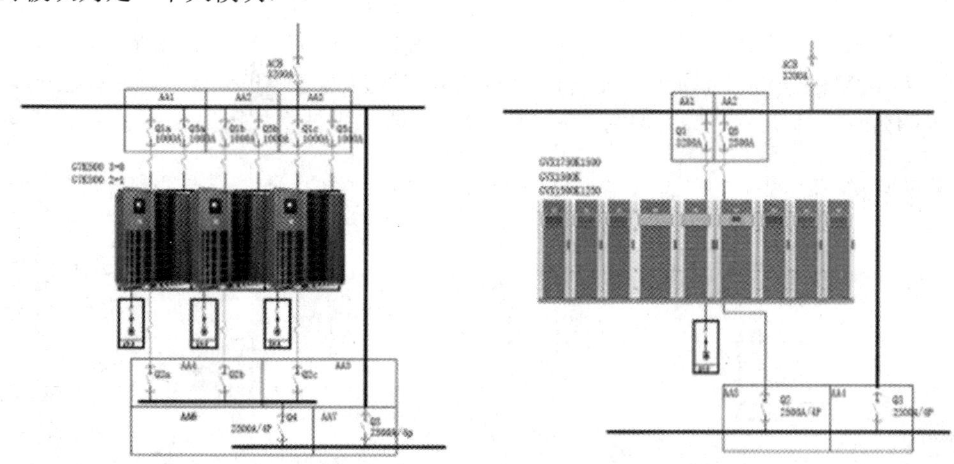

图 5　模块化和类模块化的 UPS 供配电系统

第二种并联物理架构，如图 5 右侧所示，由“多个功率柜+总的配电柜”和静态旁路柜构成。每个功率柜 250～300kW，可以看作一个模块。每个功率柜内部又是由多个功率模块并联而成的，目前主流的技术采用 50kW 左右的单相功率模块，实现三相 250～300kW 模块化 UPS，再将多个模块化 UPS 的多个柜并联，实现更大功率的 UPS。

对大功率（>1 000kW）UPS 供配电系统来说，更倾向于采用单相功率模块，这样可以减少 2/3 的并联节点，降低并联环流，提高可用性。对中等功率（<500kW）的 UPS 供配电系统来说，需要并联的模块数不多，更多的系统还是采用三相功率模块。

功率柜和功率模块的密度需要进行权衡。功率密度与 UPS 可用性是对立冲突的，功率密度越高，热量越集中，器件温升越高，温度每升高 10℃，可用性降低一半。这也是工业 UPS 内部空间设计非常空旷的原因之一。盲目追求高功率密度可能会带来灾难。鉴于对大功率 UPS 的主要要求是高可用性，因此目前市面上主流的功率柜是 250～300kW 的。

（四）锂电池主动工作模式

1. 锂电池的两种应用模式

锂电池在 UPS 供配电系统中有两种应用模式：一种是被动工作模式。该模式和铅酸电池是一样的，没有实质性改变，应用创新不到位，但从铅酸电池换成锂电池，可以带来重量和体积的大幅度减小。另一种是主动工作模式，利用锂电池的 5 000～15 000 次的循环寿命主动地在电网、UPS、负载三者之间进行能量转换，实现扛峰功能和峰谷电价套利功能。这才是物尽其用，使得三相 UPS 电源进入一个崭新的分布式储能应用场景。

主动工作模式（扛峰功能+峰谷电价套利），要求电池每年能提供 500～1 000 次循环，传统的铅酸电池只有 500 次的循环寿命，只能在被动工作模式下工作，而锂电池的循环寿命可以达到 5 000～15 000 次，完全满足主动工作模式的要求。

根据 2018 年国家电网和南方电网的统计，中国 10kV 电网的年度平均断电次数为 1.22 次。由此计算，平均每年数据中心的电池大概会有 2 次使用机会，在配置自启动发电机的情况下，每次只需要工作一分钟，利用率非常低，但是电池日常维护工作量巨大。另外，对于大功率 UPS 供配电系统来说，在 10～15 年的生命周期中，电池还要更换 2～3 次，电池的成本往往超过 UPS 主机的成本。投入这么多资金购置的电池，每年仅被动工作两分钟，很明显，电池价值没有得到充分发挥。

锂电池的主动储能工作模式，使锂电池的价值得到极大发挥，同时锂电池的寿命长，10～15 年无须更换，与 UPS 的寿命匹配，自带 BMS（Battery Management System）电池管理系统，无须日常维护。因此总体考虑，使用锂电池将降低 30%的电池 TCO（总体拥有成本）。

2. 锂电池的峰谷电价套利功能

中国很多城市采用峰谷电价计费模式，可以根据时段主动控制锂电池工作，在电价便宜时充电，电价峰值时放电，利用电价差进行套利，峰谷电价差值约为 0.3 元/度，对于数据中心来说，收益还是相当可观的。

锂电池主动工作模式要求 UPS 主机的设计和功能必须进行改变。UPS 应该设计成兼容锂电池的，具有扛峰模式及峰谷电价套利模式，UPS 还必须具有对锂电池的大功率充电功能。传统的三相大功率 UPS 的充电能力是 10%～20%，而新型的能够兼容锂电池的三相 UPS 的充电功率可以达到 35%～80%。

需要高度注意的是，今天的用户即使不采用锂电池，也应该采购具有兼容锂电池的 UPS 主机（35%～80%的充电能力、峰谷电价套利功能、扛峰功能、兼容锂电池），否则用户在接下来的 10 年里都会被套在竞争力注定越来越弱的铅酸蓄电池上。

三、新一代一体化配电系统

近两年，阿里巴巴基础设施研发部门在大量数据中心机房的供电实践中，将电路和磁路融合创新，和其供应商一起合作，共同开发了全新数据中心供配电方案——巴拿马电源。

巴拿马电源柔性集成了10kVac的配电、隔离变压、模块化整流器和输出配电等环节，采用移相变压器取代传统的变压器，并对10kVac到240Vdc整个供电链路做了优化集成。该方案具有高效率、高可靠性、高功率密度、高功率容量、兼维护方便等特点。相比传统数据中心的供电方案，占地面积减少50%，其设备和工程施工量可节省40%，其功率模块的效率高达98.5%，架构简洁、可靠性高，蓄电池单独安装，系统容量可以根据需求灵活配置。传统供电方案与巴拿马方案的比较如图6所示。

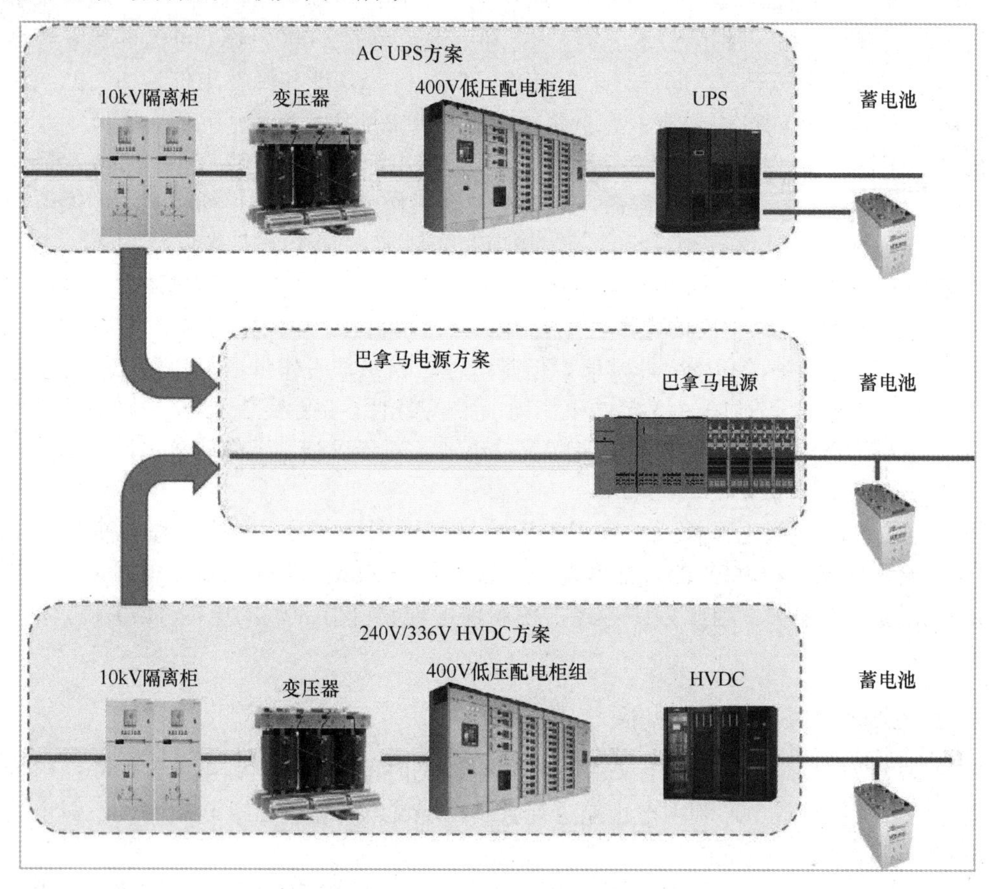

图6　传统供电方案与巴拿马供电方案的比较

（一）巴拿马电源的原理与架构

巴拿马电源利用多脉冲移相变压器，实现低THDi（Total Harmonic Current Distortion，总谐波电流失真）和高PF（Power Factor，功率因数），从而去掉传统AC（交流电）UPS或240V/336V HVDC（高压直流输电）系统中功率模块内部的功率因数校正环节。这个环节的节省，使得巴拿马电源模块仅负责调压即可，拓扑结构大大简化，模块效率可以达到峰值98.5%。在轻载20%时，效率就高达97.5%以上，其优势更加明显。巴拿马电源中30kW的功率模块和传统 240V DC 系统中 15kW 的模块体积一样大小。巴拿马电源原理如图 7 所示。

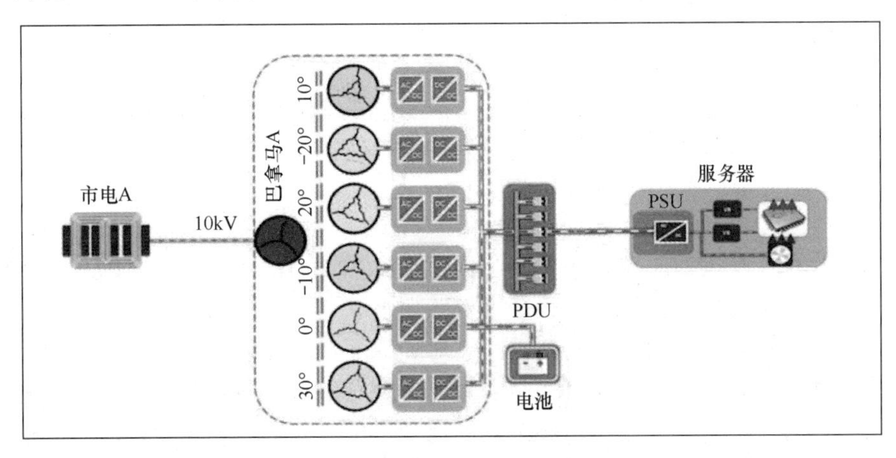

图 7　巴拿马电源原理

从整体结构来看，整个巴拿马电源由10kV中压柜、移相变压器柜、整流输出柜和交流分配柜（常规情况下不配置，当要求配置交流 380V 输出时提供该柜）组成。一般巴拿马电源的上游都配有 10kVac 中置柜，巴拿马电源进线柜是为了方便运维而增加的，如果 10kVac 中置柜与巴拿马电源在同一个房间，中压开关柜可以省掉。巴拿马电源方案组成单元如图 8 所示，巴拿马电源内部结构如图 9 所示。

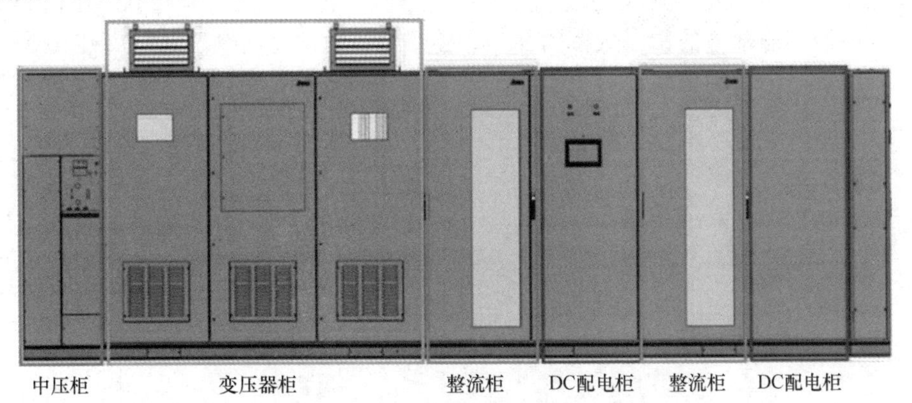

图 8　巴拿马电源方案组成单元

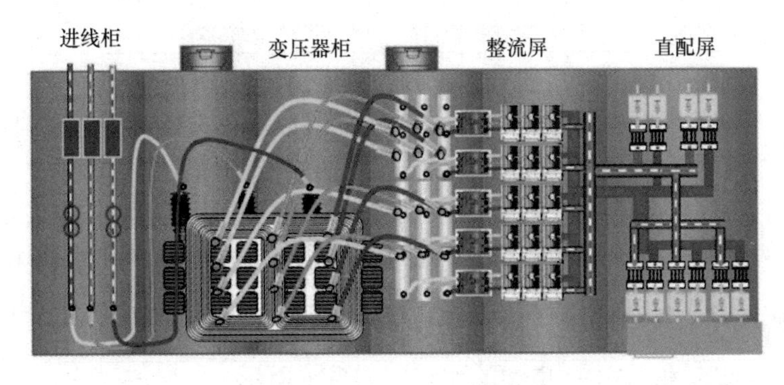

图 9　巴拿马电源内部结构

（二）巴拿马电源方案优势

1．占地面积小

巴拿马电源的架构比传统供电架构更简洁，配电/功率变换环节少，中压/低压融为一体，占地面积大大减少，可节省30%的场地。

2．交付速度快

数据中心数百种设备之间相互强关联，任何一个设备需求、设计、采购、实施的变化都会导致关联设备系统的变化，从而引起计划外的调整、变更、协调、通信协议解析等问题。减少设备数量，采用解耦、预制化等技术，才能加快交付速度。巴拿马电源集成了从中压输入到变压器，再到DC输出等多个环节，自成一个完整链路，且可预制化、预先测试化、随需扩容。工程现场只是将其进行简单的拼装，逐个定位安装，这种建设模式可大幅缩短建设工期。

3．显著提高效率

在240V/336V HVDC链路中，10kV/0.4kV变压器效率为99%，在380Vac到240V/336V AC/DC模块峰值效率为96%，整体峰值效率为95%，在“一路市电+一路240V DC系统”中，整体峰值效率为97%。

巴拿马电源将传统变压器改为移相变压器，省掉了功率因数调节环节，移相变压器的效率为99%，整流调压部分的峰值效率为98%，整体峰值效率可达97.5%，如图10所示。在轻载条件下，巴拿马电源的效率优势更明显。

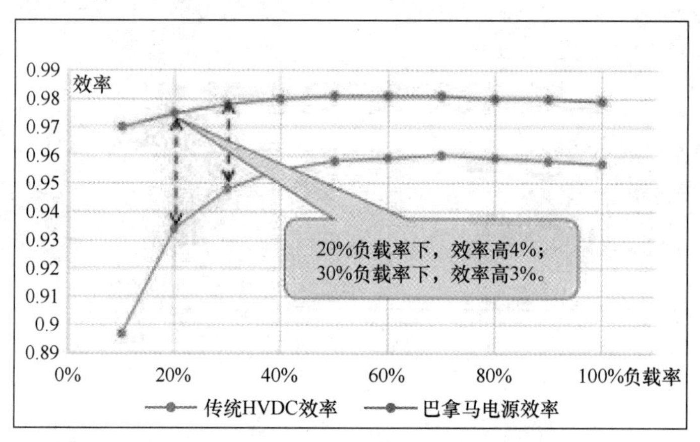

图10 传统HVDC与巴拿马电源效率比较

4．降低成本

巴拿马电源精简了中间环节，设备的数量变少，结构紧凑，减少了电缆等材料的使用和工程施工量，大大降低了投资成本。目前通行电源与巴拿马电源结构比较如图11所示。

5．三类电源应用的综合比较

巴拿马电源与UPS和HVDC电源的比较，如表1所示。

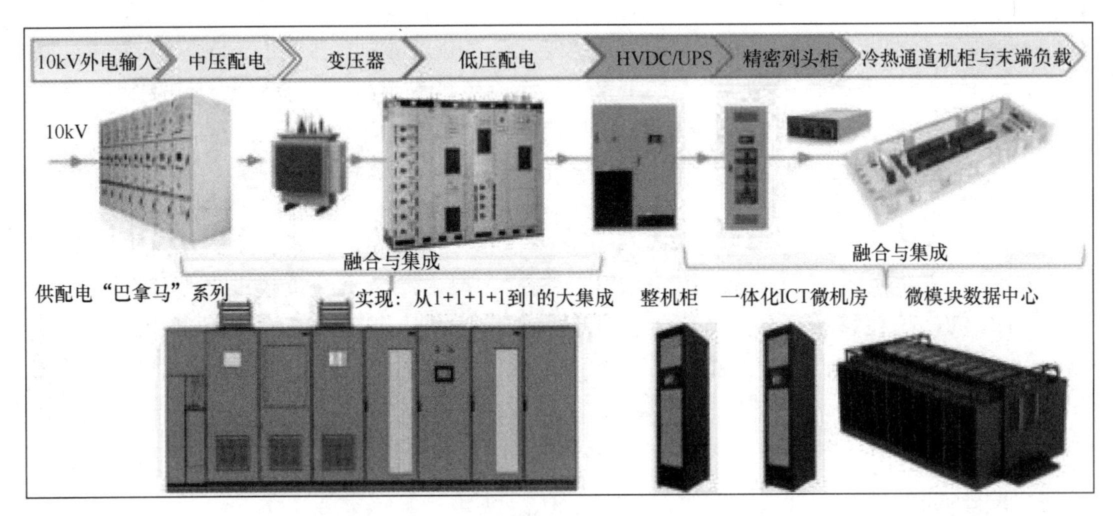

图 11　目前通行电源与巴拿马电源结构比较

表 1　巴拿马电源与 UPS 和 HVDC 电源的比较

对比内容	AC UPS	240V/336V HVDC	巴拿马电源
冗余供电模式	主流：2*N*，DR 很少采用：RR	主流：1 路市电+1 路 DC 特别等级：2*N* HVDC	主流：2*N*，DC 也可采用：1 路市电+1 路 HVDC
可用性	结构复杂、可用性高	结构简化、可用性高	环节简单、可用性高
全链路效率	负载率低，93%	95%	97.5%
占地面积（2.2MW IT）	310m²	300m²	110m²
建设周期	12 个月左右	6 个月左右	3 个月左右

（三）巴拿马电源需要关注的问题

1．使用寿命

传统变压器设备、开关、配电线路经过上百年的发展，其安全性、可靠性是非常高的，在运行维护得当的情况下，一般能使用 15～20 年。整流设备包含大量的电力电子器件，结构相对复杂，可靠性相对传统高低配设备低一些。一般使用年限是8～12年。巴拿马电源因为含有大量的整流设备，结构比较复杂，其可靠性比单独的整流设备低。依照《巴拿马供电技术白皮书》，巴拿马电源设备寿命为 20 年，其中整流模块寿命为 10 年，因此与目前主流的传统高低配设备相比差不多。

2．通风散热

巴拿马电源将传统分散式的降压和整流设备集中到一个设备中，除移相干变铁芯绕组产生的热量外，还有大量整流设备产生热量，其通风量和散热量需要详细计算匹配，还有热量对配电室室内环境的影响应该是显著的，常规的空调选型应该满足不了设备所需的热交换量。

3．适应性

在适应性方面，巴拿马电源面临以下问题：①从 10kV 转换成 240V 的高压直流，还没有被国内某些区域的电网认可和接受，因此还无法进入。②除了百度、阿里、腾讯建设的 IDC（Internet

Data Center，互联网服务数据中心）认可并接受 HVDC 的电源模式，传统的 EDC（Enterprise Data Center，企业级数据中心）的数据中心还是采用传统 2*N* 的交流模式。③巴拿马电源只能用于采用高压柴油发电机规模大于 MW 级的数据中心，对小规模的数据中心还不适用。

4．对负载平衡能力的要求

巴拿马电源的高压直流模块无 PFC 输入功率校正，由移相变压器各绕组耦合来调整高压直流模块的输入 PFC=1，以及满足输入 THDi 指标。要求服务器的负载量平衡分布在各高压直流模块之间，使得移相变压器各绕组的输出带载量均衡，市电网的输入谐波指标达标。如果负载不平衡（含功率模块故障造成负载不平衡），会导致市电网的 THDi 指标恶化，THDi 最大可达 20%以上；因此，巴拿马电源对负载配电平衡度要求高，负载轻时需要做好移相变压器的各项输出负载平衡。

5．配电系统的冗余

目前主流数据中心的配电系统支持双路（高压、低压）的冗余架构，当一路市电或变压器故障时，可以通过母联装置实施切换，不影响后续的供电，而巴拿马电源系统发生故障中断，IT 负载就是单电源供电的。

总之，巴拿马电源从产品推出到案例使用刚经过两三年时间，产品性能和可靠性还需要相当长时间的实践检验。

四、非晶合金变压器在数据中心节能中的应用

（一）变压器的损耗

目前，数据中心使用的变压器以 SCB11 环氧树脂干式变压器为主，2 级能效，其效率在 90%上。降低变压器的损耗对提高数据中心的能效具有重要意义。SCB（三相干式低压“箔”式绕制）变压器的损耗来自铜损和铁损，在供电系统损耗中所占的比重较大。

（1）铜损，指变压器线圈电阻所引起的损耗。当电流通过线圈电阻发热时，一部分电能转变为热能而损耗。由于线圈一般都由带绝缘的铜线缠绕而成，因此称为铜损。

（2）铁损。变压器的铁损包括两个方面。一是磁滞损耗，当交流电通过变压器时，通过变压器硅钢片的磁力线的方向和大小随之变化，使得硅钢片内部分子相互摩擦，放出热能，从而损耗了一部分电能。二是涡流损耗，当变压器工作时，铁芯中有磁力线穿过，在与磁力线垂直的平面上就会产生感应电流，由于此电流自成闭合回路形成环流，且成旋涡状，故称涡流，涡流的存在使铁芯发热，消耗能量。

以一个 2 000kVA 的 SCB11 变压器为例，空载损耗为 3 000W，带载损耗为 14 000W，实际总损耗是 17kW，每年消耗 17kW×8 760h=148 920kW • h。对于一个有 3 000 个机柜的数据中心，5kW 的单机柜容量，2*N* 的配电架构，需要 20 台变压器，一年的电力损耗为 148 920kW • h×20=2 978 400kW • h，因此需要关注变压器的节能。

（二）非晶合金铁心变压器的特点

非晶合金铁心变压器是采用非晶合金代替硅钢片作为铁心材料的新型节能变压器。非晶合金是超急冷凝固形成的，在合金凝固时，原子来不及有序排列结晶，得到的固态合金是长

程无序结构的。铁基非晶合金具有高饱和磁感应强度，磁导率、激磁电流和铁损等各方面都优于硅钢片，用于变压器铁心，能够做到低损耗、高能效。非晶合金铁心变压器的空载损耗比一般采用硅钢作为铁心的传统变压器低 70%～80%，是目前节能效果最理想的配电变压器。为了使用户获得免维护或少维护的好处，非晶合金配电变压器都设计成全密封式结构。传统变压器与非晶合金变压器比较如表 2 所示。

表 2　传统变压器与非晶合金变压器比较（以 2 000kVA 为例）

比较项目	SCB11（二级能效）	SCB13（一级能效）	SCBH15（一级能效）
铁心材料	传统硅钢片	传统硅钢片	新型非晶合金
空载损耗	3 600W	3 000W	700W
负载损耗	14 535W	14 000W	13 000W
运行温度	100℃	100℃	运行温度低至 30℃～50℃，在低温下运转，超载空间大，能力强，运行更安全
耐谐波特性	会产生铁损和造影	会产生铁损和造影	非晶合金极良好的导磁性，在谐波入侵时，仍不影响铁心的特性
优点	价格便宜	节能、稳定、寿命长	更节能、稳定、寿命长
缺点	损耗大	价格高	价格高

（三）非晶合金铁心变压器的发展及前景

1982 年，第一台非晶合金铁心变压器在美国挂网运行，目前美国已有 100 多万台非晶合金铁心配电变压器挂网运行；日本已有 35 万台在运行，目前世界上最大的 5 000kVA 的非晶合金变压器也在运行；欧盟国家也有应用；亚洲的印度、孟加拉国、韩国、泰国等都有非晶合金变压器制造厂。

我国从 20 世纪 90 年代初开始生产和应用非晶合金铁心变压器，在国家相关产业政策的促进下，非晶合金变压器的生产和使用有了一定程度的发展。除中低端产品外，高端产品也有一定的建树，2011 年在甘肃白银正式并网运行的世界首座超导变电站，就安装了当时世界上最大的非晶合金铁心变压器。近几年，非晶合金铁心变压器已经在互联网数据中心得到大力推广。

推广应用非晶合金铁心变压器不仅有良好的节能效益，而且还有环保效益，相当于减少发电量或少建火力发电厂，从而减少发电厂碳排放，相信在世界各国以全球协约的方式减排温室气体，我国提出碳达峰和碳中和目标的大背景下，非晶合金铁心变压器将有更广泛的应用前景。

【作者单位：中国计算机用户协会数据中心分会、施耐德电气（中国）有限公司、伊顿电源（上海）有限公司】

数据中心制冷系统节能技术的突破与发展

杨晓平　王克勇

进入21世纪信息化的时代，数据中心呈现高速发展的态势。然而，数据中心的高耗能问题越来越受到社会的关注，国家相继出台了数据中心能耗的指导意见和限令。为了遏制全球气候变暖，各国携手致力于碳中和工作。2020年12月，中央经济工作会议中将碳达峰、碳中和工作位列其中，重申我国二氧化碳的排放力争在2030年前达到峰值，力争在2060年前实现碳中和。因此，绿色、碳中和是数据中心建设和运维的必然趋势。

对于一个PUE为1.5的数据中心，基础设施的耗能主要来自电力设备自身的耗能和制冷系统的耗能，另外还有照明及其他辅助设施（加湿、新风、智能化等）的耗能，这几部分耗能的占比如图1所示。

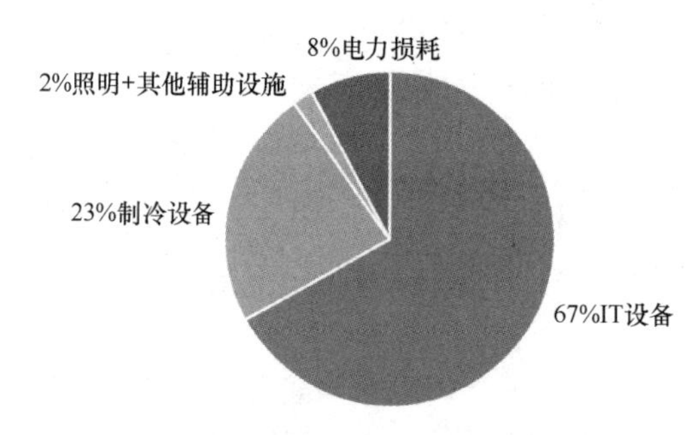

图1　数据中心能效的占比

可见在基础设施的耗能中，制冷设备的耗能占总耗能的23%。长期以来，制冷行业和数据中心行业在制冷系统节能方面持续不懈努力，在风冷直膨、风冷冷冻水、水冷冷冻水的技术上生产了大量的节能产品。同时，室外自然冷源的技术与上述制冷技术的融合，成为目前制冷系统节能的主流做法。但是这些制冷系统遇到技术发展上的瓶颈，近三年来，数据中心制冷系统在蒸发冷却、热管冷却和液体冷却技术及其产品上终于有了创新和突破，在进一步提高制冷系统的能效和节能上得到了较好的效果，在数据中心逐步被采用和推广。蒸发冷却、热管冷却和液体冷却在降低能耗上的优越性也将成为今后数年数据中心降低制冷能耗的发展趋势。

一、蒸发冷却技术在数据中心节能中的应用与前景

近几年，蒸发冷却在数据中心制冷系统中发展较快，蒸发冷却主要利用水分子蒸发相态产生变化时吸热的特性达到制冷目的，在湿球温度较低、空气干燥工况下可实现较好的制冷效果。

蒸发冷却将“潜热”转变为“显热”，将未饱和空气暴露在自由的、温度较低的水表面，水和空气融合，可以冷却未饱和空气。一部分空气显热转移到水中，并通过一部分水的蒸发

变为潜热。

湿球温差又称为湿球温降，空气越干燥，这个温差越大，利用这个蒸发，可以充分降低室外空气的温度，然后利用其冷却数据中心内部的热空气，实现对数据中心的降温。

（一）蒸发冷却技术的分类与原理

目前，蒸发冷却技术可以分为：直接蒸发冷却、间接蒸发冷却，以及两者融合的“间接+直接蒸发冷却”、“蒸发冷却+机械制冷”4 种形式。

1．直接蒸发冷却

直接蒸发冷却是指空气与水大面积直接接触，由于水的蒸发使空气和水的温度都降低，此过程中空气的含湿量有所增加，空气的显热转化为潜热，这是一个绝热、降温、加湿过程。被冷却空气与蒸发水分直接接触，可通过喷淋室、湿膜加湿、喷雾加湿等形式降低环境温度，直接蒸发冷却原理如图 2 所示。

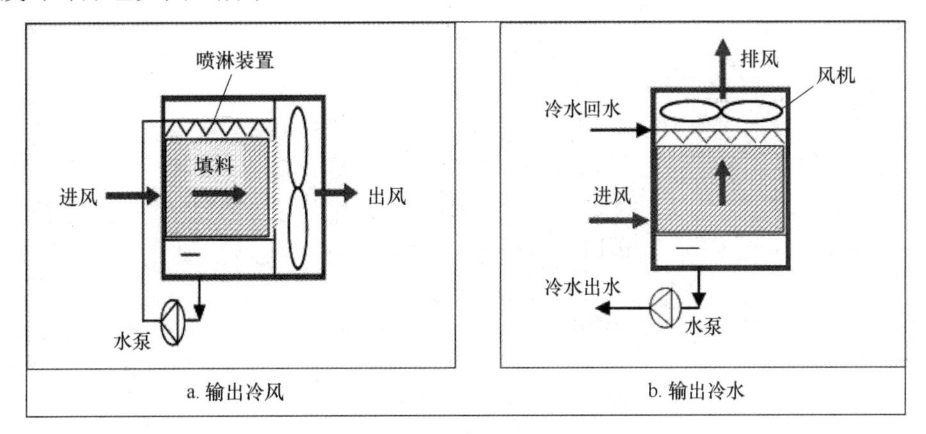

图 2　直接蒸发冷却原理

2．间接蒸发冷却

间接蒸发冷却利用直接蒸发冷却过程中降温后的空气和水通过非接触式换热器冷却待处理的空气，可通过表冷器换热、间接蒸发盘管换热等形式来降低环境的温度，得到温度降低而含湿量不变的送风空气，此过程为等湿冷却过程。间接蒸发冷却装置原理如图 3 所示。

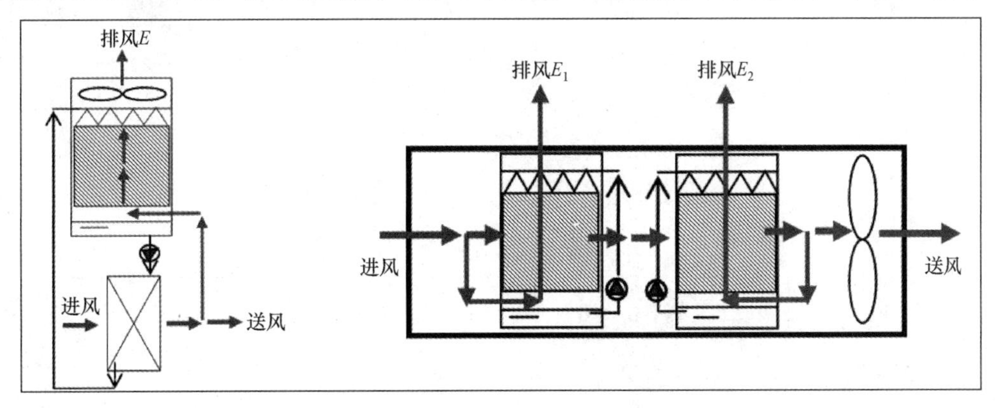

图 3　间接蒸发冷却装置原理

3.“间接+直接蒸发冷却”

“间接+直接蒸发冷却”是根据送风含湿量的要求，在间接蒸发冷却模块后增加直接蒸发冷却模块，新风被降温并被适当加湿，调节送风的湿度。“间接+直接蒸发冷却”原理如图4所示。

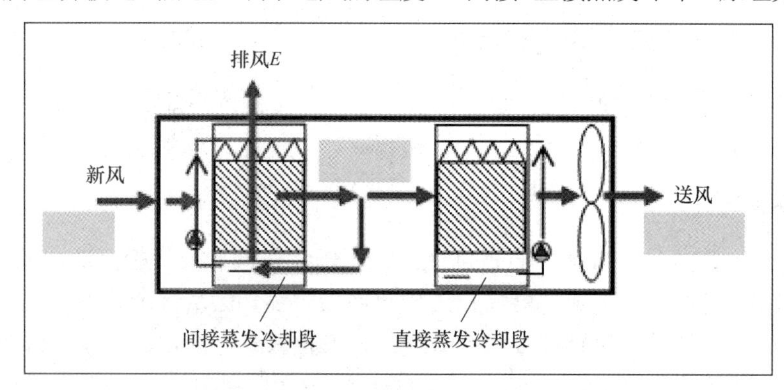

图4 “间接+直接蒸发冷却”原理

4.“蒸发冷却+机械制冷”

虽然自然蒸发冷却过程所消耗的能量较少，主要是风机和水泵耗能，与目前主流的机械制冷空调相比在节能和经济性上更有优势，但是直接和间接蒸发冷却无法满足全年所有工况的数据中心的制冷要求，因为在室外温度（夏季）上升时，换热器的换热效率下降，当不能满足机房送风温度要求时，必须增加机械制冷系统作为补充，这就形成了“蒸发冷却+机械制冷”方式。“蒸发冷却+机械制冷”原理如图5所示。

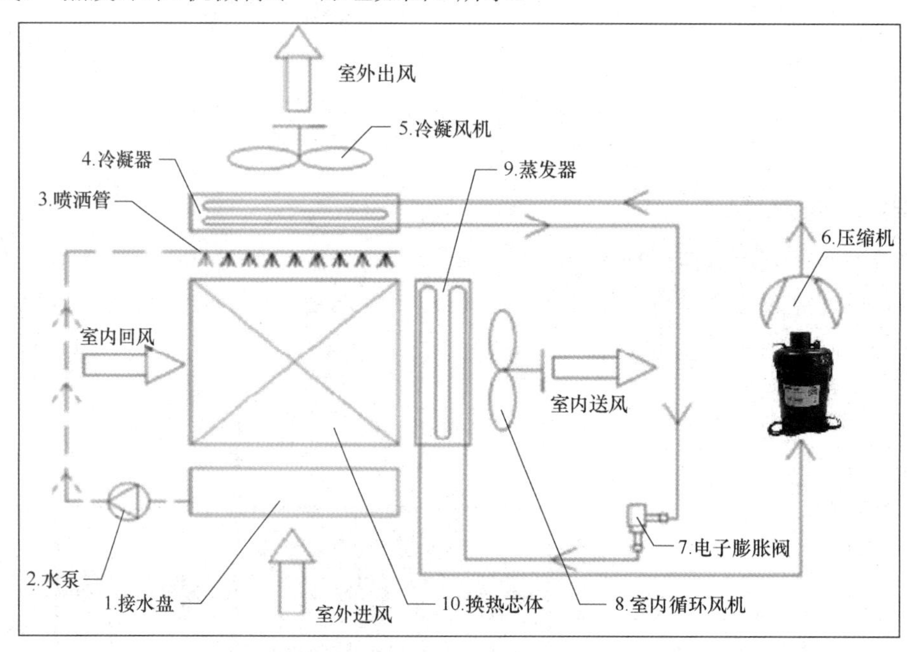

图5 “蒸发冷却+机械制冷”原理

（二）间接蒸发冷却系统在数据中心的应用

间接蒸发冷却设备按热交换器形式不同，大致可分为管式、板式、板管式3种。无论哪种换热器都具有两个互不联通的空气管道，借助两个通道的间壁，使空气得到冷却。

1. 管式换热器

数据中心内部的热空气从侧面进入换热器，沿管道被冷却后再次送入数据中心。室外侧干冷空气从底部进入换热器，在管道外侧蒸发冷却后再冷却管内的热空气，然后从上部排出。管式换热器换热过程如图 6 所示。

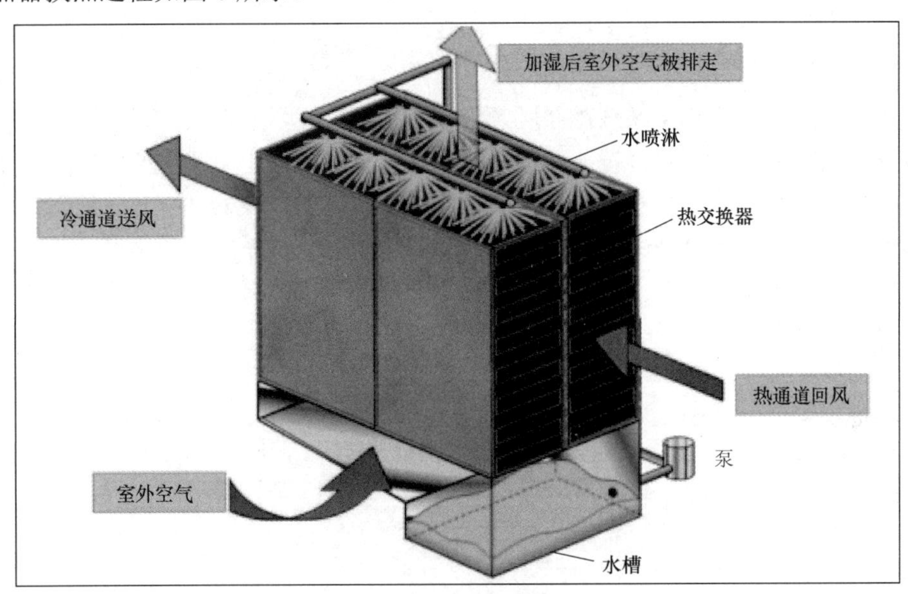

图 6　管式换热器换热过程

2. 板式换热器

板式换热器由一组金属板或复合材料组成，板式间接蒸发冷却的二次空气来自室外新风，一、二次空气的比例对板式间接蒸发冷却效率影响较大，两侧空气在热交换器表面进行热交换。板式换热器换热过程如图 7 所示。

图 7　板式换热器换热过程

3. 板管式间接蒸发冷却空调系统

板管式间接蒸发冷却设备在结构上将冷凝器和冷却塔合二为一，省略冷却水从冷凝器到冷却塔的传递阶段；充分利用水的蒸发潜热冷却工艺流体，用水量为水冷式冷凝器的45%～50%。该系统运行和冷却完全使用数据中心室内回风，省去了间接蒸发冷却器的空气过滤器，额外设置旁通过滤机组，这与所有的机组都装过滤器相比，减少了过滤器的投入、维护费用及风机功率，也降低了室外空气污染物影响 IT 设备的风险。同时，为了给人员提供新风或维持室内正压，根据当地气候条件，装配有加湿和除湿功能的新风机组，以此提供通风和湿度控制。

4. 其他相关技术研究

上述间接蒸发冷却空调系统载冷介质皆为空气，目前大型数据中心普遍采用冷冻水系统，故将间接蒸发冷却技术融合进冷冻水系统成为研究方向。市面上可见的蒸发冷却冷水机组主要有两种，第一种将蒸发冷却技术应用于机械式冷水机组的冷凝器部分，严格来说只是蒸发式冷凝器的应用，通过高换热系数的蒸发式冷凝器获得较低的系统冷凝温度，从而提高机组能效；第二种利用蒸发冷却过程直接出冷水，是一种纯粹的蒸发冷却冷水机组，是完全的自然冷却。蒸发冷却冷水机组系统示意如图 8 所示。

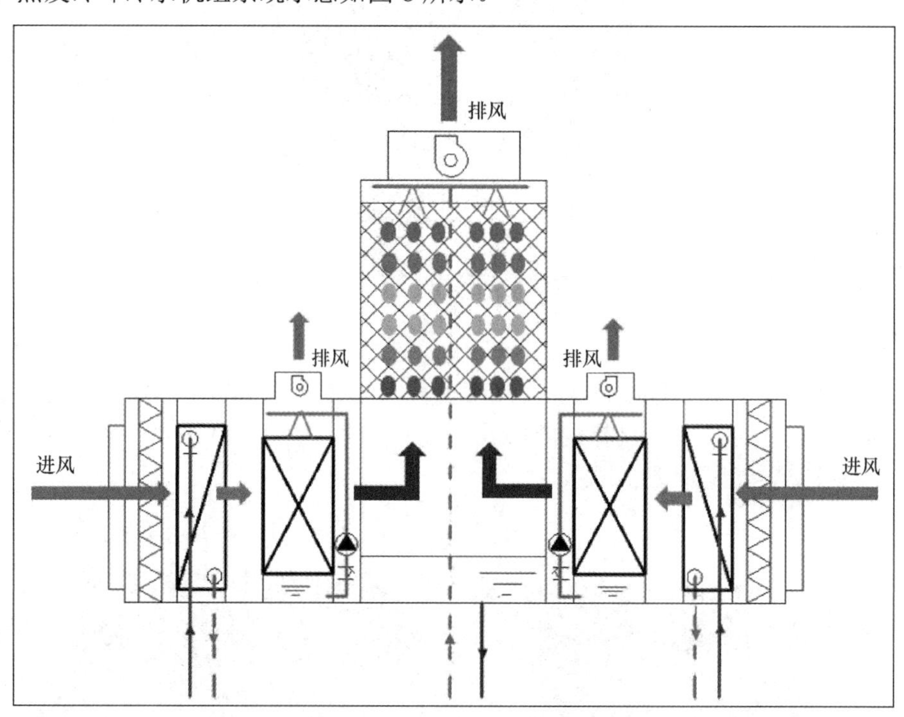

图 8　蒸发冷却冷水机组系统示意

为了在高温天气仍能直接使用低温水，机组设置了预冷段、间接蒸发冷却段和直接蒸发冷却段。室外新风首先在预冷段由系统回水进行预冷，然后经间接蒸发冷却段等湿减焓降温，经过两次降温后的空气最终在直接蒸发段制取冷水。在干球温度 33.5℃、湿球温度 18.2℃的室外条件下，可获得 16℃的出水温度。

（三）数据中心蒸发冷却系统运行模式

数据中心蒸发冷却系统以自然冷却为主，机械制冷为辅。数据中心蒸发冷却系统的主要运行模式可分为干、湿和混合 3 种。

1. 干模式

在室外干球温度低于 16℃时，依靠室内外空气在换热芯体换热就可以提供足够的冷量，此时运行在干工况，喷淋蒸发系统和机械制冷系统都不工作。室外新风与室内回风直接经换热器换热，数据中心较高的回风经由空气—空气换热器被室外低温空气直接冷却。干模式运行示意如图 9 所示。

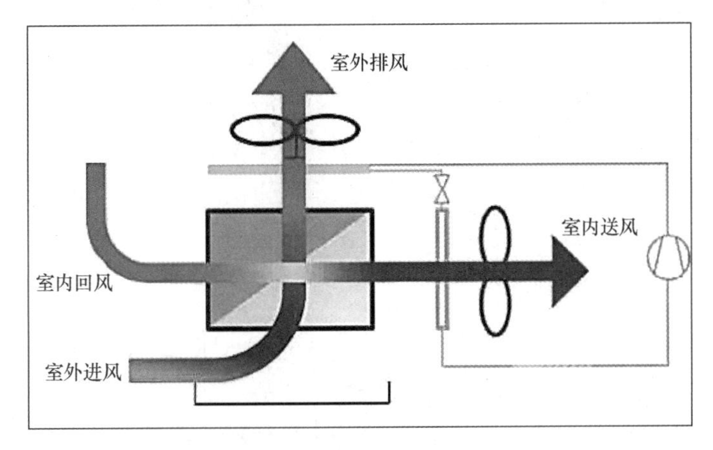

图 9　干模式运行示意

2. 湿模式

当室外环境温度较温和时（湿球温度高于19℃），机组运行在湿模式。此时，开启喷淋蒸发，机械制冷系统仍然不工作。室外空气通过蒸发冷却系统进行预降温，然后再经由空气—空气换热器冷却数据中心回风。湿模式运行示意如图 10 所示。

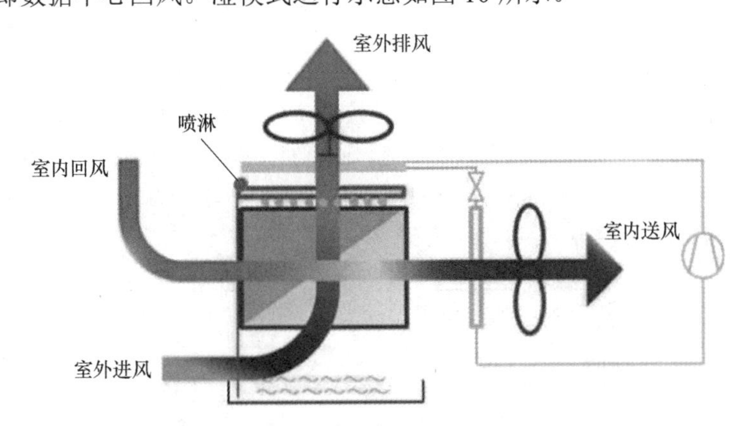

图 10　湿模式运行示意

3. 混合模式

当室外湿球温度较高时（湿球温度高于 19℃），特别是在炎热的天气，自然冷却无法满足制冷需求，开启压缩制冷系统补充不足的部分。采用“蒸发冷却+高效换热+压缩制冷”的运行模式，称为混合工况。此时，喷淋蒸发系统和机械制冷系统同时工作，共同达到数据中心需要的制冷量。混合模式运行示意如图 11 所示。

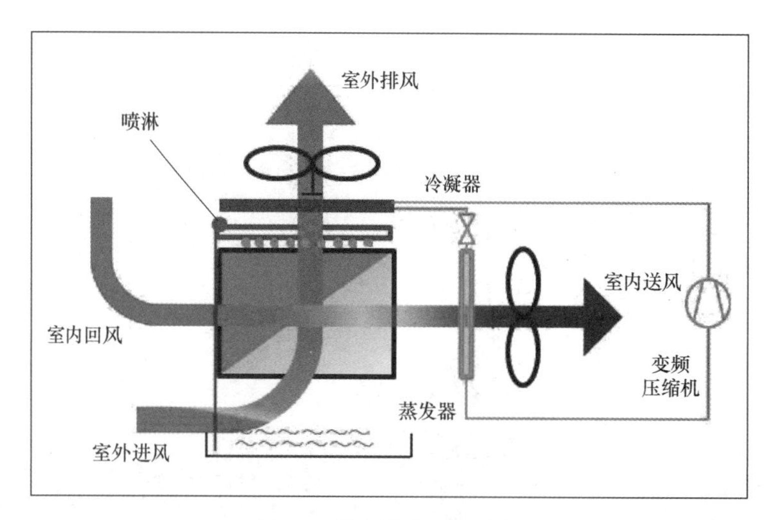

图 11　混合模式运行示意

（四）蒸发冷却系统的优势

近几年，蒸发冷却（特别是间接蒸发冷却）空调机组成为行业节能应用热点，国内外许多厂商都研制和推出了相关产品。蒸发冷却空调与传统的压缩机型空调相比，有很多优点，这也是促使行业不断深入研究蒸发型空调技术的主要原因。蒸发冷却系统的优点如下。

1. 能效明显提升

蒸发冷却系统与传统空调系统相比，能效有了明显的提升，能耗有了明显的下降，蒸发冷却空调设备中所需的主要动力来自风机和水泵动，无制冷压缩机，能效比 COP 很高。通常机械制冷系统的耗电为 50W/m^2 左右，而蒸发冷却空调系统的耗电为 10 W/m^2 左右，节电 80%左右。以北京地区为例，全年完全自然冷却时长占 75%左右，可将 PUE 降至 1.3 以下。

2. 空气品质得到改善

蒸发冷却系统运行方式为全新风运行，且具有空气过滤和加湿功能。不断输入 100%新鲜冷空气，有效的正压送风可使有害的空气排出室外，保持室内洁净，大大改善室内空气品质。

3. 对环境无害

由于蒸发冷却系统主要以水为制冷剂（不需要氟利昂），对大气无污染，有利于保护环境。

4. 施工方便，工期缩短

蒸发冷却系统改变了目前主流水冷机组的结构，可以实现模块化并在工厂预制、现场安装，没有管道的连接和安装，施工方便，可缩短工期。

（五）蒸发冷却系统推广应用的要点

目前，蒸发冷却技术的应用的主要形式为间接蒸发冷却空调机组、直接蒸发新风系统。它们虽然有前述众多优点，但是蒸发冷却空调系统在结构和环境上存在的一些问题，在某种程度上制约了蒸发冷却系统的推广。

1．对建筑的要求

蒸发冷却技术采用水与空气热交换，决定了在建筑上需要有特殊的空间（专用的水和空气蒸发交换空间、机房回风空间），因此采用蒸发冷却系统改变了以往数据中心建筑的功能布局、层高、空气进出流动通道，如图 12 和图 13 所示。

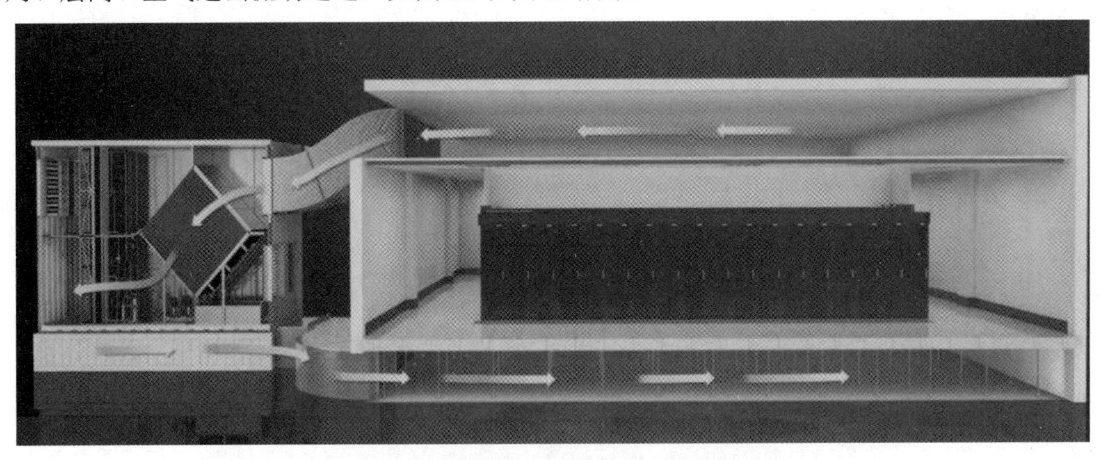

图 12　间接蒸发冷却空调机组系统示意

图 13　某大型数据中心采用蒸发冷却系统的建筑实例

采用蒸发冷却系统的数据中心，出于规模（机柜数、单机柜容量）差异化的需要，必须进行定制化设计，没办法简单地复制，并且因为进排口的设置需求，蒸发冷却系统在高层建筑数据中心的应用较为困难。特别值得注意的是，间接蒸发冷却空调机组产品还处于未形成标准化的阶段，不同厂家的产品尺寸差异较大，导致建筑设计的通用性较差。目前在大型数据中心建设中，间接换热空调机组大部分都是采用外置方式的，在建筑结构上采用工业厂房的模式，如图 14 所示。

图 14 采用蒸发冷却系统的实景图

2. 对地域的要求

蒸发冷却系统更适用于空气干燥的地区，在蒸发冷却过程中，空气越干燥，干湿球温差越大，“干空气能”的利用率越强，能获得的温度就越低。

根据中国的气候特点和干湿地区分布，蒸发冷却技术建议在“胡焕庸线”（从腾冲到黑河之间的一条与 400 毫米等降水量重合的直线）左边的区域使用，该区域多是少雨干旱或草原、沙漠地带，气候干燥，可以达到较好的节能和节水效果。

不是说在我国中东部（“胡焕庸线”右边）的区域就不能采用蒸发冷却系统，而是需要考虑这些地区的高湿环境不仅降低了换热效率，还需要考虑除湿所需要的能耗，最终影响节能的实际效果。

3. 对空气质量的要求

间接蒸发冷却空调机组的工作原理为外部空气与水的换热，然后再通过空空换热器来冷却室内空气。目前，间接换热空调机组基本都采用板式换热器，室外空气中的灰尘、颗粒物等通过加湿后，会附着在换热器表面，时间长了会影响换热器的效果。现在国外也在积极研究高分子材料替代传统的金属换热器，来降低空气质量对换热器效率的影响。

直接蒸发冷却新风系统将室外空气过滤和加湿降温后直接送到数据中心机房内，系统的品质直接关系到 IT 设备的运行稳定。

因此，需要关注空气质量对持续制冷和对 IT 设备的影响，差的空气质量将降低换热的效果，提高维护难度及维护成本，当遇到沙尘暴时，还将导致蒸发冷却系统无法正常运行。另外，空气中的有害气体（如硫化物等）也会导致 IT 设备电路腐蚀，从而短路或短路而不能正常运行，因而目前采用蒸发冷却系统的数据中心大多会设计两种制冷系统并存，有些还增加有害气体检测和过滤装置，不仅增加投资还增加后期的运维成本。

4. 对运维的要求

目前，水质问题是影响蒸发冷却空调技术推广使用的主要限制因素之一。结垢、污泥、菌澡滋生、腐蚀穿孔等，不仅降低了系统的冷却效率、设备的使用寿命，同时也影响了设备的正常运行。另外，北方冬季的结冰现象十分严重，影响冷却塔的散热效果，加大冷却塔的承重，损害填料和管道，同样影响冷却塔的使用寿命。

（六）蒸发冷却系统还不能完全取代机械制冷系统

与机械制冷相比，蒸发冷却还存在着很多不足之处。如缺乏除湿功能、冷却空气的能力受外界气候环境（雨雪、风沙等恶劣天气）的影响严重、多级蒸发冷却系统控制较复杂等。当仅靠蒸发冷却不能达到制冷要求时，可启动机械制冷进行补偿。因此，将机械制冷与蒸发冷却相结合，既能满足多种不同需求，又能减少能耗。蒸发冷却与机械制冷各有所长，结合使用可以发挥出意想不到的效果。目前，在舒适性空调系统中，由除湿技术、蒸发冷却技术、机械制冷技术三者结合而成的除湿法空调系统已受到国内外普遍关注。

数据中心需要全年制冷，而直接和间接蒸发冷却技术具有明显的“靠天吃饭”属性。国内除了西北某些地区的气候能够使用该技术实现全年制冷，绝大多数地区需要配置机械制冷机组补充制冷量，并在极端高温天气负担蒸发冷却系统欠缺的制冷量，这又引起人们对于安全性的担忧。一方面，蒸发冷却空调机组体积较大，通常需要与机柜通道一一对应，与传统数据中心的备份理念存在一定偏差；另一方面，若按极端工况下间接蒸发冷却系统制冷能力的最大欠缺量配置机械组件且考虑不间断供冷需求，则极大地增加了对于机械组件相应的UPS及电池配置，故蒸发冷却空调机组更适用于非夏热冬暖地区。

二、热管冷却技术在数据中心制冷系统节能中的应用与前景

1963年，美国Los Alamos国家实验室的George M. Grover发明并且制造了热管，利用热管的传导原理与相变介质的快速热传递性质，将发热物体的热量不需要动力地迅速传递到热源外。我国自20世纪70年代开始热管的性能研究，以及热管在电子器件冷却及空间飞行器方面的应用研究，用热管支撑换热器来回收废热，并将它应用于工业以节约能源。

近几年，制冷技术的研究和制造商将热管技术应用到数据中心的制冷系统中，热管具有独特的技术优势，在数据中心的制冷系统节能和节水方面取得了良好的效果。

（一）热管技术原理

典型的热管由管壳、吸液芯和工作介质组成。管壳为两端密封的圆柱管，管的内壁贴附同心圆筒式的金属丝网或其他多孔介质，即吸液芯。对热管的一端加热后，由于管内压力很低，工作介质吸收热量变为蒸汽，然后在压差作用下流向另一端，向外界释放热量后再凝结成液体，依靠吸液芯的毛细抽吸力流回加热段，再次受热气化，如此循环往复，就可以连续不断地将热量从一端传递到另一端。热管传递热量示意如图15所示。

将热管技术应用到数据中心的制冷系统，是利用室内、室外温差通过热管将室内热量交换到室外，从而降低室内温度。热管换热系统利用循环工作介质的气液相变来传递热量，通过特殊的管路连接，将蒸发段和冷凝段分离，室内机为该系统的吸热端，冷凝器为其放热端，室内机中的工作介质在机房内吸热蒸发变为气态，经过气管流入冷凝器，并在冷凝器内放热冷凝为液态，然后通过液管回到室内机继续吸热蒸发。热量传输是无源运行的，无运动部件、零能耗且故障率极低。热管循环示意如图16所示。

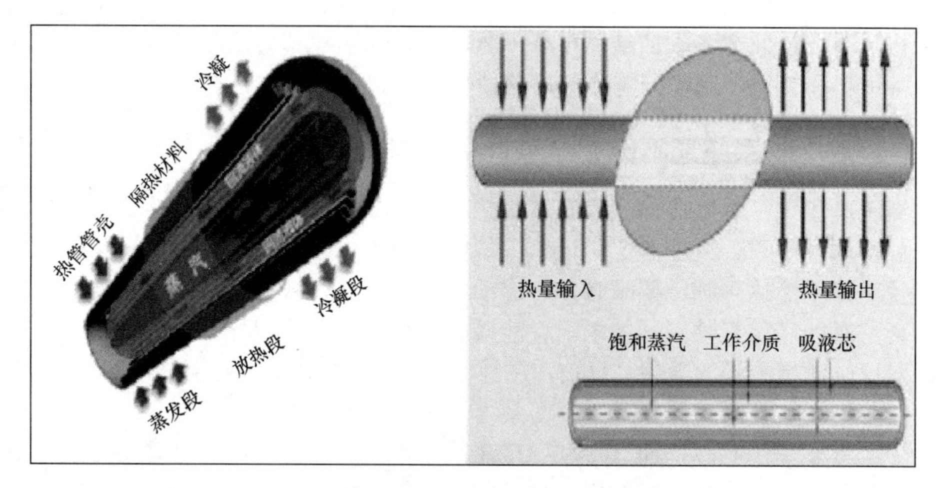

图 15 热管传递热量示意

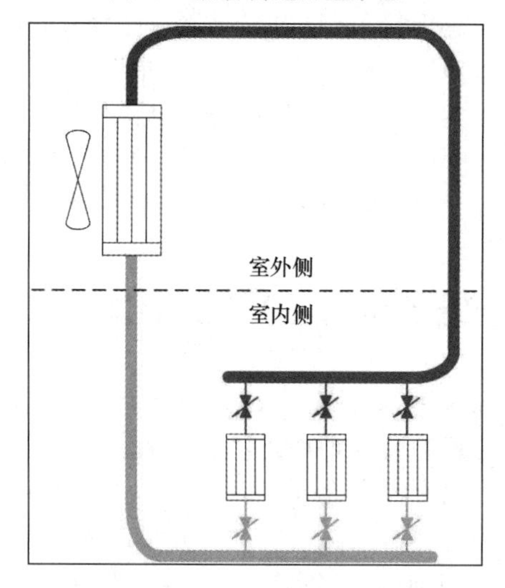

图 16 热管循环示意

热管在实现热量转移的过程中，包含了以下 6 个相互关联的主要过程：①热量从热源通过管壁和充满工作介质的吸液芯传递到液—汽分界面；②液体在蒸发段内的液—汽分界面上蒸发；③蒸汽腔内的蒸汽从蒸发段流到冷凝段；④蒸汽在冷凝段内的汽—液分界面上凝结；⑤热量从汽—液分界面通过吸液芯、液体和管壁传给冷源；⑥在吸液芯内由于毛细作用使冷凝后的工作液体回到蒸发段。

从热管冷却的工作原理可以看出，热管是基本无耗能的原件，通过实现热量的转移进行制冷。

（二）热管冷却技术的优势

热管是依靠自身内部工作介质的相变来实现传热的传热元件，具有以下优点。

（1）超强的导热性：热管依靠工作介质的汽、液相变传热，换热系数高，传热热阻很小，可传递热流密度较大，其导热系数比金、银、铜、铝等优良导热体高出了几个数量级。

（2）优良的等温性：由于热管内腔的蒸汽处于饱和状态，其黏度较低，在流动中产生的压降很小，所以热管的蒸发段与冷凝段之间的温差很小，近似等温。

（3）可变热流密度：可以通过独立改变蒸发段或冷凝段加热面积的方法调节蒸发段和冷

凝段的热流密度，以解决其他传热方式难以解决的问题。

（4）热流传递方向可控：通过改变内部循环力的方式，可以实现热流单向传递、双向传递、抗重力传递等。

（5）环境适应性强：热管的形状可根据热源和冷源的条件灵活变化，其形状可制成电机转轴、燃气轮机叶片、钻头、手术刀等；可应用于地面（重力场），也可以应用于空间（无重力场）。

（6）被动传热：工作介质在热管内的流动循环完全依靠管内结构及工作介质自身的热力平衡实现，没有任何动力部件，属于无耗能传热，工作性能稳定、可靠性高。

（三）热管冷却技术在数据中心的应用

目前，热管冷却技术在数据中心应用的产品有：单热管冷却式精密空调制冷系统、“热管冷却+机械制冷”精密空调和重力热管冷却型背板空调。

1. 单热管冷却式精密空调制冷系统

单热管冷却式精密空调制冷系统由热管、蒸发器、EC 风机和室外机组成，在结构上与水冷末端精密空调相似，但采用含氟的冷媒，无制冷压缩机，室外机采用风冷或蒸发冷却。有效地提高了制冷效率，其架构如图 17 所示。

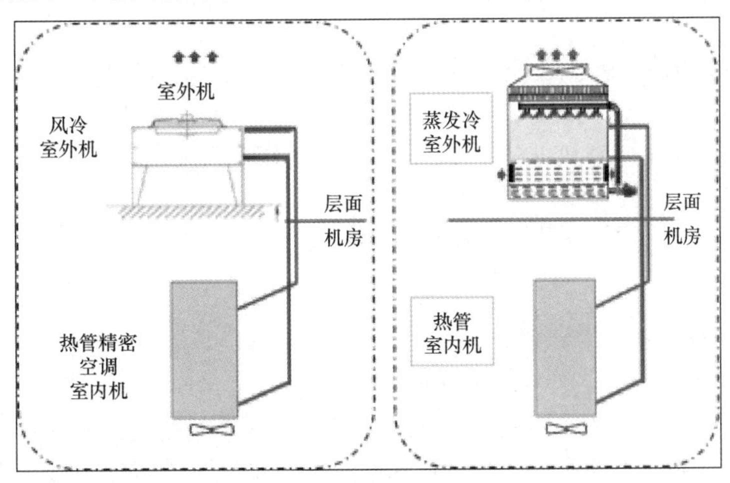

图 17　单热管冷却式精密空调制冷系统架构示意

单热管冷却式精密空调制冷系统适用于常年可以使用低温自然冷源的地区，不需要机械制冷，只有室内和室外风机的耗能，有效降低了空调的耗能，提升了制冷系统的节能效果。

2. “热管冷却+机械制冷”精密空调

我国有很多地区采用全热管技术的制冷空调还无法满足全年所有工况的数据中心需要的制冷要求，因为在夏热冬暖的地区，室外温度限制了热管技术的使用，室外换热器换热效率下降或无法对汽化的工作介质进行降温。当不能满足机房送风温度要求时，制冷产品生产厂商在热管冷却精密空调机中增加了机械制冷装置。将机械制冷作为热管冷却的补充，很好地解决了区域气候条件不足的缺陷，其架构如图 18 所示。

“热管冷却+机械制冷”系统的全年运行模式分为 3 种：压缩机制冷模式、部分自然冷却模式、完全自然冷却模式。

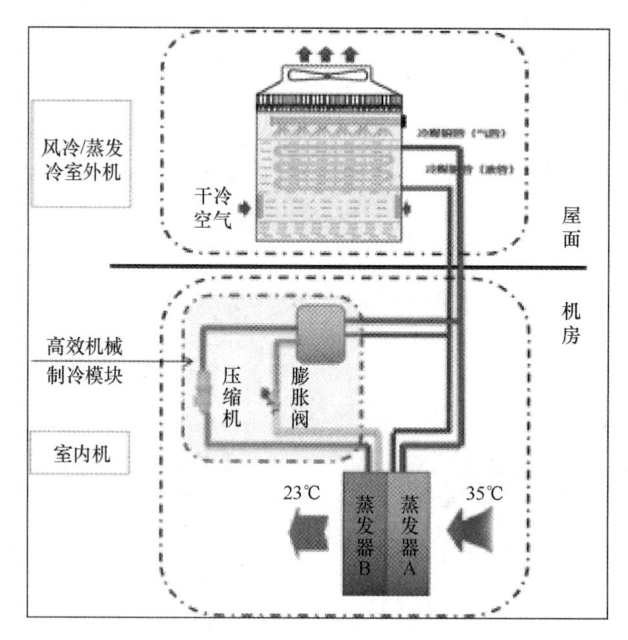

图 18 “热管冷却+机械制冷”系统架构示意

当室外湿球温度 $t > T_1$（可调）时，压缩机工作，自然冷源不工作，系统运行模式为压缩机制冷模式。

当室外湿球温度 $T_1 < t \leqslant T_2$（可调）时，压缩机工作，自然冷源工作，系统运行模式为部分自然冷却模式。

当室外湿球温度 $t \leqslant T_2$（可调）时，压缩机不工作，自然冷源工作，系统运行模式为完全自然冷却模式。

“热管冷却+机械制冷”模式产品有区域机柜式和行间空调两种，以适应不同规模数据中心的需要。

3．重力热管冷却型背板空调

重力热管冷却型背板空调是热管冷却技术在数据中心的另一种应用，安装在机柜后门，与机柜紧密结合，通过水冷冷凝器中工作介质的蒸发、冷凝循环直接冷却机柜排风，机柜外部形成冷环境。热管在运行时工作介质回流依靠重力，无须其他动力。热管背板系统主要由外壳、风机、换热盘管、控制器、水冷冷凝器、热管工作介质、热管工作介质管道、水过滤器及群控系统等组成，可以实现机组最优性能和保证工艺设备等安全运行。重力热管冷却冷却型背板空调系统示意和气流组织如图 19 所示。

重力热管冷却型背板空调适用于前进风后出风的标准服务器机柜，安装在机柜后门，与机柜紧密结合为一体，更接近热源，机柜内部服务器空气流动分布均匀。重力热管冷却型背板空调更有利于机柜散热。目前，重力热管冷却型空调主要用于 8～15kW 中高密度机柜的制冷。

重力热管冷却型背板空调的优势有：冷媒管进机房，无水患；不占机柜位置，可增加机房出架率；建筑也无须做预留，后期建设灵活；背板内双盘管设计，安全可靠。另外，采用风机备份，其风机选用多个轴流 EC 风机，可通过控制单元实现调速功能，且风量有 1.2 倍余量，其风机接线口采用插拔结构。万一某个风机出现故障，其余风机将自动提高转速，保障机柜正常运行所需风量，并报故障。运维人员有充分的时间替换风机；采用电源备份，为保证产品的可靠性，使用双路电源供电，以防一路电源断电后风机无法运行。

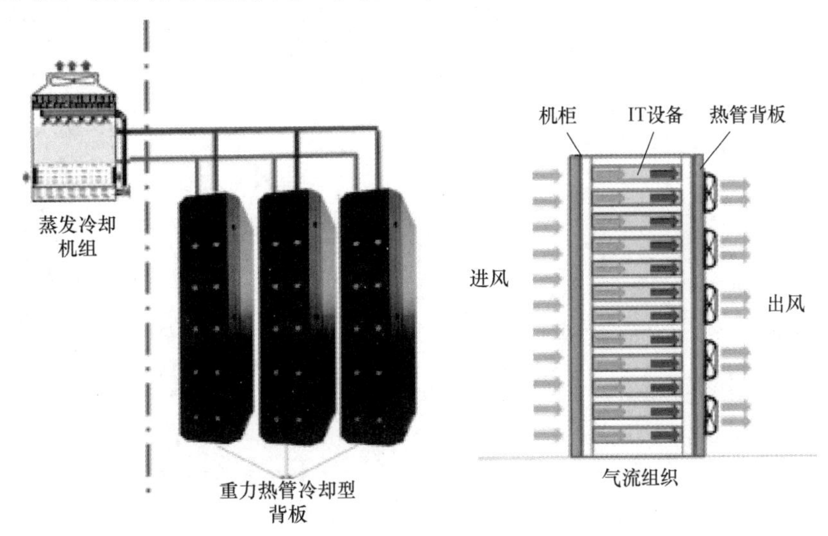

图 19　重力热管冷却型背板空调示意和气流组织

重力热管冷却型背板空调需要关注的问题主要是：该技术目前还只是在某运营商机房完成试点并规模推广，一般适用于前进风后出风的标准机柜形式，并且机柜内负载需要在垂直方向上均匀分布，前期规划需要与使用方确认后期业务类型及服务器形式。制冷管路上、下均走线，或全部上走线，冷量分配模块需要高于机柜 1m 就近安装，空调数量、管路多，对工艺要求高。机柜、热管背板、冷量分配模块供应商须紧密合作。

根据以往试点机房的建设价格，背板空调的投资约为普通冷冻水房间空调建设模式（地板下送风+冷通道封闭）的 1.2 倍。

（四）热管冷却技术与传统空调方案对比

以 1 栋 10 000 m^2 数据中心大楼为例，对风冷房间级空调、冷冻水房间级空调、“热管冷却+机械制冷”精密空调、热管冷却背板空调的建设成本及节能效果等进行分析对比，如表 1 所示。

表 1　热管冷却技术与传统冷冻水房间级空调对比

空调形式	风冷房间空调（风冷直膨）	冷冻水房间级空调（冷冻水系统）	“热管冷却+机械制冷”精密空调	热管冷却背板空调（冷冻水系统）
功率	单机柜 5kW	单机柜 5kW	单机柜 5kW	单机柜 5kW
建设方式	房间空调地板下送风，上回风，冷通道封闭；机柜面对面、背对背布置，预设冷、热通道均为 1 200mm	房间空调地板下送风，上回风，冷通道封闭；机柜面对面、背对背布置，预设冷、热通道均为 1 200mm	房间空调地板下送风，上回风，冷通道封闭；机柜面对面、背对背布置，预设冷、热通道均为 1 200mm	热管冷却背板贴近机柜后部，整个机房形成冷池；机柜顺排布置，预设列间距为 1 200mm
机架数	可布置机架数约为 1 280 架	可布置机架数约为 1 200 架	可布置机架数约为 1 280 架。如果采用热管列间，机架数会少 8%左右	可布置机架数为 1 500 架，机房出架率提升 20%以上
空调投资	单机柜空调建设成本为 1	单机柜空调建设成本约为 1.2	单机柜空调建设成本约为 1.4	单机柜空调建设成本约为 1.45

（续表）

空调形式	风冷房间空调（风冷直膨）	冷冻水房间级空调（冷冻水系统）	“热管冷却+机械制冷”精密空调	热管冷却背板空调（冷冻水系统）
优势	（1）技术产品成熟，小型机房应用较为广泛； （2）空调为氟系统，无漏水隐患	（1）技术产品成熟，应用较为广泛，产品价格低； （2）维护简单，维护经验丰富； （3）架空地板为静压箱，各空调末端互为备份，备用性好； （4）空调及管路均远离设备安装，无漏水隐患； （5）设置蓄冷罐，可以不间断供冷	（1）叠加自然冷却模块，节能效果更好； （2）不占用机房空间，提高了机房利用率； （3）氟系统，无漏水隐患	（1）贴近热源，风机能耗小，运行费用低，且能解决高功率密度机柜散热问题，避免局部热点问题； （2）无须设架空地板，对机房层高要求较低； （3）不占用机房空间，提高了机房利用率； （4）水不进机房，无漏水隐患
劣势	（1）风冷系统，相较于水冷系统的能耗高； （2）须设架空地板，对机房层高要求更高； （3）送、回风距离较长，容易出现气流组织局部热点	（1）冷空气输送距离远，能耗较高，效率较低； （2）须设架空地板，对机房层高要求更高； （3）送、回风距离较长，容易出现气流组织局部热点等问题	（1）若末端采用房间级空调，容易产生热点；若采用热管列间，机架数会减少； （2）投资造价高； （3）目前处于推广应用阶段	（1）管线较多，施工安装要求高，影响机房美观； （2）投资造价高； （3）目前处于推广应用阶段
适用性	单机架功率≤5kW	单机架功率≤5～20kW	房间级空调单机架功率≤5kW；热管列间单机架功率≤5～20kW	单机架功率为5～20kW
PUE	约为1.5～2.0	约为1.3～1.5	约为1.2～1.35	约为1.25～1.35

热管冷却技术是在传统压缩制冷空调基础上演进而来的，热管循环是无动力循环，具有更好的节能性。热管冷却背板除结合冷冻水系统的应用外，现在行业内的厂商也研发出多联式风冷热管主机，该产品在数据中心使用，可以实现快速部署，因为结合了自然冷却模板和机械制冷模板，节能性更好。

热管冷却技术充分利用了热传导原理与相变介质的快速热传递性质，将机房内的热量迅速传递至室外；热管冷却技术因为具有无漏水风险、安装方便、无动力循环、节能效果好等特点，未来会在数据中心空调建设中扮演更重要的角色。

三、液体冷却技术在数据中心节能中的应用与前景

现阶段主流数据中心所用空调类型，无论是风冷还是水冷，无论是房间级还是行级、背板式，都是先冷却空气，再通过冷空气与服务器的发热元器件（CPU、图像处理器、存储等）进行热交换，这种冷却方式被称为空气冷却或“空冷”。空气的换热效率差，热流密度低，因此服务器需要自带散热风扇，不仅增加冷却能耗，而且同时带来了噪声大、设备密度低等问题。当单机架功率密度接近20kW时，风冷系统就已达到制冷极限。为解决服务器散热难题，相关厂商开始尝试使用液态流体作为热量传输的中间媒介，将发热源的热量通过液体冷媒直接传递到远处再进行冷却，即液体冷却，亦称“液冷”。由于液体冷媒比空气的比热容大，散

热速度远远大于空气，因此制冷效率远远高于风冷散热，可有效就近解决服务器的散热问题，降低冷却系统的能耗和噪声。

（一）液体冷却技术工作原理和分类

液体冷却是指使用高比热容的液体作为热量传输的介质代替空气，将 IT 设备的 CPU、芯片组、存储等功能器件在运行时所产生的热量带走。目前，液体冷却技术按照冷却原理、技术和产品形态主要分为 3 种：冷板式、浸没式和喷淋式。

1. 冷板式液体冷却技术

冷板式液体冷却技术是液体不接触被冷却器件，将液体冷却冷板固定在服务器的主要发热器件上，依靠流经冷板的液体将热量带走，达到散热目的。该技术将冷媒直接导向热源，同时由于液体比空气的比热容大，散热速度远远大于空气，因此制冷效率远高于风冷散热。冷板模块结构示意图和冷板示例如图 20 所示。

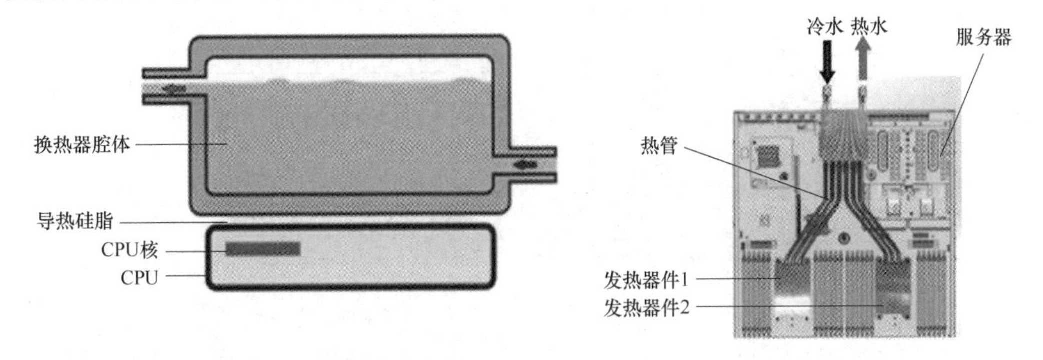

图 20　冷板模块结构示意图和冷板示例

冷板式液体冷却技术解决了服务器里发热量大的器件的散热问题，其他散热器件还得依靠风冷。所以采用冷板式液体冷却技术的服务器也称为气液双通道服务器。

该技术可有效解决高密度服务器散热问题，降低冷却系统能耗，而且降低对环境制冷要求，同时降低噪声。冷板式液体冷却系统主要由冷板模块、内循环冷媒传导系统和外水循环冷却水散热系统 3 部分组成。板模块服务器发热元器件产生的热量导出到服务器机箱外，然后通过内外循环系统将热量带出数据中心。冷板式液体冷却系统工作原理如图 21 所示。

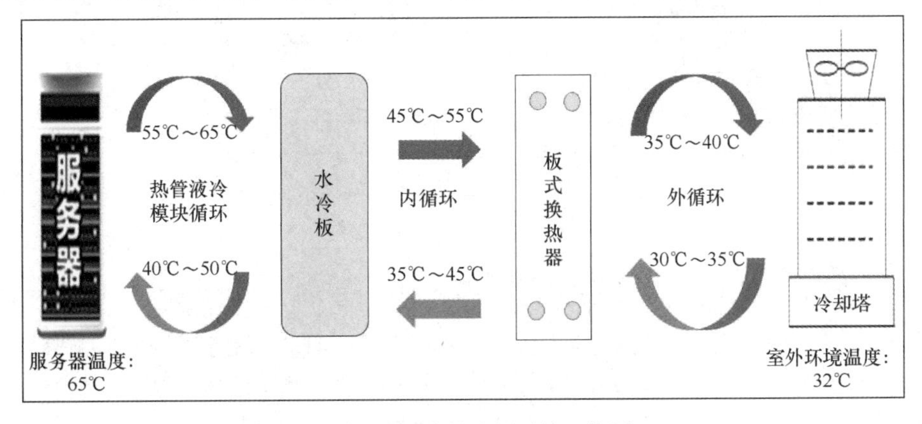

图 21　冷板式液体冷却系统工作原理

2. 浸没式液体冷却技术

浸没式液体冷却技术是一种以液体为传热介质，将发热元器件完全或部分浸没在液体中，发热元器件与液体直接接触并进行热交换的技术。在数据中心液体冷却制冷系统中，浸没式液体冷却技术是将服务器的板卡、CPU、内存等发热元器件完全浸没在冷却液中，直接带走服务器热量的技术。根据冷却液工作介质的制冷形态分为单相浸没和相变浸没。单相浸没式冷却液不蒸发、不沸腾，靠液体的温度升高和流动进行热交换；相变浸没式冷却液通过沸腾、蒸发，利用汽化潜热带走热量，相变的液态技术具有更高的传热效率。浸没式液体冷却技术原理和使用实例如图 22 所示。

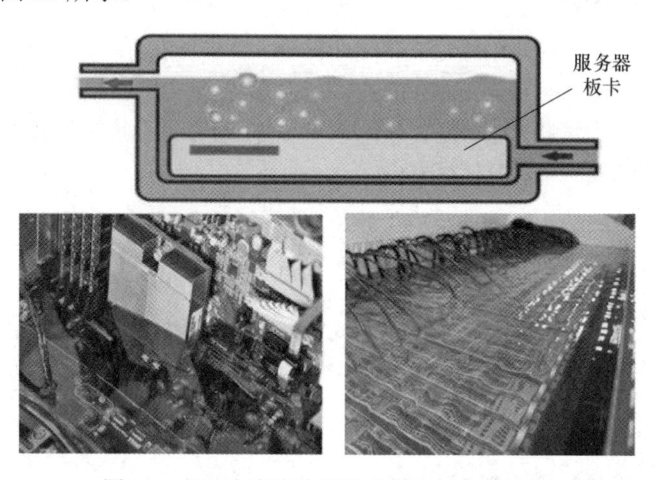

图 22　浸没式液体冷却技术原理和使用实例

浸没式液体冷却技术利用液体的流动直接与发热元器件接触带走热量，减少了传热过程的热阻，相比冷板式液体冷却技术，具有更好的传热效果，也是冷却技术中最节能、最高效新型的制冷模式。浸没式液体冷却系统架构示意如图 23 所示。

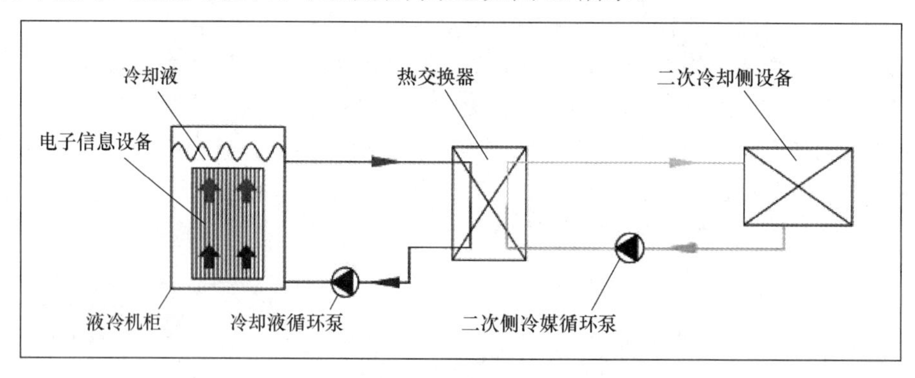

图 23　浸没式液体冷却系统架构示意

3. 喷淋式液体冷却技术

喷淋式液体冷却技术是将冷却液直接通过服务器机箱上的喷淋冷却板，喷射到发热设备表面或与其接触的延伸表面的技术。喷淋的液体和被冷却器件直接接触，带走热量，从而达到冷却设备的目的。吸收的热量被转移到室外，并与大型冷却源的外部环境交换，降温后再送往服务器，循环使用。喷淋式液体冷却技术原理和工作示意如图 24 所示。

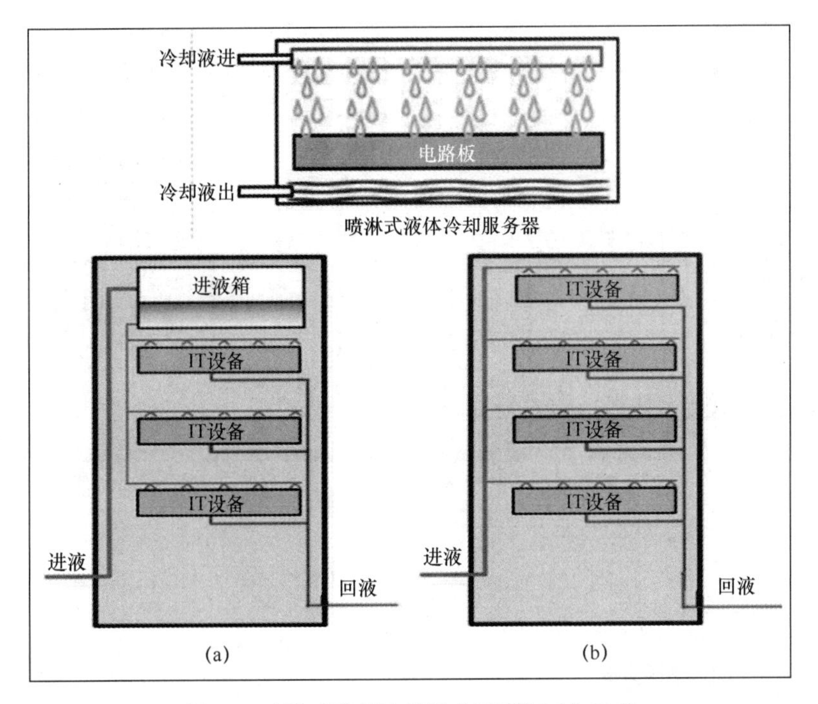

图 24　喷淋式液体冷却技术原理和工作示意

实现喷淋式液体冷却技术在相关设备上的应用，需要对服务器的机箱或对整体机柜重新做设计和改造。

喷淋服务器机箱。与普通服务器机箱相比，喷淋服务器机箱的主要特点是取消了风扇的进出风口，改为进液口与回液口。服务器机箱密封处理，防止冷却液泄漏；机箱顶板改为喷淋板，用于向发热器件喷洒绝缘冷却液。

液体冷却机柜。液体冷却机柜内部设有进液管与回液管，进液管向 IT 设备供应冷却液，回液管回收被加热后的冷却液。需要增加以下装置：向 IT 设备喷洒冷却液的布液装置；驱动冷却液流动，向 IT 设备内不间断输送冷却液的泵；滤除冷却液内部的微米级杂质，防止固体杂质在 IT 设备上沉积的过滤器将冷却液的热量与二次循环回路中的冷媒（如水、乙二醇）进行热交换的换热器。

室外散热器。布置于室外的散热器将二次循环回路中的冷媒与室外空气进行热交换，将热量散失到外部大气。散热器通常使用空调行业常用的管翅式换热器、工业常用的板翅式换热器，以及冷水塔。管翅式换热器、板翅式换热器，以及冷水塔能够在最大限度上利用自然冷源——空气，无须采用能效较低的压缩制冷方式，因此比较节能。

喷淋式液体冷却系统架构示意如图 25 所示。

4．冷却液的类型及比较

在液体冷却技术中，常用的制冷媒介有水、矿物油和氟化液。

水有良好的比热容，是一种优秀的散热媒介，价格低廉且无污染。但由于水并非绝缘体，只能应用于非直接接触型液体冷却技术中。

矿物油是一种价格相对低廉的绝缘冷却液，单相矿物油无味、无毒、不易挥发，是一种环境友好型介质，然而，矿物油黏性较高，比较容易残留，在特定条件下有燃烧的风险。

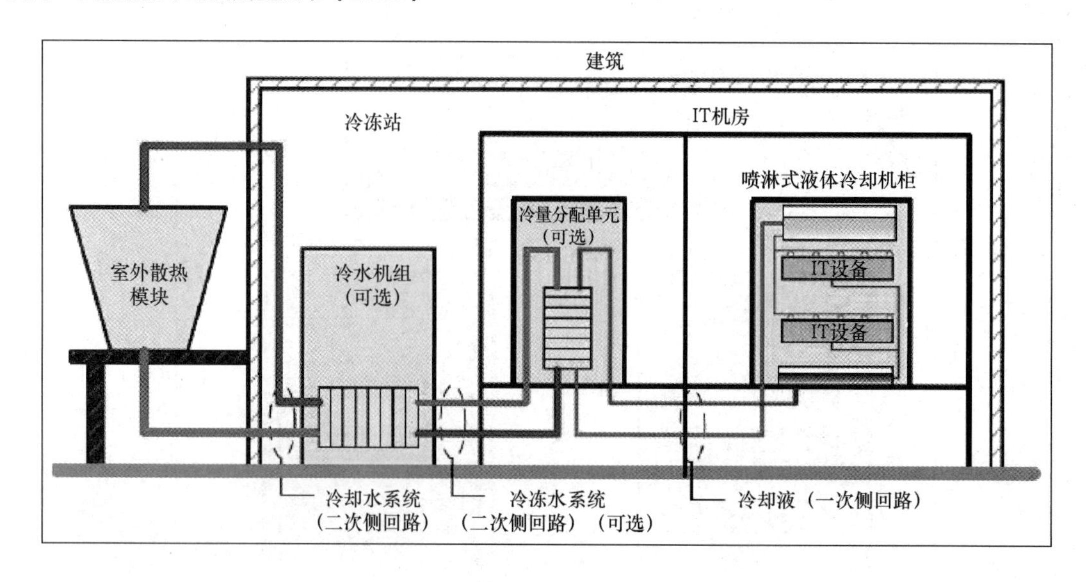

图 25 喷淋式液体冷却系统架构示意图

氟化液具有绝缘且不燃的惰性特点，不会对设备造成任何影响，是目前应用最广泛的浸没式冷却液，但价格较为昂贵。

（二）液体冷却技术的优势与推广应用的前景

1．液体冷却技术的优势

相较于“空冷”，“液冷”具有 4 个明显的优势：一是给被保护器件更适宜的温度。使用液体冷却技术，相同体积液体带走的热量是同体积空气的 3 000 倍；液体导热能力是空气的 25 倍，温度传递快；降温效果明显，可大幅降低 CPU 和系统的温度，提高 CPU 元器件的使用寿命，并提升运算能力。二是散热功耗低。如在冷板式液体冷却条件下，服务器风扇的功耗可以降低 70%～80%，空调系统的功耗可以降低 70%。三是降噪效果好。在同等散热水平下，液体冷却系统噪声比风冷噪声低，可降低机房噪声 20～30dB。四是总体节能。液体冷却系统约比风冷系统节电 30%以上。

2．液体冷却技术的可应用场景

冷板式液体冷却技术可以将原有风冷服务器升级改装成冷板式服务器，使数据中心 PUE 有较大大幅度降低。目前，冷板式液体冷却技术在服务器中已经有标准化产品，曙光、微软和浪潮都推出了基于冷板式液体冷却技术的服务器，并进入商用。有效解决了服务器高密度散热问题，冷板式液体冷却技术更适合用于单机柜 15～30kW 的中高密度数据中心。

浸没式液体冷却技术目前还处于按客户需求定制化生产阶段，尚无标准化产品，即服务器的制造商按照需求与提供液体冷却技术产品的厂商合作，按照浸没式液体冷却的要求，定制专用的机柜、机柜内集成电路的插槽和板卡的数量。目前只是在个别的“BAT”数据中心和超算数据中心有应用，浸没式液体冷却技术更适用于单机柜功率 60kW 以上的高密度数据中心。

喷淋式液体冷却技术目前主要用于现有机柜的节能改造，对原有服务器的机柜和服务器机壳进行改造，将原有的通过风扇降温的服务器改造成喷淋式液体冷却，降低服务器的耗能和制冷系统的耗能，应该说对老旧的数据中心降能节能有很广阔的应用价值。

（三）液体冷却技术推广过程中的挑战和应用前景

1. 液体冷却技术遇到的挑战

目前，液体冷却技术有非常骄人的能效和优势，但在发展过程中必然会遇到一些挑战，主要如下。

涉及上游、中游和下游的协同，协调任务艰巨。传统的风冷和水冷系统是对机房环境温度的控制，服务器与制冷系统是完全割裂的，而无论是间接或直接的液体冷却方式都必须涉及上游（产品制造）、中游（设计、材料和施工）和下游（运维）的共同参与和配合，需要与服务器制造厂商联系在一起，按照液体冷却的技术要求定制化设计服务器的内部结构、外形和防护，这会增加服务器的制造成本，还需要兼顾可用性、可靠性和后续维护成本，需要上游、中游和下游的配合。

全密封和防泄漏要求高、难度大。无论是间接或直接液体冷却方式，对冷板和机柜的全密封要求都非常严格。要特别关注冷媒进/出冷板或机柜连接的可靠性，目前主要采用软管的软连接方式，对软连接的材质和连接头提出了更高的要求，不仅要求软管材质的可靠性，同时还需要维护时满足软连接热拔插时不会造成冷却液的泄漏。

2017 年，欧洲云计算巨头 OVH 位于法国的数据中心水冷系统中的软管出现裂痕导致冷却液流入系统，其内部一台 96 个固态硬盘和 15 个磁盘阵列遭到损坏，进而导致该数据中心服务的超过 5 万个网站在 24 小时内无法正常访问。

2. 对液体冷却技术推广应用前景的展望

尽管有许多困难，但随着制造业的进步，“液进风退”是一个可以预见的趋势。液体冷却技术是目前散热效果最佳的方式，具有优良的节能效果，是否“液进风退”将带动整个数据中心节能技术和产品成为下一代制冷系统。从目前的情况看，除非有强制使用冷板液体冷却服务器的限令或过渡期的要求，几十年一贯制的风冷服务器，借助其独立、快速部署、与制冷设备松耦合的优点，还会持续存在相当长时间。但是，随着时间的推移，“液冷”将会逐步蚕食“空冷”的传统领域，例如，对于超过 30kW 单机柜的数据中心，液体冷却一定会成为首选。

尽管液体冷却已经从幕后走到台前，但是还需要有一个检验和经验积累的过程，有待解决标准化、降低建造成本的问题。但是毫无疑问，液体冷却技术是对传统的制冷技术一项巨大的革命，是对传统数据中心部署的一场变革，而且这个变革已经到来，液体冷却技术代表了绿色节能数据中心的发展方向，将影响和促进数据中心节能迈向一个更高的水平。

（作者单位：中国计算机用户协会数据中心分会、中通服咨询设计研究院有限公司）

安　防

数据中心的电磁防护

吴　川　赵　琪

数据中心是集中放置电子信息设备，为其提供运行环境的场所。在数据中心内部，运行着大量的电子数据处理、传输、存储设备，支撑着国民经济信息化、电子政务、电子商务、社交媒体等各个应用，须臾不可中断。对电磁来说，数据中心是一个很脆弱的、特别容易受到影响的实体。一方面，各种计算机设备抗电磁干扰的性能特别差，电磁脉冲超过 0.07 高斯，就可引起计算失效；电磁脉冲超过2.4高斯，就可引起集成电路永久性损坏，而基于摩尔定律的效应，单位面积内内置的半导体集成模块越来越多，线路间的间隔越来越小，过压、过流保护能力极其脆弱，抗电磁脉冲的能力迅速下降。计算机设备本身耗电量大，所处的环境需要大量用电，外部电源、通信线缆有可能将电涌甚至雷电引入，电磁威胁无处不在。另一方面，计算机设备自身也是一个电磁源，它产生的电磁除干扰其他计算机设备外，由电磁引发的信息泄露更是可怕。当前，数据中心已经被列入关键信息基础设施，提高数据中心的电磁安全性就显得尤为必要。

一、数据中心面临的电磁损害及防护

（一）电磁损害

数据中心面临的电磁损害主要有 3 种：电磁干扰、电磁泄漏和强电磁脉冲。

1. 电磁干扰

电磁干扰是指无用电磁信号或电磁骚动对有用电磁信号的接收产生不良影响的现象，是扰乱正常信号、降低信号完好性的电子噪声，通常由电磁辐射发生源产生。人们对电磁干扰的认识几乎与发现电磁效应现象同时。电磁干扰传播途径可分为传导干扰和辐射干扰两种。在数据中心场景下，传导干扰是指通过导电介质把一个电网络上的信号耦合（干扰）到另一个电网络，例如，大型设备通断产生的电流剧变及伴随的电火花成为干扰源；感应或高频设备通过工频电力网形成的干扰；电力系统中的非线性负载、不间断电源设备产生大量谐波涌入电网成为干扰源等。辐射干扰是指干扰源通过空间以电磁波形式把其信号耦合（干扰）到另一个电网，例如，雷电产生的火花放电、设备上所积累的静电放电、无线电发射设备基波信号产生的功能性干扰、大功率用电设备产生的辐射干扰、日光灯等照明设备产生的辉光放电噪声等。数据中心本身就是一个大量电子设备的聚集地，计算机和相关设备也是重要的辐射干扰源，高频信号线、集成电路的引脚、各类接插件等都可能成为具有天线特性的辐射干扰源，能发射电磁波并影响其他系统或本系统内其他子系统的正常工作。

电磁干扰还可以分为自然干扰源和人为干扰源。对数据中心危害较大的是人为干扰源，包括利用电磁技术有意发射的恶意干扰源。

无论是传导干扰还是辐射干扰、自然干扰还是人为干扰，当其达到一定能量等级后，就可能影响数据运算过程、丢失数据、损坏数据中心计算机设备或存储设备，影响信息安全。

2．电磁泄漏

电磁泄漏是指违背系统所有者意愿并有可能产生信息泄露后果的电磁辐射现象，这种电磁辐射来自计算机设备在处理模拟或数字信号中时变电流产生的电磁波。电磁波不受控制地经过地线、电源线、信号线、寄生电磁信号或谐波散发出去，可以在远距离被接收。接收者经过提取处理，可恢复原信息。

电磁泄漏是计算机设备工作必然产生的现象，不可能完全杜绝。基于此原理，利用电磁泄漏窃取秘密信息大行其道，电磁窃听技术有了长足的发展。对于雷达、无线通信等公开的电磁辐射源，通过电子侦察卫星、空中预警飞机、电子测量船、相控阵雷达等直接捕获，已经是成熟的军事手段；在通信线路附着侦听装置也经常被使用。比较直观的案例是侦听方对准目标计算机屏幕，通过接收 CRT（阴极射线管）显示器的辐射电磁波，还原屏幕上出现的文字或图像。在数据中心场景下，涉密计算机设备没有屏蔽防护，涉密网络布线屏蔽效果差，并且与互联网布线、电力线缆平行超过安全长度，都有可能将电磁泄漏到其不应该去的地方，给信息安全带来风险。

3．强电磁脉冲

强电磁脉冲是围绕整个系统具有宽带大功率效应的一个物理量，在短时间内突变后迅速回到其初始状态的过程。在数据中心场景下，强电磁脉冲表现为瞬间变化的磁场和电场，具有幅度大、频谱宽、作用时间短、作用范围广等特征，通过天线、电缆连接处、金属管道等进入电子设备内部，急剧产生数千伏瞬变电压，对大量电子设备造成无法挽回的损坏。

强电磁脉冲可分为两种。一种是自然强电磁脉冲。雷电是数据中心在和平时期面临概率最高的自然强电磁脉冲，雷电电磁脉冲会产生静电感应、电磁感应、高电位反击、电磁波辐射等效应，其中雷电引发的瞬时高电位主要损坏电气设备及电子设备，造成计算机信息系统中断，或者产生电弧、电火花而引起火灾。另一种是人为强电磁脉冲。核弹爆炸是人们经常谈论的人为强电磁脉冲来源。根据公开资料，这个发现来自 20 世纪 60 年代初苏联进行的一次氢弹爆炸试验，此次试验使苏军地面防空雷达被烧坏，长达数千千米的通信线路设备失灵，通信中断。两年之后，处于核军备竞赛之中的美军也进行了一次空中爆炸核试验，造成了1 400千米之外的檀香山动力设备继电器被大量烧毁，停电频发。至此，人们认识到核爆在冲击波、光辐射、早期核辐射和放射性污染 4 种破坏效应之外，还有第五种，即强电磁脉冲破坏。脉冲峰值功率在 1MW 以上的高功率微波也是人为强电磁脉冲的一种，目前被美国试验用作武器，利用的是其远距离、非接触击穿电子元件的能力，起到烧毁对方电子设备、永久损坏电子系统的作用。在和平时期，数据中心周边大功率电磁脉冲技术设备的不当应用，是人为产生强电磁脉冲的重要来源，尽管相对核爆其功率要小很多，在多数情况下不至于烧坏电路，但达到一定强度的变化磁场，会在计算机设备的数据线、地址线或控制线上感应出电动势，颠倒高低电平，传送 0/1 出现错误，继而导致程序指令错误或数据传递错误。

（二）电磁防护

数据中心的电磁安全既要保证电子设备的运行安全，又要保证所处理的数据安全，一般可以采取以下 3 种防护措施，并且可以根据实际情况灵活应用。

1. 加强电磁屏蔽

屏蔽是通过阻断发射和传导途径防止电磁泄漏的方法之一，它能有效地抑制空间干扰和辐射，并能对强电磁脉冲进行有效的衰减，简便易行，在数据中心应用较多。电磁屏蔽是基于法拉第笼原理，以屏蔽和滤波为核心技术，根据辐射量的大小和客观环境，对计算机机房或主机内部件加以屏蔽的。电磁屏蔽技术可以提供全频段的高等级电磁防护。

2. 保证电磁兼容性

电磁兼容性（Electromagnetic Compatibility，EMC）是指设备或系统在其电磁环境中能够符合要求地运行，耐受电磁辐射和干扰而不使其性能下降，同时不对环境中的任何其他设备产生无法忍受的电磁骚扰的能力。因此，电磁兼容性包括两个方面的要求：一方面是设备自身，对所在环境中存在的电磁骚扰具有一定程度的抗扰度，即自身的电磁敏感性要低，抗扰能力要强；另一方面是设备自身在正常运行过程中，对所在环境产生的电磁噪声、无用信号等电磁骚扰不能超过一定的限值，避免对其他系统、装置、设备造成性能降低等损害。

电磁辐射及电磁干扰是数据中心无法回避、不可能消除的事实。电磁兼容性不是要消灭电磁辐射，而是要采取措施，使之形成一个不相互损害的兼容稳态。保证电磁兼容性除提高电子元器件的可靠性之外，其主要的措施包括但不限于：使用完善的屏蔽体，防止外部辐射进入，防止自身干扰能量向外辐射；建设合理的接地系统，形成等电位，接地电阻按最高标准执行；选用滤波技术，减小漏电损耗；采用限幅技术，必要时应双向限幅，使限幅电平始终高于工作电平；正确布线，避开串扰，需要共用走廊的，保持符合标准的平行距离；能够使用屏蔽线材时尽量使用屏蔽线材。

3. 妥善选址

数据中心选址要考虑的因素很多，往往是多因素平衡的结果。但是无论如何，数据中心地理位置的合理规划对提高电磁“灾害回避性”是极为重要的，适当选址是数据中心作为电磁损害的预防性措施，也是相对经济可行的选择。从电磁干扰的角度，数据中心应当避免雷电多发地区，特别是地域选择范围比较宽泛的IDC（互联网数据中心）、大数据中心的选址，没有任何必要冒雷电电磁干扰的风险；数据中心选址要避开重工业园区，避开电磁冶炼等工业企业，避免大功率电磁脉冲设备可能造成的影响。从电磁泄漏的角度，避免建立在社情复杂的社区。在重要的数据中心建成之后，可主动向当地规划部门汇报，使之理解数据中心对电磁的关注程度，避免电力重新规划，以及新建企业带来的负面影响。无论从电磁干扰防护还是从电磁泄漏防护的角度，保持安全距离都是一个行之有效的方法。

二、国家法规、标准规范对电磁防护的要求

电磁防护在国家管理中是一个相当细分的领域。数据中心所涉及的电磁辐射仅包括信息传递中的电磁波发射，工业、科学、医疗设备和送变电中产生并可能对数据中心安全运营产生影响的电磁辐射，不包括电离辐射和对人体产生影响的电磁辐射及其防护要求。

（一）电磁防护相关国家法规

1.《中华人民共和国环境保护法》

第十二届全国人大常委会第八次会议于 2014 年 4 月 24 日修订通过《中华人民共和国环境保护法》，自 2015 年 1 月 1 日起施行。该法在第四章“防治污染和其他公害”第四十二条规定“排放污染物的企业事业单位和其他生产经营者，应当采取措施，防治在生产建设或者其他活动中产生的废气、废水、废渣、医疗废物、粉尘、恶臭气体、放射性物质以及噪声、振动、光辐射、电磁辐射等对环境的污染和危害”。

2.《中华人民共和国保守国家秘密法》及其《实施条例》

《中华人民共和国保守国家秘密法》于 1988 年 9 月 5 日由全国人大第七届常委会第三次会议通过，2010 年 4 月 29 日经全国人大第十一届常委会第十四次会议修订。该法第二十三条规定：“存储、处理国家秘密的计算机信息系统（以下简称涉密信息系统）按照涉密程度实行分级保护。涉密信息系统应当按照国家保密标准配备保密设施、设备。保密设施、设备应当与涉密信息系统同步规划，同步建设，同步运行。涉密信息系统应当按照规定，经检查合格后，方可投入使用。”《实施条例》于 2014 年 1 月 17 日由国务院令第 646 号公布，2014 年 3 月 1 日起施行。该条例进一步明确：“保存国家秘密载体的场所、设施、设备，应当符合国家保密要求。”“涉密信息系统……按照分级保护要求采取相应的安全保密防护措施。”“涉密信息系统应当由国家保密行政管理部门设立或者授权的保密测评机构进行检测评估。”从数据中心电磁防护的角度理解，这是国家法规对于电磁泄漏的要求。

3.《中华人民共和国国防法》

第八届全国人大第五次会议通过《中华人民共和国国防法》，2020 年 12 月 26 日全国人大第十三届全国人大常委会第二十四次会议修订。新修订的《中华人民共和国国防法》增加了“国家采取必要的措施，维护包括太空、电磁、网络空间在内的其他重大安全领域的活动、资产和其他利益的安全”的条款，对此，中央军委委员、国务委员兼国防部部长魏凤和就提请审议该修订草案的议案进行说明时提到，着眼新型安全领域活动和利益的防卫需要，将传统边海空防拓展至边防、海防、空防和其他重大安全领域防卫，明确太空、电磁、网络空间等重大安全领域防卫政策，为相关领域防卫力量建设提供法律依据。

4.《中华人民共和国无线电管理条例》

1993 年 9 月 11 日，国务院、中央军委第 128 号发布《中华人民共和国无线电管理条例》，2016 年 11 月 11 日修订。该条例第五十九条规定：“工业、科学、医疗设备，电气化运输系统、高压电力线和其他电器装置产生的无线电波辐射，应当符合国家标准和国家无线电管理的有关规定。制定辐射无线电波的非无线电设备的国家标准和技术规范，应当征求国家无线电管理机构的意见。”

5.《气象灾害防御条例》

2010 年 1 月 27 日，国务院令第 570 号公布《气象灾害防御条例》，2017 年 10 月 7 日修订。该条例根据《中华人民共和国气象法》的规定，明确雷电所造成的灾害属于气象灾害；在条例第二十三条、第二十四条中，提出了“各类建（构）筑物、场所和设施安装雷电防护装置应当符合国家有关防雷标准的规定。新建、改建、扩建建（构）筑物、场所和设施的雷电防护装置应当与主体工程同时设计、同时施工、同时投入使用。”“未经竣工验收或者竣工验收不合格的，不得交付使用。”“从事雷电防护装置检测的单位”应当取得资质证，其中“从事电力、通信雷电防护装置检测的单位的资质证由国务院气象主管机构和国务院电力或者国务院通信主管部门共同颁发。”鉴于感应雷中的电磁感应雷会形成对 IT 设备造成干扰、破坏的感应电磁场，对于数据中心电磁防护来说防雷是重要方面，该条例应当属于电磁防护相关国家法规。

6.《中华人民共和国计算机信息系统安全保护条例》

1994 年 2 月 18 日，国务院令第 147 号发布《中华人民共和国计算机信息系统安全保护条例》，2011 年 1 月 8 日修订。该条例明确：“计算机机房应当符合国家标准和国家有关规定。在计算机机房附近施工，不得危害计算机信息系统的安全。”“公安机关发现影响计算机信息系统安全的隐患时，应当及时通知使用单位采取安全保护措施。”“有危害计算机信息系统安全”行为的，“由公安机关处以警告”；“计算机机房不符合国家标准和国家其他有关规定的，或者在计算机机房附近施工危害计算机信息系统安全的，由公安机关会同有关单位进行处理。”其中，应当符合国家标准和国家有关规定、影响计算机信息系统安全的隐患、危害计算机信息系统安全的行为，均应包括与电磁防护相关的事项。

（二）涉及电磁防护的数据中心建设标准规范

1.《信息安全技术 网络安全等级保护基本要求》（GB/T 22239—2019）

《信息安全技术 网络安全等级保护基本要求》（GB/T 22239—2019）于 2019 年 5 月 10 日发布，2019 年 12 月 1 日起实施，全部代替标准 GB/T 22239—2008，称之为等保 2.0。该标准对一至四级等级保护对象的安全通用要求中，均提出“应将各类机柜、设施和设备等通过接地系统安全接地”“应在机房供电线路上配置稳压器和过电压防护设备”；对二至四级等级保护对象提出“电源线和通信线缆应隔离铺设，避免互相干扰”的电磁防护要求；对三级和四级等级保护对象特意提出增加了“应对关键设备或关键区域实施电磁屏蔽”的要求。

2.《信息安全技术 网络安全等级保护测评要求》（GB/T 28448—2019）

《信息安全技术 网络安全等级保护测评要求》（GB/T 28448—2019）于 2019 年 5 月 10 日发布，2019 年 12 月 1 日起实施，全部代替标准 GB/T 28448—2012，是与等保 2.0 配套的国家标准。该测评要求将 GB/T 22239—2019 列出的安全接地、配置稳压器和过电压防护设备、隔离铺设、电磁屏蔽四项要求，均作为测评指标，如果测评实施内容为肯定，则符合本测评单元的指标要求，否则不符合本测评单元的指标要求。

3.《数据中心设计规范》（GB 50174—2017）

住房和城乡建设部于 2017 年 5 月 4 日发布《数据中心设计规范》（GB 50174—2017），2018 年 1 月 1 日起实施，全部代替国家标准《电子信息系统机房设计规范》（GB 50174—2008）是数据中心行业基本标准之一。该设计规范在选址一节中要求：数据中心“应远离强振源和强噪声源”“应避开强电磁场干扰”。在供配电一节中要求：“交流配电列头柜和交流专用配电母线宜配备瞬态电压浪涌保护器”“配电系统可装设隔离变压器”。在照明一节中要求：“荧光灯镇流器的谐波限值应符合现行国家标准《电磁兼容 限值 谐波电流发射限值》（GB 17625.1）的有关规定”。对电磁干扰，设计规范提出：“主机房和辅助区内的无线电骚扰环境场强在 80MHz～1 000MHz 和 1 400MHz～2 000MHz 频段范围内不应大于130dB（μv/m）；工频磁场场强不应大于 30A/m”；同时在电磁屏蔽一章中规定，环境达不到该要求的数据中心，应采取电磁屏蔽措施。设计规范还对电磁屏蔽室的性能指标做出了具体要求。

4.《数据中心施工及验收规范》（GB 50462—2015）

住房和城乡建设部于2015年12月3日发布《数据中心施工及验收规范》（GB 50462—2015），2016 年 8 月 1 日实施，全部代替国家标准《电子信息系统机房施工及验收规范》（GB50462—2008），是与设计规范配套的国家标准。该验收规范在防雷与接地系统一章中要求：数据中心防雷与接地系统的施工及验收除满足设计要求外，尚应符合现行国家标准《建筑电气工程施工质量验收规范》（GB 50303）、《建筑物电子信息系统防雷技术规范》（GB 50343）和《建筑物防雷工程施工与质量验收规范》（GB 50601）的有关规定，所使用的器材应有检验报告及合格证书。该验收规范用专门一章对电磁屏蔽系统的施工和验收做出了规定，强调对屏蔽效能要进行检测。

三、关乎国家信息安全的电磁屏蔽系统

电磁屏蔽系统是用导电或导磁材料来减少电场、磁场或交变电磁场向指定区域穿过的措施或装置。就数据中心而言，电磁屏蔽系统包括屏蔽机房和屏蔽机柜，其中包括屏蔽壳体、屏蔽门、各类滤波器、截止通风波导窗、屏蔽玻璃窗、信号接口板及配套电磁屏蔽装置。

（一）电磁屏蔽系统屏蔽效能

无论电磁干扰还是电磁辐射，均可归纳为电磁能量传播。屏蔽机房或屏蔽机柜基于法拉第笼原理，通过导电连续的金属六面屏蔽体对电磁能量进行反射和吸收，控制内部辐射区域的电磁场，不使其越出某一区域；防止外来辐射进入某一区域，从而达到降低其能量等级的目的，使电磁干扰和电磁泄漏达不到对数据中心的财产、信息资产有所伤害的程度。

屏蔽机房或屏蔽机柜的有效性，用屏蔽效能（Shielding Effectiveness，SE）来度量。例如，在谐振频段（20MHz～300MHz）可以用电场强度或功率的形式表示屏蔽效能，计算方法如下：

$$\mathrm{SE} = 20\lg\frac{E_1}{E_2}$$

式中：

E_1——无屏蔽机房或无屏蔽机柜时的电场强度；

E_2——屏蔽机房或屏蔽机柜内的电场强度。

屏蔽效能的示意如图 1 所示。屏蔽效能 SE 越大，表明屏蔽机房或机柜的电磁屏蔽效果越好。

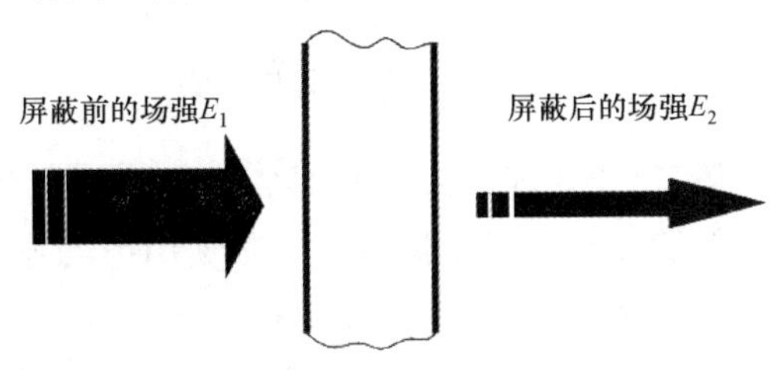

图 1　屏蔽效能的示意

《电磁屏蔽室屏蔽效能的测量方法》（GB/T 12190—2006）详细且明确地论述了屏蔽效能的测量方法。

（二）电磁屏蔽系统屏蔽效能等级

屏蔽机房或屏蔽机柜的屏蔽效能等级如何划分，目前国家尚未有标准出台，这里参照中华人民共和国国家军用标准《军用涉密信息系统电磁屏蔽体等级划分和测量方法》（GJB 5792—2006）对屏蔽效能等级划分做一个诠释。

该标准中规定：电磁屏蔽体根据其屏蔽效能，划分为 A、B、C、D 四个等级。

A 级指屏蔽效能满足图 2 的要求，但不能满足图 3 要求的电磁屏蔽体。

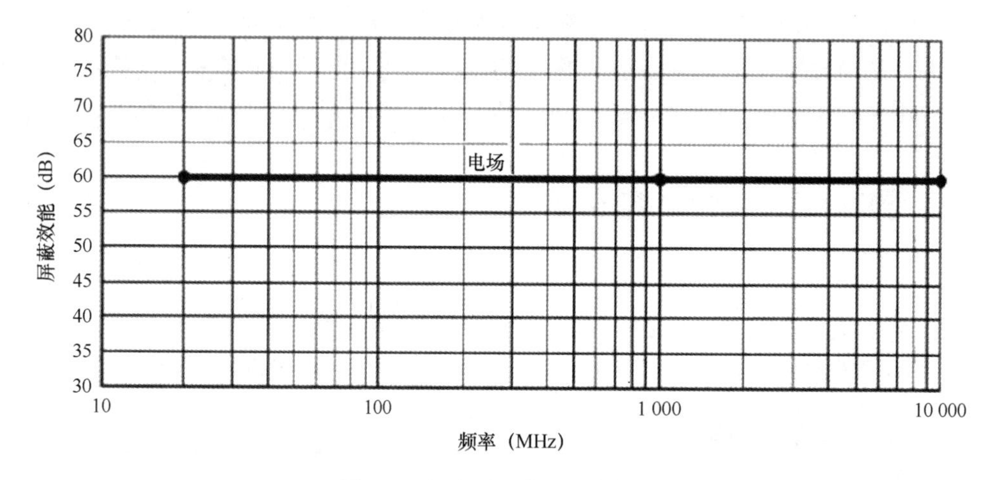

图 2　A 级电磁屏蔽体屏蔽曲线

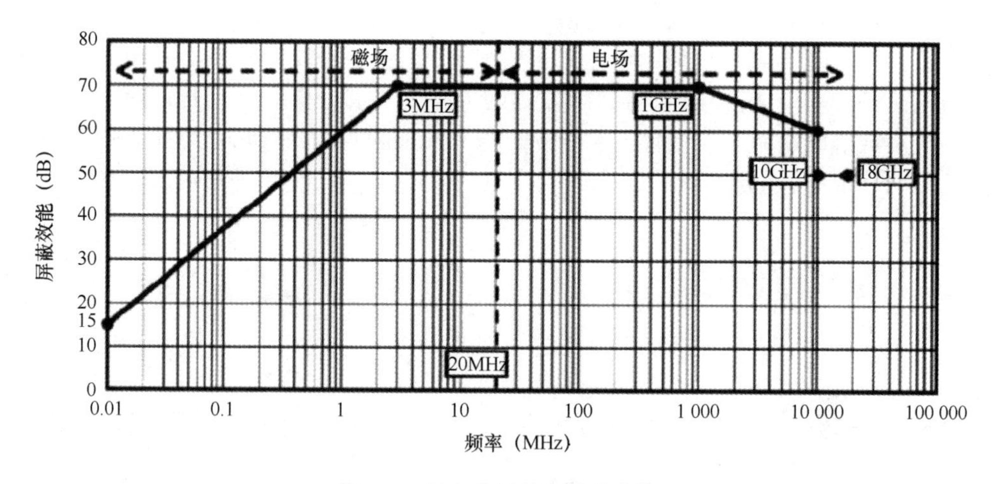

图 3　B 级电磁屏蔽体屏蔽曲线

B 级是指屏蔽效能满足图 3 的要求，但不能满足图 4 要求的电磁屏蔽体。在图 3 中，10GHz～18GHz 频段的屏蔽效能要求可以根据用户实际使用情况裁减（虚线段）。

C 级是指屏蔽效能满足图 4 的要求，但不能满足图 5 要求的电磁屏蔽体。在图 4 中，18GHz～40GHz 频段的屏蔽效能要求可根据用户实际使用情况裁减（虚线段）。

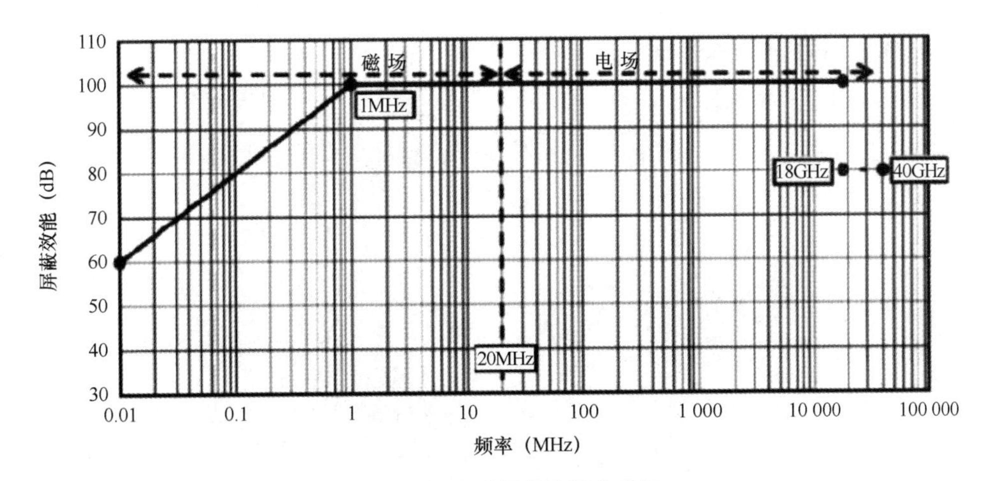

图 4　C 级电磁屏蔽体屏蔽曲线

D 级是指屏蔽效能满足图 5 要求的电磁屏蔽体。

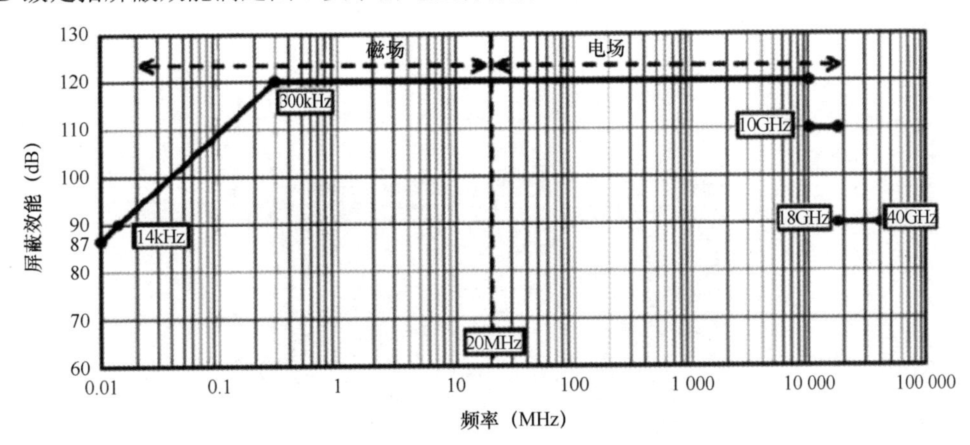

图 5　D 级电磁屏蔽体屏蔽曲线

（三）电磁屏蔽系统的种类和工艺保障

屏蔽机房或机柜的屏蔽效能与六面体的导电连续性正相关。在实际应用中，完全连续导电的六面体是不存在的，因此，对六面体上存在的缝隙和孔洞的电磁密封处理，对整体屏蔽效能的高低至关重要。

以电磁屏蔽室为例，电磁屏蔽室的结构和工艺不同，屏蔽效能及稳定性从高到低分别为焊接式电磁屏蔽室、螺栓拼装式电磁屏蔽室和铆接式电磁屏蔽室。此外，根据用户需要，还有集装箱式电磁屏蔽机房和电磁屏蔽机柜可供选择。

1．焊接式电磁屏蔽室

焊接式电磁屏蔽室如图 6 所示。

焊接式电磁屏蔽室采用电焊工艺，将预制成型的金属模块现场拼焊成导电六面体。除必要的进出通道、通风口和线缆进出滤波接口处外，其余均可视为导电连续体。在安装过程中，还要采用检漏等检测手段消除漏焊、虚焊等问题，保持其良好的导电连续性。在所有电磁屏蔽室类型中，焊接式电磁屏蔽室的整体导电连续性最佳，屏蔽效能等级和稳定性最高，可满足军用标准 GJB 5792—2006 给出的最高级 D 级的要求。

图 6　焊接式电磁屏蔽室

2. 螺栓拼装式电磁屏蔽室

螺栓拼装式电磁屏蔽室如图 7 所示。

图 7　螺栓拼装式电磁屏蔽室

螺栓拼装式电磁屏蔽室采用螺栓紧固连接工艺，用螺栓将模块化喷塑镀锌钢板、电磁屏蔽门、滤波器、通风波导窗连接成六面体，再根据需要安装接地、内部装饰、电气及其他辅助设施，其特点是板体模块化成型、外形美观、质量轻、安装快捷，可在拆卸搬迁后重新安装使用，施工无烟尘，安全环保。

喷塑镀锌钢板采用锌层重量为 80g/m^2 的镀锌冷轧钢板模压成型。成品电磁屏蔽室整体屏蔽效能一般可满足军用标准 GJB 5792—2006 给出的 C 级的要求。

近年来，通过采用高镀锌层的冷轧钢板、加大各模块间接触面积等工艺保障措施，螺栓拼装式电磁屏蔽室屏蔽效能也可稳定地达到军用标准 GJB 5792—2006 给出的最高级 D 级的要求。

3. 铆接式电磁屏蔽室

铆接式电磁屏蔽室将镀锡钢板用膨胀螺栓直接安装在土建墙内表面，钢板与钢板间搭接，用铆钉固定，因此其屏蔽效能最高仅能达到军用标准 GJB 5792—2006 给出的 B 级的要求。近年来仅在特定工程上有少量应用。

4．集装箱式电磁屏蔽机房

集装箱式电磁屏蔽机房是将机架、空调、配电柜、UPS 甚至发电机等数据中心基础设施，连同路由器、交换机、服务器、存储等 IT 设备，全部集成安装到一个按标准货运集装箱打造的屏蔽机房内，形成可移动的、具有多种功能和用途的数据中心设备设施，在快速部署方面具有独特的优势。集装箱式电磁屏蔽机房既可以单体运行，也可以通过积木式扩展，按需要实现规模扩展。

5．电磁屏蔽机柜

电磁屏蔽机柜用于需要少量信息设备进行电磁防护，无须建造电磁屏蔽机房的场景，其应用非常广泛。电磁屏蔽机柜的内部结构和尺寸应当适宜 19 英寸（约 0.48 米）的设备安装的要求，为便于搬运，容量一般不宜超过 37U。电磁屏蔽机柜有电动、手动和恒温等型号。

四、电磁防护领域的新技术及发展趋势

电磁防护材料是指对电磁波具有屏蔽、吸收或导引功能的材料，它主要基于材料对电磁能量的各种响应机制，利用材料与电磁波之间的相互作用，通过材料组分或材料结构的设计，消除电磁环境效应，达到对设备或人员进行电磁防护的目的。电磁防护材料属于功能材料的范畴，随着电磁环境的日益复杂和人们电磁防护意识的不断提高，电磁防护材料与技术的重要性日益凸显。

经过多年发展，电磁防护材料已形成了一个庞大的家族。从防护机理上分，可分为屏蔽材料、吸波材料等；从防护部位分，可分为表面涂装材料、缝隙防护材料、可视透光材料、主体结构材料等；从防护对象分，可分为设备防护材料、人体防护材料等；从应用领域分，可分为电磁屏蔽材料、隐身材料、激光防护材料、射线防护材料、光学伪装材料等。同时，新的电磁防护材料也在不断地被开发应用。

（一）结构/电磁屏蔽一体化复合材料的研究发展

当前，电磁频谱日趋密集、单位体积内电磁功率密度急剧增加，高低电平器件或设备大量混合使用等因素使得电子信息设备对电磁防护的要求不断提高，现有电磁防护材料在屏蔽效能、带宽、重量、强度，以及极端环境适应性等方面已不能很好地满足电子设备和信息系统的需求，在一定程度上影响了电子信息设备在复杂电磁环境中运行的稳定性、可靠性和安全性。目前各类电子信息设备的常规主频已达 3GHz 以上，谐波频率超过 15GHz，电磁防护材料的工作频段必须覆盖的现有电子信息设备的运行频率达 18GHz，即频段范围至少扩展至 100kHz～18GHz。结构/电磁屏蔽一体化复合材料已成为近几年电磁防护材料技术领域的研究重点和热点。

在结构/电磁屏蔽一体化复合材料研制方面，美、日、英、法等国相对先进，已有性能稳定的、以轻量化树脂基复合材料为主的系列化产品。近期开展的铝合金、镁合金改性研究取得了进展。通过在纯镁材料中添加反磁性的钛微粒子，研究观察其在 X 波段的屏蔽效果，发现钛微粒子添加量在 5%、10%、15%时屏蔽效能基本不变，但随着钛微粒子含量增加，力学

强度增大，对电磁波的吸收系数提高，反射系数有所降低。

国内研究结构/电磁屏蔽一体化复合材料的技术途径与国外类似。目前对电磁波实现宽频高效屏蔽的轻量化结构材料主要有：镁、铝合金；导电纤维、导电颗粒增强树脂基复合材料等。综合对比，镁、铝合金的优势在于电场屏蔽效能高、导热性能好、断裂韧性高，其劣势在于极端环境适应性差、多功能集成困难。导电纤维、导电颗粒增强树脂基复合材料的优势在于极端环境适应性好、组成的多样性有利于实现多功能集成，其劣势在于导热性能差、断裂韧性欠佳，增加了电子信息设备热管理设计、成型加工的难度。

根据电子信息设备不同的应用场景，综合考虑各自的性能特点，两类材料的未来发展应用主要包括有针对性地采用新理论、新方法开展性能提升、技术应用研究，如镁、铝合金耐腐蚀性、低频磁场屏蔽效能提升；导电纤维、导电颗粒增强树脂基复合材料的多功能集成、内部导热微通道设计、增韧改性等。

（二）智能电磁防护材料的研究发展

智能电磁防护材料是近几年发展起来的一类新型电磁防护材料，是一种具有感知功能、信息处理功能、自我指令并对信号做出最佳响应功能的材料系统或结构。智能材料的问世，标志并宣告了第五代新材料的诞生。在电磁环境日益恶化及电磁防护技术日益受到重视的今天，智能电磁防护材料的研究已受到各国的高度重视。目前，这种新兴的智能电磁防护材料和结构已在军事和航天领域得到了越来越广泛的应用。同时，这种根据环境变化调节自身结构和性能，并对环境做出最佳响应的概念，也为电磁防护材料和结构的设计提供了崭新的思路，使智能电磁防护的实现成为可能。

智能电磁防护材料主要包括两种：具有自适应功能的智能电磁防护材料和具有自我修复功能的智能电磁防护材料。

1．具有自适应功能的智能电磁防护材料

具有自适应功能的智能电磁防护材料是在原有的物性和功能性的基础上，加入了信息学科的内容，其研究与开发孕育着新一代技术革命。智能电磁防护材料的形状有多种，如三维的块状、二维的薄膜状、一维的纤维状和准零维的纳米粉体状。具有自适应功能的智能电磁防护材料具备感知、回馈、控制、执行的能力，它可以感知周围环境电磁场的变化，对感知的信息进行处理，可通过自我指令对信号做出最佳响应，应具有很强的电磁环境自适应能力，以达到电磁防护的目的。因此，敏感性、传输性、智能性和自适应性是其最主要的特性，感知、反馈、响应是其三大基本要素。

2．具有自我修复功能的智能电磁防护材料

自修复智能材料能够模仿生命系统，通过在聚合物结构材料中建立具备感知、识别和自动修复能力的神经网络，使材料具有感知和激励双重功能，材料一旦产生缺陷，在无外界作用的条件下能够自我修复。自修复材料按机理可分为两大类：一类是通过加热等方式向体系提供能量，使其发生结晶，在表面形成膜或产生交联等作用实现修复的；另一类是通过在材料内部分散或复合一些装有化学物质的纤维或胶囊等功能性物质来实现修复的。

（作者单位：常州雷宁电磁屏蔽设备有限公司）

数据中心防雷工程

商存纲

雷电是雷和闪电的合称，数据中心防雷指防范雷电对数据中心建筑物和计算机设备造成的损害。雷电的巨大能量来自大气或云在气流作用下产生的异性电荷。当这些积累的电荷将某处的空气击穿，产生云层对大地之间、云层与云层之间、云层内部的放电现象时，即为雷电。气象专业将雷电分为直击雷、球雷、感应雷、雷电侵入波 4 种。从数据中心防范雷电造成损害的角度观察，直击雷和球雷是直接对数据中心建筑物、数据中心工作人员造成损害的；感应雷是通过静电和电磁感应在电线或电气设备上形成过电压对数据中心设备造成损害的；雷电侵入波是雷电流经架空电线或空中金属管道等金属体产生冲击电压，扩散到数据中心设备造成损害的。

一、雷电对数据中心可能造成的损害

数据中心是为集中放置电子信息设备提供运行环境的建筑场所，可以是一栋或几栋建筑物，也可以是一栋建筑物的一部分，包括主机房、辅助区、支持区和行政管理区等。数据中心无论从建筑物本身还是其使用功能，都决定了它本身具有的大量金属物体是电磁能量泄放的良导介质，非常容易受到雷电的损害。

（一）迅猛放电对数据中心建筑物的损害

对数据中心建筑物造成损害的放电现象，主要是直击雷和球雷。直击雷的电压峰值通常可达几万伏甚至几百万伏，电流峰值可达几十千安甚至几百千安，其所携带的能量在极短时间（其持续时间通常只有几微秒到几百微秒）就被释放出来，从瞬间功率来讲是巨大的，有非常强的机械效应和热效应。直击雷和球雷放电、二次放电的机械效应主要表现为被雷击物体发生爆炸、扭曲、崩溃、撕裂等现象；冲击电流的电动力作用，使被击物体炸裂，直接毁坏建筑物、构筑物；雷电释放的强大电流产生大量热能，在雷击点可导致金属熔化，引发火灾。雷电的直接击中、金属导体的二次放电、跨步电压的作用，以及火灾与爆炸的间接作用，均会造成人员伤亡。

对一般建筑物来说，屋脊、屋檐、女儿墙是易受直击雷的部位，在某个区域凸出的建筑物被雷电侧击的概率比较大。与之相比，数据中心有相似之处。数据中心园区一般独占一个街区，面积大，区域内产生雷电，其破坏往往由数据中心“独享”。独幢数据中心的顶部往往有空调室外机等设备，其金属构件也是容易引发放电从而形成雷击的部位。

（二）瞬时高电压、高电流对数据中心设备的损害

直击雷、球雷，以及经架空电线或空中金属管道传递的雷电侵入波，会将瞬时高电压、

高电流扩散到数据中心。雷电流高压效应会产生高达数万伏甚至数十万伏的冲击电压，对一般建筑物而言，可使电气设备绝缘击穿发生短路；冲击电流使导线等金属物体温度突然升高、被烧毁甚至熔断炸裂；发电机、变压器、电力线路等遭受冲击熔断，还会导致大规模停电事故，形成二次破坏。

对数据中心而言，高电压、高电流形成的浪涌给 IT 设备造成的危害更为惨烈。目前，IT 设备的主 CPU 或芯片的工作电压越来越低，十几年前台式设备 CPU 的工作电压一般是 4.8V，而现在的桌面办公电子设备 CPU 的工作电压已降至 1.2V，并在未来的两年里很可能降至 0.8V 以下。这样，这些设备的抗雷击和抗浪涌电压侵害的能力会越来越弱，一旦发生雷击浪涌侵入，很可能造成数据中心整个网络、计算机设备的大面积瘫痪。

与此同时，数据中心运行的服务器、交换机等主设备处理速度越来越快，容量越来越大，而这些设备所采用的集成电路芯片的正常工作电压也越来越低，由于这些设备处于网络运行的核心位置，一旦发生雷击或浪涌电流侵入，将给数据中心的信息系统造成通信中断、数据丢失的严重后果。

统计证明，过电压破坏数据和损坏设备是造成计算机系统损害的经常性原因。虽然当市电故障、保护设备跳闸，大的电感性或电容性设备启动或停止时，数据中心的市电供电都会叠加一个破坏性的瞬间过电压，但是由于计算机设备在设计时充分考虑了这个情况，电子电路有 5V～100V 浪涌电压承受能力，可以消弭绝大多数由市电质量造成的过电压损害。然而，再好的设计也难以抵御高达数千伏，甚至数万伏的雷击浪涌过电压，因此雷电所产生的瞬时高电压无疑是过电压破坏的“第一杀手”。

（三）强烈电磁对数据中心 IT 设备的损害

对数据中心 IT 设备造成损害的还有感应雷。感应雷，可分为静电感应雷和电磁感应雷。雷云对数据中心闪击放电后，雷云中的电荷就变成了自由电荷，从而产生几万伏到几十万伏的静电感应电压，称之为静电感应雷。静电感应雷产生的过电压往往会造成建筑物内的导线、金属物体、设备放电，引起电火花，从而引起火灾、爆炸，甚至危及人身安全。静电感应雷与直击雷、球雷造成危害的动因相似、结果相似。对于数据中心 IT 设备来说，还有另外一种致命的损害来自电磁感应雷。电磁感应雷是指在雷电闪击时，巨大的雷电电流通道附近形成了一个很强的能对 IT 设备造成干扰、破坏的感应电磁场。据美国通用电气公司提供的报告：电磁脉冲超过 0.07 高斯，就可引起计算失效；电磁脉冲超过 2.4 高斯，就可以引起集成电路永久性损坏，而电磁感应雷的影响要远远高于它。

研究表明，由于精密程度的提高，在单位面积内内置了大量 CMOS 半导体集成模块，导致过压、过流保护能力极弱，抗电磁脉冲的能力迅速下降，同等强度的电磁感应雷，对 IT 设备的危害越来越大。“EMC 电磁兼容的历史”（见图 1）比较直观地反映了这个变化，即半导体集成化程度越来越高，设备抗干扰能力越来越弱。

防护专家发现，在电磁环境威胁中，雷电放电是最重要的干扰源。自 20 世纪 80 年代末，我国开始广泛使用计算机设备以来，发生在计算机系统数量最多的静电放电来自电源操作，但它们的能量较小，相当一部分不会对计算机造成损害。雷电电磁脉冲虽然发生次数较少，但能量较高，一旦侵入计算机系统，大部分会对计算机造成损害。尤其需要注意的是，并不是雷电必须击中数据中心本身，才能造成计算机系统雷害，实际上，雷击点周围 1.5～2km 的敏感电子系统，都有可能受到雷电电磁脉冲及其过电压的损害。

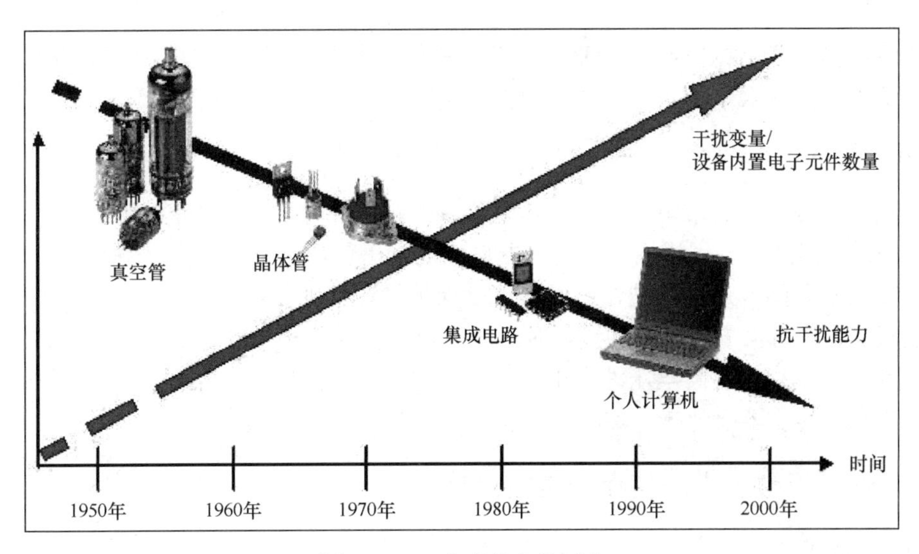

图 1　EMC 电磁兼容的历史

二、数据中心的防雷措施及相关法规规范的要求

人类进入电气化时代后，雷电的破坏由主要以直击雷、球雷击毁房屋建筑和人畜为主，扩展到直击雷、球雷、感应雷、雷电侵入波同时出击，利用电气时代遍布各处的输配电线路、金属器材设施传输雷电波，破坏电气设备、造成次生灾害为主。尽管雷电会对数据中心造成十分严重的危害，但多年以来，数据中心发生雷电损伤的事故并不多见，这不是雷电对数据中心的眷顾，而是防雷措施的普遍、合规应用。

（一）通用防雷措施在数据中心的应用

1. 外部防雷系统

外部防雷系统由接闪器、引下线、接地装置组成，也是防雷工程的主要建设内容。

接闪器可以大致认为是本杰明·富兰克林在 1752 年发明的避雷针的延伸和完善。接闪器不仅包括外形与避雷针相似的接闪杆，还包括其变形接闪带、接闪线、接闪网，以及接闪的金属屋面、金属构件等。接闪器的作用是当雷云放电接近地面时，使地面电场发生改变，在接闪器的顶端，形成局部电场集中的空间，以影响雷电先导放电的方向，干扰雷电入侵路径，引导雷电向接闪器放电。

引下线是从接闪器向下，沿建筑物、构筑物和金属构件引下的导线，其作用是将雷电电流从接闪器传导至接地装置。在一般情况下，用直径 8mm 以上镀锌圆钢或 3×30～4×40mm 镀锌扁钢即能满足使用要求。也有使用镀铜圆钢、铜覆钢绞线等成本较高的镀铜引下线，甚至铜材引下线，以进一步提高导电性和抗腐蚀性。对安全性要求更高、成本更不敏感的场合也有使用超绝缘引下线的，它采用了多层特殊材质的绝缘材料，能防紫外线，具有较好的抗老化性能，寿命长。目前，有不少建筑物引下线的设计，利用了构造柱内两根主筋，与基础钢筋网焊接形成一个大的接地网，其效果比单独引下线更佳。

接地装置，亦称接地极、接地体，由若干组长度为 2.5m 的钢管、角钢、圆钢直接打入地下，或者将相当面积的铜板或钢板埋入地下而成。接地装置的作用是将闪接器引流、引下线传导的雷电电流泄散入地，从而使被保护物体免遭雷击。

2．电力和通信线路防雷

为避免雷电侵入波经市电电力线路或通信线路扩散到数据中心设备造成损害，在配电系统、线路的进线段还应使用避雷器。避雷器也称过电压保护器、过电压限制器，连接在电力、通信线缆和大地之间，通常与被保护设备、被保护区域并联。在正常系统工作电压下，它呈现高电阻状态，仅有微安级电流通过，对地面来说可视为断路；但在过电压、大电流作用下，它便呈现低电阻状态，将高电压冲击电流导向大地，起到限制电压幅值的作用；当过电压、大电流消失后，避雷器迅速恢复原状，使电力、通信系统正常工作。

（二）适用于数据中心特点的防雷措施

1．内部防雷装置的应用

数据中心内部防雷装置亦称内部防雷系统，根据数据中心的实际情况，主要包括等电位连接、共用接地、屏蔽、合理布线、电涌保护等，主要用于减小和防止雷电电流在需要防护的空间内所产生的电磁效应，是数据中心防雷不可或缺的措施。

等电位连接的目的是在数据中心范围内通过工程手段，将所有金属物体形成一个良好的等电位体，以减小雷电流在不同金属物体之间的电位差。被连接的金属物体包括：建筑物混凝土内的钢筋、地锚，自来水管、通风管、综合布线套管、屏蔽波导管等金属管道，电缆金属屏蔽层、电力系统的零线、建筑接地线、屏蔽接地线，机柜、IT 设备、空调机、新风机等设施，连接的方法是焊接成可靠的导电连接。

共用接地技术的使用有一个发展的过程。早年计算机机房接地的设计要求建筑物保护接地与计算机逻辑接地分开，计算机逻辑接地较建筑物保护接地更为严格。随着技术的发展，相关标准要求交流工作接地、安全保护接地、直流工作接地、防雷接地、防静电接地、屏蔽接地等宜共用一组接地装置，其接地电阻按其中最小值确定；若防雷接地单独设置接地装置，其余几种接地宜共用一组接地装置，其接地电阻不应大于其中的最小值，并按规范采取防止反击措施。

如果有充分及特殊理由必须将接地分开，可考虑在两个接地汇流排之间加装间隙放电器（也称等电位连接器），其工作原理示意如图 2 所示。

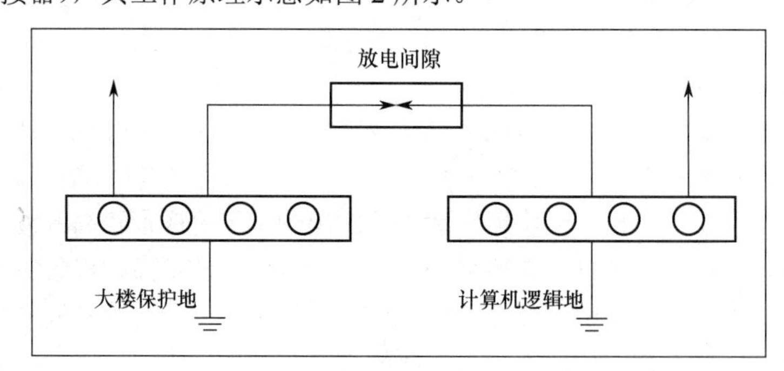

图 2　间隙放电器（等电位连接器）工作原理示意

屏蔽技术用于重要性特别高、对防雷要求特别高的数据中心相关部位。防雷屏蔽工程通常要构建一个等电位法拉第笼，做法是将建筑钢筋、金属地板相互焊接，并添加敷设六面金属屏蔽网。同时，电力、通信线路采用屏蔽电缆引入，屏蔽层和铠带妥善等电位接地。目前，大多数数据中心没有将屏蔽技术用于防雷，出现较多的屏蔽机房往往是为适应处理保密信息、防止电磁泄漏为主要目的的涉密机房。

严格地讲，合理布线不应当是一种防雷装置，而应当是防雷措施，它不是独立地为防雷而存在的，而是在选用综合布线工艺时，应当考虑防雷的需求。加入防雷为考量因素的合理布线，能有效地抑制、消除雷击感应电压和电流，采取的措施包括：综合布线与防雷引下线、保护地线、水气管道保持相对安全距离；最小平行净距离和最小交叉净距离符合安全要求，与电力电缆之间应保持一定的安全距离；弱电线缆敷设在金属槽或金属管道内；屏蔽层、光纤金属加强芯两端妥善接地；进出建筑物的线路采取埋地方式，禁止架空进出。

电涌保护是相关技术规范对电源系统防雷的一种要求，具体来讲，数据中心要设置不少于三级的分流限压防雷装置，通常采用加装电源浪涌保护器的方式解决。其加装的位置，第一级是在总开关处，第二级是在不间断电源进线端处，第三级是在设备取电处（使用插座式电源浪涌保护器，亦称电源防雷插排），从而实现三级防护。

2. 分区防雷保护措施的应用

分区防雷保护是国际电工委员会提出的，因其主要关注对雷电产生的电磁波的防护，受到数据中心业界的重视。

分区防雷保护是以屏蔽层为界来划分的，它把一个受保护的区域，由外到内分为几个防雷区（Lightning Protection Zone，LPZ），外层电磁场强度最高，危险性也最高，编号为0A级和0B级；由外向内，电磁场强度递减，危险性也递减。

根据国内建筑物防雷设计相关规范，在LPZ 0A区范围内，各物体暴露在直接雷击中，可能遭到直接雷击、导走全部雷电流，区内的电磁场强度不衰减；在LPZ 0B区范围内，对直接雷击进行了防护，各物体不可能遭到大于与闪接器设计的滚球半径对应的雷电流直接雷击，但仍要承受局部雷击电流或感应电流，以及强度没有衰减的全部雷击磁场；在LPZ 1区范围内，直接雷击防护措施全面生效，流经各导体的电流更小，电磁场强度大幅衰减。在LPZ 1区范围内，还可以根据进一步减小流入电流和电磁场强度的保护需要，设置LPZ n+1（n=1）后续防雷区。雷电保护分区如图3所示。

（三）国家法规及标准规范对数据中心防雷的要求

雷电对数据中心的建筑物和设备的损害造成直接经济损失，仅为全部经济损失的一小部分，数据中心内置信息系统停用，导致承载业务受到影响甚至中断所造成的间接经济损失比直接经济损失大得多。因此对于防雷工作，国家和行政主管部门出台了相关的法规，同时，行业主管部门和社团组织出台了系列标准规范。

1.《中华人民共和国气象法》和《气象灾害防御条例》

防雷工作属于气象法规的调整范围。1999年10月31日第九届全国人大第十二次常委会议通过，并于2016年11月7日经第十二届全国人大第二十常委会议修订的《中华人民共和国气象法》规定，雷电所造成的灾害属于气象灾害的范畴；各级气象主管机构负责对雷电灾害防御工作的组织管理，会同有关部门指导对可能遭受雷击的建筑物、构筑物和其他设施安装的雷电灾害防护装置的检测工作；安装的雷电灾害防护装置应当符合国务院气象主管机构规定的使用要求。经国务院授权，中国气象局承担全国气象工作的政府行政管理职能，负责全国气象工作的组织管理。

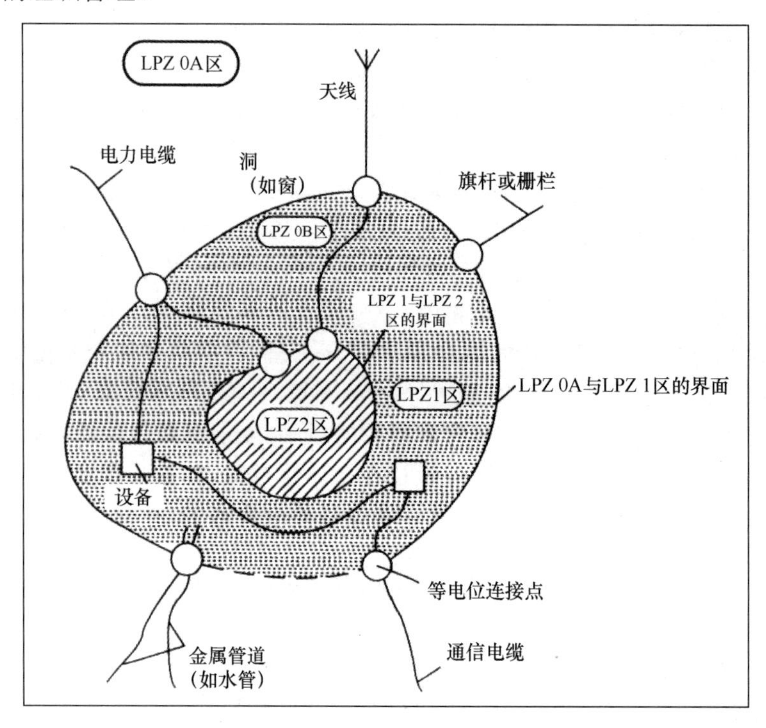

图3　雷电保护分区

与《中华人民共和国气象法》相配套，2010 年 1 月 27 日国务院发布了《气象灾害防御条例》，具体做出了：气象灾害防御工作实行以人为本、科学防御、部门联动、社会参与的原则；气象灾害的防御纳入本级国民经济和社会发展规划，所需经费纳入本级财政预算；国务院有关部门制定电力、通信等基础设施的工程建设标准，应当考虑气象灾害的影响等规定。

《气象灾害防御条例》要求：各类建（构）筑物、场所和设施安装雷电防护装置应当符合国家有关防雷标准的规定，应当与主体工程同时设计、同时施工、同时投入使用；重要工程、场所、建（构）筑物、设施的雷电防护装置的设计审核和竣工验收由县级以上地方气象主管机构负责。未经设计审核或者设计审核不合格的不得施工，未经竣工验收或者竣工验收不合格的不得交付使用。

国务院气象主管机构、国务院电力或国务院通信主管部门，共同颁发从事电力、通信雷电防护装置检测的单位的资质证书。

2．气象主管部门的配套规章

经国务院授权，中国气象局承担全国气象工作的政府行政管理职能，负责全国气象工作的组织管理。2000 年 6 月 26 日，国家气象局根据《中华人民共和国气象法》和《气象灾害防御条例》，以局长令的形式发布了《防雷减灾管理办法》，作为雷电减灾管理的具体依据。经过 3 次修订，现行的《防雷减灾管理办法》调整的范围是与防御和减轻雷电灾害的相关活动，包括雷电和雷电灾害的研究、监测、预警、风险评估、防护，以及雷电灾害的调查、鉴定等。《防雷减灾管理办法》在合理规划、建设雷电监测网，开展雷电监测，提高雷电灾害预警和防雷减灾服务能力；实行雷电防护装置、雷电灾害防御工程设计审核、施工监管、检测和验收制度；防雷装置实行定期检测制度；雷电灾害调查、鉴定工作的组织实施；防雷产品的检测及使用备案；违反相关防雷减灾法规的处罚等方面，做出了规定。

根据简政放权、放管结合、优化服务协同推进的改革要求，为减少建设工程防雷重复许可、重复监管，切实减轻企业负担，国务院《关于优化建设工程防雷许可的决定》于2016年6月确定，原来由气象部门承担的房屋建筑工程和市政基础设施工程防雷许可及监管，改由住房和城乡建设部门与工程的其他事项一并监管；公路、水路、铁路、民航、水利、电力、核电、通信等专业建设工程防雷管理，由各专业部门负责；但易燃易爆建设工程和场所、需要单独安装雷电防护装置的场所，仍由气象部门负责防雷装置设计审核和竣工验收许可。根据《关于优化建设工程防雷许可的决定》，取消防雷专业工程设计、施工单位资质许可，新建、改建、扩建建设工程防雷的设计、施工，可由取得相应建设、公路、水路、铁路、民航、水利、电力、核电、通信等专业工程设计、施工资质的单位承担。同时，全面开放防雷装置检测市场，允许企事业单位申请防雷检测资质，鼓励社会组织和个人参与防雷技术服务。《关于优化建设工程防雷许可的决定》要求，气象部门要加强对雷电灾害防御工作的组织管理，做好雷电监测、预报预警、雷电灾害调查鉴定和防雷科普宣传，划分雷电易发区域及其防范等级并及时向社会公布；气象部门要会同相关部门建立建设工程防雷管理工作机制，加强指导协调和相互配合，完善标准规范，研究解决防雷管理中的重大问题；明确防雷相关建设工程设计、施工、监理、检测单位以及业主单位等在防雷工程质量安全方面的主体责任；地方各级政府要继续依法履行防雷监管职责，落实雷电灾害防御责任。

3．与防雷相关的国家标准

除行政主管部门中国气象局外，防雷工作还与工业和信息化部（从计算机机房角度）、住房和城乡建设部（从建筑角度）所分管的工作密切相关，另外，涉及公路、水路、铁路、民航、水利、电力、核电、通信等专业建设工程的防雷，还与其主管部门的职责范围密切相关。在这些部门的组织管理下，出台了很多与防雷相关的国家标准。目前，与数据中心防雷关系密切的主要标准如表1所示。

表1　与数据中心防雷关系密切的主要标准

（按标准生效时间排序）

标准名称（主管部门）	标准号	生效时间
雷电防护 雷暴预警系统△（国标委）	GB/T 38121—2019	2020年5月1日
数据中心基础设施运行维护标准（住建部）	GB/T 51314—2018	2019年3月1日
雷电灾害应急处置规范（国标委）	GB/T 34312—2017	2018年4月1日
数据中心设计规范*☆	GB 50174—2017	2018年1月1日
通信局（站）防雷装置检测技术规范（中国气象局）	GB/T 33676—2017	2017年12月1日
互联网数据中心工程技术规范☆（住建部）	GB 51195—2016	2017年4月1日
防雷装置检测服务规范	GB/T 32938—2016	2017年3月1日
数据中心基础设施施工及验收规范*☆（住建部）	GB 50462—2015	2016年8月1日
通信局（站）防雷与接地工程验收规范☆（住建部）	GB 51120—2015	2016年5月1日
建筑物防雷装置检测技术规范*（国标委）	GB /T 21431—2015	2016年4月1日
雷电防护 第4部分：建筑物内电气和电子系统*△（国标委）	GB/T 21714.4—2015	2016年4月1日
雷电防护 第3部分：建筑物的物理损坏和生命危险*△（国标委）	GB/T 21714.3—2015	2016年4月1日

（续表）

标准名称（主管部门）	标准号	生效时间
雷电防护 第2部分：风险管理*△（国标委）	GB/T 21714.2—2015	2016年4月1日
雷电防护 第1部分：总则*△（国标委）	GB/T 21714.1—2015	2016年4月1日
建筑物电子信息系统防雷技术规范*☆（住建部）	GB 50343—2012	2012年12月1日
计算机场地安全要求*	GB/T 9361—2011	2012年5月1日
计算机场地通用规范*（国标委）	GB/T 2887—2011	2011年11月1日
建筑物防雷设计规范☆（住建部）	GB 50057—2010	2011年10月1日
雷电防护 通信线路 第2部分：金属导线△（国标委）	GB/T 19856.2—2005	2006年4月1日
雷电防护 通信线路 第1部分：光缆△（国家标准委）	GB/T 19856.1—2005	2006年4月1日
信息系统雷电防护术语（国标委）	GB/T 19663—2005	2005年6月1日
计算机信息系统安全等级保护工程管理要求（公安部）	GA/T 483—2004	2004年3月29日
计算机信息系统防雷保安器*（公安部）	GA 173—2002	2003年5月1日
计算机信息系统雷电电磁脉冲安全防护规范*★（公安部）	GA 267—2000	2001年3月1日

注：*系替代的修订版本；★系强制性标准；☆系部分条文强制性标准；△等同采用国际标准。

《数据中心设计规范》（GB 50174—2017）由中国电子工程设计院会同有关单位在对原国家标准《电子信息系统机房设计规范》进行修订的基础上编制完成，住房和城乡建设部发布，2018年4月1日起实施。该规范所称的数据中心包括政府数据中心、企业数据中心、金融数据中心、互联网数据中心、云计算数据中心、外包数据中心等从事信息和数据业务的数据中心。该规范适用于新建、改建和扩建的数据中心的设计，描述了分级与性能要求、选址及设备布置、环境要求、建筑与结构、空气调节、电气、电磁屏蔽、网络与布线系统、智能化系统、给水排水、消防与安全等。该规范涉及防雷的条文主要有 8.4 防雷与接地，其中明确：数据中心的防雷和接地设计应满足人身安全及电子信息系统正常运行的要求，并应符合现行国家标准《建筑物防雷设计规范》（GB 50057）和《建筑物电子信息系统防雷技术规范》（GB 50343）的有关规定；保护性接地和功能性接地宜共用一组接地装置，其接地电阻应按其中最小值确定；数据中心内所有设备的金属外壳、各类金属管道、金属线槽、建筑物金属结构必须进行等电位联结并接地（8.4.4 条，为强制性条文）对敷设路径、等电位联结方式、联结网格规格、联结导体材料的最小截面积，以及备用柴油发电机系统中性点接地方式等，提出了具体要求。

《计算机场地安全要求》（GB/T 9361—2011）系工业和信息化部在修订《计算站场地安全要求》（GB/T 9361—1988）的基础上提出的，由国家质量监督检验检疫总局、中国国家标准化管理委员会发布，2012年5月1日起实施，至2020年年底时仍为现行有效标准。主要内容包括：与计算机场地相关的术语和定义、安全分级、场地、防火、内部装修、供配电、空调、安全等。其中，10.3 条专门对防雷做了三项规定：一是应防止雷击损害计算机设备以及对计算机系统正常运行的影响；二是当计算机机房作为独立建筑物时，建筑物的防雷应符合 GB 50057 的规定；三是计算机机房位于其建筑物内时应做防雷处理，具体要求应符合 GB 50343 的规定。

《计算机场地通用规范》（GB/T 2887—2011）经第四次修订，由全国信息技术标准化技术委员会提出，由国家质量监督检验检疫总局、中国国家标准化管理委员会发布，2011年11月1日起实施，至2020年年底时仍为现行有效标准。主要内容包括：与计算机场地相关的术语和定义，场地分级，计算机场地的组成、机房面积、机房净高、活动地板、建筑结构、环境条件、供配电系统、接地、通用布缆、机房能效比等技术要求，防雷，防水，消防，入侵报警，视频监控，出入口控制，电磁屏蔽，对场地组成、面积、层高、温度、湿度、尘埃、空气质量、噪声、照明、电磁场干扰、电压及频率、波形畸变率、接地电阻、零地电压、静地电压、通用布缆、自动报警、气体灭火、入侵报警、视频监控、出入口控制、屏蔽室效能、能效比等各类测试方法，验收规则。其中，6.1 条计算机场地防雷做了三项安全防护规定：一是应防止雷击损害计算机设备以及对计算机系统正常运行的影响；二是当计算机场地作为独立建筑时，其建筑物的防雷应符合 GB 50057 的规定；三是计算机场地位于其建筑物内时应做防雷处理，计算机场地应采取有效隔离和防雷保护的措施，具体要求应符合 GB 50343 的规定。该标准还对接地电阻测试、零地电压测试使用的设备及测试方法提出了要求。

《雷电灾害应急处置规范》（GB/T 34312—2017）由国家质量监督检验检疫总局、中国国家标准化管理委员会发布，2018 年 4 月 1 日起实施。该规范规定了雷电灾害的应急处置管理、原则和要求。在应急处置的要求中，明确了灾害上报、灾害处置程序、处置措施和事后总结的要求。以规范性附录的形式，依身亡人数或身亡加上受伤人数或受伤人数总数或直接经济损失，将雷电灾害划分为特大、重大、较大、一般四个等级。以资料性目录的形式，规范了雷电灾害报告记录的内容，给出了雷电灾害应急预案范本、雷电灾害应急处置流程图、雷电灾害应急处置小组的设置及工作要求、雷电灾害应急处置工作总结和技术总结范本，对于数据中心的雷电灾害应急处置工作有很强的指导意义。

《信息安全技术 网络安全等级保护基本要求》（GB/T 22239—2019）由国家市场监督管理总局、中国国家标准化管理委员会发布，2019 年 12 月 1 日起实施。该规范从安全通用要求的角度，分为防雷击、电力供应、电磁防护三个方面，对防范雷电损害提出了要求。在防雷击方面，对一级至四级均有“应将各类机柜、设施和设备等通过接地系统安全接地”的要求；对三级和四级增加了“应采取措施防止感应雷，例如设置防雷保安器或过压保护装置等”的要求。在电力供应方面，对一级至四级均有“应在机房供电线路上配置稳压器和过电压防护设备”的要求。在电磁防护方面，对二级至四级均有“电源线和通信线缆应隔离铺设，避免互相干扰”的要求；对三级和四级增加了“应对关键设备或关键区域实施电磁屏蔽”的要求。虽然该规范是推荐性标准，但由于等级保护工作落实力度相对较大，对防雷工作的促进作用实际上要大于其他推荐性标准规范。

4．与防雷相关的行业标准

中国气象局作为防雷减灾的行业主管部门，组织编制出台了 40 余个防雷行业标准。涵盖雷电防护安全评价、雷电灾害风险评估、雷电灾害风险区划分等行业防雷安全管理规范或规程；形成了雷电防护装置建设全生命周期系列规范，以及雷电防护装置相关单位管理的规范化的要求；针对单项建筑物或设施的系列防雷规范达 20 余个，涉及生产、生活的各个方面（见表 2），为数据中心制定专门的防雷规范提供了思路。

表 2　中国气象局组织编制的防雷行业标准

（按标准实施时间排序）

标准名称	标准号	生效时间
防雷接地电阻在线监测技术要求	QX/T 577—2020	2020 年 12 月 1 日
接地装置冲击接地电阻检测技术规范	QX/T 576—2020	2020 年 12 月 1 日

（续表）

标准名称	标准号	生效时间
雷电防护装置检测作业安全规范	QX/T 560—2020	2020 年 9 月 1 日
太阳电池发电效率温度影响等级	QX/T 548—2020	2020 年 7 月 1 日
电涌保护器 第 3 部分：在电子系统信号网络中的选择和使用原则*	QX/T 10.3—2019	2020 年 4 月 1 日
雷电防护装置定期检测报告编制规范*	QX/T 232—2019	2019 年 12 月 1 日
道路交通电子监控系统防雷技术规范	QX/T 499—2019	2019 年 12 月 1 日
地铁雷电防护装置检测技术规范	QX/T 498—2019	2019 年 12 月 1 日
地基闪电定位站观测数据格式	QX/T 484—2019	2019 年 8 月 1 日
雷电防护装置施工质量验收规范*	QX/T 105—2018	2019 年 4 月 1 日
雷电灾害风险评估技术规范*	QX/T 85—2018	2019 年 3 月 1 日
电涌保护器 第 2 部分：在低压电气系统中的选择和使用原则*	QX/T 10.2—2018	2019 年 3 月 1 日
电涌保护器 第 1 部分：性能要求和试验方法*	QX/T 10.1—2018	2019 年 3 月 1 日
雷电防护装置设计技术评价规范*	QX/T 106—2018	2019 年 2 月 1 日
雷电防护技术文档分类与编码	QX/T 431—2018	2018 年 10 月 1 日
雷电防护装置检测专业技术人员职业能力评价	QX/T 407—2017	2018 年 4 月 1 日
雷电防护装置检测专业技术人员职业要求	QX/T 406—2017	2018 年 4 月 1 日
雷电灾害风险区划技术指南	QX/T 405—2017	2018 年 4 月 1 日
电涌保护器产品质量监督抽查规范	QX/T 404—2017	2018 年 4 月 1 日
雷电防护装置检测单位年度报告规范	QX/T 403—2017	2018 年 4 月 1 日
雷电防护装置检测单位监督检查规范	QX/T 402—2017	2018 年 4 月 1 日
雷电防护装置检测单位质量管理体系建设规范	QX/T 401—2017	2018 年 4 月 1 日
防雷安全检查规程	QX/T 400—2017	2018 年 4 月 1 日
防雷安全管理规范*	QX/T 309—2017	2018 年 4 月 1 日
防雷装置设计审核和竣工验收行政处罚规范	QX/T 398—2017	2018 年 3 月 1 日
供水系统防雷技术规范	QX/T 399—2017	2018 年 3 月 1 日
雷电灾害调查技术规范	QX/T 103—2017	2018 年 3 月 1 日
新一代天气雷达站防雷技术规范*	QX/T 2—2016	2017 年 3 月 1 日
防雷装置检测文件归档整理规范	QX/T 319—2016	2016 年 10 月 1 日
防雷装置检测机构信用评价规范	QX/T 318—2016	2016 年 10 月 1 日
防雷装置检测质量考核通则	QX/T 317—2016	2016 年 10 月 1 日
风力发电机组防雷装置检测技术规范	QX/T 312—2015	2016 年 4 月 1 日
家用太阳热水系统防雷技术规范	QX/T 287—2015	2015 年 12 月 1 日
输气管道系统防雷装置检测技术规范	QX/T 265—2015	2015 年 5 月 1 日
旅游景区雷电灾害防御技术规范	QX/T 264—2015	2015 年 5 月 1 日
太阳能光伏系统防雷技术规范	QX/T 263—2015	2015 年 5 月 1 日
雷电临近预警技术指南	QX/T 262—2015	2015 年 5 月 1 日
建筑施工现场雷电安全技术规范	QX/T 246—2014	2015 年 3 月 1 日
古树名木防雷技术规范	QX/T 231—2014	2014 年 12 月 1 日
中小学校雷电防护技术规范	QX/T 230—2014	2014 年 12 月 1 日
高速公路设施防雷设计规范	QX/T 190—2013	2013 年 10 月 1 日
雷电灾情统计规范	QX/T 191—2013	2013 年 10 月 1 日
安全防范系统雷电防护要求及检测技术规范	QX/T 186—2013	2013 年 5 月 1 日

（续表）

标准名称	标准号	生效时间
防雷工程专业设计常用图形符号	QX/T 166—2012	2013 年 3 月 1 日
风廓线雷达站防雷技术规范	QX/T 162—2012	2012 年 12 月 1 日
地基 GPS 接收站防雷技术规范	QX/T 161—2012	2012 年 12 月 1 日
爆炸和火灾危险环境雷电防护安全评价技术规范	QX/T 160—2012	2012 年 11 月 1 日
煤炭工业矿井防雷设计规范	QX/T 150—2011	2012 年 1 月 1 日
新建建筑物防雷装置检测报告编制规范	QX/T 149—2011	2012 年 1 月 1 日
城镇燃气防雷技术规范	QX/T 109—2009	2009 年 11 月 1 日
防雷装置施工质量监督与验收规范	QX/T 105—2009	2009 年 4 月 1 日

注：*系替代的修订版本。

表中的标准对数据中心防雷建设有着重要的指导作用，其中，与数据中心密切相关的是 2016 年 11 月 1 日起实施的《智能建筑防雷设计规范》（QX/T 331—2016）和 2013 年 5 月 1 日起实施的《雷电防护装置检测技术规范》（QX/T 498—2019），两个规范至 2020 年年底依然有效。

三、数据中心防雷保护工程常见缺陷

（一）设计阶段专业分工缺少系统协调

数据中心机房应用环境工程一般分为供电子系统、冷却子系统、机架子系统、设备监控子系统、机房安全子系统等几大项。各专业在设计时，通常只考虑本系统的功能实现，以及彼此间的界面衔接，很少顾及防雷保护的协作一致性。即使各子系统的设备同处机房一隅，专业间仍只强调设备工作的独立特性，缺乏防雷保护方案的统一举措，甚至出现相互抵触的工作环境要求，此类现象同样也脱节于数据中心机房建设设计。例如，根据《建筑物电子信息系统防雷技术规范》（GB 50343—2012）的要求：设计时应对供配电系统、信号线路、计算机网络系统、安全防范系统、设备监控系统、视频会议系统、火灾自动报警及消防联动控制等各个系统进行防雷保护的设计。

在机房建设装修过程中，机房工程公司大都仅对供配电系统进行简单的防雷保护设计，对其他系统的防雷工程几乎没有涉及，这里可能存在以下几个问题。

（1）建设方对防雷工程缺乏必要的认识，同时随着技术的发展，国际及国家相关标准每隔几年就要更新，建设方对防雷标准的认识比较淡薄。

（2）机房工程公司在没有防雷工程专业人员的情况下，对整个机房工程大包大揽，缺乏责任感。因专业界面的阻隔，对 SPD 电涌保护器若不能按器材的特性逐层匹配（能量配合），会使不同规格保护器的泄流量、动作时间、耐残压水平等性能指标达不到合理组合、充分发挥功效的目的。

（3）多节点引下线分流与均压环（网）是有效均衡电位的简单方法。接地等电位既是设备工作的参考零电位，也是泄流的地电位。接地电阻值低、引下线回路短，都有利于浪涌过电流快速安全地向大地散逸。倘若接地系统结构层次不清晰，则电流回路会复杂难辨，雷电泄流时很容易因电位不平衡而反击损坏设备。

显然，缺乏专业且必要的沟通和防雷综合考虑是一种潜在隐患，也是一种资源浪费。这就意味着电子信息系统的防雷保护工程既要着眼于整个数据机房系统工程，又不能忽略防雷工程的专业性，需要各系统充分协调、专业分工。

（二）界面划分模糊不清

分标段施工是提高机房工程效率的良策，但由于防雷工程有时包括在数据中心机房装修工程中，这很容易割裂整体防雷保护工程系统的完整性。

首先，数据中心工程不仅包括供配电系统，还包括冷却子系统、机架子系统、设备监控子系统、机房安全子系统等几大项机房环境。机房内的设备是在整个机房环境施工结束以后进行布置的，所以机房内的网络信号系统、交换机等设备的防护也是需要考虑的。另外，接地装置（接地极、接地引下线等）是先于设备安装的，在土建隐蔽分项工程期间完成，如果用途各异的接地网在同一个区域内重复作业，难以保证接地网之间足够的安全距离，或者保证两个接地网间的可靠连接等电位。

其次，建筑物接闪装置（避雷针、避雷带、避雷塔等）的安装，在相当程度上无法满足电子信息系统的后期使用需要。如滚球法（或安全保护角）未能有效覆盖滞后安装的电子信息设备；高频设备的保护角会随频扰偏移改变等。

最后，避雷接地是使雷击时所产生的雷电流能够通过埋在地下的导体向大地释放，以避免雷电能量集中而造成雷击损坏的接地。虽然，IEC/TC81 标准和国标 GB 50057—2010 中均明确推荐综合公共接地极（网）的做法，但某些设备厂商仍十分强调使用独立的直流工作接地装置（因其抗干扰性能良好），而数据中心机房工程的现场环境是很难保障每个独立地网的规范、准确实施，以及有效避免多地网之间可能的互扰的。

总之，施工阶段暴露的防雷保护问题，有经常性缺少系统组织和管理的迹象。当然，究其原因，防雷保护只是电子信息系统功能的辅助要求，在设计阶段会存在重视不足，甚至疏忽的可能。

（三）验收过程缺乏系统角度的检测方法

防雷保护的验收评定，在很大程度上是依赖于竣工图纸、施工工艺、材料品质，以及隐蔽工程报告的检查工作。即使每个分部工程都能够提供较为完备的资料，但综合地检评电子信息系统依然会存在许多“盲区”。

例如，机房内的各个防雷地、保护地、工作地、逻辑地等接地系统的构成，即使图纸上的标识十分清楚明了，但施工过程中接地装置的实际走向、布局、连接工艺等各个重要环节是否符合规范要求很难判断，或者早已随着隐蔽工程而“隐形”于地下，根本难以辨识。也许只有在设备运转过程中频繁出现故障，影响到系统正常运转时，才有机会通过发掘来探明究竟了。

验收工作的另一个难点是综合布线的线间屏蔽和安全间距。系统越复杂，线缆排列就越纵横交错。违反防雷保护和电磁兼容等抗干扰常规的现象，在设备集中点的线路密集部位经常会纠缠不清。

在对接地阻值进行实测验收时，也经常会受地形的限制而偏离操作规范，产生测量误差。在进行系统综合验收评定时，同样也会因为采样率、采样方法等有失妥当，造成数据失真，甚至会影响工程验收结果的合格与否。

四、数据中心防雷保护工程应当注意的问题

（一）完善防雷设计，规范施工

迫切需要落实机房数据中心的防雷保护与电磁兼容的设计标准和施工规范，明确各工种、专业的设计分工责任。在数据中心工程设计方案中，专门列出防雷保护章节，由专业人员进行系统概述和系统设计，以便于系统指导和专业施工单位规范施工。

将数据中心需要用到的接地装置作为机房防雷工程设施中的一项，纳入机房整体工程，特别要纳入构造物的预留、预埋工作中去，利用土建工程的良好接地条件，为数据中心设备的后续安装提供充裕的基础准备，以减少施工阶段安全接地工作的重复和浪费。

设备机房内的均压环（网）、等电位端子排、SPD 电涌保护器的位置、能量有效配合和布局等要点、要素，应在机房建设设计阶段做好事先规划并标记，方便设备安装时的查遗补缺和测试、维护工作，避免因互不知情而引起电磁屏蔽的冲突。

对涉及综合布线交汇处的管道、管箱、桥架等设计，应按数据中心机房电子信息工程线缆的常规用途进行分类，在设备附近和出入位置，隔离敷设高压、强电、弱电等导线，以保持可靠的线间安全。

（二）根据现场情况采取便于操作的施工方案

在数据中心工程施工阶段，工序安排已不能满足紧凑型工期计划的要求，各工种往往会多作业面地交叉进行、彼此影响，涉及电子信息系统防雷保护工作的最直接影响，就是防雷接地体、引下线、等电位端子排等装置的测试和交接过程。

能按图纸达到使用标准的防雷保护设施，可在预处理之后直接利用；不满足要求或遗漏的部分，应当在及时查阅有关图纸的基础上，重新设计，并报职能部门审定，予以完善。

例如，有些电子设备厂商坚持必须提供直流工作地，而现场只按照常规处理，设有公共接地网，那么，除了遵照规范补做直流工作接地装置，还不要忽略了公共地网对直流地网的地电位反击的可能，因此需要在直流等电位端子排与公共等电位端子排之间增加地极保护器（等电位连接保护器）。在地极保护器处于正常工作状态时，由于放电器开路起到隔离作用，保证了两套互相独立、共存的地网照常发挥作用。在遭受雷击时，放电器瞬间短路导通，使两组地网构成瞬时的单一等电位体，抑制了地电位升高而引起的反击破坏。

工程现场的情况千变万化，只有严格按照各种标准、规范的指导进行专业设计和施工，真正把握防雷保护措施的基本原理；善于诊断问题所在；积累和借鉴成功的案例；灵活运用成熟的技术和工艺，才能比较自如地处理和解决防雷保护工作中的疑难与疏漏。

（三）以竣工图纸和工艺质量为重点进行验收

由于防雷保护的大量工作是在隐蔽工程阶段完成的。在工程全部完工之后，现场能够采集到的实测参数只有接地电阻值、外露装置的材料规格（包括几何尺寸、加工水平、安装工艺等），以及所选成品器件的检测报告等。许多系统性的结论仍需要依据竣工图纸做出分析，这在很大程度上不得不依靠现行最新的防雷标准和一定的经验做出判断。

在有些行业的重点工程项目中，有过局部核心设备进行在线测试和器件取样检测的事例，

但此种方式是一种损伤性验证，是机房工程经济能力和客观条件所不允许的。

因此，数据中心工程电子信息系统防雷保护的质量控制，应当立足于按照规范逐级严格查验防雷保护的施工工艺、器材的品质、图纸的完整与正确性。同时，防雷工程竣工时必须通过有关检测机构的验收，验收合格后再投入使用。待系统开通并经历一个完整的自然周期之后，根据运行记录，进行针对性的型式检验和部分数据复测。这样的执行过程，就能够相对全面地反映数据中心电子信息系统防雷保护措施的真实性和有效性。

对于数据中心的雷电防护必须有这样的共识：现代防雷应是三维空间的综合防护，现代防雷技术强调全方位、立体化综合防护，应把防雷工程看作一个专业的系统工程，同时，只有在运维过程中，及时检测防雷装置的完整性、有效性，才能更加有效地保证数据中心设备的安全运行。

（作者单位：北京国信天元质量测评认证有限公司）

运　维

数据中心 DCIM 系统的应用与发展

易龙强

数据中心是支撑现代信息化产业海量数据分析与处理的重要基础设施。对数据中心进行有效的运行维护，及时发现运行隐患、排除运行故障、降低运营成本、提高运维效率、控制机房能耗是所有数据中心的运营管理应思考的重点。数据中心基础设施管理系统（Data Center Infrastructure Management，DCIM）能够完成数据中心各类监控设备运行状态的全方位监控与突发问题的快速定位，通过多种告警方式实现智能化报警与事件实时记录，提高维护管理效率，对提升数据中心的科学管理水平显得尤为重要。

一、DCIM 的发展历程

DCIM 是近年来数据中心运营管理领域兴起的热点。随着技术发展，DCIM 的技术应用越来越广泛，成熟度快速提升，成为大型、超大型数据中心建设过程中必不可少的一套顶层运维管理平台。

DCIM 的概念源于国外，不同的机构对 DCIM 也有不同的定义，但都认同 DCIM 不只是一个软件，更是一个管理工具和方法的观点。DCIM 可以架起一座连接关键基础设施和 IT 设备的桥梁，帮助数据中心运维及管理人员更加安全、高效、节能地运营数据中心。

由于社会环境、管理理念与技术发展水平的不同，在 DCIM 领域，国内外企业走了不同的发展路线。

国外楼宇控制技术发展较早，许多早期机房设施的监控通过楼宇控制系统实现，与 IT 系统密切相关的数据中心场地设施往往纳入楼宇监控管理的范畴，受物业部门管理。但楼宇监控系统的技术和管理理念并不能满足数据中心场地设施监控管理发展的需求，因此近年来，数据中心场地设施的监控管理开始脱离楼宇控制技术与理念的制约，向 DCIM 发展，而 IT 系统的建设管理在 IT 部门，使 IT 系统监控管理由网络监控（俗称网管）向 ITSM（IT Service Management，IT 服务管理）发展。可见，国外数据中心监控管理行业技术沿着两条侧重点不同的路线前行，一条是以基础设施为对象的监控管理，另一条是以 IT 系统为对象的监控管理，并且分别经历了“监测”阶段，开始进入“管理”阶段：DCIM 和 ITSM。

由于我国楼宇控制技术普及应用相对较晚，政府部门的信息化最早是从办公自动化做起的，而不是楼宇智能化，因此，信息中心的场地设施与 IT 系统从一开始就整体隶属于 IT 部门管理，而不是服务中心等机关事务管理机构管理。这种管理体制使我国的数据中心场地设施的监控管理没有过多地受国外楼宇控制技术的影响而独立发展，也使得业界有条件一体化地研究数据中心综合监控管理解决方案。

我国在机房设施监控领域的发展经历了如下三个阶段。

（一）基于 C/S 架构的动力环境监控

以 IT 机房动力环境监控为应用对象，主要客户为金融行业及政府部门。在此阶段，国内各大动力环境厂商均采用“客户端+服务端”（C/S 架构，Client-Server）方案，实现对 IT 机房动力设备（UPS、配电柜等）及环境设备（温湿度、漏水等）的实时监控与异常告警。由于动力环境监控系统可以很好地满足客户远程查看 IT 机房运行状况这一基础性需求，开始逐步由金融行业向其他应用领域延伸。此时，受限于客户需求、行业理念及信息技术，告警方式较为单一，人机交互不够友好，管理功能略显薄弱。

（二）基于 B/S 架构的 DCIM 系统

随着信息技术的蓬勃发展与互联网行业的兴起，“浏览器+服务端”（B/S 架构，Browser-Server）方案逐渐成为应用程序的主流。此时，数据机房也开始向大型化、集中化发展，随之而来的便是更为智能的运维与管理需求，动力环境监控系统开始向 DCIM 衍变。

DCIM 与动力环境监控系统在基础监控方面无太大差异，而在人机交互及运营管理方面有较大改善。随着客户多样化展示要求的升级与互联网技术的发展，DCIM 主要采用 B/S 架构进行信息交互。因为不需要安装客户端，通过浏览器即可查看系统运行数据，应用场景更灵活，叠加丰富的 3D 显示技术，人机交互效果得到极大的提升。运维管理、资产管理、容量管理则在数据中心高效运维与高效运营两个维度，给出了可行有效的工具支持与令人信服的数据支撑。

（三）基于数据分析的智慧 DCIM 系统

随着人工智能（Artificial Intelligence，AI）与大数据技术的突破性发展，将人工智能、大数据分析技术与 DCIM 系统相整合，实现“智慧”运维开始在数据中心试点应用。目前，数据中心 DCIM 常见的人工智能应用场景如下。

1．AI 节能技术

在节能领域，数据中心的大规模建设与应用，导致数据中心电力需求的快速增长。将 AI 节能技术与 DCIM 系统相结合，可在有效降低数据中心运营成本的同时，间接促进数据中心的新时期规划与节能发展的落地。

2．AI 图像识别与巡检机器人

在数据中心运维过程中，庞大的数据机房信息采集与维护耗时耗力。利用 AI 图像识别与巡检机器人技术，将以往传统的人工巡检模式优化为基于智慧管理系统的远程、自动化、高效运维管理模式，解决客户运维工作中，人工巡检时效性差、覆盖性不足的问题，支撑科技人力资源由基础运维领域向能效提升、业务协同、价值创造领域进行优化转型。

3．大数据分析与机房设备健康度评估

大数据技术可对机房重要设备维修保养及寿命的健康度进行滚动分析，从设备状态异常预警、设备健康维修保养方案推荐、设备常规及重大故障处置方案、设备寿命管理等方面为客户的基础设施和重要设备进行健康度总体评估，使客户对数据中心资产有效地进行评估。

除此之外，还可以实现基于大数据分析与智能分析的数据中心告警信息收敛决策、基于大数据分析的海量历史数据分析对数据中心运营规划支撑、基于新型传感与物联网技术的资

产数据管理等。随着人工智能与大数据分析技术应用领域的拓展，智慧化的 DCIM 系统发展更具战略价值。

二、DCIM 的价值

业界一般认为，DCIM 在数据中心高效运维与高效运营方面具有如下四种价值。

（一）保障业务安全运行

数据中心安全运行是数据管理实体的核心业务要求。DCIM 系统通过对数据中心范围内的动力、环境、配电、暖通、安防等设备的数据采集，实现设备运行状态的实时监测与异常告警的快速定位，并通过多样化告警方式通知运维人员及时消缺，最大限度地保证数据中心的运行安全。

（二）提升管理效率

对于数据中心管理团队来说，平均无故障间隔时间已成为关键绩效考核指标，也关系着企业业务的持续、稳定运营。通过 DCIM 系统自动化、可量化的管理功能，以及有据可循的流程督导，不仅使运营管理团队在整个企业中的重要程度得到提升，同时也对基层运维人员的自我提升起到积极的促进作用，进而对企业关键业务的持续、稳定运营提供了有效保障。DCIM 系统还可以通过机房环境监测发现局部热点，延长设备使用寿命，合理优化资源配置，提高资源利用率和提升数据中心基础设施精细化管理。

（三）运维管理标准化

结合数据中心运维管理，可以构建告警标准化、模型标准化、SOP 标准化体系，打造数据中心运维与 DCIM 一体化。

（四）运营成本优化

通过数据中心各项 IT 运行数据，提高数据中心在区域电力、单位制冷、物理空间的使用效率，优化数据中心整体运营成本。还可以通过 AI 节能技术，降低数据中心的能耗成本。

三、DCIM 系统架构与功能

与全球信息化提速发展的形势相适应，数据中心也在向大型化、集约化发展，产生了更为精细化、场景化、层级化的智能管理需求。根据相关机构调研，许多大型数据中心从业人员一致认为，一套完善的数据中心综合运维管理系统主要由综合运维监控系统、可视化监控系统、移动监控系统、智能巡检系统等众多系统构成。综合运维监控系统作为基础管理系统的同时对其他系统进行数据支撑。

（一）系统架构

数据中心综合运维管理系统架构由展示层、管理服务层、监控系统层和现场采集层组成（见图 1）。

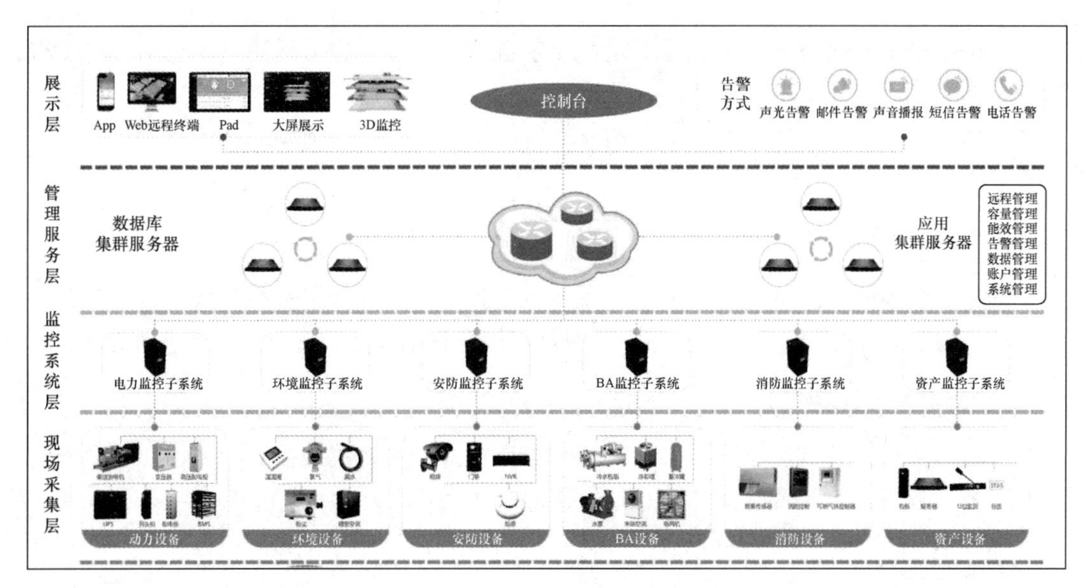

图 1　数据中心综合运维管理系统

在图 1 中，展示层提供 Web、大屏等多种用户交互方式。Web 通过远程访问图形化界面，分多个层次展现数据中心全景，可以涵盖园区、楼栋、楼层、机房和设备，界面可按照用户的要求形成实景或抽象的管理界面。大屏展示通过汇总的宏观数据，以丰富的图表形式进行信息投影。支持可视化监控系统、移动监控系统，以及智能巡检系统的数据接入并展示。

管理服务层包含系统应用管理与系统数据库管理，是数据管理和数据服务的主要组成部分，为客户提供数据服务支撑及系统监控服务功能。

监控系统层是系统监控功能实现的主要组成部分，包含电力监控子系统、环境监控子系统、安防监控子系统、BA（Building Automation，楼宇自动化）监控子系统、消防监控子系统、资产监控子系统。

现场采集层进行基础数据采集，通过数据采集单元，实现各类系统的接入监控或设备管理。监测的数据内容包括动力设备、环境设备、安防设备、BA 设备和消防设备、资产设备，其中，安防设备、BA 设备和消防设备可以是独立系统，通过平台对接的方式，统一在 DCIM 展示层大屏中展现。

（二）数据采集

基础数据采集内容的丰富与否，直接制约着 DCIM 的功能，通常应包括但不限于下列数据。

（1）动力设备数据。用于监控电力设备的运行数据，包括柴油发电机、变压器、高压配电柜、UPS、列头柜、低压配电柜、蓄电池监测管理系统等。

（2）环境设备数据。用于监控系统环境设备的运行数据，包括温湿度、氢气、水、粉尘、精密空调等。

（3）安防设备数据。用于监控系统安防设备运行的数据，包括视频、门禁、NVR（Network Video Recorder，网络视频录像机）、烟雾传感器等。

（4）微模块数据。用于监控微模块内部设备的运行数据，包括高压直流、蓄电池、温湿度、空调、门禁、烟雾传感器等。

（5）楼宇自动控制设备数据。用于监控楼宇自动控制设备的运行数据，包括冷水主机、冷却塔、蓄冷罐、水泵、末端空调、新风机等。

（6）消防设备数据。用于监控系统消防设备的运行数据，包括烟雾传感器、可燃气体控制器等。

（三）功能设计

功能相对完整的 DCIM 应当能够较好地支撑数据中心的高效运维与高效运营。目前，较为主流的 DCIM 包括综合运维监控、3D 可视化监控、移动监控、智能巡检等系统功能。

1. 综合运维监控系统

综合运维监控系统利用数据中心各类通信信道资源，实现数据中心动力、环境、安防、微模块等智能设备数据和告警信息的有效采集与快速上传，再通过平台整合与数据过滤，将动力环境数据、安防监控数据、BA 系统数据、消防告警信息等统一展示在监控中心的大屏系统上。同时，综合运维监控系统提取系统动力、单位制冷、空间占用及资产上下游数据进行管理业务的组合评估并提出相应建议，是数据中心综合运维管理系统中的“实力担当”。

综合运维监控系统应具备的功能如下。

（1）完整的业务管理。系统对数据中心涉及的动力、环境、安防、配电、BA、消防等测点做到完整覆盖，有效减少多套监控系统的管理交叉，实现系统自检，减少人为失误。

（2）支持大屏展示、远程浏览等模式，满足不同场景的监控需求。系统支持设备、电气接线图、监控区域及图形化展示，直观显示设备运行状态及告警位置信息。

（3）BA 系统管理。系统对冷水机组、冷冻水泵、冷却塔、蓄冷罐、AHU（Air Handling Unit，空气处理机组）、新风机等暖通设备的运行状况实时监测，保障机房环境正常。

（4）能效及容量管理。系统显示高耗能设备，提出节能建议，有效提高数据中心所涉空间、电力、冷量等计划需求与实际供给的匹配度。

（5）资产管理。系统大大提升了数据中心资产维护与资产盘点的可操作性及数据准确性。

（6）运维管理。系统将巡检任务下发移动端，并将上传的巡检结果进行统计分析，实现运维策略的迭代优化。

2. 3D 可视化监控系统

随着数据中心应用场地面积的增大，现场运维的工作强度及巡检频次也急剧增加，更加具有代入感的可视化监控需求凸显。3D 可视化监控系统依靠综合运维监控系统的数据支撑，将数据中心各类运行数据结合现场 3D 模型进行远程输出，直观、生动地展示数据中心各区域的设备运行状况与空间使用情况，有效提高了数据中心的运营时效性，是数据中心综合运维管理系统中的“颜值担当”。

3D 可视化监控系统应具备的功能如下。

（1）实景仿真。系统以数据中心实际场景为原型，通过 3D 建模的方式将数据中心的园区、数据楼、机房等建筑及设备按实际布局仿真而成。

（2）统一监控。系统可将传统的动力、环境监控数据进行集中展示，也可将其他如 IT 监控系统、楼宇系统及资产管理系统等进行平台展示。系统将不同设备的各种监控数据集中发布，集海量信息于同一平台，破解传统监控系统中运维人员要面对多套监控系统、每套系统都要熟悉的难题。

（3）自动/手动巡检。系统按照规定路线对整个数据中心各类设备的运行状态依次进行巡检，循环执行，摆脱了传统需要人工依次点击查看的情况，也可切换至手动巡检模式，根据管理人员的需要对各个机房进行手动巡检，有利于演示和参观。

（4）告警快速定位。当系统检测到有设备发生告警时，会自动切换至告警设备的最佳查看视角，打开告警设备的参数窗口，并在最短时间内将设备故障及位置信息通知到运维人员。

（5）专业系统展示。系统可将不同专业系统分别展示，淡化其他建筑及设备，突出该专业系统的结构状态。

3．移动监控系统

移动监控系统通过手机 App 实现对数据中心设备运行状态、异常事件统计、门禁进出记录的离线查看等功能，帮助离岗人员及远端管理人员及时跟进异常事件的处理进度，提高管理精细化程度，是数据中心综合运维管理系统中的“机动担当”。

移动监控系统应具备的功能有：远程查看数据中心各项统计信息、设备实时运行状态与异常告警信息；监控设备可收藏、关注及取消；支持告警事件的远程确认与任务推送；支持门禁记录、告警记录的远程查看。

4．智能巡检系统

智能巡检系统包括移动巡检应用和机器人巡检应用。

移动巡检应用通过手机、Pad 接收综合运维监控系统下发的巡检任务，并将巡检结果上传至综合运维监控系统，对比无误后归档。当发现巡检异常时，异常事件与处理意见通过移动巡检应用直接上传至综合运维监控系统，人工评估后按系统流程进行事件处理及知识库上架。这样既提高了巡检效率、降低了巡检成本，也帮助数据中心真正实现了电子化巡检与无纸化办公。

机器人巡检应用通过导轨式或履带式机器人，按巡检计划收集管理范围内电力设备的运行状况及电力器件的温升情况，并将实时数据上传至综合运维监控系统，进行数据管理。当发现异常时，第一时间通过综合运维监控系统进行告警，真正将数据中心巡检做到了 7×24 小时值守，安全性高、保密性好，是数据中心综合运维管理系统中的“智能担当”。

目前，国内 DCIM 发展势头良好，具备实力的厂商所研制开发的产品，其性能满足建筑面积 20 000m^2 以上、设计机柜 4 000 个以上大型数据中心的使用，涌现出一批典型应用案例。这些功能完备的 DCIM 产品，通过统一平台管理数据中心关键基础设施，包括供配电系统、暖通系统、网络系统、环境等基础设施，并通过对数据的展示和分析，最大限度提升数据中心的运营效率和可靠性，成为帮助运维及管理人员管理数据中心的利器，受到客户的好评。

四、DCIM 技术发展和应用发展展望

DCIM 在国内的应用发展方兴未艾，越来越多的数据中心拥有者、管理者倾向于将其作为加强 IT 治理不可或缺的应用系统。在新基建的加持下，国内加速了 5G、物联网、云计算、人工智能等技术的发展应用脚步，大数据中心成为新基建的重要组成部分，能够支撑数据中心安全、可靠、高效、环保、稳定运行的 DCIM，其技术发展、应用发展一定会有较好的

前景。

（一）AI 在 DCIM 中的应用

AI 是通过研究、开发用于模拟、延伸和扩展人的智能的理论、方法、技术，是构造并生产出一种新的能以人类智能相似的方式做出反应，胜任往常需要人的智慧才能完成的工作的人工系统。AI 领域的研究包括机器人、语言识别、图像识别、自然语言处理和专家系统等。

在 1956 年召开的达特茅斯会议上，人工智能的概念被提出。2006 年以来，深度学习理论的突破更是带动了人工智能的第三次发展浪潮。在这一阶段，互联网、云计算、大数据、芯片等新兴技术为人工智能各项技术的发展提供了充足的数据支持和算力支撑，以“人工智能+”为代表的业务创新模式也随着人工智能技术和产业的发展日趋成熟。这为 AI 与 DCIM 结合，提升数据中心的能效利用水平与智能化管理水平提供了实现途径。

电费是大型数据中心运营的主要成本，往往占数据中心总运营成本的 40%～60%，因此，有效的电力节能是绿色数据中心的关键所在，也是近年来 IDC 业内关注的技术热点。为了降低数据中心庞大的电能消耗，工业和信息化部下发的《关于加强绿色数据中心建设的指导意见》中明确要求，到 2022 年，新建数据大型、超大型数据中心 PUE（Power Usage Effectiveness，电源使用效率）须小于 1.4。对于新一代数据中心而言，通过智能算法实现数据中心能耗的有效降低势在必行。其中，“AI 节能”技术就是一种智能算法在数据中心节能领域的有效应用。

“AI 节能”技术对数据中心所处的自然环境、电力负载、制冷系统运行状况等海量历史数据进行智能分析与数学建模，通过多种机器学习技术，推演得出每个时间段内数据中心各类制冷设备运行参数的最优设定数据，实现数据中心整体能耗的有效降低。“AI 节能”技术主要包含节能模型搭建、节能算法设计、历史数据学习、设备实时控制等内容。

由于“AI 节能”技术是根据当前数据中心各类环境变量推演出整体最优的节能设备运行参数，并自动将其下发到对应制冷设备执行的，所以应用“AI 节能”技术的系统具有节能响应快、控制时延短、智能程度高、节能效果好等特点，同时，也有效降低了数据中心的运维人力成本，是数据中心智慧节能的新趋势。

（二）基于全生命周期的智慧化运维

随着大数据、人工智能、云计算技术的日渐成熟和飞速发展，传统的 DCIM 和解决方案已经不能满足需求，智慧运维综合管理系统已成为数据中心业内关注的热点领域。数据中心的运维工作从传统的人工运维，经历了数字化（运维数据采集数字化、运维流程电子化）、自动化的过程，正向着智慧化的方向发展。使用人工智能的方法和成果，充分利用设备自动化和可视化的能力，可以构建能感知、会描述、可预测、会学习、会诊断、可决策的智慧一体化平台。该平台集电力、动环、暖通、门禁、视频等系统一体化，实现了数据中心智慧运维综合管理。

数据中心的运维行为主要基于 DCIM 系统所展现的实时数据而开展，如果 DCIM 系统不仅能够实时反馈数据中心基础设施的运行状况，而且可以针对 UPS、BMS（Building Management System，建筑设备管理系统）等设备的运行状况进行健康度分析与故障预测，那么数据中心的安全性将得到极大提升。基于机房重要设备维修保养及寿命的健康度进行滚动分析，从设备状态异常预警、设备健康维修保养方案推荐、设备常规及重大故障处置方案、设备寿命管理等方面，为客户的基础设施和重要设备进行健康度总体评估，可帮助客户对数据中心资产全生命周期进行评估与管理。

此外，采用机器人视频图像采集与处理，实现机房运营模式的优化，将以往传统的以人工巡检模式为主的管理模式，优化为基于智慧管理系统的远程、自动化、高效运维管理模式，解决客户运维工作中，人工巡检时效性差、覆盖性不足的问题，支撑科技人力资源由基础运维领域向能效提升、业务协同、价值创造领域进行优化转型。

（三）基于二级架构的云服务化

受“互联网+”、大数据战略、数字经济等国家政策指引，以及移动互联网的快速发展驱动，我国数据中心业务连续高速增长。在一些总行级、总部级大模块数据中心集群应用场景中，数据中心发展也出现层级化，同时，DCIM 系统也出现相应功能的云化。

由于数据中心的整体规模和数量也在快速增长，数据中心的运维也越来越复杂，其专业性也越来越高。为了更高效、快捷、专业地对数据中心进行运维管理，在一些具备二级架构的数据中心运营领域，可实现 DCIM 部分业务运维资源（人才、服务）的集中共享，采取云服务的方式，将 DCIM 软件系统的相关专业能力云化，使得 DCIM 除管理本地数据中心外，最终与大数据对接，数据可上云服务，智能分析 IDC（Internet Data Center，互联网数据中心）的运行效率，实时调节资源，降低 PUE，节省成本。

（作者单位：科华数据股份有限公司）

自动驾驶在数据中心基础设施管理中的应用及前景

张广河

随着云计算、人工智能、5G 等技术的快速发展，数据中心作为智能世界的底座、全社会数字化转型的基础，在未来很长时间内，仍将处于高速发展期，机架规模将成倍增加，相应地，数据中心规模也将越来越大。同时，人工智能和 5G 技术的应用，也会催生众多规模虽小但五脏俱全的边缘数据中心。数据中心基础设施管理面临新的挑战，其中最主要的是两个方面：运维效率和能源效率。参考汽车行业智能化的概念和做法，数据中心业界借鉴其自动驾驶模式，提出将自动驾驶理念应用于数据中心基础设施管理，以适应新型数据中心的管理需求。

一、数据中心基础设施管理面临的挑战和机遇

随着数据中心规模越来越大，需要监控的对象数量和管理的状态越来越多，即使智能化程度不是很高的数据中心，一般每千个机柜会要求有 10 万多个测点，需要高效运维，以保证数据中心的可靠性，运维过程越来越复杂。当前大部分数据中心的运维安全依赖于富有经验、训练有素的运维团队，部分成熟的数据中心已经开发出较为完善的运维流程和培训体系，以减小偶发事件及人员变动对运维安全的冲击，少数先进的数据中心已经在寻求数字化、智能化手段，保障数据中心运维安全的可持续性。

（一）数据中心基础设施管理面临的挑战

数据中心管理团队监控的对象数量和管理的状态增多并日趋复杂。目前，就多数数据中心而言，1 000 个机柜的规模，会有上百种设备，且多为“哑”设备，人工运维故障定位慢。与此同时，运维人员短缺且人工成本高。据有关资料显示，目前 61%的数据中心合格运维人员数量不足，由此带来的是管理不精细，电、冷和空间等机房资源的使用不平衡，碎片化，资源浪费，目前数据中心平均资源利用率小于 60%，需要提升资源利用率。

随着数据中心规模越来越大，单机柜密度越来越高，数据中心在全社会能耗的占比超过 1.5%，对碳排放的影响举足轻重，成为国家“双碳”目标实现过程中的重要管理对象。数据中心的水电资源消耗大，一般区域数据中心 10 年电费占 TCO 的比例超过 60%，高昂的电费也成为数据中心健康运营的巨大包袱，一个 8MW 的 IT 数据中心年耗电量足够 1.5 万户居民常年用电，其年耗水量足够 5 400 户居民常年用水。

数据中心面临的这些问题，需要更先进的管理手段来优化和解决，通过系统化、自动化、智能化的手段来改变现状，为产业的健康打好基础。

（二）数据中心基础设施管理实现产业升级的历史机遇

人工智能技术是一个可以广泛适配各行业，并与各行业的特点进行结合的普惠技术，在

特定的工作范围内，能赋予机器如人类般的智能，让机器做“人不能做的事”，甚至进化到让机器做“人能做的事”。近年来，人工智能技术的高速发展，为各行各业的产业升级带来了历史性的机遇，如果抓住这个机会，就可以结合产业特点，实现高质量的升级和发展，如果错过这个机会，就可能因无法解决运维的复杂性问题而被淘汰。

在大型数据中心运行过程中，会持续产生海量的配置、状态、告警、日志等运维数据，这些数据呈指数型增长，数以万计甚至千万计的运维指标远远超出了运维人员可以有效利用的范围，监控阈值不合理或“报警风暴”对故障的判断产生巨大干扰，人工智能技术为更好地利用数据中心管理产生的数据提供了一种可能性。当前，基于人工智能技术对数据中心运维数据的分析，能够帮助运维人员了解运维环境的复杂性，在故障发现、根因定位、资源预测等领域已经有很多分散的应用，显著提升了局部运维的效率。

人工智能技术在运维领域的应用，已经得到业界的广泛认可，通信行业是采用人工智能技术提升运维效率和质量的先行实践行业。据 Gartner 预测，通信行业整体人工智能市场将以48.8%的年复合增长率增长，从 2016 年的 3.157 亿美元增至 2025 年的 113 亿美元。电信运营商主要将人工智能技术用于网络运营监控和管理，在此期间，这方面支出将占电信业人工智能支出的 61%。

上海市经济和信息化委员会组织编制的《上海市数据中心建设导则》中提到，应设置先进自动能源管理系统，对各类能源（包括水、电、气及绿色能源等）的使用进行监测管理，宜具有使用人工智能算法对能源进行持续优化的能力。

因此，数据中心基础设施的管理中引入人工智能技术，用于运维和能效优化等方面，提升运维智能化水平和能效优化智能化水平，已经有一些零散的实践，但普遍地将人工智能技术与运维相结合的实践，还没有成系统。数据中心的智能化管理平台需要系统化地升级，对其智能化程度进行标准化分级和定义，拉动系统持续演进，使其在智能运维、智能节能应用场景中发挥作用，成为数据中心的决策大脑。

二、数据中心基础设施智能化与自动驾驶分级

数据中心业界借鉴汽车行业自动驾驶模式，对数据中心基础设施进行管理，也要沿用其智能化分级的理念，从而实现自动驾驶模式的应用。

（一）数据中心基础设施智能化分级的意义

在智能化分级领域，实践较早并且成熟速度较快的一个典型行业是汽车行业。汽车行业的智能化分级为自动驾驶的等级。国际机动车工程师协会（Society of Automotive Engineers，SAE）于 2014 年在 SAE J3016 文件中提出自动驾驶分级方案，从运动控制（加减速/转向）、驾驶环境监测、动态驾驶资源（DDT）、系统能力（驾驶模式）四个评价维度中驾驶员和自动驾驶系统的参与程度差异来评价自动驾驶的级别，明确了 L0～L5 共 6 个等级的自动驾驶分级标准。该分级标准已被汽车行业广泛接受并应用于行业分析、产品规划和宣传，指导汽车行业面向自动驾驶开展工作，分阶段实现自动驾驶目标。同时，该分级方法已经在汽车行业规范了自动驾驶等相关概念，形成了统一的认识，有效促进了产业的健康发展。

在通信行业，已经有相关组织借鉴汽车的自动驾驶标准，制定了网络的“自动驾驶”等级标准，用以规范通信网络的运维自动化水平。

相比通信行业，数据中心行业与汽车行业有更多相似之处。电动汽车可分为四个子系统：机械子系统、电机驱动子系统、负责整车通信的信息子系统、辅助控制子系统。其中，机械子系统由底盘和车身、驱动装置、变速器及电源箱体组成。对应到数据中心，机械子系统相当于数据中心的建筑结构和暖通系统（运动部件）；电机驱动子系统由动力网、电机驱动系统和能源系统组成，相当于数据中心的电气系统；负责整车通信的信息子系统相当于数据中心的 IT 和网络系统；辅助控制子系统相当于数据中心的 DCIM 系统。

对数据中心行业来说，如果采用一套行业普遍认可的基础设施智能化能力分级方法，用于指导数据中心基础设施的智能化发展，会让数据中心的治理有一个清晰的目标，也有利于聚合整个产业的力量，逐步达到较高的治理水平。

研究并制订数据中心基础设施智能化水平分级能力有以下 3 个方面的作用。

（1）统一语言。为行业提供衡量数据中心基础设施（及其组成部分）智能化能力等级的评价依据，促进全行业形成对数据中心智能化等相关概念的统一认识和理解。

（2）定义标杆。为行业主管部门制订相关策略和发展规划的阶段划分及阶段性目标提供参考。

（3）促进行业健康发展。为行业客户、设备提供商和其他行业参与者在技术引入、产品规划等方面提供决策辅助。

（二）数据中心自动驾驶分级的设计思路

由于数据中心的复杂性，如果对数据中心整体进行自动驾驶等级分级则太过宽泛，实际使用中的价值不够明确具体。自动驾驶分级的设计思路是将数据中心基础设施管理进行三层树状划分，依次分别为：场景、作业环节、操作任务。

（1）划分场景。先将数据中心的自动驾驶划分为若干大的场景，针对这些场景，分别进行自动驾驶等级的定义，所有这些场景共同组成数据中心自动驾驶的整体水平。

将数据中心划分为若干场景的方法，便于将复杂问题分解开来，更容易把握和理解，这种思路可以对应于 2017 版本的 TIA 942 对数据中心机房等级的要求，TIA 942 对机房的等级从原来的整体定义机房等级为 Tier 1、Tier 2、Tier 3、Tier 4，在每个 Tier 等级后再注释说明是针对某个系统的等级，用户能得到的是一个整体的 Tier 等级，演进为 2017 版本对通信、电气、建筑、机械部分分别定义等级，如一个数据中心可以评定等级为 T2 E3 A1 M2，表示通信等级为 2、电气等级为 3、建筑等级为 1、机械等级为 2，将数据中心的几个大的子系统进行分级，可以更精确和直观地反映数据中心用户和业主对数据中心等级的要求。原来对数据中心的分级按照一个笼统的整体等级，而用户想对不同子系统区别对待，以适配本地的自然资源禀赋，从而获得更好的性价比，为了更准确反映自己对数据中心的可靠性等级的要求，衍生出 TIER 3+等标准中不存在的等级，反而更容易引起歧义。

例如，数据中心的自动驾驶场景，我们可以分解为运维排障、资源管理、能效管理、应急演练、业务搬迁等相对独立的场景，不同的用户对这些场景下的自动驾驶等级要求不尽相同。

（2）划分作业环节。将每个场景再展开，将其划分为多个作业环节，一个场景是所有的作业环节的集合。

（3）划分操作任务。将每个作业环节再展开，将其划分为多个操作任务（Task），并且为每个操作任务制订分级标准。

做以上划分的目的是将以上三个步骤逆向加权求和，从而得到数据中心在某个场景下的等级。

（三）数据中心自动驾驶等级的计算

与数据中心自动驾驶分级标准设计过程对应，对分解出的每个底层的操作任务的自动驾驶等级进行评定，通过加权计算，形成某个大的场景下的自动驾驶等级，如图 1 所示。

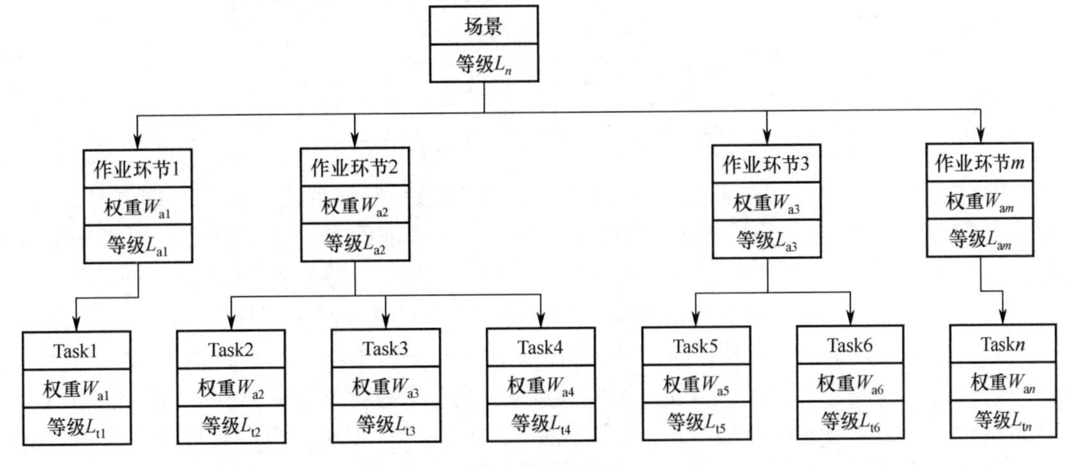

图 1　等级计算

操作任务（Task）等级 L_{ti}，则：

作业环节等级 $L_{ai} = \sum_{i=1}^{n} L_{ti} W_{ti}$

场景等级 $L_n = \sum_{i=1}^{m} L_{ai} W_{ai}$

分层加权计算 Task、作业环节，以及场景的智能化等级得分。

计算公式方案说明如下：

（1）$L_{ti}:\{L_1, L_{1.5}, L_2 \cdots, L_5\}$，表示 Task 的等级（$L1$～$L5$），如果存在介于两个等级之间的场景可以取值 0.5，例如，在 $L1$～$L2$ 的场景可取值为 1.5。

（2）W_{ti} : sum（满足 L_{ti} 的场景）/ sum（所有基线场景），表示场景满足度，一个业务有 4 个场景，其中一个场景达到 L_3，另外 3 个场景达到 L_2，那么场景在 L_3 的满足度是 25%。

（3）Task 用 L_{ti} 表示，其中 i 表示 Task 数量。

（4）作业环节等级：用 L_{ai} 表示，是多个 Task 的加权求和的结果。

场景等级：用 L_n 表示，是多个作业环节等级加权求和的结果。

相对于汽车的自动驾驶等级评价，数据中心基础设施的等级评价更复杂，做三级树状划分之后，通过每个操作任务汇总计算作业环节，再通过每个作业环节汇总计算场景，最后对所有场景加权求和，得到整个数据中心自动驾驶的等级。

（四）数据中心自动驾驶分级的维度

基于管理与运营的通用工作流程，在一个作业环节或操作任务中，用户与被管理对象形成的等级定义过程示意如图 2 所示。

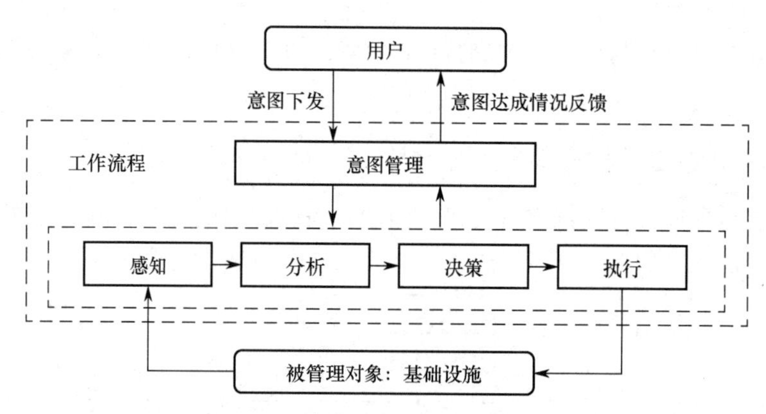

图 2　自动驾驶等级定义过程示意

每个作业环节和操作任务的智能化程度，是影响管理与运营智能化水平的重要组成因子。等级定义的单元颗粒是具体的作业环节或操作任务。工作流程表达了一个作业环节或操作任务所包括的 5 个维度：意图管理、感知、分析、决策、执行，每个维度可做如下理解。

（1）意图管理。意图是对期望的说明，包括对技术系统的要求、目标和限制。例如，意图包括人对数据中心的诉求（包括：商业类意图，意图驱动来自最终客户，如 IRR；运营类意图，意图驱动来自业务运营人员，如节能；运维类意图，意图驱动来自维护人员，如运维 SLA。），以及系统对意图的接收和翻译等活动；体验是 SLA 的满足度。此处的意图管理任务包括将用户对基础设施管理与运营或服务的意图转化为具体的管理操作和策略，以及上述意图的实际达成情况的评估反馈，它们可能会影响感知、分析、决策和执行中的一个或多个维度。

（2）感知。这个维度包括采集基础设施的原始数据和外置传感器（如图像、声音）采集的数据，并对数据进行必要的预处理（如数据清洗、增强、统计等），以达到监测感知信息（如性能、异常、事件等）的目的。

（3）分析。这个维度包括对获取的基础设施信息进行分析，包含对当前状态的分析，以及基于历史数据对未来趋势的预测，生成可能满足管理与运营需求的操作选项或建议。

（4）决策。这个维度包括通过评估分析流程给出的操作选项或建议，决定最适合满足管理与运营需求的可执行操作（如节能参数调整）。

（5）执行。这个维度包括根据决策流程给出的指令在基础设施中实施并生效的操作动作。

（五）数据中心自动驾驶的分级方法

基于数据中心基础设施自动驾驶分级作业环节定义，以及智能化系统操作人员在每个操作任务中的参与程度高低，可以将其智能化等级分为零级至五级，分别用 L0～L5 表示。对应关系如表 1 所示。

表 1　数据中心智能化等级（自动驾驶等级）分级

智能化等级	L0	L1	L2	L3	L4	L5
	手动运维	辅助运维	部分自治	有条件自治	高度自治	完全自治
执行	P	P/S	S	S	S	S
感知	P	P	P/S	S	S	S
分析	P	P	P	P/S	S	S
决策	P	P	P	P/S	S	S
意图	P	P	P	P	P/S	S

注：P 代表人工，S 代表系统。

L0：自动驾驶等级零级，定位为手动运维等级，手工记录数据，所有操作任务都需要人工执行（No Automation，全人工）。操作任务的意图管理、感知、分析、决策、执行五个维度均由人工完成。

L1：自动驾驶等级一级，定位为辅助运维等级，通过手机 App 等方式，实现运维过程的操作和数据电子化，部分设备“哑”状态通过人辅助感知，远程自动巡检（Foot Free，释放脚）。在操作任务的意图管理、感知、分析、决策、执行五个维度中，除执行环节由“人工+系统”完成外，意图管理、感知、分析、决策均由人工完成。

L2：自动驾驶等级二级，定位为部分自治等级，可实现实时排障、故障零报通知、基于规则的 PUE 优化、资源最大化利用（Eyes Free，释放眼睛）。在操作任务的意图管理、感知、分析、决策、执行五个维度中，执行环节由人工完成，感知环节由“人工+系统”完成，意图管理、分析、决策均由人工完成。

L3：自动驾驶等级三级，定位为有条件自治等级，可通过 AI 技术，针对设备运行过程中出现的问题进行智能诊断，快速找到原因并给出应急指导，完全远程控制，基于人工智能的 PUE 能效自动优化，人工可手动干预（Hands Free，释放手）。在操作任务的意图管理、感知、分析、决策、执行五个维度中，执行、感知环节由人工完成，分析、决策环节由“人工+系统”完成，意图管理由人工完成。

L4：自动驾驶等级四级，定位为高度自治等级，可实现基于 L3 能力，在更复杂的跨域环境中，能够对设备的健康状态进行预测性排障，先于客户发现问题，提前处理，并实现全自动应急处理，效率自动调优，提升系统可用性（Mind Free，完全释放大脑）。在操作任务的意图管理、感知、分析、决策、执行五个维度中，执行、感知、分析、决策环节均由系统完成，仅有意图管理部分有人工参与。

L5：自动驾驶等级五级，定位为完全自治等级，这个层级是智能化演进的最终目标。对系统出现的故障能够“自修复”，自动恢复到最佳运行状态，保障系统可靠性和业务可用性（机器大脑）。操作任务的意图管理、感知、分析、决策、执行五个维度均由系统完成。这是一种理论上存在的理想化状态，将其作为一种指引数据中心自动驾驶水平的终极目标定义出来，牵引数据中心向智能化发展。

（六）数据中心自动驾驶的分级评估

自动驾驶评估面向的是场景，将定义场景的各个作业环节分解为操作任务，对操作任务进行评估打分，根据操作任务智能化标准（人、人+系统、系统），通过计算操作任务的加权平均，得到总体的智能化等级得分。

（1）操作任务分解原则，包括：完备性，作业环节的所有操作任务必须包含在内；平衡性，各操作任务的划分粒度相对均衡、解耦；唯一性，操作任务正交，无功能交集。

（2）操作任务等级评估。确定每个操作任务评估范式。操作范式按照人和系统发挥作用的占比分为四种，分别对应 1～4 分：第一种是由人完成，无系统协助；第二种是系统协助人，由人和系统共同完成，但主要操作由人完成，少量任务由系统自动完成；第三种是人协助系统，由人和系统共同完成，但主要操作由系统自动完成，少量任务由人完成；第四种是由系统自动完成。

（3）评估结论。根据图 1 的等级计算方法，计算该场景的智能化等级，给出评估得分、优劣势分析、改进建议等。

三、数据中心基础设施自动驾驶全生命周期场景

对数据中心基础设施，可以在规划、建设、运维、优化四个生命周期内定义自动驾驶的场景。当前相对比较明确的独立场景为运维、能效管理、资源管理、资产优化、应急演练等，在标准体系中对这些场景进行定义，尽量关联各场景的功能，每个场景对应一类整体的顶层意图或需求。

（一）数据中心规划阶段的自动驾驶

该阶段的自动驾驶，不只是规划行为本身的自动驾驶，而是在规划阶段，为后续的各生命周期的自动驾驶等级和能力做好前置规划，一些基础的特性如果在规划阶段没有提前做，后续的各生命周期无法靠改造和软件升级来实现。

在设计数据中心硬件架构（配电架构、制冷架构）的同时，应在智能运维平台上开始数据模型的构建，其中的关键要素是容量设计和拓扑关系设计，应在数据模型中准确定义，特别是数据中心的顶层拓扑关系，决定了自动驾驶和智能化水平最终能达到的理论高度。

在规划阶段，需要对数据中心关键设施设备的选择进行规定，应选择符合自动化、智能化要求和接口标准定义的设施设备；设备与设备间连接的电缆或管道（包括相关联的开关及阀门），宜使用空间信息的模型进行描述和定义。

在数据中心功能设计层面，应考虑全面支持自动化运维场景，重点在于基于智能采集器、执行器的远程监控和操作功能的实现，以支撑自动驾驶从意图到执行的贯彻。

（二）数据中心建设阶段的自动驾驶

同规划阶段一样，建设阶段的“自动驾驶”也不是指建设阶段本身的自动驾驶，而是通过建设阶段，为后续生命周期的自动驾驶做好准备，可类比于造车的过程。

在正常的数据中心硬件工程建设和测试的同时，应并行开展智能运维平台的功能开发及软硬件联调工作。平台应能提供包含配电和制冷系统等完整统一的“监、管、控、智”平台，应整合设备厂家原有的 BA 自动控制系统，并与消防自动控制系统形成联动，应严格遵循软件测试流程和方法，对平台进行功能性测试和验证，应特别关注平台接口采集设备遥测数据的质量，以及设备遥控功能的可靠性。

（三）数据中心运维阶段/场景的自动驾驶

运维自动驾驶定义 L0～L5 级，从人工运维（L0 级）提升至电子化运维（L1 级），再提升至 AI 辅助运维（L2 级），通过 AI 图像、声音识别及机器人等技术，替代供电和制冷链路的人工巡检；AI 预测性维护可以提前识别关键故障（如螺钉松动引起的高温起火风险），取代季度性的人工测温工作，减少运维成本。通过 AI 技术对设备健康状态进行预测，提前发现问题，基本上免除了预防性维护工作，最终达成完全自治运行、对系统故障自行修复的目标。

（四）数据中心节能优化场景的自动驾驶

节能优化特性基于历史数据训练神经网络，输出预测的 PUE，以及 PUE 与各类特征数据的关系，指导数据中心根据当前负载工况，按预期进行相应的优化控制，实现最佳能效。实

践证明，节能效果可达 8%以上。除 PUE 优化外，管理平台还可与 IT 设备联动，通过 IT 业务变化动态调节制冷输出，实现整体最优能耗。基于强化学习的能效优化、自动更新算法、适应变化，最终达成完全无须干预、自动运行在最优状态的目标。

（五）数据中心资源优化的自动驾驶

提供系统电源控制网络接口使用的历史曲线分析、仪表盘和容量报表；提供 IT 设备的连线管理，如与 rPDU（网络电源控制系统或智能电源分配系统）的电力连接和与交换机的网络连接等；支持最佳机位查找，系统根据电源控制网络接口、客户归属、业务分工等多因素，给出推荐安装位置；支持自动生成上下架工单，支持与 IT 服务管理对接，获取业务需求单信息；自动统计各个机柜中的可用容量，建立专题分析资源利用情况，满足数据中心资源利用率等要求。同时，实现资源效率基础监控和可视化，将资源最大化利用，利用 AI 技术促使业务自主上线，进行业务预测和仿真，辅助商业决策，自动完成商业闭环。

（六）数据中心资产优化场景的自动驾驶

支持在架与库存资产生命周期管理，可以记录资产的入库、上架、转移、下架、维修、清退过程，同时支持通过 U 位管理器自动识别资产的位置，实时精确跟踪机房现场资产的变动；支持记录资产的各种属性，包括设备型号、所属部门、维保信息等，同时支持用户自定义属性；提供设备型号库，内置知名且产品销量较大的厂家近三年 IT 设备型号信息；支持库存数量统计，对库存不足的备品、备件、耗材给出提示，对即将超过有效期的耗材给出提示，对即将超过出库期限的备品、备件、耗材给出提示。应建立以设备管理为核心的管理模型，以及相关大数据分析平台，将设备的固有属性信息、动态运行数据、运行相关操作逻辑，以及运营管理相关业务场景做全方位的记录、聚合及联动分析，为设备下一步的调整或操作提供必要的决策依据。

（七）自动驾驶考量的策略

对于相对比较成熟和完善的运维场景，自动驾驶可以从以下几个方面去考量。

（1）采用数字化和智能化运维方式，如运维过程 App 化，核对确认，减少人工抄表工作，采用机器人巡检、智能巡检，基于 AI 图像、声音、异味等的无人巡检，降低人工运维工作量，减少运维人力投入，提升整体运维效率。

（2）根据客户运维策略，对状态进行实时监测和智能感知，提前进行故障预测预防，当故障发生时能够快速定位、分析问题原因、进行故障修复或隐患消除。

（3）根据变更诉求（如供电链路变更、制冷链路变更、IT 变更等），评估变更方案及其影响，制订变更方案并实施变更。

对于节能优化的自动驾驶场景，可以建立专题分析节能情况，满足数据中心节能要求。通过 AI 技术自动优化系统运行策略，降低 PUE，AI 主动感知变化，自动调整寻优规则。

对于资源优化的自动驾驶，侧重专题分析资源利用情况等，满足数据中心资源利用率等要求，对数据中心的核心资源空间、电力、制冷、网络进行最优分配，实现资源最大化利用。

对于资产优化的自动驾驶场景，可以从基础设施资产的寿命自动化、生命周期、价值最大化，以及与商业运营、财务指标直接对接等角度考虑。

对于应急演练、数据中心搬迁，甚至未来可以扩展到对数据中心网络、IT 等资源的管理，都依据自动驾驶的各个作业环节进行定义。

四、数据中心运维场景的自动驾驶

（一）数据中心运维场景的业务流程

在基础设施的运维能力上，客户期望实时完成基础设施的可用性评估和健康状态的检查与预测，即 100%覆盖故障主动检测，故障的诊断自动化、智能化（见图 3），同时业务快速自愈，以减小对客户的影响。

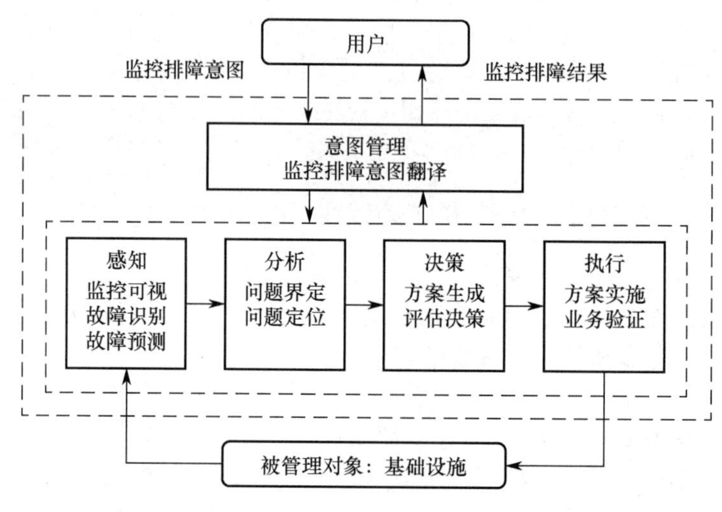

图 3 故障诊断流程图

（二）数据中心运维场景的作业环节和操作任务分类

按照数据中心自动驾驶分级的维度，数据中心运维场景的作业环节和操作任务可分为五类。

（1）意图管理类。包括监控排障意图翻译，即将监控范围、可靠性要求、业务 SLA 要求等转化为对基础设施的监控保障的具体操作；确定采集对象范围，如对采集指标、告警、事件、日志进行采集；确定处理策略，如告警聚合过滤、故障模式匹配、修复推荐和业务自愈等故障处理方法。

（2）感知类。包括监控可视，即对基础设施及业务的状态、事件和性能指标进行监控采集，对采集的信息进行分析处理和多维度呈现。

（3）分析类。包括：故障识别，即对告警及事件进行聚合和故障类型识别；隐患预测，即对基础设施资源消耗、硬件亚健康、安全威胁、配置隐患等进行预测和预警；定界定位，即对基础设施故障进行定界、定位，设备级问题和链路级问题做关联分析，确定故障原因；方案生成，即对受故障影响的业务生成自愈方案，需要人工修复的，给出修复方案。

（4）决策类。包括开展评估决策，即对业务修复方案进行仿真，对仿真结果进行评估，如结果是否满足用户诉求、是否影响现有业务、资源是否满足等，决策最终使用的修复方案。

（5）执行类。包括：方案实施，即根据决策结果执行修复方案；业务验证，即对修复方案的执行结果进行验证和确认，包括业务连通性、SLA 是否满足需求等。

（三）数据中心运维场景自动驾驶的能力分级

按照数据中心自动驾驶的分级方法，数据中心运维场景自动驾驶的能力也分为 L0～L5 共六个级别。

1. L0 自动驾驶零级

L0 自动驾驶零级即手动运维等级，手工记录数据，所有操作任务都需要人工执行。

2. L1 自动驾驶一级

在本等级下，意图管理维度的智能化或自动化程度尚无从谈起，由人工实现运维意图的翻译和理解，并无系统辅助。

感知维度，在智能可视方面，系统告警流水可视、KPI 曲线可视，人工进行采集和判断；在收集数据方面，系统按照人工制订的规则和策略（如巡检内容）识别故障，巡检内容可以由系统 100%远程自动完成；在隐患预测方面，人工收集系统数据，人工根据巡检策略（如 Checklist）逐项排查，人工识别潜在隐患。

分析维度，在问题定界方面，人工使用工具或系统辅助定界（如连通性测试）；在问题定位方面，人工使用工具或系统辅助定位（如报文分析、操作日志分析）；分析活动的范围在设备级。

决策维度，在方案生成方面，由人工确定备选方案；在评估决策方面，无仿真验证，人工选择最优方案；其决策水平为人工占 70%、系统占 30%。

执行维度，在方案实施方面，由人工使用工具或系统完成，在工具和系统的辅助下，完成故障修复和隐患消除；在业务验证方面，由人工使用工具进行业务验证，人工生成验证报告。

3. L2 自动驾驶二级

在本等级下，意图管理维度的智能化或自动化程度不高，人工实现运维意图的翻译和理解，无系统辅助。

感知维度，在智能可视方面，故障可视、KPI 异常可视、系统对故障和隐患的处理流程和状态可视；在故障识别方面，系统进行告警自动收敛，实现系统级故障识别，并自动确认和通知；在隐患预测方面，系统预设相关功能模块，基于与人共同制订的巡检策略（如健康度检查规则、KPI 阈值），对基础设施逐项排查；人工承担的功能为基于专家经验识别潜在隐患。

分析维度，在问题定界方面，系统预制问题界定模板，系统基于人工制订的规则/策略（如专家经验树），进行问题自动定界；在问题定位方面，系统预制问题定位模板，基于人工制订的规则/策略（如专家经验树），对问题进行自动定位；模板由专家定期升级，并入最新的系统知识；分析活动的范围在设备及关联设备级。

决策维度，在方案生成方面，在系统的辅助和支持下，给出修复建议，由人工人综合制订备选方案；在评估决策方面，由人工进行，利用离线工具进行仿真验证，再由人工分析选择最优方案；决策水平比例为人工占 50%、系统占 50%。

执行维度，在方案实施方面，由系统执行，系统基于最优方案自动生成可执行指令，自动修复故障、消除隐患，无法完成的工作由人工实施；在业务验证方面，由人工使用系统进行业务验证，系统辅助自动生成报告。

4．L3 自动驾驶三级

在本等级下，意图管理维度的智能化或自动化程度有所呈现，系统自主实现运维意图的翻译和理解，人工轻微干预。

感知维度，在智能可视方面，可实现数字孪生基本功能，能够在 3D/BIM 上进行全生命周期数据实时显示；在故障识别方面，系统进行告警自动收敛，实现系统级故障识别、自动确认和通知；在隐患预测方面，具体工作由系统完成，预测基础设施状态趋势，定性粗略识别潜在隐患，基于专家诊断规则，系统级自动排障。

分析维度，在问题定界方面，系统自动学习规则/策略（如知识库、故障传播图）并自动定界；在问题定位方面，系统自动学习规则/策略（如知识库、故障传播图）并自动定位，人工确认（系统给出疑似原因）；分析活动范围可以达到系统级，可向下涵盖设备级的分析。

决策维度，在方案生成方面，系统自动生成备选方案，人工辅助判断；在评估决策方面，系统基于实时数据在线仿真验证，人工分析选择最优方案；人工占 30%、系统占 70%。

执行维度，在方案实施方面，由系统执行，系统基于最优方案自动生成可执行指令，自动修复故障、消除隐患，系统无法完成的工作，由人工实施，所有过程远程控制，操作过程需要人工复核并执行；在业务验证方面，系统自动验证业务并生成报告。

5．L4 自动驾驶四级

在本等级下，意图管理维度的智能化或自动化程度进一步提升，系统自主实现运维意图的翻译和理解，人工可不干预。

感知维度，在智能可视方面，数字孪生能够在 3D/BIM 上进行全生命周期数据的趋势预测和孪生分析；在故障识别方面，系统进行告警自动收敛，实现系统级故障识别、自动确认和通知；在隐患预测方面，具体工作由系统完成，预测基础设施状态趋势，定量精准识别潜在隐患，基于 AI 故障模型自动分析预测，系统级自动排障。

分析维度，在问题定界方面，系统自动学习规则/策略（如知识库、故障传播图）并自动定界；在问题定位方面，系统自动学习规则/策略（如知识库、故障传播图）并自动定位（系统给出唯一准确原因）；分析的能力和强度可以达到系统级，可以实现多系统关联。

决策维度，在方案生成方面，系统自动生成备选方案，人工辅助判断；在评估决策方面，系统基于实时数据在线仿真验证，系统自动决策最优方案；决策水平比例为系统占 100%。

执行维度，在方案实施方面，由系统执行，系统基于最优方案自动生成可执行指令，自动修复故障、消除隐患；系统无法完成的工作，由人工实施；所有过程远程控制，自动执行控制；在业务验证方面，系统自动验证业务并生成报告。

6．L5 自动驾驶五级

在本等级下，运维工作全场景自动化，其定义根据数据中心的实际情况可具体细化。

（四）数据中心运维场景自动驾驶评分

基于以上运维的自动驾驶等级要求描述，对被评估的数据中心运维场景中各个作业环节和操作任务，在自动驾驶评分表（见表 2）相应部位打上对号，根据权重计算等级得分。

表 2 自动驾驶评分表（样例）

认知活动	Task	L1	L2	L3	L4	等级得分
		高效部件应用	规则调优	基于规则调优	自学习、自调优	
意图	意图翻译					
感知	性能优化识别					
	劣化预测					
分析	问题定界					
	问题定位					
决策	方案生成					
	评估决策					
执行	方案实施					
	业务验证					

评分由负责评估的专家背靠背进行。由数据中心的用户指定专家，可对各专家的打分进行汇总平均，形成一张最终打分表。

基于打分表中每个任务的等级得分，按照图 1 中的方法，计算被考核数据中心的运维场景优化自动驾驶等级。

五、数据中心节能优化场景的自动驾驶

（一）数据中心节能优化场景的业务流程

数据中心节能优化工作流如图 4 所示，客户希望能够快速识别能耗劣化的地方，精准定位，给出优化方案并进行验证，以达到节能减排的最佳效果。

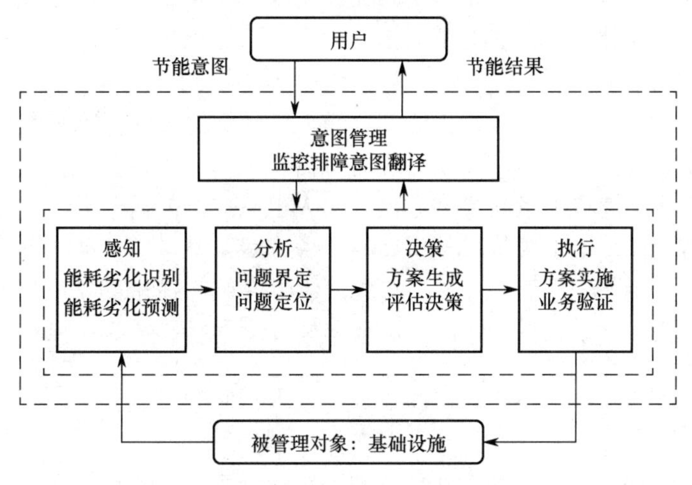

图 4 数据中心节能优化工作流

（二）数据中心节能优化场景的作业环节和操作任务分类

按照数据中心自动驾驶分级的维度，数据中心节能优化的作业环节和操作任务可以分为五类。

（1）意图管理类。包括节能优化调参意图翻译，将节能优化需求，如节能 SLA 要求转化

为对基础设施的监控保障具体操作，如采集对象的 PUE、能耗等指标生成业务调参推荐和业务调参处理方法等。

（2）感知类。包括性能优化识别，根据基础设施能耗分布情况识别待优化问题。

（3）分析类。包括：劣化预测，对设备消耗，如温控、UPS、配电系统等进行预测；定界定位，对基础设施性能劣化进行定位，对设备级问题和链路级问题做关联分析，确定劣化原因；方案生成，对受 SLA 劣化的业务生成自愈方案，给出调参方案。

（4）决策类。包括评估决策，对调参方案进行仿真，对仿真结果进行评估，如是否满足用户诉求、是否影响现有业务、资源是否满足等，并决定最终使用的调参方案。

（5）执行类。包括：方案实施，根据决策结果执行调参方案；业务验证，对调参方案的执行结果进行验证和确认，包括 PUE、能耗是否满足需求等。

（三）数据中心节能优化自动驾驶的能力分级

按照数据中心自动驾驶的分级方法，数据中心节能优化自动驾驶的能力也分为 L0～L5 共六个级别。

1. L0 自动驾驶零级

L0 自动驾驶零级即手动分析优化等级，手工记录收集数据，计算、测算等所有操作任务都需要人工执行。

2. L1 自动驾驶一级

在本等级下，意图管理维度的智能化或自动化程度尚无从谈起，由人工实现运维意图的翻译和理解，无系统辅助。

感知维度，在对性能优化点进行识别方面，是人工发现、关注运行效率重点工况数据，根据专家经验识别待优化问题；在对节能措施的劣化进行预测方面，也是人工发现、关注运行效率重点工况数据并估算预测。

分析维度，在对任务范围进行定界方面，由人工分析，可使用工具或系统辅助；在问题定位方面，由人工定位，可使用工具或系统辅助。

决策维度，在生成对应的解决方案方面，由人工完成，依据专家经验制订备选方案；在方案评估和决策方面，由人工决策，无仿真工具/系统辅助。

执行维度，在方案实施方面，由人工完成，使用工具/系统辅助完成优化动作；在结果和效果验证方面，由人工完成，使用工具进行业务验证，并验证节能目标等是否达成，人工生成验证报告。

3. L2 自动驾驶二级

在本等级下，意图管理维度的智能化或自动化程度不高，人工实现节能优化意图的翻译和理解，无系统辅助。

感知维度，在对性能优化点进行识别方面，人利用工具完成，系统按照运维人员制订的规则/策略（如 KPI 阈值）识别能耗待优化问题；在对节能措施的劣化进行预测方面，系统提供能耗数据呈现的趋势，人工进行判断和预测。

分析维度，在对任务范围进行定界方面，系统内置规则完成问题定界，系统基于运维人员制订的规则/策略（如专家经验树）实现自动定界；在问题定位方面，系统内置规则完成问题定位，系统基于运维人员制订的规则/策略（如专家经验树）自动定位。

决策维度，在生成对应的解决方案方面，系统基于人制订的优化规则给出优化建议，人工选择调参方案；在方案的评估和决策方面，主要由人工完成，系统辅助进行决策，人工使用工具进行仿真验证，人工分析决策最优方案。

执行维度，在方案实施方面，系统基于最优方案自动生成可执行指令并完成优化动作；在结果和效果验证方面，人利用系统进行业务验证，验证节能目标等是否达成，系统可自动生成报告。

4．L3 自动驾驶三级

在本等级下，意图管理维度的智能化或自动化有所呈现，系统自动完成节能优化意图的识别和翻译。

感知维度，在对性能优化点进行识别方面，系统自动学习规则/策略（如动态 KPI 阈值）并自动识别能耗待优化问题；在对节能措施的劣化进行预测方面，系统自动预测能耗状态趋势。

分析维度，在对任务范围进行定界方面，系统自动学习规则/策略（如知识库）并自动定界；在问题定位方面，系统自动学习规则/策略（如知识库）并自动定位，人工确认，系统应具备给出一个或多个疑似原因并排序的能力。

决策维度，在生成对应的解决方案方面，预制调参方案，系统自动匹配以生成优化方案，系统根据定界、定位的结果，自动选择优化调参方案；在方案的评估和决策方面，系统基于实时数据在线仿真验证，人工分析决策最优方案。

执行维度，在方案实施方面，系统基于最优方案，自动生成可执行指令并完成优化动作；在结果和效果验证方面，系统自动验证节能优化结果，并自动生成报告。

5．L4 自动驾驶四级

在本等级下，意图管理维度的智能化或自动化程度进一步提升，系统自动完成节能优化意图的识别和翻译。

感知维度，在对性能优化点进行识别方面，系统自动学习规则/策略（如动态 KPI 阈值）并自动识别能耗待优化问题；在对节能措施的劣化进行预测方面，能预测能耗状态趋势，支持能耗异常预测，评估异常情况对 PUE 等 SLA 的影响，并给出趋势预测的可信度。

分析维度，在对任务范围进行定界方面，系统自动学习规则/策略（如知识库）并自动定界；在问题定位方面，系统自动学习规则/策略（如知识库）并自动定位（系统给出唯一准确原因）。

决策维度，在生成对应的解决方案方面，系统自动对新的劣化场景学习并给出调参方案；在方案的评估和决策方面，系统基于实时数据在线仿真验证，自动决策最优方案。

执行维度，在方案实施方面，系统基于最优方案，自动生成可执行指令并完成优化动作；在结果和效果验证方面，系统自动验证节能优化结果，并自动生成报告。

6．L5 自动驾驶五级

在本等级下，数据中心节能工作全场景自动化，从 IT 到基础设施，从电气系统到暖通系统，包含了全部系统，其定义根据数据中心节能工作的实际情况可具体细化。

（四）数据中心节能优化自动驾驶评分

基于以上节能优化的自动驾驶等级要求描述，对被评估的数据中心节能优化各个作业环节和操作任务，在表 2 相应部位打上对号，根据权重计算等级得分。

评分由负责评估的专家背靠背进行。由数据中心的用户指定专家，可对各专家的打分进行汇总平均，形成一张最终打分表。

基于打分表中每个任务的等级得分，按照图 1 中的方法，计算被考核数据中心的节能优化场景自动驾驶等级。

数据中心基础设施智能化分级从 1 到 *N* 是一个长期实践、发展演进的过程，除了标准和技术，还需要业界持续深化智能化分级评估体系建设，以牵引自动化/智能化升级和代际演进。

由于条件限制，目前选取的对运维和节能优化场景的自动驾驶等级进行的定义和描述，还是相对比较粗放的，其实用性还需要在实践中检验。数据中心基础设施管理的其他场景，如资源优化、数据中心资产优化、数据中心的应急演练、数据中心的迁移、数据中心的变更等，也具有一定的独立性，可以在后续实践中持续推进智能化技术在数据中心基础设施领域大规模成熟应用，加速数据中心基础设施管理迈向智能化的自动驾驶时代。

（作者单位：华为数字能源技术有限公司）

标准规范

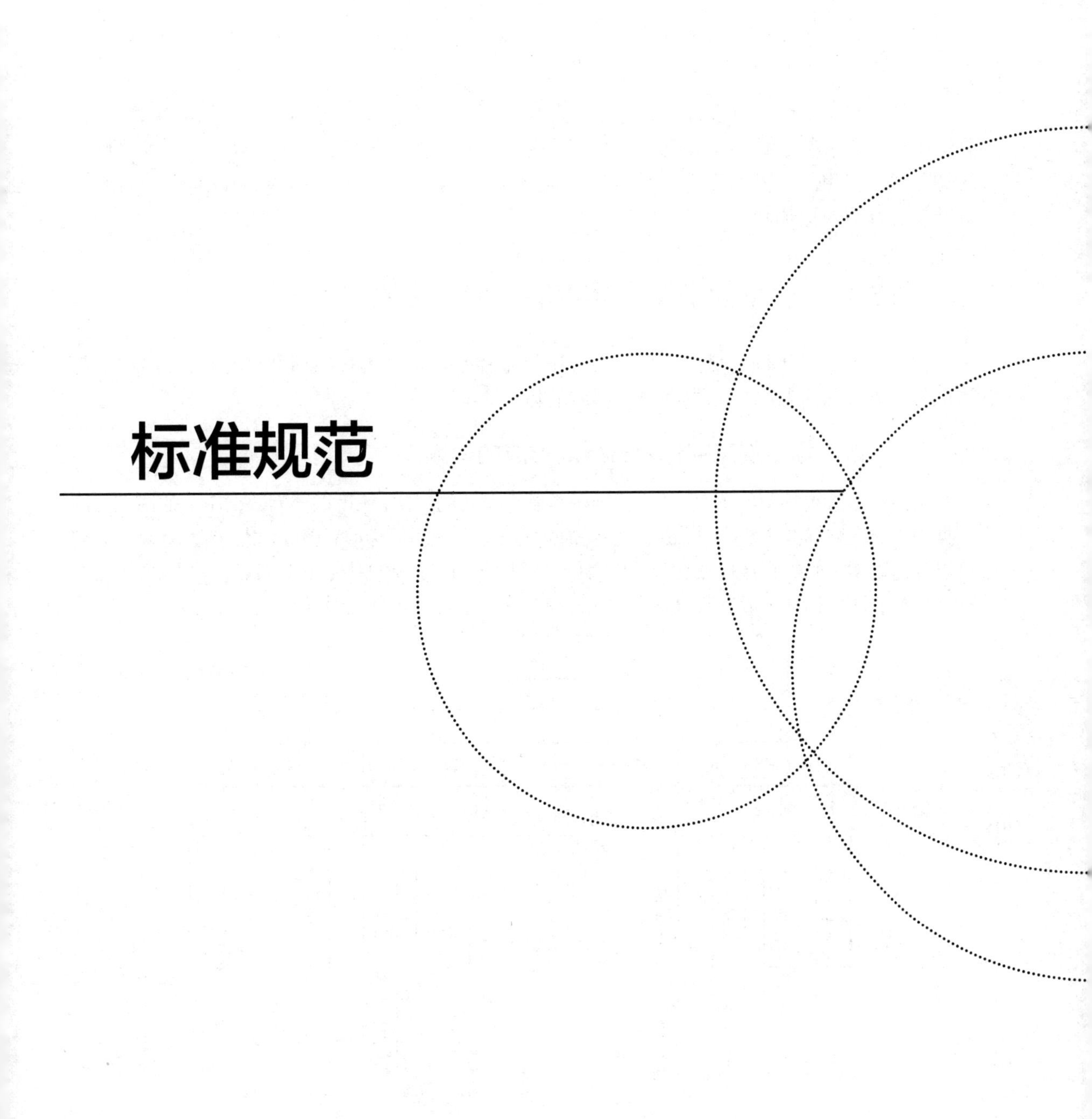

数据中心行业相关标准规范的建设与进展

黄群骥

为了保证数据中心行业能持续稳定健康的发展，为数据中心保驾护航的标准建设从来没有停止过。国家和行业主管部门花费了大量精力，建立了一个基本完整的数据中心标准体系。2019—2020年包括国家标准、行业标准、地方标准、团体标准的数据中心标准体系建设有了进一步的发展，更加趋于完善。

一、数据中心标准规范体系建设的发展与完善

依观察维度的不同，目前数据中心标准规范体系可以分为按照标准规范制订发布的层次形成的体系和按照数据中心生命周期形成的体系。

（一）按照标准规范制订发布层次形成的体系

数据中心标准规范的体系，按照标准规范制订发布的层次，还可以分为数据中心的国家标准、数据中心的行业标准、数据中心的地方标准和数据中心的团体标准。国家标准和地方标准一般又可以分为数据中心的直接标准、数据中心的相关标准和有关数据中心的政策、指南及指导意见。行业标准和团体标准一般只有直接标准和相关标准。数据中心标准体系结构如图1所示。

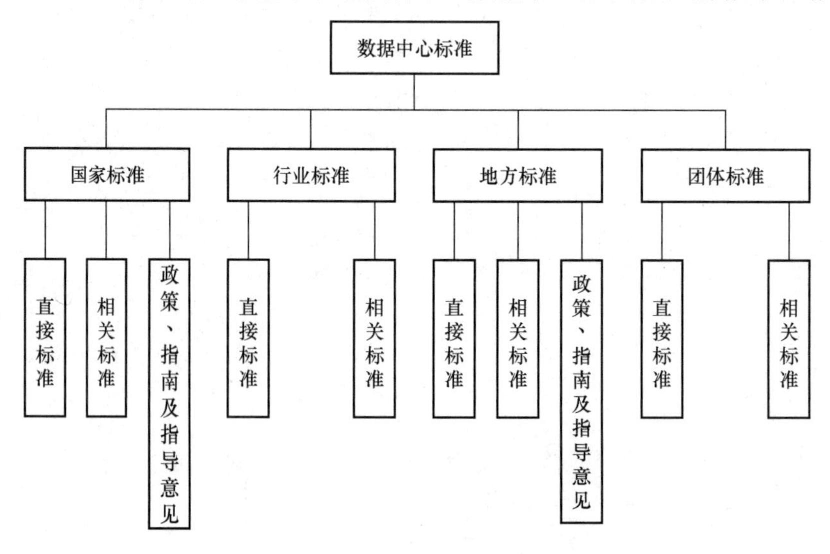

图1　数据中心标准体系结构

1. 数据中心国家标准

在已经正式颁布的国家标准中，与数据中心相关的直接标准有14项（见表1）。

表 1　已经颁布的数据中心国家标准（直接标准，至 2020 年年底）

序号	标准号	标准名称
1	GB/T 2887—2011	计算机场地通用规范
2	GB/T 9361—2011	计算机场地安全要求
3	GB 50462—2015	数据中心基础设施施工及验收规范
4	GB 51195—2016	互联网数据中心工程技术规范
5	GB/T 32910.3—2016	数据中心 资源利用 电能能效要求和测量方法
6	GB/T 32910.1—2017	数据中心 资源利用 术语
7	GB/T 32910.2—2017	数据中心 资源利用 关键性能指标设置要求
8	GB 50174—2017	数据中心设计规范
9	GB/T 34982—2017	云计算数据中心基本要求
10	GB/T 51314—2018	数据中心基础设施运行维护标准
11	GB/T 36448—2018	集装箱式数据中心机房通用规范
12	GB/T 18233.5—2018	信息技术 用户建筑群通用布缆 第 5 部分：数据中心
13	GB/T 37779—2019	数据中心能源管理体系实施指南
14	GB/T 51409—2020	数据中心综合监控系统工程技术标准

在正在编制但尚未颁布的国家标准中，与数据中心相关的部分直接标准有 8 项（见表 2）。

表 2　正在编制的部分数据中心国家标准（直接标准，至 2020 年年底）

序号	计划标准号	标准名称	进　度
1	*	数据中心 资源利用 可再生能源利用率	—
2	**20193177-T-469	模块化数据中心通用规范	征求意见
3	**20160845-Q-469	数据中心能效限定值及能效等级	正在批准
4	**20171055-T-339	互联网数据中心（IDC）总体技术要求	正在起草
5	**20171054-T-339	互联网数据中心（IDC）技术要求及分级分类准则	正在审查
6	**20193178-T-469	信息技术服务 数据中心业务连续性等级评价准则	正在起草
7		公共机构绿色数据中心运维规范	已启动
8		数据中心项目规范	征求意见

*《数据中心 资源利用 可再生能源利用率》已于 2021 年 4 月颁布，标准号为：GB/T 32910.4—2021。

**计划标准号、进度源自全国标准信息公共服务平台。

2. 与数据中心相关的国家标准

数据中心是多技术、多专业的复合工程项目，包含的专业很多，所以在数据中心的建设过程中，除了要遵循数据中心的直接标准，还必须遵循许多相关专业的国家标准。数据中心相关国家标准有很多，大致可以分为建筑与结构类、暖通与空调类、电气类、弱电类、安全类等。下面将收集的与数据中心相关标准大致罗列（见表 3）。

表 3　与数据中心相关的国家标准

序号	标准号	标准名称
建筑与结构		
1	GB 50009	建筑结构荷载规范
2	GB 50040	动力机器基础设计规范
3	GB 50981	建筑机电工程抗震设计规范

（续表）

序号	标准号	标准名称
建筑与结构		
4	GB 50046	工业建筑防腐蚀设计规范
5	GB 50189	公共建筑节能设计标准
6	GB 50314	智能建筑设计标准
暖通与空调		
7	GB 50019	工业建筑供暖通风与空气调节设计规范
8	GB 50736	民用建筑供暖通风与空气调节设计规范
9	GB 50243	通风与空调工程施工质量验收规范
10	GB 50015	建筑给水排水设计规范
11	GB 50265	泵站设计规范
12	GB 50235	工业金属管道工程施工规范
13	GB 50236	现场管路、工业管道焊接工程施工及验收规范
14	GB 50316	工业金属管道设计规范
电气		
15	GB 50052	供配电系统设计规范
16	GB 50054	低压配电设计规范
17	GB 50217	电力工程电缆设计标准
18	GB 50053	20kV 及以下变电所设计规范
19	GB/T 12706	额定电压 1kV 到 35kV 挤包绝缘电力电缆及附件
20	GB 50147	电气装置安装工程高压电器施工及验收规范
21	GB 50150	电气装置安装工程电气设备交接试验标准
22	GB 50168	电气装置安装工程电缆线路施工及验收规范
23	GB 50254	电气装置安装工程低压电器施工及验收规范
24	GB 50303	建筑电气工程施工质量验收规范
25	GB/T 50062	电力装置的继电保护和自动装置设计规范
26	GB 50065	交流电气装置的接地设计规范
27	GB 51194	通信电源设备安装工程设计规范
28	GB 50034	建筑照明设计标准
弱电		
29	GB 50311	综合布线系统工程设计规范
30	GB 50312	综合布线系统工程验收规范
安全		
31	GB 50057	建筑物防雷设计规范
32	GB 50343	建筑物电子信息系统防雷技术规范
33	GB 50016	建筑设计防火规范
34	GB 16806	消防联动控制系统
35	GB 50370	气体灭火系统设计规范
36	GB 50116	火灾自动报警系统设计规范
37	GB 50166	火灾自动报警系统施工及验收规范
38	GB 4717	火灾报警控制器
其他		
39	GB 12348	工业企业厂界环境噪声排放标准

3．政府部门发布的与数据中心相关的政策及指导意见

为了推动数据中心整个行业的规范化发展，及时微调和控制数据中心的发展方向，中央政府相关主管部门和地方政府经常通过颁布一些指南、指导意见对数据中心的建设进行引导，以提高数据中心建设的质量，更好地适应国家和地方经济发展的需要。

2013 年 1 月，工业和信息化部、国家发展和改革委员会、国土资源部、国家电力监管委员会、国家能源局五部门印发了《关于数据中心建设布局的指导意见》，提出了科学推动数据中心的建设和布局的指导思想，以及数据中心建设和布局的基本原则，分别对新建超大型数据中心、新建大型数据中心，新建中小型数据中心和已建数据中心进行了布局导向，还根据标准机架数对数据中心的规模进行了划分，有效促进了数据中心建设质量的提高，发挥了很好的政策引导作用，为中央政府相关主管部门和地方政府发布与数据中心相关的政策及指导意见树立了标杆。近年来，政府相关部门陆续出台的数据中心相关政策及指导意见如表 4 所示。

表 4　数据中心相关政策及指导意见

时间	颁布单位	文件名称
中央政府部门		
2013 年 2 月	工信部	关于进一步加强通信业节能减排工作的指导意见
2015 年 3 月	工信部、国家能源局	关于国家绿色数据中心试点工作方案
2016 年 6 月	工信部	国家绿色数据中心试点工作方案
2016 年 6 月	国家机关事务管理局	公共机构节约能源资源“十三五”规划
2016 年 7 月	工信部	工业绿色发展规划（2016—2020 年）
2017 年 4 月	工信部	关于加强“十三五”信息通信业节能减排工作的指导意见
2017 年 4 月	工信部	云计算发展三年行动计划（2017—2019 年）
2017 年 8 月	工信部	关于组织申报 2017 年度国家新型工业化产业示范基地的通知
2019 年 2 月	工信部、国家机关事务管理局、国家能源局	关于加强绿色数据中心建设的指导意见
2019 年 5 月	工信部	全国数据中心应用发展指引（2018）
2019 年 7 月	工信部、国家发改委、国土资源部、国家能源局	关于数据中心建设布局的指导意见
2020 年 5 月	工信部	2020 年工业通信行业标准化工作要点
2020 年 12 月	国家发改委、中央网信办、工信部、国家能源局	关于加快构建全国一体化大数据中心协同创新体系的指导意见
地方政府及部门		
2015 年 10 月	河南省人民政府	关于推进云计算大数据开放合作的指导意见
2017 年 3 月	浙江省发改委、经信委	浙江省数据中心“十三五”发展规划
2017 年 3 月	海南省旅游委	关于各市县旅游大数据中心建设的指导意见
2017 年 10 月	山西省经信委	关于统筹数据中心发展的指导意见
2018 年 4 月	浙江省机关事务管理局、发改委、国家能源局	浙江省公共机构绿色数据中心建设指导意见
2018 年 5 月	贵州省大数据发展领导小组办公室	贵州省数据中心绿色化专项行动方案
2018 年 6 月	贵州省人民政府	关于促进大数据云计算人工智能创新发展加快建设数字贵州的意见

（续表）

时间	颁布单位	文件名称
地方政府及部门		
2018 年 9 月	北京市政府	北京市新增产业的禁止和限制目录（2018 年版）
2018 年 10 月	上海市政府办公厅	上海市推进新一代信息基础设施建设助力提升城市能级和核心竞争力三年行动计划（2018—2020 年）
2018 年 12 月	陕西省政府办公厅	关于加快推进全省新型智慧城市建设的指导意见
2018 年 12 月	四川省经信厅、发改委	关于进一步明确我省大数据等绿色高载能产业电力扶持政策等有关事项的通知
2019 年 1 月	上海市经信委、发改委	关于加强本市互联网数据中心统筹建设的指导意见
2019 年 1 月	天津市政府办公厅	天津市大数据发展规划（2019—2022 年）
2019 年 3 月	上海市发改委	上海市 2019 年节能减排和应对气候变化重点工作安排的通知
2019 年 4 月	深圳市发改委	关于数据中心节能审查有关事项的通知
2019 年 6 月	上海市经信委	上海市互联网数据中心建设导则（2019 版）
2019 年 7 月	山东省政府办公厅	山东省支持数字经济发展的意见的通知
2019 年 11 月	甘肃省政府办公厅	关于支持丝绸之路信息港建设的意见
2020 年 3 月	山东省政府办公厅	山东省数字基础设施建设的指导意见
2020 年 4 月	河南省机关事务管理局	河南省公共机构绿色数据中心建设指导意见
2020 年 4 月	河北省政府	河北省数字经济发展规划（2020—2025 年）
2020 年 4 月	江苏省政府办公厅	加快新型信息基础设施建设 扩大信息消费若干政策措施的通知
2020 年 4 月	杭州市经信局、发改委	关于杭州市数据中心优化布局建设的意见
2020 年 4 月	宁夏自然资源厅	宁夏自然资源“1+4”数据中心建设工作方案
2020 年 6 月	北京市政府	北京市加快新型基础设施建设行动方案（2020—2022 年）
2020 年 6 月	广东省工信厅	广东省 5G 基站和数据中心总体布局规划（2021—2025 年）
2020 年 6 月	北京市经信局	北京市加快新型基础设施建设行动方案（2020—2022 年）
2020 年 7 月	浙江省办公厅	浙江省新型基础设施建设三年行动计划（2020—2022 年）
2020 年 7 月	数字广西建设领导小组	广西壮族自治区数据中心发展规划（2020—2025 年）
2020 年 7 月	广州市工信局、发改委	广州市加快推进数字新基建发展三年行动计划（2020—2022 年）
2020 年 8 月	上海市经信委	上海市产业绿贷支持绿色新基建（数据中心）发展指导意见
2020 年 8 月	深圳市政府	关于加快推进新型基础设施建设的实施意见（2020—2025 年）
2020 年 8 月	广东省工信厅	关于明确全省数据中心项目建设有关事项的通知
2020 年 10 月	江苏省政府办公厅	关于深入推进数字经济发展的意见

4．数据中心的行业标准

数据中心的行业标准一般是指由工业和信息化部（包括原电子工业部、信息产业部）颁布的标准，其行业标准代号有 YD 和 SJ 两类。原因是工业和信息化部最早是由邮电部和电子工业部合并组成的，因此原邮电部的标准和电子工业部的标准就成了工业和信息化部的行业标准。标准代号为 YD 的是原邮电部的标准，YD 是邮电的汉语拼音第一个字母；标准代号为 SJ 的是原电子部的标准。原电子部前称为四机部，标准代号 SJ 就是四机的汉语拼音的第一个字母，所以电子工业部及其所属行业的行业标准代号用的是 SJ，而不是 DZ。

原邮电部在数据中心行业标准建设中做了大量工作，所以数据中心的行业标准主要是原邮电部（YD）的行业标准。行业代号 YD 和 SJ 的数据中心行业标准如表 5 所示。

表 5　行业代号 YD 和 SJ 的数据中心行业标准

序号	标准号	标准名称
1	YD/T 754	通讯机房静电防护通则
2	YD/T 1818	电信数据中心电源系统
3	YD/T 2441	互联网数据中心技术及分级分类标准
4	YD/T 2442	互联网数据中心资源占用、能效及排放技术要求和评测方法
5	YD/T 2542	电信互联网数据中心（IDC）总体技术要求
6	YD/T 2543	电信互联网数据中心（IDC）的能耗测评方法
7	YD/T 2584	互联网数据中心（IDC）安全防护要求
8	YD/T 2585	互联网数据中心安全防护检测要求
9	YD/T 2727	互联网数据中心运维管理技术要求
10	YD/T 2728	集装箱式数据中心总体技术要求
11	YD/T 2949	电信互联网数据中心（IDC）安全生产管理要求
12	YD/T 2963	互联网数据中心（IDC）综合布线系统
13	YD/T 3096	数据中心接入以太网交换机设备技术要求
14	YD/T 3290	一体化微型模块化数据中心技术要求
15	YD/T3291	数据中心预制模块总体技术要求
16	YD/T 3399	电信互联网数据中心（IDC）网络设备测试方法
17	YD/T 3407	集装箱式互联网数据中心安全技术要求
18	YD/T 3554	高压变电站与数据中心共址电磁影响与防护技术要求
19	YD/T 3601	电信互联网数据中心用冷水机组
20	YD/T 3766	电信互联网数据中心用交直流智能切换模块
21	YD/T 3767	数据中心用市电加保障电源的两路供电系统技术要求
22	YD/T 5193	互联网数据中心（IDC）工程设计规范
23	YD/T 5194	互联网数据中心（IDC）工程验收规范
24	YD/T 5235	数据中心基础设施工程技术规范
25	YD/T 5237	互联网数据中心（IDC）工程施工监理规范
26	SJ/T 11564.4	信息技术服务　运行维护　第 4 部分：数据中心规范

还有一些行业也颁布过数据中心的直接标准，如银行、交通、烟草等行业（见表 6）。

表 6　银行、交通、烟草等行业的数据中心行业标准

序号	标准号	标准名称
1	JR/T 0011	银行集中式数据中心规范
2	JR/T 0131	金融业信息系统机房动力系统规范
3	Q/PBC 00018	中国人民银行电子信息系统机房建设规范
4	Q/CNCC 00002	支付系统城市处理中心基础设施规范
5	SF/T 0033	公证数据中心建设和管理规范
6	JT/T 1224.1	交通运输数据中心互联技术规范　第 1 部分：系统架构模型
7	SL 604	水利数据中心管理规程
8	YC/T 581	烟草行业数据中心数据建模规范

5. 数据中心的地方标准

数据中心的地方标准一般是指由地方政府颁布的有关数据中心的标准。地方标准的标准代号是 DB，其后的数字表示不同的省市。如 DB11 是北京市地方标准、DB31 是上海市地方标准、DB33 是浙江省地方标准、DB34 是安徽省地方标准、DB37 是山东省地方标准、DB43 是湖南省地方标准、DB44 是广东省地方标准、DB4403 和 SZDB/Z 是深圳市地方标准、DB65 是新疆维吾尔族自治区地方标准。

由于业务需求导向，目前制定数据中心地方标准的主要集中在“北上广深”等经济相对发达的地区，主要的数据中心地方标准如表 7 所示。

表 7 主要的数据中心地方标准

序号	标准号	标准名称
北京市		
1	DB11/T 1139	数据中心能源消耗限额
2	DB11/T 1282	数据中心节能设计规范
3	DB11/T 1638	数据中心能效监测与评价技术导则
上海市		
4	DB31/T 652	数据中心能源消耗限额
5	DB31/T 1216	数据中心节能评价方法
6	DB31/T 1217	数据中心节能运行管理规范
7	DB31/T 1242	数据中心节能设计规范
8	DB31/T 1302	数据中心能耗在线监测技术规范
9	DB31/T 1309	数据中心节能改造技术规范
浙江省		
10	DB33/T 2157	公共机构绿色数据中心建设与运行规范
安徽省		
11	DB34/T 3385	旅游大数据中心建设要求
山东省		
12	DB37/T 1498	数据中心服务器虚拟化节能技术规程
13	DB37/T 2480	数据中心能源管理效果评价导则
14	DB37/T 2635	数据中心能源利用测量和评估规范
15	DB37/T 3221	数据中心防雷技术规范
湖南省		
16	DB43/T 1754	政务大数据中心数据交换规范
广东省		
17	DB44/T 1458	云计算基础设施系统安全规范
18	DB44/T 1560	云计算数据中心能效评估方法
深圳市		
19	DB4403/T 152	供配电及信息系统隔离式防雷接地技术系统要求
20	DB4403/T 153	供配电及信息系统隔离式防雷接地工程运行维护管理规范
21	SZDB/Z 101	金融数据中心基础设施监控系统建设规范
新疆维吾尔族自治区		
22	DB65/T 4045	气象虚拟化数据中心基础资源池建设技术规范

6．数据中心的团体标准

团体标准是国家将标准推向市场化的一个步骤，是标准化改革的一种有益尝试。以前，国家标准最大的问题就是标准编制时间太长。按照正常编制程序，国家标准的编制要经过“三稿两审”，即讨论稿、征求意见稿、报批稿、征求意见稿审查及报批稿审查，一般花费的时间是三年。其实，很少有国家标准从启动到颁布是三年就完成了的，大部分都会超过三年，很多标准甚至会超过五年，数据中心业界使用较多的《数据中心设计规范》（GB 50174—2017），于 2011 年 6 月 2 日召开标准项目启动会，2017 年完成审批程序予以颁布，前后历时六年。

2015 年 3 月 11 日，国务院印发了《深化标准化工作改革方案》（国发〔2015〕13 号），在改革措施中指出，政府主导制定的标准由 6 类整合精简为 4 类，即强制性国家标准、推荐性国家标准、推荐性行业标准和推荐性地方标准；市场自主制定的标准分为团体标准和企业标准。政府主导制定的标准侧重于保基本，市场自主制定的标准侧重于时效性和竞争性。同时，建立完善与新型标准体系配套的标准化管理体制。

2017 年 11 月 4 日，第十二届全国人民代表大会常务委员会第三十次会议对 1988 年 12 月通过的《中华人民共和国标准化法》进行了修订，于 2018 年 1 月 1 日起实施。《中华人民共和国标准化法》明确了团体标准的法律地位，其中规定：国家鼓励学会、协会、商会、联合会、产业技术联盟等社会团体协调相关市场主体共同制定满足市场和创新需要的团体标准，由本团体成员约定采用或者按照本团体的规定供社会自愿采用；同时要求：制定团体标准，应当遵循开放、透明、公平的原则，保证各参与主体获取相关信息，反映各参与主体的共同需求，并应当组织对标准相关事项进行调查分析、实验、论证。

2019 年 1 月 9 日，依据《中华人民共和国标准化法》，国家标准化管理委员会、民政部制定了《团体标准管理规定》。该规定明确：团体标准是依法成立的社会团体为满足市场和创新需要，协调相关市场主体共同制定的标准；社会团体开展团体标准化工作应当遵守标准化工作的基本原理、方法和程序。该规定还明确了团体标准制定的程序和要求，团体标准实施的成员约定采用和社会自愿采用原则，县级以上人民政府行政主管部门对团体标准制定的指导和监督职责等，有序推动了团体标准的建设。该规定发布实施后，各个社会团体尤其是技术性较强的学会、协会充分发挥自身优势，依据市场需求制定了一大批团体标准，填补了国家、行业标准的空白，提出了更加严格的标准，促进了相关行业健康有序发展。

据不完全统计，截至 2020 年年底，十余家社会团体发布了几十项涉及数据中心的团体标准，其中主要的标准如表 8 所示。

表 8　数据中心主要的社团标准

序号	标准号	标准名称
中国计算机用户协会		
1	T/CCUA 002—2019	数据中心基础设施运维服务能力评价
2	T/CCUA 001—2019	数据中心基础设施等级评价
中国电子学会		
3	T/CIE 087—2020	单相浸没式直接液冷数据中心设计规范
4	T/CIE 088—2020	非水冷板式间接液冷数据中心设计规范
5	T/CIE 089—2020	喷淋式直接液冷数据中心设计规范
6	T/CIE 090—2020	数据中心温水冷板式间接液冷设备通用技术要求
7	T/CIE 091—2020	温水冷板式间接液冷数据中心设计规范

（续表）

序号	标准号	标准名称
		中国电子学会
8	T/CIE 051—2018	液/气双通道散热数据中心机房设计规范
9	T/CIE 052—2018	数据中心设施运维管理指南
		中国电子节能技术协会
10	T/DZJN 10—2020	数据中心蒸发冷却空调技术规范
11	T/DZJN 16—2020	数据中心市电直供技术规范
12	T/DZJN 17—2020	绿色微型数据中心技术规范
13	T/DZJN 24—2020	数据中心基础设施智能运维通则
		中国通信标准化协会
14	T/CCSA 237.1—2018	银行业数据中心平台和应用运维管理规范 第 1 部分：脚本规范
15	T/CCSA 244—2019	银行业数据中心内 SDN 技术能力测试规范
16	T/CCSA 264—2019	数据中心无损网络典型场景技术要求和测试方法
17	T/CCSA 265—2019	数据中心用机械硬盘测试规范
18	T/CCSA 266—2019	数据中心用固态硬盘测试规范
19	T/CCSA 267—2019	微型模块化数据中心测试规范
20	T/CCSA 268—2019	微模块数据中心能效比（PUE）测试规范
21	T/CCSA 269—2019	数据中心液冷服务器系统总体技术要求和测试方法
22	T/CCSA 270—2019	数据中心冷板式液冷服务器系统技术要求和测试方法
23	T/CCSA 271—2019	数据中心喷淋式液冷服务器系统技术要求和测试方法
24	T/CCSA 272—2019	数据中心浸没式液冷服务器系统技术要求和测试方法
25	T/CCSA 273—2019	数据中心液冷服务器系统能源使用效率技术要求和测试方法
26	T/CCSA 274—2019	数据中心液冷系统冷却液体技术要求和测试方法
27	T/CESA 1132—2020	绿色设计产品评价技术规范 一体化机柜数据中心
		中国工程建设标准化协会
28	T/CECS 485—2017	数据中心网络布线技术规程
29	T/CECS 486—2017	数据中心供配电设计规程
30	T/CECS 487—2017	数据中心制冷与空调设计标准
31	T/CECS 488—2017	数据中心等级评定标准
32	T/CECS 761—2020	数据中心运行维护与管理标准
		其他社会团体
33	T/NIISA 001—2019	数据中心智能运维规范
34	T/NIISA 002—2019	数据中心关键风险量化管理规范
35	T/NIISA 003—2019	数据中心气流组织技术规范
36	T/GZBC 16.1—2019	医疗数据中心建设规范 第 1 部分：临床数据中心
37	T/GZBC 16.3—2020	医疗数据中心建设规范 第 3 部分：科研数据中心
38	T/CIATCM 056—2019	省级中医药数据中心建设指南
39	T/CIATCM 057—2019	省级中医药数据中心管理规范
40	T/BIE 001—2017	数据中心用水技术导则
41	T/SCSS 026—2017	智慧城市互联网数据中心建设指南
42	T/SCSS 043—2017	智慧城市数据中心机房设计规范
43	T/ASC 05—2019	绿色数据中心评价标准
44	T/CESA 1132	绿色设计产品评价技术规范 一体化机柜数据中心

（续表）

序号	标准号	标准名称
其他社会团体		
45	T/DZJN 16—2020	数据中心市电直供技术规范
46	T/DZJN 17—2020	绿色微型数据中心技术规范
47	YDB 116	互联网数据中心安全防护要求
48	YDB 117	互联网数据中心安全防护检测要求

据了解，截至2020年年底，一些社会团体制定、修订的团体标准已经基本成熟，有望于2021年发布。如中国计算机用户协会的《数据中心绿色等级评价》；中国电子学会的《液/气双通道热管冷板间接液冷数据中心 散热设备通用技术规范》《液/气双通道热管冷板间接液冷数据中心设计规范》；中国通信学会的《数据中心工艺设计技术要求》《绿色数据中心评估指标及评估方法》《微型模块化数据中心技术要求》《数据中心通信路由规划设计技术要求》；中国电子节能技术协会的《数据中心蒸发冷却空调设备》；中国工程建设标准化协会的《数据中心二氧化碳灭火器应用技术规程》等。可以相信，随着社会团体标准化工作的深入开展，会有更多数据中心团体标准出台，将进一步提升数据中心建设标准化水平。

（二）按照数据中心生命周期形成的体系

数据中心的标准体系从生命周期来分，可以分为数据中心的设计标准、数据中心的施工验收标准、数据中心的检测标准、数据中心的运维标准，还有一些标准是贯穿全生命周期或部分时间段的标准，如建设标准、节能标准、综合监控标准等。数据中心的国家标准已基本覆盖数据中心全生命周期，而其他标准基本上都是针对某个阶段的标准。数据中心的行业标准覆盖面相对较广，而地方标准和团体标准，基本上都是一个标准涉及数据中心生命周期的一个点。图2中列出了按照数据中心生命周期划分的数据中心国家标准体系。

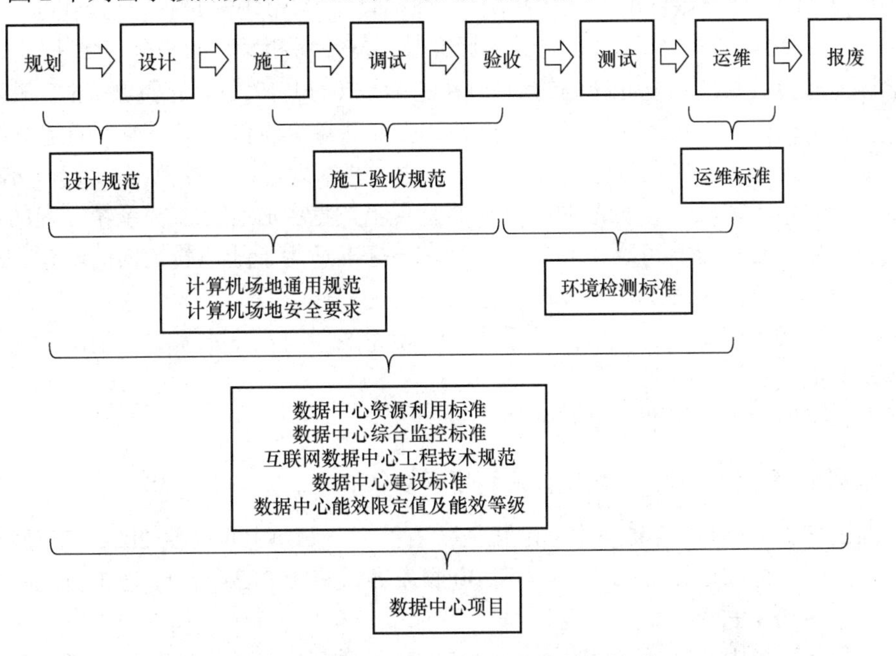

图2　数据中心生命周期的国家标准体系

二、数据中心重点标准规范的建设进展

在数据中心标准规范体系不断完善的同时，以国家标准为重点的数据中心标准规范建设继续取得进展。

（一）2019—2020 年发布或完成审批流程的国家标准

1.《数据中心能源管理体系实施指南》（GB/T 37779—2019）

该标准由 TC20（全国能源基础与管理标准化技术委员会）归口上报，2019 年 8 月 30 日发布，2020 年 3 月 1 日起实施。该标准是《能源管理体系 要求》（GB/T 23331—2012）在数据中心的实施指南，旨在指导数据中心规范建立、实施、保持和改进其能源管理体系，持续提升其能源绩效。该标准在 GB/T 23331—2012 的基础上，根据数据中心设计、建造和运维的特点，对数据中心实施能源管理体系的策划、实施、检查等过程进行了重点阐述，提出了数据中心按照 GB/T 23331—2012 建立、实施、保持和改进其能源管理体系的系统性指导建议。该标准适用于各类固定式数据中心，移动式数据中心可参照执行。

该标准涉及数据中心的能源系统简要介绍如下。OICT：用于计算、通信、存储的设备等；空调系统：包括制冷机组、冷量输送分配系统等；ICT 设备电源系统：包括 UPS、列头柜等；其他辅助系统：除 ICT 设备、空调系统、ICP 设备电源系统外的其他系统，如配电系统、照明系统、监控系统、楼宇自动化系统、自备电源、附属可再生能源设施、冷热电联供设施等。

该标准为推荐性国家标准，没有强制性条款。

2.《数据中心综合监控系统工程技术标准》（GB/T51409—2020）

2010 年 1 月 16 日，该标准由住房和城乡建设部、国家市场监督管理总局以第 47 号公告联合发布，自 2020 年 7 月 1 日起实施。该标准是根据住房和城乡建设部《关于印发 2011 年国产建设标准规范、制定、修订计划的通知》（建标〔2011〕17 号）的要求，由工业和信息化部电子工业标准化研究院电子工程标准定额站和太极计算机股份有限公司共同起草编制的。

该标准共分 9 章，主要内容包括：总则、术语、基本规定、监控范围、设计、施工安装、调试、试运行和竣工验收。该标准的编制目的是规范数据中心综合监控系统工程的设计、施工与验收，保证系统安全、可靠、高效地运行。该标准适用于陆地建筑内的新建、改建和扩建的数据中心综合监控系统工程的设计、施工与验收。

监控内容包括电气系统、空气调节系统、环境系统、给水排水系统、消防系统和安全防范系统等六大系统。

该标准为推荐性国家标准，没有强制性条款。

3.《数据中心 资源利用 可再生能源利用率》（GB/T 32910.4—2021）

该标准由 TC28（全国信息技术标准化技术委员会）归口上报，至 2020 年年底已经完成审批流程（注：该标准已经于 2021 年 4 月 30 日发布，将于 2021 年 11 月 1 日起实施，标准号为：GB/T 32910.4—2021）。

该标准是《数据中心 资源利用》（GB/T 32910）系列标准的第四部分。第一部分术语、第二部分关键性能指标设置要求已于 2017 年发布；第三部分电能能效要求和测量方法已于

2016 年发布。据了解，第五部分资源监控管理系统数据格式、第六部分分布式能源建设总体要求、第七部分能效管理规范还在制定过程中。

《数据中心 资源利用 可再生能源利用率》给出了数据中心可再生能源利用率的定义，提出了数据中心可再生能源利用率的测量方法和计算方法，可用于数据中心可再生能源利用率的计算，也可用于分析数据中心使用可再生能源的状况，供数据中心设计、建设、运维和改造参考。

该系列标准均为推荐性国家标准，没有强制性条款。

4.《模块化数据中心通用规范》

该标准计划由 TC28（全国信息技术标准化技术委员会）归口上报，TC28SC39（全国信息技术标准化技术委员会信息技术与可持续发展分会）执行，计划下达日期为 2019 年 10 月 24 日，制定标准项目周期为 24 个月，2019 年 12 月即进入征求意见阶段。

该标准的标准化对象为目前数据中心行业内广泛应用的绿色节能产品——模块化数据中心。该标准定义了模块化数据中心相关术语解释和分类，给出了模块化数据中心的技术要求、内部环境要求及外部环境要求，目的是为模块化数据中心的规格、架构、技术参数提供统一规范。该标准规定了模块化数据中心的术语、分级和分类、要求与测试方法，适用于模块化数据中心的设计、制造、运输、安装、测试和验收。

该标准共分 6 章，包括范围、规范性引用文件、术语和定义、分级和分类、要求和测试。该标准给出了模块化数据中心的定义，即由模块化设计的功能模块组成，包括机柜及通道系统、制冷系统、配电系统、不间断电源系统、综合监控系统、照明系统、综合布线系统、防雷与接地系统等功能模块。标准从三个维度对模块化数据中心进行了分级：一是根据使用性质、管理要求及其在经济和社会中的重要性，划分为 A、B、C 三级；二是根据模块化程度，划分为 0 级、1 级-Ⅰ、1 级-Ⅱ、2 级和 3 级；三是根据模块化数据中心总电能消耗量范围不同进行能效分级，能效分为四级，一级能效最高，四级能效最低。

5.《数据中心能效限定值及能效等级》

该标准计划由 TC20（全国能源基础与管理标准化技术委员会）归口上报及执行，计划下达日期为 2016 年 8 月 25 日，制定标准项目周期为 24 个月。至 2020 年年底已经进入审查批准阶段。

该标准是《节约能源法》的配套标准，规定了数据中心的能效等级、能效限定值、测试和计算方法；适用于拥有独立电力引入、独立配电和冷却系统的新运行数据中心建筑单体或模块单元，包括新建及改扩建的数据中心。

在该标准中，按照电能比的大小，将数据中心划分成 1、2、3 三个等级，1 级表示能效最高。该标准改变了电能能效（PUE/EEUE/EUE）的定义，用“电能比”代替了“电能能效”，计算公式没有变化，其主要考虑的是“效率”“能效”这个词在汉语中的一般理解是不会大于 1 的，而目前使用的电能能效都是大于 1 的，与汉语的习惯不符。

在测试电能比方面，也做了有益的尝试。按照以往对 EEUE 的规定和理解，计算 EEUE 值需要一年时间，而在检查、测试和验证等实际实施过程中，不可能将测试时间延续一年。该标准采用的典型温度点电能比插值法可以很好地解决这个问题。

该标准为强制性国家标准。

（二）2019 年之前发布于新近实施的国家标准

1.《数据中心基础设施运行维护标准》（GB/T 51314—2018）

2018 年 9 月 11 日，该标准由住房和城乡建设部、国家市场监督管理总局以 2018 年第 216 号公告联合发布，自 2019 年 3 月 1 日起实施。该标准是根据住房和城乡建设部《关于印发 2015 年工程建设标准规范制定、修订计划的通知》（建标〔2014〕189 号）的要求，由中国建筑基准设计研究院有限公司、工业和信息化部电子工业标准化研究院会同有关单位共同编制完成的。

编制该标准的目的是实现数据中心基础设施系统与设备运行维护的规范性、安全性和及时性，确保电子信息设备运行环境的稳定可靠。该标准在编制过程中，广泛调查研究，认真总结实践经验，参考有关国际标准和国外先进标准，并在广泛征求意见的基础上制定。该标准共分 6 章，主要内容包括：总则、术语、基本规定、运行、维护、制度，适用于已投入运行的数据中心。

该标准确定的数据中心运行维护的范围包括：电气系统、通风空调系统、消防系统和智能化系统等四大系统。其中，电气系统的运行维护范围包括供配电系统、不间断电源和后备电源系统、照明系统、配电线路布线系统、防雷与接地系统；通风空调系统的运行维护范围包括冷源和水系统、机房空调和风系统；消防系统的运行维护范围包括火灾自动报警系统、消防联动系统、自动灭火系统；智能化系统的运行维护范围包括环境和设备监控系统、安全防范系统。

该标准对数据中心的运行维护提出了基本要求，包括运行维护团队宜参与基础设施系统建设和设备安装、调试、验证的过程；数据中心正式投入使用前应进行综合系统测试；数据中心基础设施系统与设备的运行维护管理应通过有效的计划、组织、协调与控制，确保电子信息设备运行环境稳定可靠；通过科学管理，实现数据中心基础设施运行维护服务与经济性的最优化；数据中心基础设施的运行维护宜按不同设计或建设等级进行；基础设施系统与设备故障和维护期间，应有相应的保障措施和应急预案。

该标准为推荐性国家标准，没有强制性条款。

2.《信息技术 用户建筑群通用布缆 第 5 部分：数据中心》（GB/T 18233.5—2018）

该标准由 TC28（全国信息技术标准化技术委员会）归口上报，于 2018 年 12 月 28 日发布并实施。该标准等同采用 ISO/IEC 国际标准 ISO/IEC 11801-5：2017。

该标准是《信息技术 用户建筑群通用布缆》（GB/T 18233）系列标准的第 5 部分。第 1 部分通用要求、第 2 部分办公场所、第 3 部分工业建筑群、第 4 部分住宅、第 6 部分分布式楼宇设施已经发布。

该标准描述了数据中心机房内核接入数据中心的通用布缆，或者其他类型建筑物内的数据中心的通用布缆，包括平衡布缆和光纤布缆。适用于最大电信服务距离为 2 000m 的建筑。该标准共分 11 章，主要内容包括：范围、规范性引用文件、术语和定义、符合性、通用布缆系统结构、信道性能要求、链路性能要求、参考实现、线缆要求、连接硬件要求、跳线的要求。

3.《集装箱式数据中心机房通用规范》（GB/T 36448—2018）

该标准由 TC28（全国信息技术标准化技术委员会）归口上报，于 2018 年 6 月 7 日发布，2019 年 1 月 1 日起实施。

该标准规定了集装箱式数据中心的分类要求和测试方法，适用于集装箱式数据中心机房（包括制冷系统、供配电系统消防系统、综合监控系统、照明系统等）的设计、制造、安装、运输和测试。

该标准根据集装箱式数据中心计算机系统运行中断的影响程度，将集装箱式数据中心分为 A、B、C 三级。A 级，指在计算机系统运行中断后，会对国家安全、社会秩序、公共利益造成严重损害的；B 级，指在计算机系统运行中断后，会对国家安全、社会秩序、公共利益造成较大损害的；C 级，指不属于 A、B 级的情况的。标准使用者可根据业务的重要性参照上述等级对集装箱式数据中心的级别进行划分。

该标准根据集装箱箱体的构成、布置等需求，将集装箱式数据中心分为一体集装箱式数据中心和分体集装箱式数据中心。一体集装箱式数据中心是指将信息设备系统、制冷系统、供配电系统、消防系统、综合监控系统、照明系统等集中安装到一个集装箱内所构成的数据中心；分体集装箱式数据中心是指由两个及两个以上的一体集装箱式数据中心集群部署组成的数据中心，或者将信息设备系统、制冷系统、供配电系统、消防系统、综合监控系统等组合或独立安装到两个或两个以上集装箱内共同构成的数据中心。

该标准中提出了对供配电、制冷、监控、防火防盗、人机安全等的基本要求；对一体集装箱式数据中心、分体集装箱式数据中心结构的要求；对柜体、制冷、环境、供配电、防雷、综合布线、综合监控、消防、总装、运输的要求，并提出了测试的要求和方法。

该标准为推荐性国家标准，没有强制性条款。

（三）进入编制修订阶段的国家标准

1. 制定强制性国家标准《数据中心项目规范》

根据国务院《深化标准化工作改革方案》（国发〔2015〕13 号）要求，住房和城乡建设部全面启动了构建强制性标准体系、研编工程规范工作。2017 年 12 月 8 日，住房和城乡建设部发出《关于印发 2018 年工程建设规范和标准编制及相关工作计划的通知》（建标函〔2017〕306 号），将其列入国家工程建设规范类着手组织编研。该规范涵盖各类数据中心建设工程，主要研究并提出数据中心规划选址、规模构成、项目构成等目标要求，消防、节能、环保、安全等方面的要求，以及设计、施工、设备安装、验收、运行、维护、检测、加固、改造修缮、拆除、废旧利用等方面需要强制执行的技术措施等。主编部门为工业和信息化部，组织单位为中国电子技术标准化研究院电子工程标准定额站，起草承担单位为中国电子工程设计院等，要求于 2019 年 6 月形成研究报告和规范草案。经过各方的努力，在研编工作成果的基础上，规范起草组于 2020 年 10 月形成了《数据中心项目规范》征求意见稿。

《数据中心项目规范》征求意见稿分为 5 章，分别是：总则；基本规定（包括一般规定、规划与选址、建筑与结构、机电系统、施工与运维）；主机房区（包括一般规定、建筑与结构、机电系统）；辅助区；支持区。全文共计 80 余条，全部由强制性条款组成，是工程建设强制性国家标准。按照起草组的编写说明，在编研、编写的过程中，编制组为落实工程建设标准化工作深化改革的总体要求、满足数据中心工程建设需要、保证数据中心行业持续稳定健康发展，在《数据中心项目规范》征求意见稿中将现行工程建设标准中分散的强制性规定精简整合，补充不同等级、不同规模数据中心功能、性能等方面的指标要求，使之成为适用于数据中心全生命周期的工程建设标准。有理由相信，《数据中心项目规范》将是未来数据中心领域最重要的建设标准。

2．修订《数据中心基础设施施工及验收规范》（GB 50462—2015）

《数据中心基础设施施工及验收规范》（GB 50462—2015）是住房和城乡建设部于 2015 年 12 月 3 日以第 1002 号公告发布，自 2016 年 8 月 1 日起实施的。GB 50462—2015 替代了原国家标准《电子信息系统机房施工及验收规范》。其中，第 3.1.5、5.2.10、5.2.11、6.2.2 条为强制性条文，必须严格执行。

2020 年 1 月 14 日，住房和城乡建设部发出关于《印发〈2020 年工程建设规范标准编制及相关工作计划〉的通知》（建标函〔2020〕9 号），确定对 GB 50462—2015 进行局部修订，主要修订内容是：对配电系统提出相应的验收要求，对主机房布线系统中的铜缆与电力电缆或配电母线槽之间的最小间距要求与《数据中心设计规范》保持一致等。修订主编部门是工业和信息化部，修订工作组织单位是中国电子技术标准化研究院电子工程标准定额站，参与修订的有中国电子技术标准化研究院等单位。

2020 年 5 月 19 日，修订工作启动，经研究，修订除了要解决与现行数据中心有关国家标准相协调的问题，还要结合数据中心发展的情况，增、删、改部分条款，以满足新一代数据中心基础设施施工及验收的要求；扩大标准适用范围，不再局限于陆地建筑内的新建、改建和扩建的数据中心基础设施；增加微模块、集装箱数据中心、间接蒸发冷却等新技术、新工艺的验收内容；拟在综合测试、验收章节增加工程与现行国家标准使用符合度的内容，增强标准的指导作用。

3．组织编制《公共机构绿色数据中心运维规范》

为充分发挥公共机构特别是党政机关在绿色数据中心建设中的示范引领作用，加强公共机构数据中心的运维管理，由国家机关事务管理局公共机构节能管理司提出并委托中国电子技术标准化研究院开展《公共机构绿色数据中心运维规范》的编制。2020 年 4 月 17 日，国家机关事务管理局、中国电子技术标准化研究院以网络视频会议形式召开了规范编写启动会。

该标准编制的目的是深化绿色数据中心的全生命周期建设工作，贯彻落实创建节约型公共机构示范单位，统筹推进公共机构数据中心的绿色运维，持续做好节水、节电等工作，创建一批有特色、有示范、有引领、有成效的节约型机关单位的要求。

该标准提出了公共机构绿色数据中心基础设施系统与设备运行维护的规范性、安全性和及时性要求，以保障电子信息设备运行环境的可靠性。该标准分 8 章，包括范围、规范性引用文件、术语和定义、公共机构绿色数据中心运行维护对象、一般要求、运行、维护和制度。该标准适用于已投入运行的公共机构数据中心，其他数据中心亦可参照执行。

三、数据中心标准规范建设存在的不足及发展趋势

（一）数据中心标准规范建设存在的不足

数据中心标准随着数据中心的发展而发展，数据中心的标准体系已经形成，这是一个巨大的进步，但是也存在如下几个方面的不足。

1．标准重叠

这是我国标准的“老大难”问题。无论是国家标准、行业标准及地方标准都有这样的问题存在。有国家标准之间重叠的，也有国家标准与行业标准、地方标准发生重叠的。标准是

为数据中心服务的，如果针对某件事情存在不同的标准，无疑会在技术上让使用者无所适从。尤其是国家标准，代表着国家意志，但声音却不统一，导致实施过程中出现不必要的矛盾，影响了标准的贯彻执行。

因为允许行业标准和地方标准提出比国家标准更高的要求，所以国家标准与行业标准、地方标准的重叠是被允许的，但行业标准和地方标准提出的指标与国家标准不应当发生让使用者无所适从的矛盾。

2. 标准编制周期长

国家标准编制周期长也是一直存在的问题。国家标准的编制要经过“三稿两审”编制步骤，“三稿两审”是国家标准质量的可靠保证，但也影响了标准的时效性。参编人员多为非专职人员，编写标准的时间难以保障，也是编制周期过长的原因之一。

3. 可操作性较低

国家标准可操作性较低的原因有几个方面。一是国家标准覆盖面广，提出一个具体指标很难满足各方的需求，所以往往提出的都是定性而非定量的指标；二是国家标准审核专家知识结构问题，现在的知识更新很快，有些审核专家不熟悉标准内容，审核随意性较大，导致一些创新的内容很难通过审查；三是参编单位派出的人员在原单位还有本职工作，时间和精力难以兼顾；四是编制经费有限，导致实验性研究和广泛性调查难以开展，所以标准中的数据和新技术缺乏过硬的依据，导致一些创新性和实用性的条款很难通过审查。

4. 团体标准质量参差不齐

这几年，团体标准“风起云涌”，短期内出现了大量的同类标准，甚至出现了相同名字的两个不同的团体标准。此举虽然不违反团体标准规定，但让使用者为难，也给社会评价带来困惑，长此以往，将影响团体标准的公信力。

团体标准的质量是由社团组织掌握的，而我国社团组织数量很大，组织机构差异很大，也就导致团体标准的质量参差不齐。目前，团体标准相对其他标准来说比较混乱，存在的问题一是质量差异性大；二是内容重复的多，许多类似的标准内容会对社会资源造成浪费。

（二）数据中心标准规范建设的发展趋势

针对数据中心标准存在的前述不足，国家采取了许多应对措施，如加强对标准的投入，对现有标准进行梳理，通过编制全文强制的《数据中心项目规范》将数据中心建设统一到一个标准上，减少国家标准的数量，将推荐性国家标准转为团体标准，接受社会的选择。

团体标准的问题是前进中的问题，相信通过数据中心建设大潮的大浪淘沙，劣质的团体标准将会被社会淘汰，经受住考验的团体标准也许就升华为国家标准了。

总之，数据中心国家标准会越来越精简，团体标准的数量会大大增加；国家标准将会把管辖范围缩小到关系国计民生的主要指标上来，而团体标准将全方位覆盖数据中心行业，涉及的领域会越来越多、数量会越来越多、质量也会越来越精。

（作者单位：北京科计通电子工程有限公司）

国际《数据中心设施与基础设施标准》及其对我国数据中心标准建设的启示

杨晓平

数据中心从通信机房的发展演变而来，随着互联网的诞生、数字化的转型，有关数据中心的标准规范也在与时俱进、不断改进和完善，从侧重于数据中心的建设期，进而向数据中心全生命周期的思维和要求方面发展。国际标准化组织、国际电工委员会（ISO/IEC）2018年共同发布的《数据中心设施与基础设施标准》（ISO/IEC TS 22237—2018），是一部较多地体现数据中心全生命周期的系列建设标准，对我国数据中心标准规范的建设具有很强的指导意义。在此，将其与我国数据中心标准的差异做一些对比，以期能启迪、开阔参与我国数据中心建设和标准规范编制工作的专家学者的思路。

一、《数据中心设施与基础设施标准》（ISO/IEC TS 22237—2018）概述

（一）《数据中心设施与基础设施标准》（ISO/IEC TS 22237—2018）的沿革

2012—2017 年，欧盟电工标准化委员会（EN）制定了《信息技术・数据中心设施与基础设施》（EN 50600）的技术丛书，成为欧盟成员数据中心建设的最佳实践，随后被国际标准化组织采纳，形成了《数据中心设施与基础设施标准》（ISO/IEC TS 22237—2018）。在一定意义上，《数据中心设施与基础设施标准》（ISO/IEC TS 22237—2018）是欧洲标准 EN 5006 和国际标准《数据中心关键性能指标》（ISO/IEC 30134）的融合，两个标准的转换关系如表 1 所示。

表 1　ISO/IEC 标准与 EN 标准的版本转换一览表

EN 标准	转换	ISO/IEC 标准
信息技术・数据中心设施与基础设施	→	数据中心设施与基础设施标准
EN 50600-1 第 1 部分：通用概念	→	ISO/IEC 22237-1 第一部分：通用概念
EN 50600-2-1 第 2-1 部分：建筑结构	→	ISO/IEC 22237-2 第二部分：建筑结构
EN 50600-2-2 第 2-2 部分：配电系统	→	ISO/IEC 22237-3 第三部分：配电系统
EN 50600-2-3 第 2-3 部分：环境控制	→	ISO/IEC 22237-4 第四部分：环境控制
EN 50600-2-4 第 2-4 部分：通信布线基础设施	→	ISO/IEC 22237-5 第五部分：通信布线基础设施
EN 50600-2-5 第 2-5 部分：安全系统	→	ISO/IEC 22237-6 第六部分：安全系统
EN 50600-3-1 第 3-1 部分：管理与运维	→	ISO/IEC 22237-7 第七部分：管理与运维
信息技术一数据中心设施与基础设施		数据中心关键性能指标
EN 50600-4-1 第 4-1 部分：关键性能指标概述	←	ISO/IEC 30134-1 概述与通用要求
EN 50600-4-2 第 4-2 部分：电能使用效率	←	ISO/IEC 30134-2 电能使用效率 PUE
EN 50600-4-3 第 4-3 部分：可再生能源系数	←	ISO/IEC 30134-3 可再生能源 REF

（二）《数据中心设施与基础设施标准》（ISO/IEC TS 22237—2018）的架构

《数据中心设施与基础设施标准》（ISO/IEC TS 22237—2018）由 7 个文件组成：

ISO/IEC TS 22237-1 信息技术　数据中心设施和基础设施　第 1 部分：通用概念。

ISO/IEC TS 22237-2 信息技术　数据中心设施和基础设施　第 2 部分：建筑施工。

ISO/IEC TS 22237-3 信息技术　数据中心设施和基础设施　第 3 部分：配电系统。

ISO/IEC TS 22237-4 信息技术　数据中心设施和基础设施　第 4 部分：环境控制。

ISO/IEC TS 22237-5 信息技术　数据中心设施和基础设施　第 5 部分：电信电缆基础设施。

ISO/IEC TS 22237-6 信息技术　数据中心设施和基础设施　第 6 部分：安全系统。

ISO/IEC TS 22237-7 信息技术　数据中心设施和基础设施　第 7 部分：管理和运维。

ISO / IEC TS 22237—2018 系列标准中 7 个部分之间的相互关系如图 1 所示。

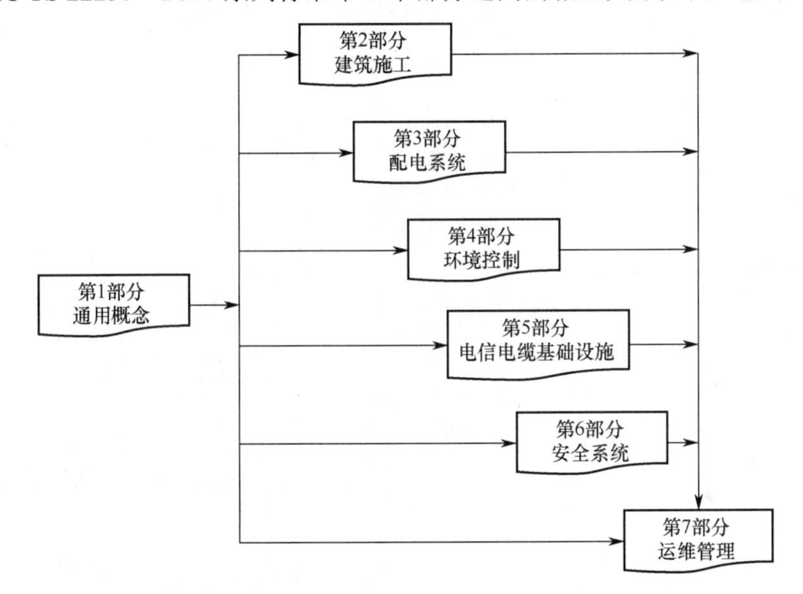

图 1　ISO/IEC TS 22237 系列标准各部分之间关系

二、《数据中心设施与基础设施标准》（ISO/IEC TS 22237—2018）与国内标准的差异

《数据中心设施与基础设施标准》（ISO/IEC TS 22237—2018）从全新的视角给出了数据中心从规划到建造再到运维各阶段工作的内容和需要遵守的规范。对照我国数据中心的相关标准，主要的差异有以下几个方面。

（一）数据中心全过程管理路径

《数据中心设施与基础设施标准》（ISO/IEC TS 22237—2018）在通用概念的部分，将数据中心的建设从规划开始到运维，划分为 11 个阶段：战略（规划）、目标、系统规格、设计方案、决定、功能设计、批准（书）、最终设计与项目计划、合同、施工、运行。各阶段参与的组织方及其职责如图 2 所示。

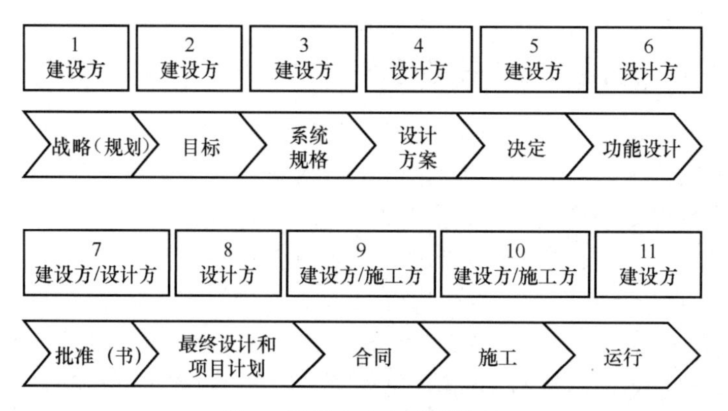

图 2　数据中心全过程管理

（二）引入业务风险识别、评估与决策对数据中心建设的影响

《数据中心设施与基础设施标准》（ISO/IEC TS 22237—2018）引入了风险识别和评估的理念。风险识别和评估对数据中心项目立项、可行性研究至关重要，风险识别和评估将决定数据中心决策、投资和运维的走向。在 ISO/IEC TS 22237-1 通用概念部分，从停机成本、风险影响面和发生概率两个维度给出了数据中心风险损失和严重性的划分，具体如表 2 所示。

表 2　业务风险识别与评估

业务风险	停机成本	1．直接经济损失和处罚； 2．间接损失； 3．对商业声誉的评估，例如，互联网服务商或金融
	风险影响面和发生概率	1．事件发生的范围； 2．事件发生的严重程度； 3．事件发生的概率
风险发生概率	分级（4 级）	风险严重程度
非常低	低	非关键服务损失
低	中	系统关键部件失效，但有冗余
中	高	丢失关键系统冗余，但不影响客户服务
高	关键性	失去一个或多个客户的关键服务，或失去生命

每个风险都可以通过数据中心风险量化分析图来量化，如图 3 所示。

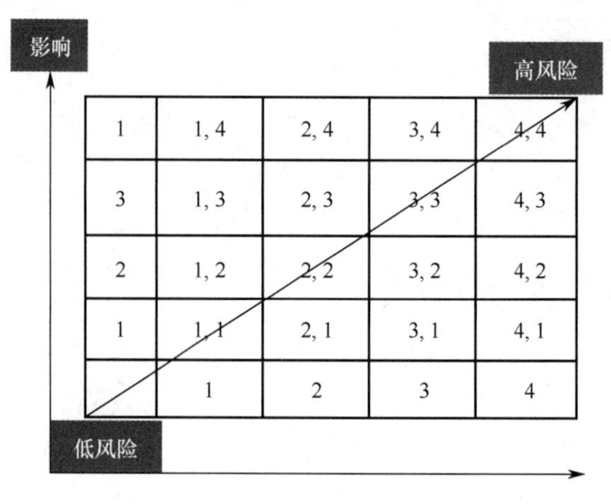

图 3　数据中心风险量化分析图

通过对数据中心基础设施风险事件的评估，做出数据中心建设等级决策，确定降低风险的设计方向。

（三）数据中心可用性等级的差异

在我国数据中心的建设标准《数据中心设计规范》（GB 50174—2017）中，将数据中心分为A、B、C三个级别。其中，A级是最高级别，为容错型，在系统需要运行期间，其场地设备不应因操作失误、设备故障、外电源中断、维护和检修导致电子信息系统运行中断；B级为冗余型，在系统需要运行期间，其场地设备在冗余能力范围内，不应因设备故障导致电子信息系统运行中断；C级为基本型，在A级和B级范围之外的数据中心（机房）都可归为C级，它在场地设备正常运行情况下，应保证电子信息系统运行不中断。

美国国家标准学会（ANSI）、美国电信产业协会（TIA）及其技术工程委员会共同发布的《数据中心电信基础设施标准》（TIA—942），将数据中心分为1、2、3、4四个级别。其中，级别1称为：数据中心－基本的；级别2称为：数据中心－冗余元件；级别3称为：数据中心－热机维护；级别4称为：数据中心－容错。级别4是最高级别。

《数据中心设施与基础设施标准》（ISO/IEC TS 22237—2018）从基础设施可用性的维度给出了可用性1～4级的划分，并给出每个级别的要求，内容如表3所示。

表3　数据中心的可用性等级分级表

	可用性1级	可用性2级	可用性3级	可用性4级
数据中心基础设施可用性	低	中	高	非常高
配电 ISO/IECTS 22237-3	单路径（无冗余）	单路径（组件冗余）	多路径（系统冗余）	多路径（系统容错），即使在维护期间也能正常运行
环境控制 ISO/IECTS 22237-4	无特殊要求	单路径（组件无冗余）	单路径（组件冗余）	多路径（系统冗余），允许在运行期间进行维护
通信布线 ISO/IECTS 22237-5	采用点对点单路径直连	单路径结构化布线	多路径的结构化布线	多重多路径的结构化布线

（四）数据中心的选址差异

在我国数据中心的建设标准《数据中心设计规范》（GB 50174—2017）中，对选址做了9项规定：①电力供给应充足可靠，通信应快速畅通，交通应便捷；②采用水蒸发冷却方式制冷的数据中心，水源应充足；③自然环境应清洁，环境温度应有利于节约能源；④应远离产生粉尘、油烟、有害气体以及生产或贮存具有腐蚀性、易燃、易爆物品的场所；⑤应远离水灾、地震等自然灾害隐患区域；⑥应远离强振源和强噪声源；⑦应避开强电磁场干扰；⑧A级数据中心不宜建在公共停车库的正上方；⑨大中型数据中心不宜建在住宅小区和商业区内。

ISO/IEC TS 22237-2 建筑施工部分对数据中心选址的视角更为宽泛，给出的6大要素包括：地理位置、自然环境、周边情况、公共配套设施、预算、法律法规，具体要求如表4所示。

（五）对建筑施工要求的差异

在《数据中心设计规范》（GB 50174—2017）中，单就建筑与结构专设了一章，分为一般规定；人流、物流及出入口；围护结构热工设计和措施；室内装修四节。对施工的要求则融于空气调节、电气、电磁屏蔽、网络与布线系统、智能化系统、给水排水、消防与安全各个专业章节，要求具体详尽。

表 4　ISO/IEC TS 22237-2 对数据中心选址的要求

范　围	选址要素
地理位置	1．海拔高度； 2．评估其对环境的影响； 3．利用可再生能源（如风能、太阳能、空气能、地热能、水能和海洋能、生物质能、污水处理厂的沼气等）的可能性
自然环境	1．洪水； 2．活跃地震带、火山； 3．高风速带； 4．自然原因（如火山活动等）造成的空气污染； 5．靠近海岸线； 6．低于海平面； 7．在特殊用途的地区（如泄洪区）； 8．埋藏的洞穴（天然的或人造的）和埋藏的公用设施； 9．测量的土壤电阻率和地下水状况超过预期变化； 10．有无污染
周边环境	1．储存、加工或以其他方式处理核，爆炸，易燃或有毒的设施、物质或其他有害物质； 2．交通干线，如水路、公路、铁轨、飞行航线； 3．振动源，如锤式粉碎机、轨道交通； 4．电磁干扰，如高压线、发射站； 5．公众聚集的场所，如聚会或政治目标； 6．高大且不稳定的装置，如果倒塌会损坏数据中心； 7．其他无关或无关紧要的操作（如用户对数据中心的要求）
公共（市政）配套设施（包括电力、通信、水、排污、天然气、公共服务等）	1．可及性（周边公用事业服务的资源和服务能力）； 2．冗余（来自不同来源的服务）； 3．可用性（基于历史记录可靠性的趋势）； 4．容量　（电力：短路电流；水：压力和流量；排水：大小）
预算	1．场地成本（土地等）； 2．将公用设施（电力、通信、水等）接入场地的成本
法律法规	当地法规（政府规划、法律限制）是否对选址有影响

ISO/IEC TS 22237-2 建筑施工部分从建筑施工的角度给出了数据中心包含的建筑为：基础、外墙和内墙、屋顶、雨水排放、地板和天花板、走廊和门，并给出了相应的明确要求。还提出了功能分区上应考虑防火分隔、人员进出设防等要求。

对数据中心各功能区建筑负荷的要求如表 5 所示。

表 5　数据中心功能区建筑负荷

负载能力		数据中心空间以及到这些空间的路径			
		其他空间	电子设备和机电设备机房	停靠场或卸货区	电梯
地面	最小均匀载荷	5 kN/m^2	12 kN/m^2	20 kN/m^2	
	最小点负荷	2.0 kN	5.0 kN	7.5 kN	1.5KN
天花板	最小吊重	1.5 N/m^2	2.5 kN/m^2	3.0 kN /m^2	

ISO/IEC TS 22237-2 建筑施工部分，还要求对下列因素加以考虑：接近电源，以减少母线或电缆的长度；靠近空调室，以减少管道和风管的长度；靠近建筑物的通信分配点（运营商接入间）；单个机房的面积不应超过 600 平方米；机柜行长不得超过 20 个机柜；行的排列应遵循“冷/热通道”隔离要求。

（六）配电系统要求的差异

在《数据中心设计规范》（GB 50174—2017）中，配电属于电气一章、供配电一节中的一部分，要求其应当符合现行国家标准《供配电系统设计规范》（GB 50052）的有关规定，并且在规范性附录中分级别提出了具体要求。

ISO/IEC TS 22237-3 配电系统部分包含了内部配电与分类、配电可用性、物理安全、能效管理四个部分，为配电系统规定了四种可用性分级的设计要求，如表 6 所示。

表 6　数据中心配电系统可用性分级

分级	特　征	故　障	例行维护保养	设计要求
1 级	单路经（无冗余）	部件出现故障会导致功能丧失	例行或计划外维护保养需要关闭负载	
2 级	单路经（组件冗余）	1. 路经中有冗余的单个故障不会导致功能丧失； 2. 重大故障会导致计划外的负载关闭	1. 常规的维护不需要关闭负载； 2. 重大的维护（每年或每两年进行一次完整性检查）需要计划内的负载关闭	
3 级	多路经冗余	1. 冗余多路经系统中的单个故障不会导致功能丧失； 2. 重大故障可能导致计划外负载关闭	所有维护（包括年度或半年一次的安全完整性检查）都无须关闭负荷	应该是在主动和被动路经之间有最少的可能的公共故障点，包括隔离路经和物理隔离
4 级	多路经容错	1. 任何一个路径中的单个故障不会导致功能丧失； 2. 任何一个路经中的重大故障不会导致计划外的负载关闭	1. 任何一个路经都可以满足在线维护； 2. 所有的维护（包括年度或两年的安全完整性检查）无须关闭负载	应做到两条路经之间没有故障的共同点，包括隔离路由、物理分隔和防火；每条路经都不需要 N+1 冗余，除非客户要求

（七）对数据中心环境控制的差异

在《数据中心设计规范》（GB 50174—2017）中，单列了环境要求一章，内容相对简单，涉及温度、露点温度、空气粒子浓度、噪声、电磁干扰、振动及静电，除提出具体指标、在规范性附录提出要求外，还要求数据中心装修后的室内空气质量不仅要符合该规范的规定，还要符合现行国家标准《室内空气质量标准》（GB/T 18883）的有关规定。

ISO/IEC TS 22237-4 环境控制部分中，对数据中心内每个功能区的环境温度都做了详细的要求，与《数据中心设计规范》（GB 50174—2017）相比，更具有操作性。

1．数据中心各功能分区温度控制要求

ISO/IEC TS 22237-4 中详细给出了数据中心各功能区域的温度范围、监测点等内容，如表 7 所示。

表7　数据中心各功能区域的环境控制的设计要求

区　域	环境温度控制	通　风	监　测	辅　助
建筑入口	没有要求			
人员入口	舒适的环境控制措施			
接卸货区	没有要求			
发电机区	按设备制造商的要求，如未指明，应控制在10°C～35°C	燃烧和散热器冷却提供足够的通风	监测温度、烟雾、一氧化碳和燃料泄漏	发动机应配置恒温控制的加热器
燃油存放区	1. 燃料>零度存放； 2. 预防<10°C时，燃油（包括机油）凝固		对燃料存储系统进行泄漏监测	
变压器房	按设备制造商的要求，如未指明，应控制在10°C～35°C	变压器进行强制风冷	应监测温度和烟雾	开关柜应设有防凝露加热装置
配电房	按设备制造商的要求，如未指明，应控制在10°C～40°C	应提供通风	监测温度和相对湿度	开关柜应设有防凝露加热装置
外部电力接入间	如果在机房外面，则应按通信接入间要求；如果在机房内，应按照计算机机房要求设置			
通信接入间	按设备制造商的要求，如未指明，应控制在10°C～30°C；相对湿度应保持在20%～70%		监测温度和相对湿度	
计算机机房和测试区	机房空间是最重要的空间，应考虑和满足以下要求： a）工作温度；b）相对湿度；c）空气质量：e）尘埃含量；f）细菌含量；g）气态污染物			
制冷	如果制冷空间安装了电气设备，则按电气室的环境控制要求设计		温度和相对湿度	
控制室	采用舒适环境控制措施	新风	温度和相对湿度	
办公室	采用舒适环境控制措施	新风	温度和相对湿度	
备件/储物	采用基本环境控制措施（保持温度和相对湿度）		温度和相对湿度	
静态或飞轮UPS（无电池）	按设备制造商的要求，如未指明，应控制在10°C～35°C	无冷凝	温度和相对湿度	
静态或飞轮UPS（含电池）	按电池间环境要求设计	强制排风换气	温度和相对湿度，氢气监测	
柴发旋转式UPS	按设备制造商的要求，如未指明，应控制在10°C～35°C	燃烧和散热器冷却提供足够的通风	监测温度、烟雾，一氧化碳和燃料泄漏	发动机应配置恒温控制的加热器
电池与UPS同房间	按电池环境要求设计	强制排风换气	温度和相对湿度，氢气监测	
电池独立空间	按设备制造商的要求，如未指明，则温度应保持在（20±2）°C	强制排风换气	温度和相对湿度，氢气监测	

2．数据中心环境设施可用性等级要求的差异

ISO/IEC TS 22237-4将环境设施的可用性等级划分为2级～增强4级，共四个等级。以使用水冷空调为例，计算机机房环境可用性分级要求如表8所示。

表 8　计算机机房环境可用性分级要求

等级	架　构	冷水机组系统
2 级	单路径（无冗余备份）	基于单个（或 N 个）压缩机冷却器，单个主泵和单个（或 N 个）末端空调模块，全部采用单路电力系统供电，无冗余
3 级	单路径（组件级冗余）	基于（N+1）压缩机的冷却器系统，（N+1）主泵和（N+1）末端空调模块，关键部件中包括 N+1 冗余的单路径电力系统供电。某些无源子系统（如冷水管道）没有冗余，因此此类部件中的故障会被视为主要故障，通常会导致制冷中断
4 级	多路径冗余	包括冗余（N+1）压缩机冷却系统、双（N+1）主泵和关键空间中的冗余（N+1）末端空调模块，所有设备都由单路径电源系统供电，该系统在关键部件中包括 N+1 冗余，采用自动或手动切换开关。所有无源子系统（如冷冻水管道）有路径冗余，如果组件故障导致冷却中断，可以通过备用的路径快速（手动）替代主路径，恢复系统运行
增强 4 级	多路径容错	双活的（2N）冷冻水冷却系统，包括两个分离且完全独立的（N）压缩机冷却系统，每个系统具有（N）主泵、独立（N）管道系统和关键空间中的非冗余（N）空调模块，每个系统由其自己的单路径供电系统供电，在关键部件中采用了 N 或 N+1 冗余

（八）数据中心安全管理

在《数据中心设计规范》（GB 50174—2017）中，数据中心的安全管理体现在三个章节中。一是建筑与结构一章中的人流、物流及出入口一节，其中规定宜单独设置人员出入口和货物出入口、有人操作区域和无人操作区域宜分开布置、通道及门的宽度尺寸，以及功能房间的设置等。二是智能化系统一章中的安全防范系统一节，其中规定安全防范系统宜由视频安防监控系统、入侵报警系统和出入口控制系统组成，各系统之间应具备联动控制功能，在紧急情况时，出入口应能接受联动控制信号，自动打开。三是消防与安全一章中的防火与疏散一节，其中规定数据中心耐火等级不应低于二级、火灾危险性分类应为丙类、数据中心内任一点到最近安全出口的直线距离、设置气体灭火系统的主机房应配置专用空气呼吸器或氧气呼吸器等。

ISO/IEC TS 22237-6 安全系统部分详细地给出了数据中心各功能区安全划分和人员进出访问的管理。

1. 数据中心各功能区安全划分

ISO/IEC TS 22237-6 安全系统部分将数据中心的各个区域的安全防护划分为 4 个等级，具体如表 9 所示。

表 9　数据中心区域防护等级

防护等级	1 级	2 级	3 级	4 级
防护范围	数据中心（包括园区或建筑物）出入口公共场所	机房以外的办公区、测试区、备件备品库房、缓冲区等	数据中心内部区域：计算机机房、监控室	计算机机房（含单机柜或一排机柜）

2. 数据中心安全防护区域的访问

ISO/IEC TS 22237-6 安全系统部分给出了不同防护区域的访问权限要求，具体如表 10 所示。

表 10　不同防护区域访问权限

第 1 级	第 2 级	第 3 级	第 4 级
公共区域或半公共区域	所有授权人员（员工、访客）都可以进入	仅限于指定员工和已授权的访客进入，其他需要进入的人员应在取得授权后由进入第 3 类区域权限的人员陪同	仅限于指定需要进入的特定员工进入，其他需要进入的人员应在取得授权后，由进入第 4 类区域权限的人员陪同

（九）投产前的验收与接管

我国对数据中心的验收有专门的国家标准《数据中心施工及验收规范》（GB 50462—2015），对室内装饰装修、配电、防雷接地、空调、给水排水、综合布线及网络、监控与安全防范、电磁屏蔽，提出了施工和验收的要求。另外，还专列了竣工验收一章，就一般规定、竣工验收条件、竣工验收程序做出了规定。我国数据中心验收的特点，还是囿于建设工程、建设项目的验收。在 ISO/IEC TS 22237-7 管理和操作部分中，给出的数据中心交付验收具体要求，其涉及面要更加宽泛。

1. 资料移交

在 ISO/IEC TS 22237-7 管理和操作部分中，验收和接管各项工作的第一项是移交建设中的各种资料，所列出资料如表 11 所示。

表 11　竣工验收移交资料

序号	资料内容
1	最新和准确的竣工记录和图纸，包括工程单线图
2	一套完整的操作和维护手册，包括标准操作程序、维护操作程序、应急操作程序、升级程序等
3	综合调试记录
4	一个最新和准确的资产登记册
5	有记录的计划维护计划和一整套维护记录
6	符合法律法规所需的所有文件
7	符合自愿性标准和证书所需的所有文件

2. 系统验收

建筑、配电、环境（制冷）、综合布线、安全、监控、能效各个子系统，在实施投产前验收，各子系统验收的内容如表 12 所示。

表 12　数据中心各个子系统投产前验收的内容

子系统	验收的内容
建筑	1. 检查逃生路线，以确保它们无堵塞； 2. 检查逃生路线的技术支持，如应急灯、逃生路线象形图等，并进行测试
配电	1. 按冗余的配置，关闭部分基础设施，以证明系统安全运行； 2. 发电机的测试需持续一定运行时间，以确保主电源发生数小时的停电时，柴油发电机能满足持续工作的要求。当测试发电机时，UPS 系统应处于负载状态，因为 UPS 输入的功率因数可能对发电机启动条件产生影响； 3. 验证测试返回主电源的程序； 4. 对电力系统进行综合测试，确保模拟停电期间关键 IT 负载正常工作，应采用假负载模拟 IT 负载，必须达到所有冗余系统配置的排列与最大设计容量相匹配。所有试验应记录

（续表）

子系统	验收的内容
环境	1．对冷却系统进行综合测试，以确保机房空间中的温度和湿度保持在设计限制范围内。应采用假负载模拟 IT 负载，所有冗余系统配置的排列和与最大设计容量相匹配； 2．测试湿度控制； 3．为了控制污染物，只有在可以去除污染物而不影响运行条件的情况下，才能进行测试
综合布线	进行链路/通道测试并记录，审核施工线缆与设计要求的符合性
安全	1．使后期运维人员能够轻松识别最重要的报警器； 2．以明确的说明向工作人员介绍工作流程； 3．要采取的操作将得到确认，并有工作流程和强制执行文档； 4．安全子系统之间可能存在相互作用，如在发生火灾时，检测逃生路线在正常运行中被阻塞、被释放的情况。这些互动是安全要素的一部分，应进行测试和核对； 5．应对消防系统进行测试并记录，以确保每个火灾探测器能正常工作，并引出火灾报警系统、发声器、闪光灯、语音报警系统和连接其他系统的适当响应。应核对设计规范和控制逻辑
监控	检测监控系统中有关配电、空调、能效等运行状态，确保各种阈值与设计相符合，确保故障发生时能够及时被检测和报警。应记录所有试验结果
能效	为了达到任何预期水平的能源效率，对所有基础设施子系统的部分负荷运行进行测试，记录所有试验结果

（十）重视数据中心能效管理

ISO/IEC TS 22237-7 管理和操作部分详细给出了数据中心的 PUE、Ppue、CUE、WUE、REF、EER 等多项指标的计算方法。

1．电能使用效率（PUE）

$$PUE=E_{DC}/E_{IT}$$

式中，E_{DC} 为数据中心所有系统的能耗，单位为 kW·h；E_{IT} 为 IT 设备的能耗，单位为 kW·h。

2．区域电能使用效率（Ppue）

$$Ppue=E_{sub}/E_{IT}$$

其中，E_{sub} 为区域所有系统的能耗，单位为 kW·h；E_{IT} 为 IT 设备的能耗，单位为 kW·h。

3．碳使用效率（CUE）

$$CUE= PUE\times G_c(g/kWh)$$

式中，G_c 为每千瓦时的碳排放。采用可再生能源和不可再生能源的系数会有所不同。需要注意：核能被定义为不可再生能源，但没有碳和其他温室气体排放。

4．用水效率（WUE）

$$WUE=\frac{W_{DC}}{E_{IT}}(m^3/kW\cdot h \text{ or } L/kW\cdot h)$$

式中，W_{DC} 为数据中心使用的水量，单位为 m^3 或者升（L）；E_{IT} 为 IT 设备的能耗，单位为 kW·h。

5．可再生能源系数（REF）

$$REF=E_{ren}/ EDC\times 100\%$$

式中，E_{ren} 为可数据中心使用可再生能源能耗，单位为 kW·h；E_{DC} 为数据中心所有系统的能耗，单位为 kW·h。

6. 能源管理 KPI——能效比（EER）

$$EER=Q_{排出的总热热量}/Q_{数据中心制冷}$$

式中，$Q_{排出的总热热量}$为数据中心排出的总热量，单位为 kW·h；$Q_{数据中心制冷}$为冷却系统的总能耗，单位为 kW·h。

（十一）运维管理要求

ISO/IEC TS 22237-7 管理和操作部分给出了数据中心投产后的运维管理要求。

1. 数据中心投产后的运维流程和运维内容

在 ISO/IEC TS 22237-7 管理和操作部分，对数据中心投产后的运维提出明确的管理流程，应建立相应的管理流程，完成相应的运维内容，具体如表 13 所示。

表 13 数据中心投产后的运维要求

运维流程	运维内容
签订协议	与客户签订服务水平协议（Service Level Agreement，SLA）
运营管理	1. 基础设施维护、监控：能源管理、生命周期管理、容量管理和可用性管理； 2. 事件管理：事件的分类、分级、处理；KPI：可用性、平均故障间隔时间（MTBF）
资产和配置管理	1. 识别、记录、设置参数，以及所有相关配置项的状态监测； 2. 基础设施的组成要素； 3. 各种文件； 4. 数据中心管理的软件和应用程序； 5. 服务级别协议
容量管理	1. 总容量：基础设施为充分使用而设计的最大容量； 2. 配置的容量：实际安装基础设施的容量； 3. 使用容量：IT 和设施使用的实际容量
突发事件管理	响应计划外事件、恢复正常运行管理的能力，记录突发事件收到消息、事件被记录、处理、监控、解决和关闭的全过程
变更管理	1. 记录变更、协调、批准过程，监控所有变更； 2. 每次变更都需要进行影响/风险分析，以评估相关风险并减轻风险； 3. KPI：更改日志记录的完整性、变更的成功率、失败的变更

2. 数据中心运行可用性管理

ISO/IEC TS 22237-7 管理和操作部分给出了对可用性管理的要求，其目的是确保实际可用性满足所需的可用性，数据中心可用性管理的分类和内容如表 14 所示。

表 14 数据中心可用性管理的分类和内容

管理分类	管理内容
安全管理	安全的监控、分析、报告和改进
能源管理	监测、分析、报告和提高能源效率
产品生命周期管理	管理基础设施的及时更新和审查产品生命周期成本

（续表）

管理分类	管理内容
成本管理	监控、分析和报告所有与基础设施相关的成本
数据中心战略	协调数据中心用户和所有者的实际能力和未来需求
服务级别管理	监控、分析和报告
客户管理	管理客户和数据中心的职责

通过以上管理，编制可用性报告，可用性的关键指标有：①平均故障间隔时间；②平均维修时间；③可用性；④由数据中心负责的可用性的损失；⑤由客户负责的可用性的损失；⑥每个可用性类的弹性降低的周期。

数据中心依据可用性报告的数据实施基础设施和服务质量的优化，提高服务能力。

在我国数据中心蓬勃发展的过程中，业界对学习借鉴现有国际标准十分重视。目前，美国电信产业协会制定的《数据中心电信基础设施标准》（TIA-942-B—2017）、数据中心标准组织和第三方认证机构 Uptime Institute（直译为：正常运行时间协会）制定的 Uptime TIER《数据中心站点基础设施层标准：拓扑》（*Data Center Site Infrastructure Tier Standard:Topology*）和《数据中心站点基础设施层标准：运营可持续性》（*Data Center Site Infrastructure Tier Standard:Operational Sustainability*）、美国国家标准学会和美国采暖制冷与空调工程师学会制定的《数据中心和其他信息技术设备空间的空调装置分级测试方法》（ANSI/ASHRAE 127—2012）、绿色网格联盟（Green Grid Alliance）推出的绿色网格的效率计量和评测的标准等，已被行业熟知和认可，拓宽了业界同人的视野。相信贯穿数据中心全生命周期，将数据中心作为一个系统提出更明确、更具操作性要求的《数据中心设施与基础设施标准》（ISO/IEC TS 22237—2018），也将引起数据中心行业的关注，对我国数据中心标准规范的制定、修订工作起到良性互动的作用。

（作者单位：中国计算机用户协会数据中心分会）

咨询服务

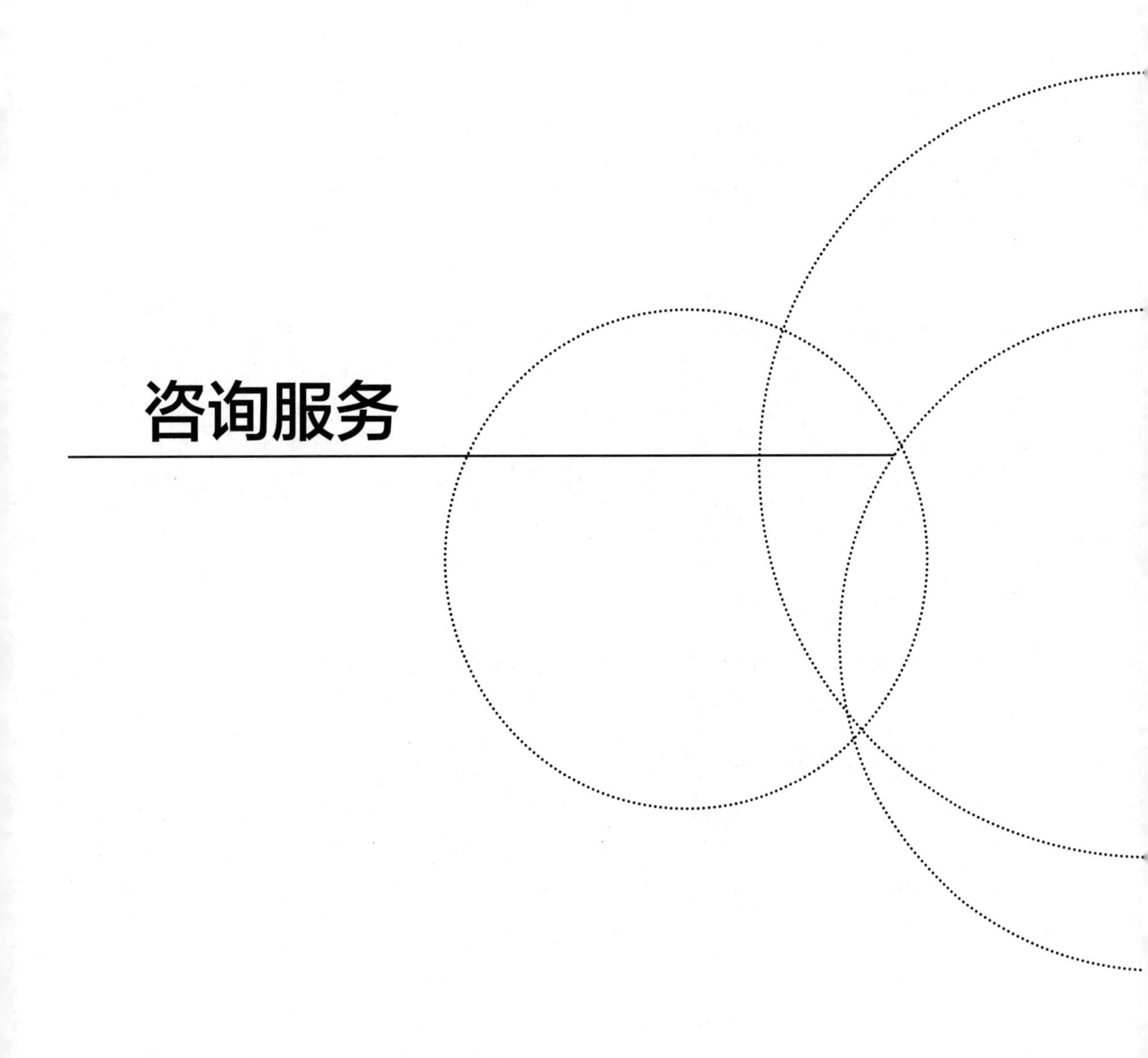

数据中心检测与认证

蔡红戈　黄亦明

随着信息化建设的不断升级，我国数据中心的第三方检测与认证业务逐渐规模化、体系化。2014年起，市场上出现持有CMA（中国计量认证）证书、CNAS（中国合格评定国家认可委员会）证书的第三方检测机构，对电子信息系统机房进行检测验收或故障原因检验判定。2015年12月，中国国家认证认可监督管理委员会发放了第一张业务范围包括数据中心基础设施（机房）等级的认证机构批准书，标志着数据中心已被正式纳入我国认证认可行业领域，数据中心的检验检测、认证认可专业机构也被纳入国家的专业监管范畴。

随后，工业和信息化部、住房和城乡建设部及相关行业社会团体组织也陆续出台了数据中心检验测试的相关标准，或者在原有标准修编时增补了测试验收的细节内容。2020年8月6日，工业和信息化部、国家发展和改革委员会、商务部、国管局、银保监会、国家能源局六部门联合组织开展国家绿色数据中心推荐工作，在其发出的通知中明确指出，申报材料中要有"符合条件的第三方评价机构开展现场评价，形成第三方评价报告"。自此，绿色数据中心的评价与认证也形成了新的市场需求。随着碳达峰、碳中和战略目标的推进，低碳数据中心的确认也将陆续开展起来。市场对数据中心检验检测与评价认证的认知逐渐清晰，数据中心检测认证的业务体系也日趋完善。

一、与检测认证相关的术语

数据中心的测试与认证对大多数业内人士来说都比较陌生，正确理解并应用测试与认证相关专业术语，是认证各方形成准确统一认识的前提。

（一）专业术语和定义

以下用于检测、测试、验证、认证的专业名词及其定义，来源于中国国家标准《质量管理体系 基础和术语》（GB/T 19000—2016，等同采用ISO 9000：2015）、《合格评定 词汇和通用原则》（GB/T 27000—2006，等同采用ISO/IEC 17000：2004）、中国国家计量技术规范《通用计量术语及定义》（JJF 1001—2011）。

（1）基础设施（infrastructure）：组织运行所必需的设施、设备和服务的系统。

（2）等级（grade）：对功能用途相同的客体按不同要求所做的分类式分级。

（3）数据（data）：关于客体的事实。

（4）客观证据（objective evidence）：支持事物存在或真实性的数据。

（5）规范（specification）：阐明要求的文件。如手册、图纸、指导书。

（6）验证（verification）：通过提供客观证据对规定要求已得到满足的认定。

（7）确认（validation）：通过提供客观证据对特定的预期用途或应用要求已得到满足的认定。

（8）测量（measurement）：确认数值的过程，有时也称计量。

（9）检验（inspection）：对符合规定的要求的确定。

（10）试验（test）：按照要求对特定的预期用途或应用的确定。

（11）进展评价（progress evaluation）：针对实现项目目标所做的进展情况的评定。

（12）检测（testing）：按程序确定合格评定对象的一个或多个特性的活动，又称检验、测试。

（13）检查（inspection）：审查产品设计、产品、过程或安装并确定其与特定要求的符合性，或根据专业判断确定其与通用要求的符合性的活动（也称检验）。

（14）认证（certification）：与产品、过程、体系或人员有关的第三方证明。

（15）认可（accreditation）：正式表明合格评定机构具备实施特定合格评定工作的能力的第三方证明。

（二）专业机构

（1）检验检测机构（Inspection Body and Laboratory）：依法成立，依据相关标准或技术规范，利用仪器设备、环境设施等技术条件和专业技能，对产品或法律法规规定的特定对象进行检验检测的专业技术组织。认证认可行业标准为《检验检测机构资质认定能力评价 检验检测机构通用要求》（RBT 214—2017）。

（2）认证机构：①依法取得资质，对产品、服务和管理体系是否符合标准、相关技术规范要求，独立进行合格评定的具有法人资格的证明机构——《认证机构管理办法》（2020 年 10 月 23 日国家市场监督管理总局令第 31 号修订）。②取得认证机构资质，应当经国务院认证认可监督管理部门批准，并在批准范围内从事认证活动。未经批准，任何单位和个人不得从事认证活动——《中华人民共和国认证认可条例》（2020 年 11 月 29 日根据国务院决定修订）。

二、检测认证机构的资质

（一）检验检测机构的资质

CMA 检验检测机构资质认定证书和 CNAS 实验室认可证书作为数据中心检测机构的资质，两者有相同之处，在认证性质、法律依据、适用对象、评审依据、适用范围等方面也存在着一些区别。

1．CMA 和 CNAS

中国计量认证（China Inspection Body and Laboratory Mandatory Approval，CMA）是根据《中华人民共和国计量法》的规定，由省级以上人民政府计量行政部门对检测机构的检测能力及可靠性进行的一种全面的认证及评价。这种认证对象是所有对社会出具公正数据的产品质量监督检验机构及其他各类实验室；如各种产品质量监督检验站、环境检测站、疾病预防控制中心等。

取得计量认证合格证书的检测机构，允许其在检验报告上使用 CMA 标记；有 CMA 标记的检验报告可用于产品质量评价、成果及司法鉴定，具有法律效力。

国家目前正在推行强制性的计量认证、审查认可和实验室自愿参加的“实验室认可”等制度，来保证检测机构为社会提供服务的公正性、科学性和权威性。这些认证都有国家《计量法》《标准化法》及《产品质量法》等法律作为依据。

计量认证是一项技术性很强的执法监督工作。凡是经过国家计量行政部门计量认证的检测机构，国家将授予 CMA 计量认证标志，此标志可加盖在检测报告的左上角。

CMA 也是检测机构计量认证合格的标志，具有此标志的机构为合法的检验机构，其资质认定证书样式如图 1 所示。根据《中华人民共和国产品质量法》的有关规定，在中国境内从事面向社会检测检验产品的机构，必须具有独立法人资格，并且由国家或省级计量认证管理部门会同评审机构评审合格，依法设置或依法授权后，才能从事检测、检验活动。

检验检测机构

资质认定证书

证书编号：170121340547

名称：北京国信天元质量测评认证中心

地址：北京市海淀区中关村南大街12号一层101

经审查，你机构已具备国家有关法律、行政法规规定的基本条件和能力，现予批准，可以向社会出具具有证明作用的数据和结果，特发此证。资质认定包括检验检测机构计量认证。

检验检测能力及授权签字人见证书附表。

许可使用标志

CMA

170121340547

发证日期：2017年09月22日

有效期至：202[illegible]年09月2[illegible]

发证机关：北京市质量技术监督局

本证书由国家认证认可监督管理委员会监制，在中华人民共和国境内有效。

图 1　CMA 资质认定证书

CNAS 是 China National Accreditation Service for Conformity Assessment（中国合格评定国家认可委员会）的简称。CNAS 是根据《中华人民共和国认证认可条例》的规定，由国家认证认可监督管理委员会批准设立并授权的国家认可机构，统一负责对认证机构、实验室和检查机构等合格评定机构的认可工作。CNAS 通过评价、监督合格评定机构（如认证机构、实验室、检查机构）的管理和活动，确认其是否有能力开展相应的合格评定活动（如认证、检测和校准、检查等），确认其合格评定活动的权威性，发挥认可约束作用。

中国合格评定国家认可制度已经融入国际认可互认体系，并在国际认可互认体系中有着重要的地位，发挥着重要的作用。根据中国加入世界贸易组织的有关协定，CNAS 标识在国际上可以得到互认。目前，我国已与其他国家和地区的 35 个质量管理体系认证和环境管理体系认证认可机构签署了互认协议，已与其他国家和地区的 54 个实验室认可机构签署了互认协议。

通过 CNAS 评价、监督合格并获得认可授权的评定机构（如认证机构、实验室、检查机构），拥有 CNAS 实验室认可证书（见图 2），它表明该机构已经通过了 CNAS 的认可，具备相应的技术和检测能力，具备一定的权威性。通常说的 CNAS 认证是指经过 CNAS 授权认可的实验室出具的证书或报告。因为经过授权认可的实验室在出具检测报告的时候，在报告首页会有一个 CNAS 的标识。

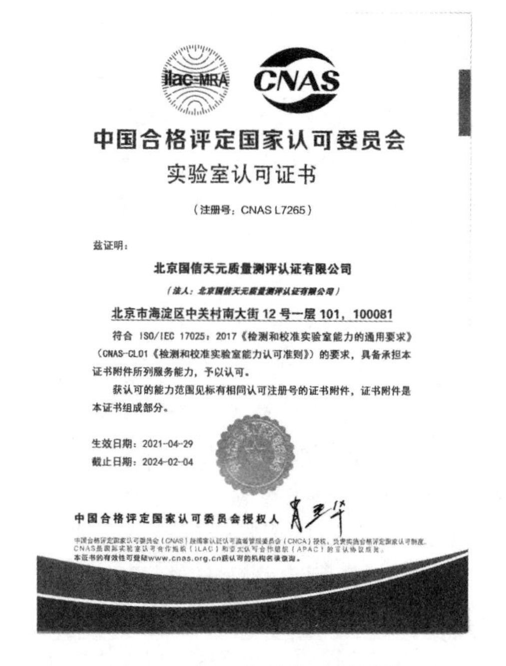
ilac-MRA CNAS

中国合格评定国家认可委员会

实验室认可证书

（注册号：CNAS L7265）

兹证明：

北京国信天元质量测评认证有限公司

（法人：北京国信天元质量测评认证有限公司）

北京市海淀区中关村南大街12号一层101，100081

符合 ISO/IEC 17025：2017《检测和校准实验室能力的通用要求》（CNAS-CL01《检测和校准实验室能力认可准则》）的要求，具备承担本证书附件所列服务能力，予以认可。

获认可的能力范围见标有相同认可注册号的证书附件，证书附件是本证书组成部分。

生效日期：2021-04-29

截止日期：2024-02-04

中国合格评定国家认可委员会授权人

中国合格评定国家认可委员会（CNAS）经国家认证认可监督管理委员会（CNCA）授权，负责实施合格评定国家认可制度。CNAS是国际实验室认可合作组织（ILAC）和亚太认可合作组织（APAC）的互认协议成员。

本证书的有效性可登陆www.cnas.org.cn获认可的机构名录查询。

图2　CNAS 实验室认可证书

2．CMA 和 CNAS 认证的性质

CMA 是强制的认定制度。为社会提供公证数据的产品质量检验机构，必须经省级以上技术监督部门认定。为司法机关做出的裁决、仲裁机构做出的仲裁决定、社会公益活动、经济或贸易关系人提供具有证明作用的数据和结果的机构，应当通过资质认定。对于仅从事科研、医学及保健、职业卫生技术评价服务、动植物检疫，以及建设工程质量鉴定、房屋鉴定、消防设施维护保养检测等领域的机构，无须取得资质认定。

CNAS 实验室认可为自愿性申请。申请人可以是具有独立法人资格的实验室，也可以是某企业内部自设的实验室。CNAS 实验室认可所涉及的专业领域繁多。2015 年 6 月中国合格评定国家认可委员会发布的《实验室认可领域分类》（CNAS-AL06：2015）中，将检测实验室认可领域分是 14 个行业，分别是：生物、化学、机械、电气、日用消费品、植物检疫、卫生检疫、医疗器械、兽医、建设工程与建材、无损检测、电磁兼容、特种设备及相关设备、软件产品与信息安全产品。每个行业均列明了检测产品及检测参数/项目或检测方法。校准实验室认可领域分是 11 个校准领域，分别是：几何量测量仪器、热学测量仪器、力学测量仪器、声学测量仪器、电磁学测量仪器、无线电测量仪器、时间和频率测量仪器、光学测量仪器、化学测量仪器、电离辐射测量仪器、专用测量仪器/检测设备。每个校准领域均列明了校准参量及被校准的测量仪器/类别。《实验室认可领域分类》是实验室申请和评审时确定认可范围的规范。

3．CMA 和 CNAS 的区别

CMA 和 CNAS 主要有 6 个方面的区别。

（1）评价对象。CMA 评价对象为第三方检测实验室。CNAS 认可对象是第一、第二、第三方的检测实验室、校准实验室。

（2）适用范围。CMA 适用范围更多的是政府质检机构、商业质检机构、行业质检机构等，

在国内有效。CNAS 主要适用于第一、第二、第三方的检测实验室、校准实验室，能够得到国际互认。

（3）评审准则。CMA 评审准则为国家认证认可监督管理委员会 2006 年 8 月发布实施的《实验室资质认定评审准则》。特殊领域还要参阅专门的评审准则，如国家认证认可监督管理委员会、司法部于 2012 年 9 月联合发布的《司法鉴定机构资质认定评审准则》；国家认证认可监督管理委员会于 2018 年 5 月发布的《检验检测机构资质认定能力评价 检验检测机构通用要求》（RB/T 214—2017）等。

CNAS 实验室认的评审准则为中国合格评定国家认可委员会 2013 年 3 月发布的《检测和校准实验室能力认可准则》（CNAS-CL01：2018，等同采用 ISO/IEC 17025—2017）。

（4）评审、管理机构。CMA 由国家认证认可监督管理委员会（简称 CNCA），各省、市、自治区、直辖市人民政府质量技术市场监督部门认定。其中，国家级实验室的资质认定由国家认证认可监督管理委员会负责实施；省级实验室的资质认定由各省、自治区、直辖市质量技术监督部门负责实施。CNAS 由中国合格评定认可委员会统一进行评审和管理，不分级。

（5）评审程序和要求。CMA 的评审程序和要求在不同地区略有区别，具体情况需要咨询当地的质量技术监督局。CNAS 的评审和要求在全国甚至国际范围内都是统一的。

（6）认定成果使用范围。CMA 在资质认定的范围内，可为社会提供公证数据，并在国内通用。CNAS 实验室认可则是国际常用做法，除了国内范围，也可与国际范围的认可组织互认。

（二）认证机构资质取得

2003 年 9 月，国务院第 390 号令公布，根据 2020 年 11 月国务院决定修订的《中华人民共和国认证认可条例》规定，国家实行统一的认证认可监督管理制度。国家对认证认可工作实行在国务院认证认可监督管理部门统一管理、监督和综合协调下，各有关方面共同实施的工作机制。国务院认证认可监督管理部门应当依法对认证培训机构、认证咨询机构的活动加强监督管理。

应当经国务院认证认可监督管理部门批准，取得认证机构资质，并在批准范围内从事认证活动。取得认证机构资质，应当符合下列条件：①取得法人资格；②有固定的场所和必要的设施；③有符合认证认可要求的管理制度；④注册资本不得少于人民币 300 万元；⑤有 10 名以上相应领域的专职认证人员。从事产品认证活动的认证机构，还应具备与从事相关产品认证活动相适应的检测、检查等技术能力。

国务院认证认可监督管理部门确定的认可机构，独立开展认可活动；在公布的时间内，按照国家标准和国务院认证认可监督管理部门的规定，完成对认证机构的评审，做出是否给予认可的决定。认可机构应当向取得认可的认证机构颁发认证机构批准书（见图 3），公布取得认可的认证机构名录。

取得认可的认证机构从事的认证，是指证明产品、服务、管理体系符合相关技术规范、相关技术规范的强制性要求，或者标准的合格评定活动。未经批准，任何单位和个人不得从事认证活动。

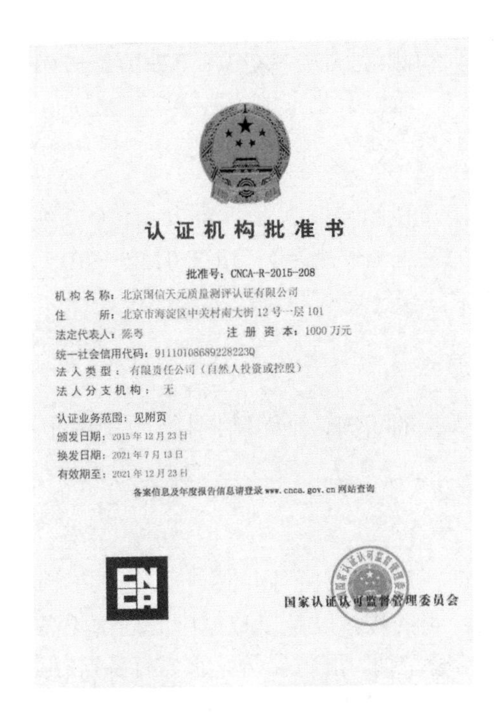

认证机构批准书

批准号：CNCA-R-2015-208

机构名称：北京国信天元质量测评认证有限公司

住　　所：北京市海淀区中关村南大街12号一层101

法定代表人：陈粤　　注册资本：1000万元

统一社会信用代码：91110108689228223Q

法人类型：有限责任公司（自然人投资或控股）

法人分支机构：无

认证业务范围：见附页

颁发日期：2015年12月23日

换发日期：2021年7月13日

有效期至：2021年12月23日

备案信息及年度报告信息请登录 www.cnca.gov.cn 网站查询

CNCA

国家认证认可监督管理委员会

图3　认证机构批准书

三、数据中心检测认证的种类

（一）数据中心的检测

1．数据中心竣工验收检测

在数据中心建设项目竣工验收前进行第三方检测，对其中供配电系统、暖通系统、监控系统、装修工程、防雷接地和消防系统分别进行质量测试、功能测试和联调测试，以确定各项数据是否符合设计要求和标准要求。竣工验收检测所依据的标准主要有：《数据中心基础设施施工及验收规范》（GB 50462—2015）、《互联网数据中心工程技术规范》（GB 51195—2016）、《集装箱式数据中心机房通用规范》（GB/T 36448—2018），以及《计算机场地通用规范》（GB/T 2887—2011）等。

2．数据中心健康检测、风险评估

以判断数据中心能否健康正常运行为目标，数据中心健康检测、风险评估对运行中的数据中心各系统或部分特定系统进行检测，指出不合格项和其对应的潜在风险、严重程度。数据中心健康检测、风险评估所依据的标准主要有：《计算机场地安全要求》（GB/T 9361—2011）、《计算机场地通用规范》（GB/T 2887—2011），以及《数据中心基础设施运行维护标准》（GB/T 51314—2018）等。

3．数据中心能耗、能效测试

对已运行满一年或以上的数据中心项目进行能耗或节能效果等专项测试评估。所依据的标准主要有：《数据中心 资源利用 关键性能指标设置要求》（GB/T 32910.2—2017）、《数据

中心 资源利用 电能能效要求和测量方法》（GB/T 32910.3—2016），以及《数据中心节能设计规范》（DB11/T 1282—2015，适用于北京地区）等。

4．数据中心单项测试

依据数据中心业主或使用单位的特殊需求，为其中单个系统进行测试并出具报告。如依据《金融业信息系统机房动力系统测评规范》（JR/T 0132—2015），为某银行机房进行动力系统测评。

（二）数据中心的认证

数据中心认证涉及的种类按照我国认证范畴同样分为产品认证、服务认证和管理体系认证三个大类。

1．产品认证

对数据中心进行产品认证，可分两种不同的颗粒度。大的颗粒度是将数据中心基础设施作为一个工程产品进行认证；小的颗粒度是以数据中心内部设备、设施为单位进行认证，如精密配电柜、柴油发电机、精密空调、服务器等，它们有各自行业规定的认证要求，如 3C 认证或 CCEE 认证等。将数据中心基础设施作为一个工程产品进行认证，是目前数据中心认证的重要业务，市场充裕，专业认证机构不多，业务发展势头较好。

目前，对数据中心基础设施进行的认证主要是对标认证，即按照既有标准，检验、检测数据中心符合标准的程度并发表认证意见，做出认证结论。按照标准规范发布主体的层次，可分为如下几种。

一是对标国家标准。如在国家标准《数据中心设计规范》（GB 50174—2017）中，依可靠性、可用性将数据中心分为 A、B、C 三个等级，据此认证机构可进行数据中心等级认证；又如，在国家标准《互联网数据中心工程技术规范》（GB 51195—2016）中要求：IDC（互联网数据中心）应根据运营需要分为不同级别，不同级别对外可在可靠性、绿色节能、安全性、服务质量和服务水平等方面予以区别，对内可在各系统技术要求方面有所区别。规范将 IDC 机房划分为 R1、R2、R3 三个级别，分别对机房基础设施和网络系统的主要部分应具备的冗余能力、可支撑 IDC 业务的可用性做出了规定，由此认证机构可进行 IDC 等级认证。再如，依据《绿色建筑评价标准》（GB/T50378—2014）及其配套文件《绿色数据中心建筑评价技术细则》，对独栋建筑数据中心绿色设计做出认证（见图 4）。

二是对标行业标准。如以金融行业标准《金融业信息系统机房动力系统规范》（JR/T 0131—2015），以及《金融业信息系统机房动力系统测评规范》（JR/T 0132—2015）为对照标准，认证机构可进行银行业信息系统机房动力系统标准符合性认证。

三是对标社团标准。正在审批中的中国计算机用户协会颁布的团体标准《绿色数据中心等级评价》（征求意见稿）中提出从数据中心能源效率、节能技术、绿色管理、附加分项等 4 个方面进行测评打分，根据总分得到该数据中心对应的等级。绿色数据中心等级分为 L1 级、L2 级、L3 级、L4 级、L5 级，其中，L5 级为最高等级。待标准颁布后，认证机构可据此进行绿色数据中心等级评价认证。

四是对标地方标准。如依据北京市地方标准《数据中心能效监测与评价技术导则》（DB11/T 1638—2019），对北京市辖区内的数据中心进行能效认证。

证书编号：CNCA208-LSRZL3-

绿色数据中心建筑等级认证

GQC

【经审核】

数据中心机房

地址：

设计符合█级

[认证依据] GB/T 50378-2014

[认证范围]

样本

签　发　人：

北京国信天元质量测评认证中心

地址：北京市海淀区中关村南大街12号一层101

www.dceetc.com

图 4　绿色数据中心建筑等级认证

五是对标企业标准。如依据《中国电信数据中心星级认证评定标准 V1.0》，对省级电信数据中心进行星级认证等。

另外，还可以对数据中心生命周期的某个阶段进行认证。如针对项目设计方案及图纸，依据设计标准及规范进行的项目设计认证；对项目工程建设过程或成果，依据建设标准及规范进行的项目建造认证等。

2．服务认证

如依据国家标准《信息技术服务 数据中心服务能力成熟度模型》（GB/T 33136—2016），对数据中心提供服务的能力实施管理的成熟度进行的认证；依据中国计算机用户协会颁布的社团标准《数据中心基础设施运维服务能力评价》（T/CCUA002—2019），对数据中心运维服务团队的服务能力进行的认证。

3．管理体系认证

数据中心常用管理体系认证有 ISO 9001 质量体系认证、ISO 20000 信息技术服务管理体系认证、ISO 27001 信息安全体系认证、ISO 22301 业务连续性管理体系认证等。前述认证的依据虽然是国际标准，由于中国是国际标准化组织（International Standard Organization）的首批成员国，从 1992 年起陆续等同采用了 ISO 9000 系列标准、ISO 14000 系列标准等，并于后期由中国国家标准化管理委员会转化翻译形成国标 GB/T 9001—2008 等一系列与 ISO 标准对标的国标。目前，国内认证机构对此类认证发放的证书都标注依据的国标和等同对应的 ISO 标准（见图 5）。

开展上述任何一类认证活动，必须符合《中华人民共和国认证认可条例》关于认证机构资格的规定，即未取得认证机构资质的任何单位和个人不得从事认证活动；取得资质的认证机构必须在批准范围内从事认证活动；境外认证机构，包括其在中国境内设立的代表机构，均不得从事认证活动；国内认证机构获得境外机构认可从事境外认证项目必须在国家认证认可监督管理委员会备案通过。

ZSAC

职业健康安全管理体系认证证书

编号：08920S20791R0S

兹 证 明

北京国信天元质量测评认证有限公司

北京市海淀区中关村南大街 12 号一层 101

统一社会信用代码：91110108689228223Q　邮编：100081

其职业健康安全管理体系符合：

GB/T45001-2020/ISO45001:2018 标准

认证范围：

位于北京市海淀区中关村南大街 12 号一层 101 的北京国信天元质量测评认证有限公司所从事的数据中心（机房）检测、验收、评估及认证所涉及场所的相关职业健康安全管理活动

颁证日期：2020 年 7 月 6 日

换证日期：2021 年 5 月 8 日

有效期至：2023 年 7 月 5 日

持本证书组织接受年度监督审核合格，并在国家规定的行政许可有效期内使用有效

CNAS

MANAGEMENT SYSTEM

CNAS C089-M

公司代表（签名）

图 5　ISO 标准对标国标后的认证证书样本

（三）“类认证”活动

除认证机构在批准范围内所从事的认证活动外，社会上还存在着一种“类认证”活动。这类活动多以评价、评定的名义发放证书。在国家标准《团体标准化　第 1 部分：良好行为指南》（GB/T 20004.1—2016）（见图 6）中，给予一类评价、评定活动合法的地位：“团体宜建立基于其团体标准的合格评定制度，制定有关合格评定方案、符合性标志等合格评定制度文件以及相关技术文件，制定过程宜吸收合格评定机构的参与。”

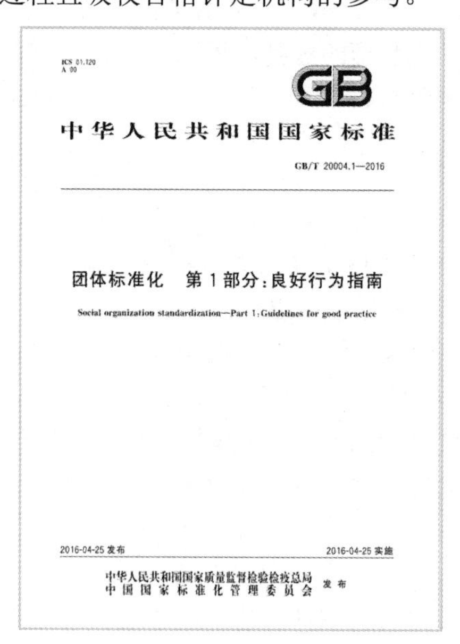

ICS 01.120

A 00

GB

中华人民共和国国家标准

GB/T 20004.1—2016

团体标准化　第 1 部分：良好行为指南

Social organization standardization—Part 1: Guidelines for good practice

2016-04-25 发布　　2016-04-25 实施

中华人民共和国国家质量监督检验检疫总局
中国国家标准化管理委员会　发布

图 6　《团体标准化　第 1 部分：良好行为指南》（GB/T 20004.1—2016）

因此，社团组织依据已颁布的团体标准，制定合格评定制度、合格评定方案、评定规则和管理办法（含符合性标志和证书样本），联合合格评定机构，积极开展评价、评定活动，为会员服务，提升会员经营管理质量和水平，有益于推进国家治理体系和治理能力现代化的进程，符合社会团体改革的总体方向。

认证的目的是传递信任，满足监管要求，助力高质量发展。我国数据中心行业的认证活动刚刚起步，据不完全统计，截至2020年，从事数据中心认证活动的专业机构只有四五家，业务全面覆盖产品、服务和管理体系认证的机构更少。相信在国家政策和市场机制的双重作用下，数据中心认证行业会有更大的发展。

四、数据中心检测认证的依据——标准

（一）我国的标准体系

标准化所称的标准，是指农业、工业、服务业，以及社会事业等领域需要统一的技术要求。我国现行标准体系包括国家标准、行业标准、地方标准、团体标准和企业标准五类。国家标准分为强制性标准、推荐性标准，行业标准、地方标准是推荐性标准。团体标准是本社会团体成员约定采用或供社会自愿采用的标准。强制性标准必须执行。国家鼓励采用推荐性标准。推荐性国家标准、行业标准、地方标准、团体标准、企业标准的技术要求不得低于强制性国家标准的相关技术要求。国家鼓励社会团体、企业制定高于推荐性标准相关技术要求的团体标准、企业标准。

就数据中心相关标准体系来说，五类标准各有特点。国家标准重在“保住安全绿色底线”，行业标准重在“体现行业特色”，团体标准重在“及时适应发展”，地方标准重在“满足当地特需”，企业标准重在“突出质量提升”。在这五类标准中，国家标准的权威性最高，但由于适用范围广，需要顾及各地区、各市场主体的不同需要，取最大公约数，因此指标相对适中，要求相对笼统，可操作性略差；其他四类标准则在不同程度上处于相反的位置，其关系如图7所示。因此，对数据中心进行检测认证所依据的标准不同，被检测对象的实际状况会有所差异。

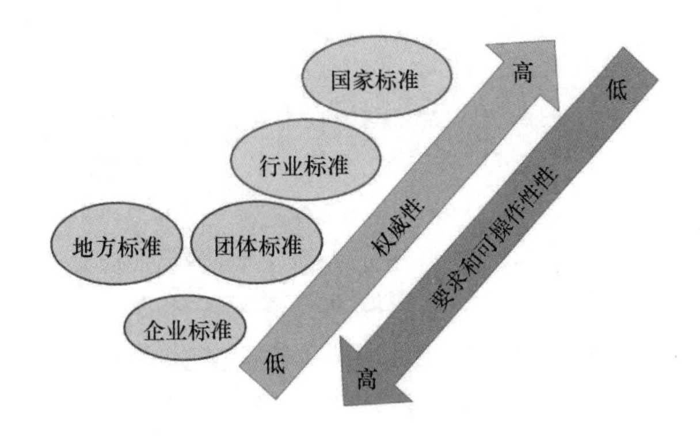

图7　数据中心的标准体系

（二）国家标准

国家标准简称国标，是指由国家机构审批通过并公开发布的标准。

2018年3月，国务院机构改革，国家标准化管理委员会职责划入新成立的国家市场监督

管理总局，对外保留牌子。标准化工作由国家市场监督管理总局内设机构标准技术管理司和标准创新管理司具体承担。国家市场监督管理总局作为国务院标准化行政主管部门，依据《中华人民共和国标准化法》，负责国家标准的计划编制、组织草拟、统一审批、编号、发布；依法承担强制性国家标准的立项、编号、对外通报和授权批准发布工作；制定推荐性国家标准。据不完全统计，至 2020 年年底，在已经正式颁布的国家标准中，与数据中心相关的直接标准有 14 项；正在编制但尚未颁布的国家标准有 8 项。

需要注意的是，数据中心国家标准涉及工程建设、环境保护、产品或技术要求的，分别由国务院工程建设主管部门、环境保护主管部门或国家质量监督管理部门组织草拟、审批；其编号、发布办法由国务院标准化行政主管部门会同国务院有关行政主管部门制定。因此，可以看到，数据中心相关国家标准的发布单位不尽相同。如《云计算数据中心基本要求》（GB/T 34982—2017）由国家质量监督检验检疫总局（机构改革前的主管部门）和国家标准化管理委员会发布（见图 8 左）；《信息技术 用户建筑群通用布缆 第 5 部分：数据中心》（GB/T 18233.5—2018）由国家市场监督管理总局（机构改革后）和国家标准化管理委员会发布（见图 8 中）；而与数据中心工程建设相关的《数据中心基础设施运行维护标准》（GB/T 51314—2018）则由住房和城乡建设部和市场监督管理总局联合发布（见图 8 右）。

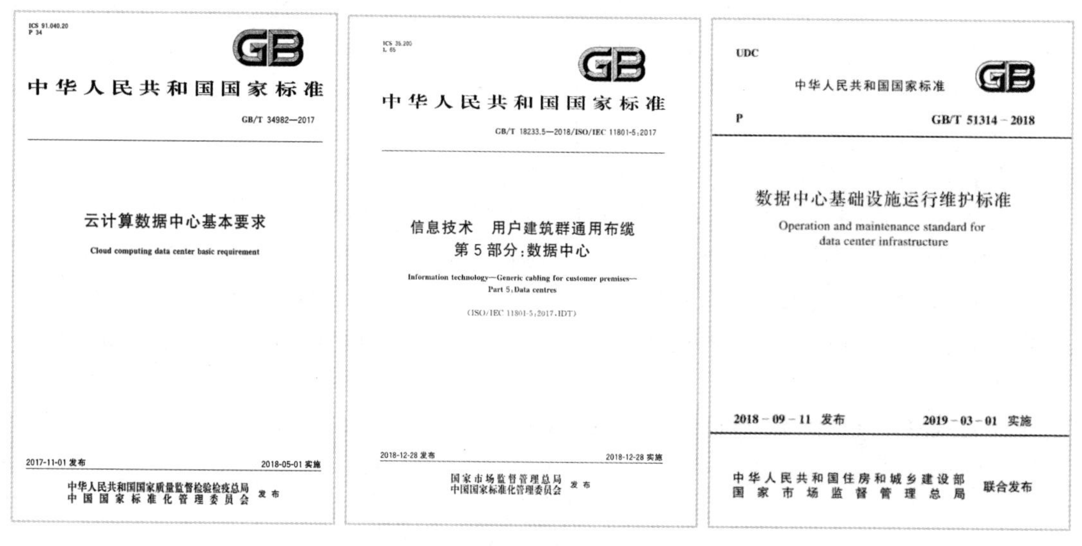

图 8　数据中心国家标准的发布单位

（三）行业标准

行业标准简称行标，是对国家标准的补充，是在全国范围的某个行业内统一的标准。行业标准均为推荐性标准。对没有推荐性国家标准、需要在全国某个行业范围内统一的技术要求，可以制定行业标准。制定行业标准项目由国务院有关行政主管部门确定。行业标准由国务院有关行政主管部门编制计划、组织草拟、统一审批、编号、发布，并报国务院标准化行政主管部门备案。行业标准在相应的国家标准实施后自行废止。

数据中心目前没有独立的行业标准类别，通常列入工业和信息化部主管的邮电（YD）、电子（SJ）行业，中国人民银行主管的金融（JR）行业，住房和城乡建设部主管的工程建设行业。如《数据中心基础设施工程技术规范》（YD/T 5235）、《信息技术服务 运行维护 第 4 部分：数据中心规范》（SJ/T 11564.4）、《金融业信息系统机房动力系统测评规范》（JR/T

0132—2015），以及《建筑涂饰工程施工及验收规范》（JGJ 29—2003）。国务院其他部委也有独立的行业标准体系，其中亦有涉及数据中心的，如水利部制定的《水利数据中心管理规程》（SL 604—2012）。

（四）地方标准

地方标准简称地标，是省级地方政府为满足地方自然条件、风俗习惯等特殊技术要求，制定并发布的标准。地方标准由省、自治区、直辖市人民政府标准化行政主管部门确定项目、编制计划、组织草拟、统一审批、编号、发布，并报国务院标准化行政主管部门备案。国务院标准化行政主管部门将地方标准的制定情况向国务院相关行政主管部门通报。地方标准在相应的国家标准或行业标准实施后自行废止。

近年来，为发挥标准化工作对地方经济健康发展的促进作用，各地在特殊技术要求之外，制定了若干没有国家标准和行业标准而又需要在省、自治区、直辖市范围内统一的标准。在数据中心相关领域，有北京市的《数据中心能效监测与评价技术导则》（DB11/T 1638）；上海市的《数据中心能效监测与评价技术导则》（DB11/T 1638）、《数据中心能源消耗限额》（DB31/T 652）；浙江省的《公共机构绿色数据中心建设与运行规范》（DB33/T 2157）；安徽省的《旅游大数据中心建设要求》（DB34/T 3385）；山东省的《数据中心防雷技术规范》（DB37/T 3221）；新疆维吾尔自治区的《气象虚拟化数据中心基础资源池建设技术规范》（DB65/T 4045）等标准。

（五）团体标准

团体标准简称团标，是依法成立的社会团体为满足市场和创新需要，遵守标准化工作的基本原理、方法和程序，协调相关市场主体共同制定的标准。国家鼓励学会、协会、商会、联合会、产业技术联盟等社会团体制定团体标准，由本团体成员约定采用或按照本团体的规定供社会自愿采用。

团体标准由社会团体在总结科学技术研究成果和社会实践经验总结的基础上，深入调查分析，进行实验、论证后制定，遵循开放、透明、公平的原则，保证各参与主体获取相关信息，反映各参与主体的共同需求。一项合格的团体标准，应当有利于科学合理地利用资源，推广科学技术成果，增强产品的安全性、通用性、可替换性，提高经济效益、社会效益、生态效益，在技术上先进、在经济上合理。国家禁止利用团体标准实施妨碍商品、服务自由流通等排除、限制市场竞争的行为。团体标准应当符合相关法律法规的要求，不得与国家有关产业政策相抵触。

近两年来，数据中心相关的学会、协会等社会团体发挥领域特长和技术优势，制定了一些团体标准，完善了标准体系的内容，促进了数据中心行业的健康发展。已经编制完成并投入实施的有：中国计算机用户协会制定的团体标准《数据中心基础设施等级评价》（T/CCUA 001—2019）、《数据中心基础设施运维服务能力评价》（T/CCUA 002—2019）（见图 9）；中国电子学会颁布的《数据中心设施运维管理指南》（T/CIE 052—2018）、《喷淋式直接液冷数据中心设计规范》（T/CIE 089—2020）等。

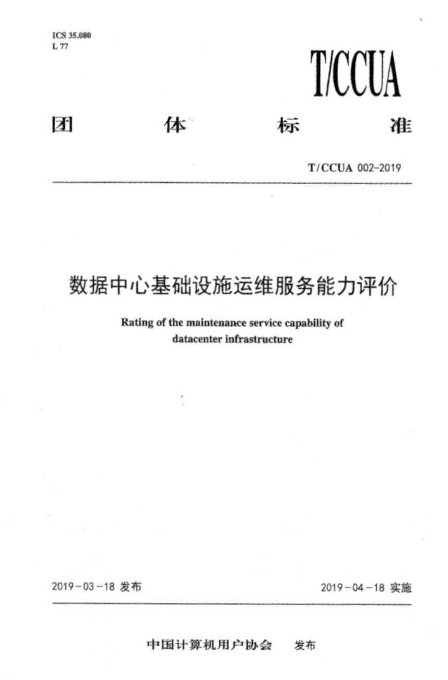
ICS 35.080
L 77

T/CCUA

团　体　标　准

T/CCUA 002-2019

数据中心基础设施运维服务能力评价

Rating of the maintenance service capability of
datacenter infrastructure

2019-03-18 发布　　　　2019-04-18 实施

中国计算机用户协会　发布

图 9　《数据中心基础设施运维服务能力评价》（T/CCUA 002—2019）

（六）企业标准

企业标准简称企标，是对企业范围内需要协调、统一的技术要求、管理要求和工作要求制定的内部标准。促成制定企业标准的原因有两个，一是企业生产的产品没有国家标准、行业标准和地方标准，根据《标准化法实施条例》的要求，企业“应当制定相应的企业标准，作为组织生产的依据”；二是虽然已有国家标准、行业标准或地方标准，但企业将更优的技术指标、工艺要求、操作流程总结为规范，作为企业内部适用的企业标准，以提高企业产品品质，进而树立良好形象，增强市场竞争力。企业可以根据需要自行制定企业标准，或者与其他企业联合制定企业标准。国家支持在重要行业、战略性新兴产业、关键共性技术等领域利用自主创新技术制定企业标准。

据了解，数据中心设计方、建设方、使用方相关设备供应商、技术及解决方案提供商，以及咨询服务机构，形成了大量企业标准，有效地提升了数据中心的整体水平。在数据中心检测认证方面也有很好的用例，如《中国电信数据中心星级认证评定标准 V1.0》《中国石油数据中心基础设施操作制度规范体系》，以及供本机构使用的检测规程、认证规则等。

数据中心应以安全第一、质量为先，其检测与认证工作会在传递信任、确认价值、提升质量的基础上，协助数据中心设计方、建设方、使用方加强质量控制，确保信息基础设施发挥保障信息系统正常运行的功能。检测与认证均应由有丰富经验的专业第三方机构来完成，选择同时具有检测认证两种资质的机构无疑是明智的决策。检测评估或评价认证机构也将以负责的态度、过硬的质量，担负起自己的责任，推进数据中心检测认证的健康发展。

（作者单位：中国计算机用户协会数据中心分会
北京国信天元质量测评认证有限公司）

实践案例

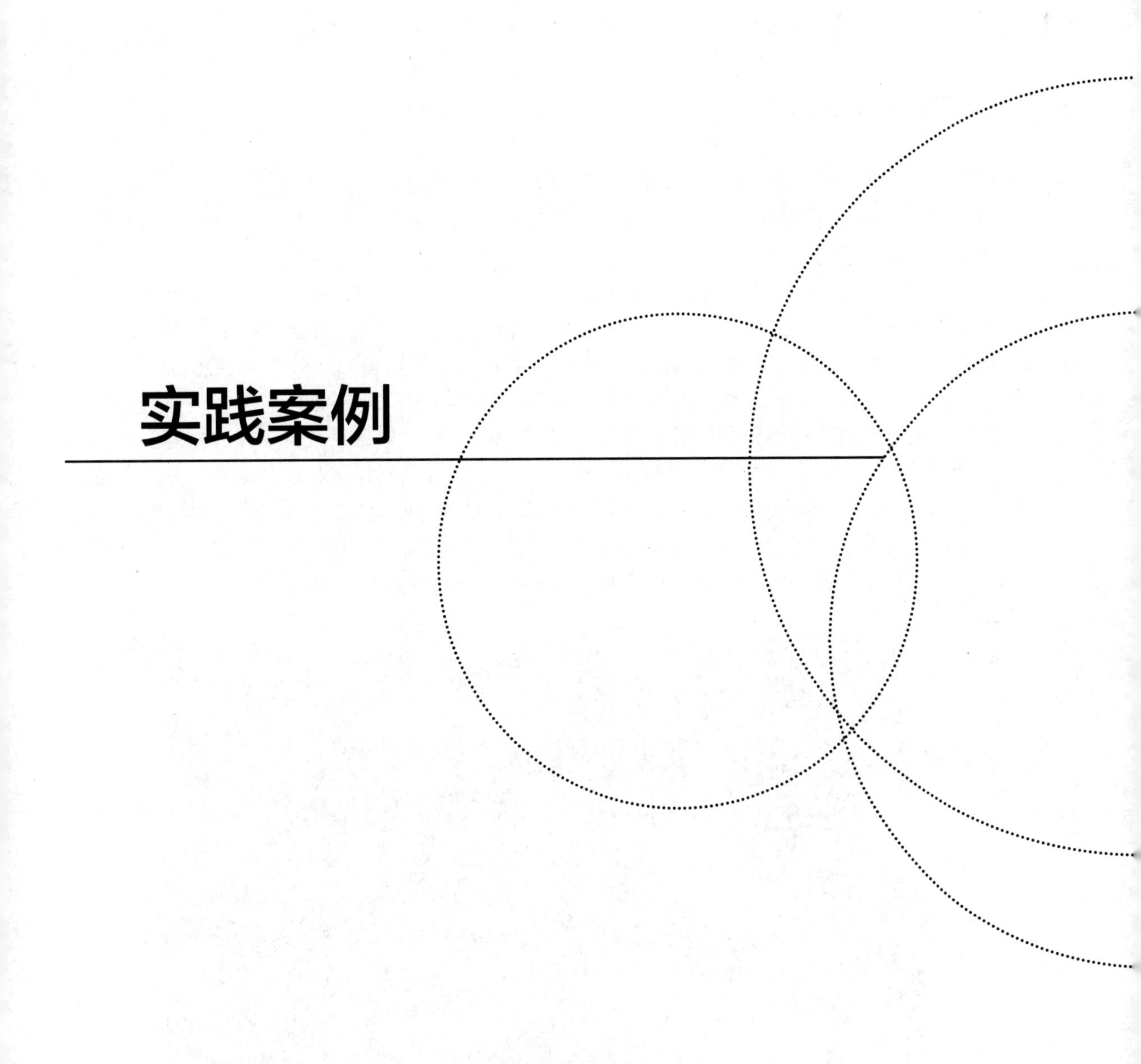

中国石油数据中心（克拉玛依）项目

新疆石油管理局有限公司数据公司
北京国信天元质量测评认证有限公司 联合供稿

一、项目概况

新疆作为“一带一路”核心区，除涉及沿线的六十多个国家外，国内不同省市地区对配合“一带一路”的发展也十分积极。在国家发改委发布的《推动共建丝绸之路经济带和21世纪海上丝绸之路的愿景与行动》中也指出，推进“一带一路”建设，中国将发挥国内各地区比较优势，其中对新疆的定位为“发挥新疆独特的区位优势和向西开放的重要视窗作用，形成丝绸之路经济带上重要的交通枢纽、商贸物流和文化科教中心，打造丝绸之路经济带核心区”。

如图1、图2所示，为中国石油数据中心（克拉玛依）项目园区效果图。2018年1月，中国石油数据中心（克拉玛依）项目正式建设并投用，实现了中石油集团公司“三地四中心”的总体规划。数据中心遵照国际最高等级的T4机房、《电子信息系统机房设计规范》中的A级建设标准，采用绿色节能措施和模块化设计思路，有效降低建设和运行成本，安全可靠、绿色节能。项目总建筑面积为52 716 m^2，建筑高度为31.86 m，地上四层建筑面积为28 498 m^2，地下一层建筑面积为19 211 m^2，主机房建筑面积约14 000 m^2，由控制中心机房、指挥中心、视听室、办公室、办公附属配套用房及数字网络控制中心设备机房组成。

图1　中国石油数据中心（克拉玛依）项目园区效果图1

图 2　中国石油数据中心（克拉玛依）项目园区效果图 2

在工程实施完成后，一方面需要验证中国石油数据中心（克拉玛依）项目的实施是否符合设计要求及国家规定的质量要求；同时，还需要通过模拟数据中心正式运营的各种场景，检验整个数据中心基础设施的安全、质量、功能，确认系统是否达到合格的投产条件。北京国信天元质量测评认证有限公司对该数据中心的 18 个 IT 模块（约 1 390 个机柜，单机柜平均容量约 4kW）涉及的所有电气、暖通、自动化、消防等系统按照《数据中心基础设施施工及验收规范》（GB 50462—2015）、《数据中心设计规范》（GB 50174—2017）、《计算机场地通用规范》（GB/T 2887—2011）、《综合布线系统工程验收规范》（GB/T 50321—2016）、《气体灭火系统设计规范》（GB50370—2005）等标准进行第三方测试验证。测试验证的核心目标包括以下 4 个方面。

（1）满足国家相关规范要求。

（2）检验数据中心实际可用性。

（3）核实建设质量。

（4）认知风险，提供高效运维的保障。

测试验证遵循以解决主要问题（主要矛盾和次要矛盾）为中心，循序渐进开展检测为基础的方法论。从系统架构设计、设备性能、系统功能、基础环境、建筑体、运维管理六个维度对数据中心进行综合评价，并且通过建立模拟仿真测试验证平台，构建了由十个大项和数十个配套子项组成的测试验证指标体系。同时，将实验室管理、质量管理、项目管理三大管理体系贯穿于整个测试验证过程，对测试验证规范性、检测准确性、实施质量、工期进度等进行全面管控，最终高质、高效地完成了数据中心测试验证工作。

二、项目实施重点

数据中心机房的建设是跨行业、综合性的工作。通过对系统的实效性分析，制订有针对性的测试验证方案：先单系统逐步满载测试，再进行系统间联调测试。

北京国信天元质量测评认证有限公司还为本项目提供检测完成后的数据中心国标建设等级认证工作。对于数据中心认证工作来说，开始现场认证的前提条件是机房已通过全部验证测试检测，故项目整改期的长短对后期取得认证证书的时间有至关重要的影响。

因此，本项目测试验证工作的实施重点在于以下几个方面。

- 系统的失效性分析。
- 单系统的满载测试。
- 系统的联调压力测试。
- 机房仿真测试。
- 认证工作的介入点。

三、测试方法及技术方案

1．电力系统

本项目主要配电系统依据 ANSI/TIA 942 标准设计，UPS 配电系统采用 2*N* 冗余配置，做到各系统之间物理隔离，解决了单点故障的问题；系统具有高容错、高可靠性，系统稳态可用性达 99.998715%。

本数据中心含 3 种电源，N：一般市电；E：自备应急自启动柴油发电机电源；U：不间断电源。如图 3 所示为电力系统示意图。

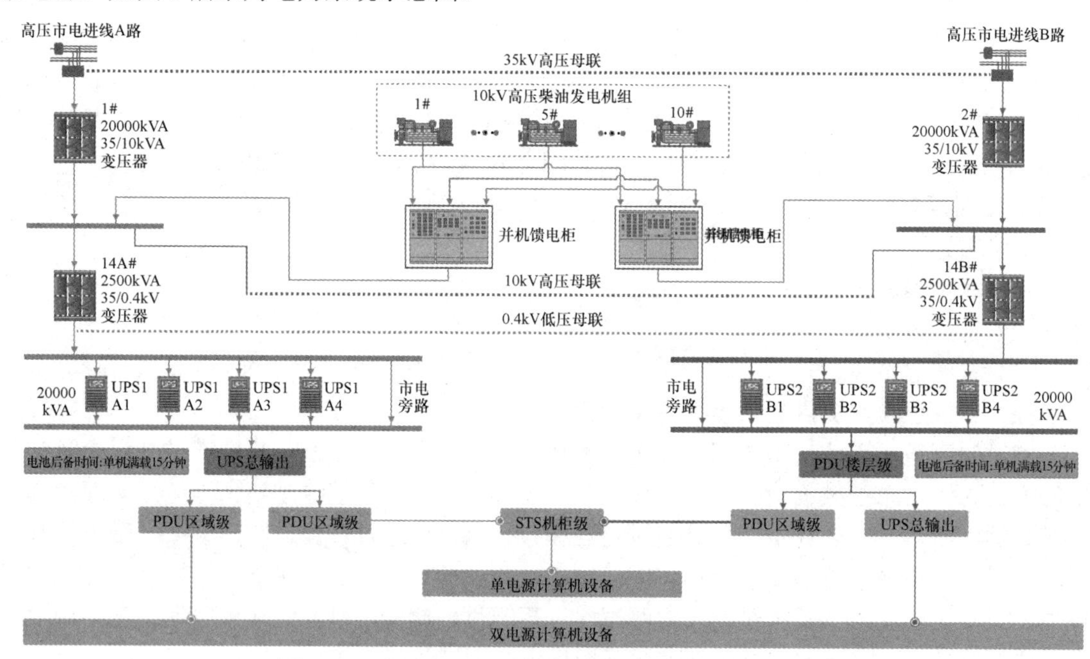

图 3 电力系统示意图

1）柴油发电系统的双机双系统电力保障

本项目的柴油发电机组成独立系统，并且采用“*N*+1”运行模式，柴油发电系统采用“8 用 2 备”模式，设计发电能力远超数据中心负荷带载能力，实现柴油发电机备份电源系统的冗余保障，同时配合电力系统双路物理隔离需要，柴油发电机双路分段并入电力系统，双路采用完全独立的控制逻辑，即使突然发生柴油发电机系统故障，仍能保证柴油发电机电力正常输出。

2）UPS 智能休眠系统

本项目选用国内外主流的 UPS 设备，配合自主研发的 UPS 智能休眠系统，可根据模块机房所带负载，控制 UPS 自动启停、加减机，实现 UPS 功率与负载的最优配合，进一步降低 UPS 空载运行带来的电能损耗。

3）系统内电能质量自适应系统

本项目除在模块机房配置滤波器外，依靠数据中心兼有容性负载、感性负载的特点，利用其自身内部自行调整中心电能质量，基本做到“少干预、自适应、少控制、降成本”的运维目的。

4）电力系统智能监控系统

电力系统智能监控系统实现数据中心电力系统从 35kV 专线进线至模块机房 PDU 开关、全范围监视及控制功能，配置柴油发电机应急启动及 10kV 系统自适应电力顺序控制系统，在紧急情况下系统可自动完成全部应急操作，降低运行错误率。

5）智能母线及智能插接箱的应用

通过 IT 机房布置智能母线和智能插接箱，实时监测每台机柜的运行状态，为合理调整模块机房运行状态和环境提供大数据支撑，为进一步合理运维提供有力支撑。

本项目电力系统涉及设备和子系统众多，运行逻辑复杂，对测试验证工作是一个考验。测试通过对 2*N* 架构可靠性的验证及供电质量的分析，充分验证了系统容错性、可靠性。测试内容涵盖 35kV、10kV、400V 备自投及保护装置运行逻辑，柴油发电机运行逻辑及带载能力，UPS 系统供电质量及电池后备时间等。

2. 暖通空调系统

本项目设置两路独立的冷源，为数据中心提供全年冷源，单路可承担 100% IT 负载。冷源 A 根据工艺要求设置电制冷离心式水冷冷水机组 4 台，单台制冷量分别为 5 100kW（2 台）和 4 500kW（2 台），“3 用 1 备”。冷源 B 根据工艺要求设置电制冷风冷冷水机组 11 台，单台制冷量为 1 275kW，“8 用 3 备”；冷源 A 最大供冷量为 19 200kW，冷源 B 最大供冷量为 14 025kW。每个模块机房设置 A 路和 B 路末端精密空调，各设置 5 台，为“4+1”运行模式，每路冷源均有一台备用机组，系统之间互为备份，同时各系统配置了一台加湿器。如图 4 所示为水冷系统示意，如图 5 所示为风冷系统示意。

结合新疆特殊地理环境特点，采用 4 种策略，即夏季采用冷水机组+冷却塔方式；过渡季采用冷却塔+板式换热器预冷+冷水机组再冷却方式；冬季（≥−5℃）采用冷却塔+板式换热器方式；冬季（≤−5℃）启用风冷螺杆机组自然冷却模式，充分利用自然冷源达到节能运行的目的。

1）采用可变风量的新风系统

本项目 IT 机房采用新风系统维持室内正压，并对新风系统进行加热或降温处理，夏季设定露点温度控制，冬季送风温度不低于室内露点温度。新风机组配有变频风机和末端 VAV 装置，根据室内与走廊的压差调节新风量，保持室内与走廊正压不小于 5 Pa。同时，新风系统依据总风管内静压值调整转速并依据空气处理露点温度控制冷冻水盘管、水源热泵模块进水二通阀的开度。

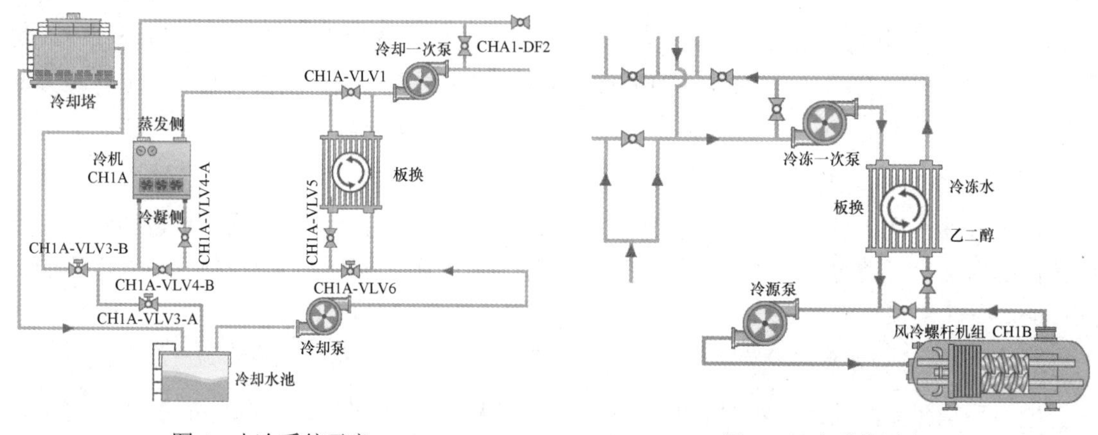

图 4　水冷系统示意　　　　图 5　风冷系统示意

2）高效节能型冷水机组，提高制冷系统能效

本项目选用 2 台定频与 2 台变频双级压缩冷水机组，机组 COP 高达 8.1。根据运行中的负载投入使用情况，选择不同 IT 负载下的运行策略，采用 15℃中温冷冻水，提高制冷系统的能效比，保证数据中心长期处于一种节能、可靠的运行状态。

3）稳定可靠的制冷末端设备

末端设备一是冷冻水型精密空调（普通机房），采用最新型微处理器控制，可实现实时诊断，并同时检测机组的所有功能。根据需要，冷冻水型精密空调可以与集中监控系统连接。二是重力热管背板机柜空调（高密机房），利用分离式重力热管原理进行制冷，冷媒侧无须泵等动力器件，利用板式换热器和末端之间的高差为末端提供冷媒。末端以门板的形式安装在机柜出风侧，直接对 IT 设备排出的热风进行冷却，每个末端的换热通过回风工况、风机转速，与热负荷自适应。板式换热器水侧流量由电动水阀根据制冷需求进行调节，提供合适的水流量。

4）建立暖通系统节能诊断体系，持续优化与节能研究

根据《工业节能诊断服务行动计划》，基于《空气调节系统经济运行》（GB 17981）和《数据中心能源管理体系实施指南》（GB/T 37779）等标准规范，结合本数据中心暖通系统的实际情况，运用 OTI（观察/交流、测试/计算、判断/解决）节能诊断方法，建立了一套架构完整、目标值清晰、适应性强的暖通系统节能诊断体系。为有效降低 PUE 和数据中心能耗，数据中心不断开展节能研究，提出一种判断多制冷模式最佳切换点的方法。通过建立各制冷模式能耗三维模型，明确制冷耗电量与环境温度、IT 负载之间的数学关系，判断多制冷模式最佳切换点，确定基于目前负载的数据中心暖通系统最优运行方案。

5）安全可靠的自控系统

BA 系统下分三个部分：冷源系统、新（排）风系统、给排水系统。可以对分布的数据中心制冷系统（冷源、管网、冷却塔等）中各个点位进行遥测、遥信、遥控、系统自控、系统冗灾，实时监视系统及设备的运行状态，记录和处理相关数据，及时传送告警信号、信息，及时进行制冷系统的逻辑切换与故障切换，从而实现数据中心制冷系统安全、稳定、自动运

行，维护管理便捷，最大限度地提高了数据中心制冷系统的稳定性和经济性。

本项目暖通系统测试针对两套独立冷源，分别制订了测试方案。分别在冬、春季进行了电制冷风冷冷水机组的带载能力、加减机、故障切换等功能性测试。在夏季对水冷机组带载能力、加减机、故障切换等功能进行了测试。对蓄冷罐、水泵、冷却塔等设备进行了带载压力测试及放冷测试。对 BA 系统的各工况运行逻辑进行了测试。基于以上的针对性测试，充分验证暖通系统的稳定性、维护管理的便捷性，提高了数据中心使用的经济性。

3. 弱电智能化系统

设置完备智能的弱电系统，独立管理，统一监控，将各系统运行状态汇聚到 ECC，对机房区域内的空调系统、供配电系统、消防系统、安防系统等不同类型的系统实现统一的监控与管理。

1）智能、操作便捷的运维管理系统

运维管理系统主要集成动力环境监控子系统、建筑设备监控系统、漏电电气火灾报警系统、门禁管理系统、电力监控管理系统、防盗报警系统、视频监控系统、极早期报警系统、蓄电池监控系统、火灾报警系统等若干个相互独立而又相互关联的系统，实现高度统一的信息共享、相互协调和联动功能，并建立起整个数据中心的集中监控、管理、运维界面，从该界面可获取全面的系统信息，实现信息资源的优化管理和共享。

2）安全可靠的网络结构

网络系统按照“等级保护三级”的防护标准进行设计，即对访问数据中心信息系统的请求进行检测与控制，对用户访问行为进行审计，对进出数据中心网络边界数据中存在的安全威胁与攻击行为进行检测与告警，包括防火墙设备、审计设备、入侵检测设备部署。同时，采用“数据中心 SDN”技术，为各系统逻辑环境提供业务隔离，使得网路更具备开放性和用户定制性，为按需扩展提供环境。

3）人防、物防、技防相结合，保障数据中心环境安全

本项目配置的安全防范系统主要包括门禁系统、视频监控系统，以及入侵防盗报警系统，具有双向出入门禁、生物识别、跟踪定位、红外双鉴探头、周界红外报警、入侵报警等技术或功能，并安排 7×24 小时安保警卫值班及安全人员巡更，确保环境安全。

4）先进、完善的建筑设施智能监控系统

数据中心建筑设备监控系统对各种楼宇设备进行集中监控，对各子系统的工作程序、工作参数、启停状态、故障情况等自动监测和控制；当各设备工作异常时，能发出异常状况或故障情况的报警信号，并同时判断故障性质、具体位置及设备类型、编号，给出故障处理的信息；系统能提供各设备的每日启、停状态，高、低峰值，实时运行值等数据，以图形形式显示记录。

针对本项目弱电智能化系统采样点多、涉及区域广、设备关联性复杂、自动化程度高等情况，北京国信天元质量测评认证有限公司分层级、分区域、分类别对动力环境监控子系统、电力监控管理系统、视频监控系统、安防系统、气体消防系统进行了测试，验证了数据采样的准确性、采集完整性、功能可靠性、易用性，以及联动机制的可靠性。

四、实施保障措施

因机房需要进行假负载带载测试，在测试时可能会使机房温度过高，极端情况下会发生火灾。

在项目实施前，项目组均按照招标单位的《用户需求书》，查看验收图纸，编制和完善《项目实施计划书》，并得到用户项目负责人的批准；对风险进行有效识别，在测试中对可能的突发情况进行预防并准备应急措施，制订可行的测试回退机制，避免在测试过程中出现安全事故。

五、结束语

北京国信天元质量测评认证有限公司中国石油数据中心（克拉玛依）项目检测认证工作团队，通过对于项目的建设情况摸底、深入分析项目中的实施重点与难点，有针对性地制订了项目执行计划方案与重点、难点应对解决方案；协调与调配了符合项目工作需要的技术人力与工作物资，很好地配合了项目工期短、任务重的工作执行要求；通过执行前期制订的“随查随改，改后即消”的测试与消项工作，合格、顺利、高效地完成了本项目的全部工作内容，达到了全部既定工作目标，最终为建设单位交上了一份满意的答卷。

中金数据昆山数据中心园区项目

中金数据集团有限公司　供稿

一、集团简介

中金数据集团有限公司（简称“中金数据集团”）成立于2005年，是国家高新技术企业，也是国内首家自主规划、投资、建设、运营第三方高等级数据中心的企业。历经十余年发展，中金数据集团先后在北京、昆山、武汉、烟台等地布局大规模高等级数据中心园区。中金数据集团提供数据中心规划、投资、建设、运营的全生命周期服务，并自主研发了智能化数据中心运维管理平台，实现对资产、能耗、运维管理水平的自动化、全方位管理。

同时，中金数据集团依托在全国布局的绿色云数据中心，跨领域聚合产业，汇集行业数据，逐渐建立了以数据中心为核心的业务生态，形成数据中心设施服务和行业数据应用服务两大业务体系，在大健康、金融科技监管、出版发行及工业互联网等领域开展了云计算、大数据、人工智能等行业应用服务，成为业界领先的数字基础设施综合服务商。

中金数据集团先后为包括大型国有银行、国家级政府机构、互联网头部企业、大型保险机构、大型制造业企业在内的数百家客户提供服务，并受工信部、银监会、北京市经信委等机构邀请，参与编写有关数据中心、云计算、大数据、信息安全、IT服务等国家、行业和地方标准超过60项。

二、项目概况

中金数据昆山数据中心园区是中金数据集团部署在华东地区的重要数据中心核心节点。园区位于江苏省昆山市花桥经济开发区，距上海市中心40千米，可达上海地铁，干支公路四通八达，交通便利，市政配套设施齐全，周边生态环境优美，网络直通上海的国家级网络交换中心，有助于实现卓越的低延时网络连接（见图1）。

该园区位于长三角一体化区域范围内，秉承聚焦服务长三角，辐射全国的发展理念，为长三角一体化发展提供数据基础设施支持，助推长三角一体化城市群的数字化转型进程。该园区已获得Uptime Institute Tier IV认证（见图2），先后入选2019年国家新型工业化产业示范基地、2020年国家绿色数据中心（见图3）、苏州市人工智能和大数据应用示范企业（见图4），获得长三角数据中心最具影响力奖、碳中和数据中心创新者（见图5）等多项荣誉。

中金数据昆山数据中心园区总规划占地面积为250亩（约16.67万平方米），总建筑面积约30万平方米，机柜数量达32 000个，电力装机容量为600MW。园区分两期建设，一期已建建筑面积近10万平方米，6 400个机柜已于2018年投产，包括中金数据昆山一号数据中心、一栋110kV变电站、一栋柴油发电机房、一栋办公楼、一栋宿舍楼；二期正在扩建建筑面积

20 万平方米，新增 25 600 个机柜，主要包括中金数据昆山二号、三号、四号、五号数据中心及 1 栋 220kV 变电站，已于 2020 年 10 月逐步投产。整个数据中心园区都严格遵循 GB 50174—2017 A 级标准及参照 Uptime Institute Tier Ⅳ 级最高标准进行设计建造，并取得了国家 A 机房 CQC 认证和国际 Uptime Institute Tier Ⅳ 设计认证。

图 1　中金数据昆山数据中心园区

图 2　Uptime Institute Tier IV 认证

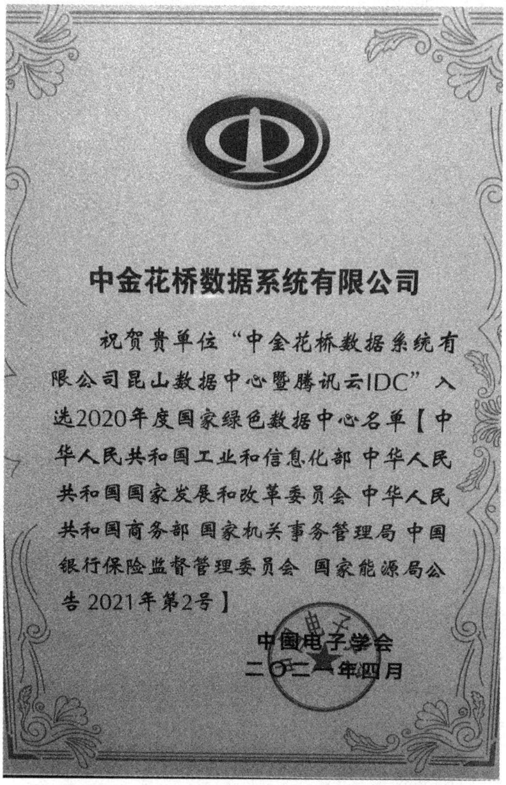

中金花桥数据系统有限公司

祝贺贵单位“中金花桥数据系统有限公司昆山数据中心暨腾讯云IDC”入选2020年度国家绿色数据中心名单【中华人民共和国工业和信息化部 中华人民共和国国家发展和改革委员会 中华人民共和国商务部 国家机关事务管理局 中国银行保险监督管理委员会 国家能源局公告 2021年第2号】

中国电子学会
二〇二一年四月

图 3　2020 年度国家绿色数据中心

图 4　苏州市人工智能和大数据应用示范企业

图 5　碳中和数据中心创新者

三、技术方案

1. 电力系统

数据中心园区配套建设一座 220kV 专用变电站及一座 110kV 专用变电站，220kV 专用变电站服务于整个园区，园区总用电上级双路引自市政两座独立的 220kV 变电站，以保证园区一级负荷的供电需求。110kV 专用变电站服务于园区一期项目，前端电源由园区内 220kV 变电站提供；园区总电力装机容量为 600MVA，设置 4 台 150MVA 主变、110kV 出线 2 回、10kV 出线 52 回。各单体分别设置 10kV 柴油发电机，储油量满足 12 小时满负荷运行需求。各单体内低压侧设置自动母联，分楼层、分区域独立供电。UPS 系统采用 2*N* 冗余配置，单机满载 15 分钟后备电源保障。标准机柜由双路 UPS 供电。

1）双路电源供电路由不同，实现防火物理隔离

本项目各单体变电所分别设置 A、B 路配电站，两路配电站由建筑墙体进行物理分隔，楼层变配电所至末端模块配电列头柜采用独立路由敷设，以保证两路供电电源敷设路径的独立性，当局部发生火灾时，可起到物理隔离作用，提高电力保障水平。如图 6 所示为配电房。

图 6　配电房

2）柴油发电机组系统的双重电力保障

本项目数据中心建筑各单体均设置独立的柴油发电机组系统，并且采用“*N*+1”运行模式，实现柴油发电备份电源系统的双重电力保障。如图 7 所示为柴油发电机组。

图 7　柴油发电机组

3）低损耗节能型变压器，提高供电效率

本项目选用低损耗节能型 SCB12 变压器，即在满足限制短路电流要求的前提下，选用阻抗电压百分比较小的变压器，变压器低压侧设置无功补偿装置，要求补偿后高压供电进线处功率因数不低于 0.95，减少从电网获取无功功率的需求量，提高自然功率因数。

4）预留有源滤波设备位置及低压柜内相应出线回路，便于后期增加滤波设备

因后期电网的不确定性，其谐波含有率可能达不到要求，变电所内预留有缘滤波设备位置及变压器相应出线回路，以方便后期加装滤波器，达到抵消输入电网谐波的效果，保证电网供电质量。

5）分层设置变电所

机房单层负荷较大且位置相对比较集中，为保证各层机房模块用电的独立性，减少线路功率损耗及电缆投资，变压器均分层设置，且靠近低压负载端。相对应的每个楼层在变电所临近房间设置 HVDC 或 UPS 配电室,便于操作及检修。

2. 暖通空调系统

机房楼配置大型冷冻站，采用节能型的水冷集中式空调系统，冷冻站按“*N*+1”冗余配置大制冷量、高能效比的高压离心式冷水机组，并配置相应的冷冻水泵、冷却水泵、补水泵、冷却塔、水处理设备等。冷水机组、空调水泵等均采用变频技术，可对系统设计富余量进行有效调节，改善运行工况，提高工作效率，达到节能目的。如图 8 所示为冷冻机房。

图 8　冷冻机房

1）采用免费自然冷源，节约能源

每台高压离心冷水机组均对应配置 1 台水—水板式换热器，在过渡季节或冬季，冷却塔所提供的冷却水经水—水板式换热器后，可换得空调负担的全部或部分冷负荷。当室外湿球温度降低、冷却塔提供的冷却水供水温度低于 16℃并持续 10 分钟以上时，系统进入部分自然冷却状态，当室外湿球温度低于 5℃、冷却塔可提供低于 11℃的冷却水时，系统进入完全自然冷却状态，此时冷水机组完全关闭。

2）温度、湿度独立控制系统

温度控制逻辑要求：末端精密空调温度控制及监测由机组生产厂商负责设计制造，房间温度由楼宇自动化管理系统监测，当偏离运行范围时报警；湿度控制逻辑要求：当室内相对湿度小于 40%时，开启直膨式新风机新风工况及湿膜加湿机；当室内相对湿度大于 55%时，优先关闭加湿、除湿一体机；根据室内湿度情况，有选择性地开启直膨式新风机回风除湿工况。

3）冷热通道封闭

空调风系统采用常规的地板下送风、上回风。采用冷通道封闭技术，机架均采用面对面、背对背的摆放方式，形成热通道和冷通道，在物理上分隔冷、热空间。这种应用方式具有冷量能够被充分利用、冷量损失及机房环境冷量配置少的特点，高效节能，是当前应用最广泛的形式之一。如图 9 所示为冷通道封闭机柜。

图9　冷通道封闭机柜

3．智能化系统

项目具有完整、先进的智能化系统，对电力监控、机房动环、暖通控制、安防系统、消防系统做到独立管理、统一监控，并通过项目ECC监控平台统一指挥。

1）智能化系统的供电系统

智能化系统为数据中心自动化运行和运维提供了重要的保障，为确保智能化系统持续运行能力，智能化系统设备均使用UPS电源供电，保证智能化系统的电力监控、环动监控、制冷系统监控、综合安防、消防系统等的正常运行，智能化系统使用与机房内IT负载独立的UPS电源，以此保证其供电系统的稳定性、安全性。

2）智能化的基础设施监控平台

项目中供电系统、暖通系统的主要设备均接入智能化系统，通过预先设置好的程序做到自动化监控和运行，并对异常情况实时告警和处理，提高整个项目的运维水平，满足客户使用要求。

3）数据中心的智能运行

数据中心用电需求大、能耗使用高，通过智能化系统对供电系统的监测，上传数据至上位北向平台，做到实时告警、远程管理和专家分析，为项目的稳定运行及节能降耗提供了有效的数据支撑。

四、提升机房的规划和运维能力，降低运营成本

1）强化数据中心模块化设计

对于数据中心基础设施的三大核心：智能化系统、配电系统、暖通系统，在设计中充分贯彻模块化的设计理念。智能化系统设计备份和容灾，并尽量全部采用双电源设备，对单电源设备采用STS末端切换；配电系统按容错配置，并进行模块化配置，灵活应对不同的IT

负载；暖通系统冗余配置，冷冻水供回水管路宜采用环形管网或双供双回方式，通过蓄冷保证制冷的连续性。

通过在数据中心内对环境、设备、线缆等开展色彩管理，将色彩、图纸与流程等元素固化后，提升现场辨识度，并从细节着手，设计一些人性化的配套设施，方便现场运维操作。

考虑设备的产品设计、节能、选型，优选寿命长、高可用性、节能、市场成熟度高的设备，降低后期运维风险，减轻运维工作量。

2）数据中心精细化、高可靠运维

在精细化运维管理方面，中金运维管理团队主要从完善运维体系流程、强化运维人员业务能力、注重运维细节及标准化等几个方面着手。

运维管理体系对规范指导数据中心运维工作起着关键性的作用。中金数据集团拥有 15 年的高等级数据中心安全运营管理经验，同时也有完善的数据中心运维管理体系与运维管理流程。在日常运维管理活动中，中金数据运维管理团队结合项目实际运行情况与项目特点，不断完善与优化现有的运维管理流程，使运维流程更加流畅、规范。例如，依据不同客户的要求，完善事件、问题通报流程，确保客户在第一时间了解数据中心的运行情况。

在现阶段数据中心运行过程中，运维人员仍然是重中之重。建立业务能力过硬的运维团队，对数据中心运行安全尤为重要。强化运维人员业务能力主要包括以下三个方面。

第一，在人员培训方面。①建立运维新进人员入职培训计划，按运维岗位，制订培训计划并对培训效果进行考核，同时，将培训考核结果作为试用期是否合格的重要考评指标。②建立运维人员年度培训计划，根据运维工作对运维人员的技能要求，制订每个年度的人员培训计划，并制订培训课程，培训课程不仅区分专业，而且分为内部培训和外部培训，另外，从培训的形式上区分又有理论培训和实操两种形式。③全员讲师，二线技术工程师给一线班组运维技术员、主管培训；主管给一线班组运维技术员培训；班组运维技术员进行电气专业培训、暖通专业培训、跨专业培训等，提倡全员当讲师，共同提升。

第二，在应急演练方面，注重应急方案的编写，编制多专业、多场景的应急方案，并对运维人员进行各场景应急方案培训，使运维人员熟悉各场景下的应急处置流程。同时，以运维班组为单位组织应急演练。应急演练结合数据中心实际运行情况及客户的要求，分为桌面推演、现场模拟跑位、实操演练等形式，提高运维班组应急处置能力，以及运维主管临场指挥和应变能力。

第三，培养跨专业、多技能运维人员。培训的最终目标是运维人员“一专多能”，立足本专业，掌握跨专业技能、多专业技能。强化运维人员业务能力，使运维团队处置突发事件的能力得以提升，从而保障数据中心的运行安全。

中金数据运维管理团队在运维标准化方面也做了大量工作，对规范运维作业和降低中金数据昆山一号数据中心 PUE 起到了很大的作用。例如，通过对机房、辅助房间等制订标准化巡检路线，确定标准化巡检项目来规范运维日常巡检工作，减少人员因素带来的随机性，从而提高巡检工作的有效性。另外，通过制订标准化的设备运行配置，优化如供电系统、空调系统运行策略，提高能源的使用效率。

此外，中金数据自主研发了智能化数据中心运维管理平台，可对环境、系统、设备等的运行状态及参数进行动态监控及管理。数据刷新速度快，可实时检测设备故障、快速定位故障、将故障精准信息推送给运维人员，配合资产管理和供货商管理，实现故障部件或设备的快速供货、更换。

如图 10 所示为空调管道阀门挂牌。

图 10 空调管道阀门挂牌

五、总结

随着新一轮科技革命和产业变革，5G、大数据、云计算、移动互联网、工业互联网、车联网、人工智能与区块链等新兴业态迅猛发展，网络内容极大地被丰富，网络应用向各领域渗透，数据流量呈爆发式增长。数据中心作为数据储存与交换的物理载体，到 2019 年我国数据中心市场规模已接近 1 900 亿元，连续 3 年保持 30%以上的增长，不断向多元化、多角度的方向发展。同时，“加强新一代信息基础设施建设”被列入政府工作报告，“数字经济、数字中国”已被列入“十四五”规划。在“新基建”和“碳中和”的大背景下，科技创新、科技强国将支撑起我国未来经济发展和人民幸福生活的重要使命。中金数据集团作为中国数据中心产业建设的参与者、第三方高等级数据中心的先行者，将持续推进以科技创新引领行业发展，以建设高可用、高可靠、绿色数据中心为己任，以科技创新拓展更多应用业务，助力碳中和目标和数字强国的早日实现。

下一代绿色低碳数据中心专项技术及实践案例

华为技术有限公司　供稿

一、中国数据中心行业趋势与挑战

2010—2019年是波澜壮阔的十年，数据中心行业经历了从传统数据机房到数据中心，再到云数据中心3个阶段。当前，随着云计算、大数据、人工智能、5G的迅猛发展，对数据中心的需求激增，数据中心大型化、规模化是大势所趋。力争2030年前实现碳达峰，2060年前实现碳综合，是党中央做出的重大战略决策。随着“双碳”目标的提出和战略执行，国家对数据中心节能的要求也越来越高，多地数据中心节能已成为硬性指标，传统数据中心面临四大挑战。

（1）建设周期长，需要匹配IT演进：传统数据中心建设需要将近两年时间，而IT设备3～5年就需要新换代，数据中心的生命周期一般在10年以上，因此需要考虑数据中心基础设施支持2～3代IT设备平滑演进。

（2）资源消耗大，电费居高不下：中国数据中心2018年耗电达1 600多亿度，占全国用电量的2%左右，相当于9 855万吨的碳排放，需要种植1.4亿棵树进行CO_2吸收。

（3）运维成本高，人工运维效率低：随着数据中心越来越大，运维更加复杂且运维成本持续上升，60%的数据中心招不到合格的运维人员。

（4）安全挑战大，基础设施成薄弱环节：基础设施的中断33%是由供电系统引起的。2021年3月，欧洲某云计算巨头数据中心发生火灾，导致350万家网站下线。

二、华为下一代绿色低碳数据中心专项技术

作为全球领先的ICT基础设施和智能终端供应商，融合在电力电子、数字技术、云，以及AI领域领先技术优势，华为创新性地通过重构架构、重构温控、重构供电、重构营维，打造了下一代绿色低碳的预制模块化数据中心。

1．专项技术1——重构架构：预制模块化

1）重构架构概况及适用范围

传统的数据中心建设模式，需要1～2年业务才能上线，而且一次性规划、一次性投资、“一建定终生”，资金占用大，不能实现分期部署、分期投资。

通过重构架构，华为创造性地将预制模块化建筑和数据中心结合。该方案适用于室外无楼宇场景，将传统数据中心串行的建设模式（先盖楼，再装修，再部署各数据中心供电制冷子系统），转变为并行模式：供电、制冷等子系统提前在工厂预安装在钢结构箱体之中，并整体进行预调试，在工厂生产的同时，现场的土建地基工作可以同时进行，箱体生产完成整体

运输到现场，只需要简单拼接和堆叠，即可快速完成数据中心大楼和机电系统的搭建。部署一个 1 000 机柜的数据中心，仅需要 6 个月左右的时间，相比于传统楼宇数据中心，上线时间提前 50%以上。如图 1 所示为预制模块化数据中心吊装现场。

图 1　预制模块化数据中心吊装现场

2）重构架构专项技术的原理

预制模块化数据中心采用磐石钢结构专利堆叠技术，能够承受 9 烈度地震，其中多维互联支撑框架增加整体性，宏观抗强剪、抗扭，大而不倒，多而不晃，每个箱体采用多肋盖板系统，楼层地震力可以可靠传载，抗剪力大于 3 800kN。星阵节点连接采用仿卯榫设计，可以免焊接连接，箱体多而不散。另外，12 级台风、2 小时防火、50 年寿命、IP55 优异的防水防尘性能，使得预制模块化使用体验等同于传统楼宇，满足永久性建筑的要求。

预制模块化数据中心相比于传统楼宇数据中心，装配率高达 97%，施工过程无“三废”产生，施工用水和建筑垃圾减少 80%，可回收率超过 80%，施工碳排放减少 90%。

预制模块化数据中心竣工验收合格后，备案齐全，可申请不动产权证。

3）重构架构专项技术的应用场景

预制模块化数据中心凭借快速建设、弹性部署、绿色环保、智能安全等多重优势，在行业广泛应用。未来 5 年，全球复合增长率将超过 25%。各大云数据中心厂商，如华为云、腾讯等纷纷采用预制化方式作为主流方式建设数据中心。运营商加大 IDC 业务投资、技术创新，也开始大规模采用预制模块化数据中心。此外，随着 5G、人工智能、工业物联网的融合发展，全国掀起了人工智能示范区及 AI 超算中心的建设高潮，纷纷采用预制模块化方式建设数据中心，满足快速上线、算力领先的要求。

2．专项技术 2——重构温控：间接蒸发冷却

1）重构温控专项技术的概况及适用范围

间接蒸发冷却技术通过非直接接触式换热器将直接蒸发冷却得到的湿空气（二次空气）的冷量传递给待处理空气（一次空气），实现空气等湿降温的过程。以深圳 1 500 柜、IT 负载为 8kW/R、负载率为 50%的某数据中心为例，相比于传统冷冻水系统，采用工厂预集成，现

场一站式交付，可缩短交付时间 50%；PUE 降至 1.22，年节省电费约 17%；采用软化水，比冷冻水年省水约 40%。该技术因其绿色、低碳特性，在电信、ISP、金融、政府等行业都有广泛的应用。

2）重构温控专项技术的原理

（1）现有技术痛点：数据中心是典型的耗能大户，以一个 1MW 以上的典型数据中心为例，以 10 年运行周期计算，电费占比高达总投资的 60%以上，其中，制冷设备的电费占总耗电量的 30%左右 ；运维人工投入占数据中心总投入的 10%左右。因此，简化运维、智能运维将是后续发力的方向。

如图 2 所示为某数据中心基础设施 10 年生命周期 TCO 分布。如图 3 所示为某 PUE=1.5 数据中心各子系统耗电分布。

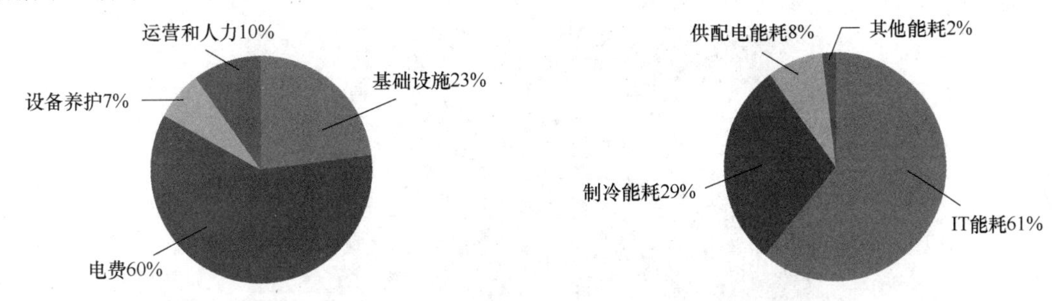

图 2　某数据中心基础设施 10 年生命周期 TCO 分布　　图 3　某 PUE=1.5 数据中心各子系统耗电分布

（2）本技术原理及创新之处：①间接蒸发冷却机组为整体式的系统，在数据中心现场安装风管、水管及配电后即可投入使用，可缩短建设周期 50%。②机组有三种运行模式，干模式：仅风机运行，完全采用自然冷却；湿模式：风机和喷淋水泵运行，利用喷淋冷却后的空气换热；混合模式：风机、喷淋水泵、压缩机同时运行。三种运行模式可以结合气象参数和机组自身的特性曲线，在控制系统控制下运行，在满足温度控制的基础上，实现节能目的。

- 干模式：当室外环境温度低于一定数值时，机组采用干模式运行即可满足机房制冷需求，此时室内外侧风机运行。
- 湿模式：当室外环境温度高于湿模式启动温度时，机组采用湿模式运行，此时水泵启动运行。
- 混合模式：当室外环境温度高于“湿模式+辅冷模式”启动温度时，机组采用湿模式混合制冷运行，此时压缩机和水泵均开启。

（3）“iCooling”AI 节能技术，通过人工智能技术，找出决定数据中心 PUE 的数学模型，即 PUE 的函数，可根据 IT 负载、室内外环境温湿度控制机组运行至最佳效率点，做到系统级的能效最优。④智能运维技术，部署智能传感器，独有的故障自诊断算法，独有的智能巡检和冷媒泄漏检测等功能，支持 1 分钟快速定位故障，指导运维人员快速响应，排除无关故障根因，并根据运行状态输出健康报告。

3）重构温控专项技术的应用场景

（1）该技术可在数据中心项目中替代传统冷冻水系统解决方案，支持室外或室内侧面安装，如图 4 所示。

（2）室外楼顶安装效果如图 5 所示。

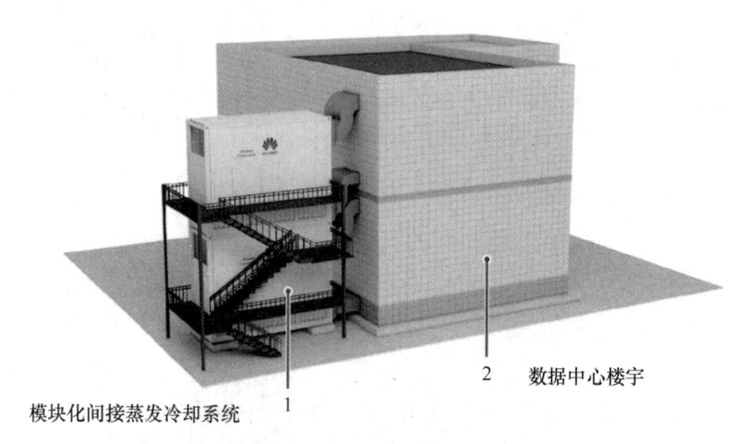

图 4　侧面堆叠安装效果图

图 5　楼顶安装效果图

据行业第三方咨询机构调查：2019 年，全球机房空调市场保持低速增长，中国机房空调市场规模达 57.4 亿元，预计未来 5 年，机房空调市场规模年均复合增长率将超过 7%。随着数据中心节能化和模块化的发展趋势，间接蒸发冷却产品未来将会被广泛用。

3. 专项技术 3——重构供电：智能锂电 UPS

1）重构供电专项技术的概况及适用范围

智能锂电UPS是华为技术有限公司自主研发的配套智能锂电使用的模块化UPS整体解决方案，该解决方案由模块化 UPS5000+智能锂电 SmartLi 构成。

模块化 UPS 是华为中大型不间断电源 UPS5000，采用全新 100kVA/3U 热插拔功率模块，有效节省占地面积和安装工时，系统效率高达 97%，休眠模式低载高效，采用 iPower 智能手段提升系统可靠性，简化运维，智能在线模式（S-ECO）在实现高效率、优指标的同时，保障无中断切换。

智能锂电是华为自主研发的 SmartLi 电池储能系统解决方案，具有安全可靠、使用寿命长、占地面积小、运维简单等优点。采用磷酸铁锂电芯——锂电池中最安全电芯，相比于铅酸电池无重金属污染、环境友好、支持新旧混用、能容忍单节电池故障。业界独有的主动均流控制技术，支持新旧电池混用，显著降低 Capex（Capital Expenditure）。三层 BMS（Battery Management System）系统，配合华为 UPS 与网管系统，实现电池智能管理，极大降低了 Opex（Operating Expense）。

智能锂电 UPS 采用高功率密度设计，占地和重量仅为传统 UPS+铅酸电池的 50%，有助于提升出柜率，并且降低运输阶段的碳排放。同时，模块化设计的 UPS，可分期部署、按需扩容。

2）重构供电专项技术的系统原理

（1）智能锂电 UPS 的组成。

智能锂电 UPS 包括模块化 UPS5000 和智能锂电。UPS5000 包括机架、功率模块、旁路模块、系统控制模块和监控屏幕等核心部件。智能锂电由机架、电池模块、智能电池管理模块、断路器、柜内消防系统和监控屏等核心部件组成。如图 6 所示为智能锂电 UPS 解决方案。

图 6　智能锂电 UPS 解决方案

（2）智能锂电 UPS 系统节能原理。

传统 UPS 配套铅酸电池具有效率低、占地面积大的问题，华为智能锂电 UPS 通过创新设计，将传统在线模式向智能在线模式（升级 ECO 模式）升级，提升 2%的效率，解决传统 ECO 切换间断和谐波含量高的问题。进一步提升在线模式效率，提升轻载效率。

（3）智能锂电 UPS 系统关键节能技术。

智能锂电 UPS 的关键节能技术为国际领先，同时知识产权完全自主可控，包含以下几项关键技术。

① 三电平拓扑+交错并联技术：三电平拓扑中 IGBT、二极管和电感两端电压只有两电平的一半，而耐压低的 IGBT 和二极管具有更低的开关损耗和导通损耗，器件数量合适，综合损耗低。交错并联技术在谐波电流频率一定的条件下可降低总谐波电流纹波，减小器件开关损耗，减小电感体积，减少直流储能电容及交流滤波电容个数，同时实现功率密度的提升。

② 智能休眠技术：新型高频机 UPS 普遍实现了低载高效设计，即效率最高点在 50%附近，但实际上大多数用户初期负载率依然低于 50%，为此采用智能休眠技术，通过休眠冗余模块，在设备低负载率时，提高实际运行模块的负载率到 50%左右，改善低负载率时效率低的问题，提高 UPS 实际运行效率，降低用户用电量。

③ 风扇智能多级调速技术：UPS 功率模块风扇起到辅助散热的功能，其本身会产生损耗，华为 UPS5000 风扇采用多级调速技术，与负载率完美匹配，当轻载时风扇转速低，当重载时风扇转速高，提升轻载时 UPS 系统效率。

④ 智能在线模式（增强型 ECO 模式）：智能在线模式是华为创新推出的 UPS 全新工作模式，结合了整流逆变模式的高可靠性、高供电质量和传统 ECO 模式的高效率，实现 99%超高效+0ms 切换+谐波主动补偿，同时，当休眠技术应用在智能在线模式时，更能提升轻载时的系统效率。

传统 ECO 模式如图 7 所示，当 UPS 旁路输入电压异常时，UPS 从旁路切换回主路需要 4～20ms，因此通常不被使用。

华为智能在线模式（见图 8）在 UPS 模块内部设计热备份单元，该单元可实现在旁路异常情况下，如掉电、高低压、高低频率时，自动无间断切换至逆变模式。

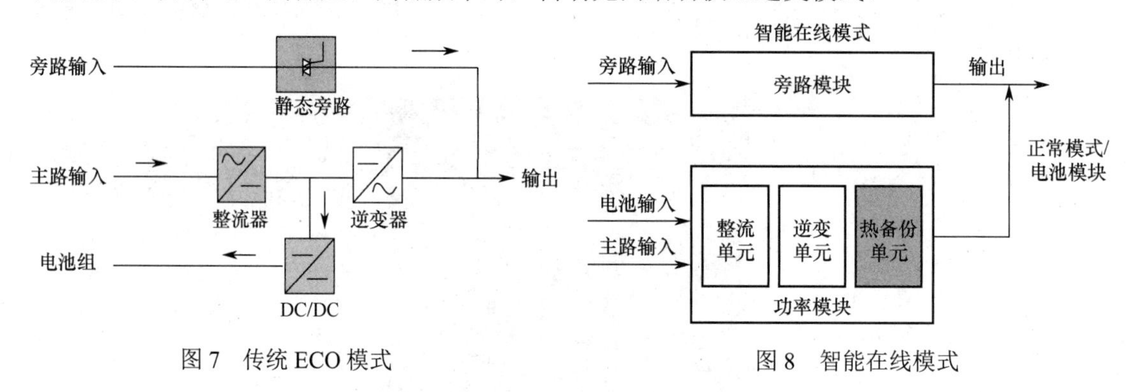

图 7　传统 ECO 模式　　　　图 8　智能在线模式

同时，当负载为非线性负载时，UPS 系统自动启动逆变器进行谐波补偿，实现等同于正常整流逆变模式时输入高功率因数和低谐波分量的效果，避免对电网注入污染（见图 9）。

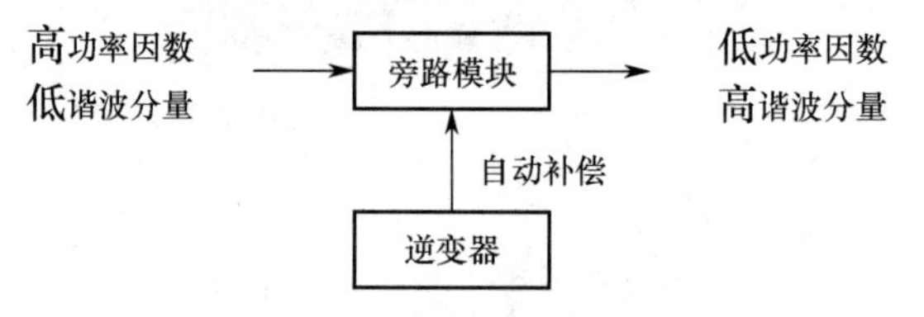

图 9　自动启动逆变器进行谐波补偿

3）重构供电专项技术的应用场景及市场潜力

模块化 UPS 将逐渐替代传统塔式机，根据 Frost&Sullivan 发布的《2019 年全球模块化 UPS 市场报告》，华为以 34.3%的市场份额排名全球第一，且市场份额逐年递增。目前，智能锂电也因其高安全、高可靠、高弹性，在互联网、金融、轨道交通、制造等行业关键供电等领域中有了诸多成功应用案例，在“双碳”背景下，应用也将更加广泛。

4．专项技术 4——重构营维：数据中心智能管理系统

1）重构营维专项技术的概况及适用范围

数据中心管理者往往需要面对很多管理难题，如怎样通过有效手段来监控数量众多且复杂的设备和子系统、能耗一直居高不下、数据中心资源利用率低、运维成本高等难题，急切需要有效的解决方案，帮助管理者打造一个绿色节能、智能化的数据中心。华为数据中心智能管理系统可提供四大功能：自动运维、智能运营、AI 节能、安全可信，实现数据中心价值最大化。同时，融合 AI 技术，帮助管理者无人巡检，提升运维效率，可降低数据中心能耗 8%～15%。

2）重构营维专项技术的系统架构和关键特性

（1）DCIM 系统体系架构分为：展示层、综合管理层、采集层等（见图 10）。采集层主要将各个子系统采集的数据进行协议和信息模型转换，将“事件”“告警”“资源”等数据转换成智能化系统可识别的统一数据模型。综合管理层由服务器和管理软件组成，提供逻辑处理分析、数据存储和应用服务功能，并提供向上的应用服务供客户端使用，实现数据存储、记录告警事件，并以各种不同的方式输出告警。展示层由管理终端、显示终端及告警设备组成，为客户提供人机交互界面，可生成各种报表，实现日志功能及权限管理功能等。

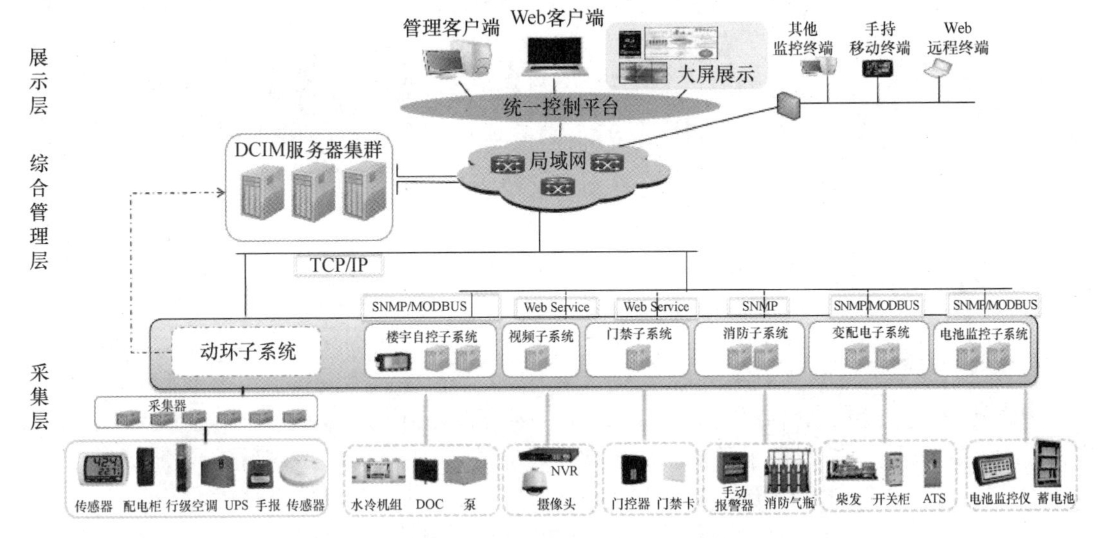

图 10　DCIM 系统体系架构

（2）关键特性。

- 数字可视：通过数字化 3D，实现数据中心全链路可视。利用 BIM 数字孪生，从数字化设计/交付实现数字化运营，提升运维体验。
- AI 能效优化：系统利用 AI 能效诊断，快速识别能效异常点，并给出改进建议，通过 iCooling@AI 系统级能效调优，整体上可降低 PUE 8%～15%。
- 智能运营：系统通过对数据中心资产设备的状态全程跟踪，实现资产的全生命周期管理，同时，利用 U 位级的容量管理，高效匹配 SPCN（Space、Power、Cooling、Network）容量使用情况，数据中心资源利用率提升 20%。
- 自动运维：iPower 可实现开关智能整合定制，防止越级跳闸，通过链路温度大数据预测，防止高温起火；断路器寿命预测和健康度评估，做到提前维护，避免 SLA 损失；iManager 可实现运维数字化、智能化、节省运维成本 35%。

DCIM 关键特性如图 11 所示。

3）重构营维专项技术的应用场景及市场潜力

未来 5 年，国内大型数据中心建设即将进入新一轮的高潮。华为数据中心智能管理系统适应性广、可靠性高，在各类大中小型数据中心，如运营商、互联网、金融、政府等行业，以及企业分支、银行网点、政府、学校等各类边缘数据中心市场上得到普遍应用并得到了业界认可。

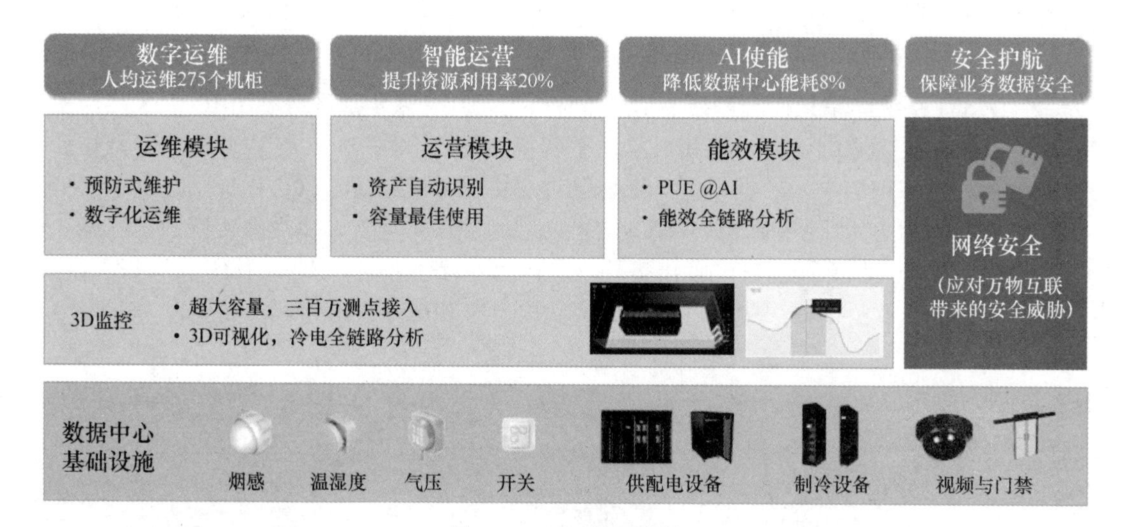

图 11　DCIM 关键特性

三、应用案例和效果

1. 项目背景

华为乌兰察布云数据中心位于察哈尔经济技术开发区（见图 12），一期总投资 16 亿元，共有 1 500 多个机柜、2 万台服务器。待四期建设完成后，华为在乌兰察布的服务器数量将达 60 万台，是乌兰察布目前规模最大的数据中心。

图 12　华为乌兰察布云数据中心——大数据云服务新标杆

2. 华为解决方案

下面以华为乌兰察布云数据中心二期 D01 栋为例，做详细的介绍（见图 13）。

D01 栋总建筑面积为 9 224m^2，建筑高度为 23.5m，包含 1 056 个机柜。华为通过重构架构、重构温控、重构供电、重构营维，提供下一代绿色低碳的预制模块化数据中心全套解决方案。包含机柜系统（1 056 个机柜）+配电系统（10 套智能锂电 UPS 模块）+制冷系统（包含 56 个间接蒸发冷却模块）+智能管理系统；采用 5 层堆叠，由 368 个预制模块（包含）建设而成。其中，1 层建筑面积为 1 952m^2，由 78 个预制模块构成供配电间和电池间；2～5 层每层建筑面积为 1 764m^2，每层由 72 个预制模块构成模块化机房和间接蒸发冷却温控系统。

图 13　D01 栋预制模块化数据中心 POD 概览

3. 项目效果

- 重构架构：采用预制模块方式实现了快速部署，92 天生产 368 个预制模块（1 056 个机柜），35 天吊装，完成 5 层堆叠，160 天并箱安装及联调，缩短上线时间 50% 以上。
- 重构温控：运用间接蒸发冷却及“iCooling”AI 节能技术，年平均 PUE 低至 1.15，年节省电能 3 000 万度，10 年减少碳排放 14 万吨，相当于种树 20 万棵。
- 重构供电：使用模块化 UPS5000+智能锂电整体供电方案，可节约 50% 占地面积，出柜率提升 10%，模块化热插拔设计，5 分钟可完成在线维护，系统效率高达 97%，低载高效。
- 重构营维：利用智能管理系统，大幅提高运维效率，从 100 机架/人提高到 250 机架/人，节约 35%的运维人力支出。
- 华为乌兰察布云数据中心荣获工业和信息化部颁发的“2020 年度国家绿色数据中心”大奖。

吉利汽车生态数据产业园项目

北京长城电子工程技术有限公司　供稿

一、项目概况

伴随着吉利集团多模式、多生态、多类型业务呈爆发式增长，核心数据存储量和关键算力需求量不断扩大，现有的网络系统架构已无法满足业务需要。着眼长远战略发展需要，吉利集团决定自筹自建大型数据中心，通过互联网技术，构建敏捷灵动的云平台，实现资源池化、按需分配和快速扩展，同时实现数据智能化解析，充分挖掘并保障集团数据资产价值。

如图1所示为吉利汽车生态数据产业园效果图。

图1　吉利汽车生态数据产业园效果图

2019年，吉利汽车生态数据产业园项目（一期），即吉利科技（长兴）数据中心正式启动建设，该数据中心坐落于长三角核心区域浙江湖州，按照国标A级、优于T3标准建设5kW机柜2 520架。作为吉利集团的数字化大脑，吉利汽车生态数据产业园承担着吉利集团5G车联网、自动驾驶、航空航天等多项核心业务的算力保障。项目总体规划五栋建筑：1号数据中心、2号数据中心、辅助用房、35kV变电站、门卫。1号数据中心为地上四层，建筑面积为24 201m^2。辅助用房为地上三层，建筑面积为4 756m^2。35kV变电站为地上二层，建筑面积为1 230m^2。2号数据中心为地上四层，建筑面积为22 520m^2。门卫为地上一层，建筑面积为75m^2。如图2所示为吉利汽车生态数据产业园外观。

图 2　吉利汽车生态数据产业园外观

二、技术方案

1. 电力系统

数据中心配套建设园区 35kV 专用变电站，上级双路来自两个不同的 220kV 变电站；总电力容量为 20 000 kVA×2，4 路 10kV 电缆接入数据中心 4 个高压配电室。10kV 柴油发电机采用“10+1”配置，储油量可连续提供服务 12 小时。低压侧设置自动母联，分楼层、分区域独立供电。UPS 系统采用 2*N* 冗余配置，单机满载 15 分钟后备电源保障。5kW 标准机柜由双路 UPS 供电。如图 3 所示为电力系统示意。

1）双路电源供电路由不同，实现防火物理隔离

本项目从 35kV 变电站开始，经总降压室，再到楼层变配电所，最后到机房模块配电列头柜，两路供电电源采用不同路径敷设，在局部发生火灾时可起到物理隔离作用，提高电力保障水平。

2）柴油发电机系统的双重电力保障

本项目数据中心建筑的柴油发电机组成独立系统，并且采用“*N*+1”运行模式，实现柴油发电机备份电源系统的双重电力保障。

3）低损耗节能型变压器，提高供电效率

本项目选用低损耗节能型 SCB13 变压器，即在满足限制短路电流要求的前提下，选用阻抗电压百分比较小的变压器，减少从电网获取无功功率的需求量，提高自然功率因数。

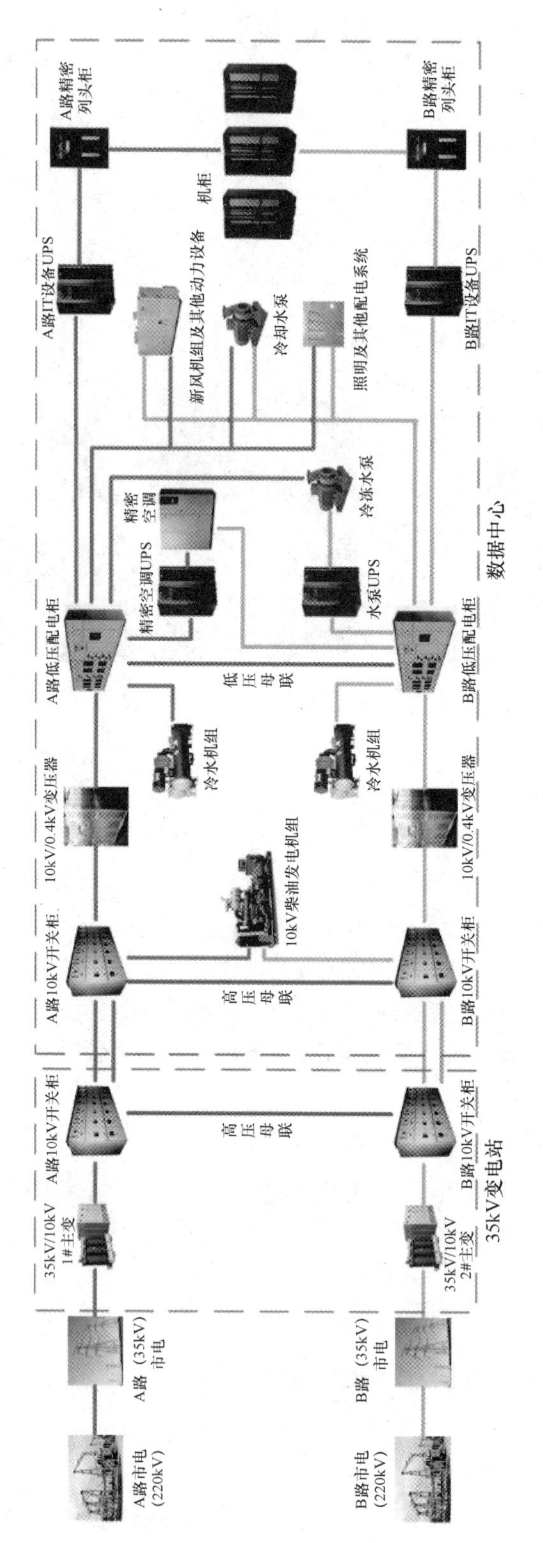
A路市电（220kV）
A路（35kV）市电
35kV/10kV 1#主变
A路10kV开关柜
高压母联
A路10kV开关柜
高压母联
10kV柴油发电机组
10kV/0.4kV变压器
冷水机组
A路低压配电柜
低压母联
精密空调UPS
精密空调
新风机组及其他动力设备
冷却水泵
A路IT设备UPS
机柜
A路精密列头柜
B路市电（220kV）
B路（35kV）市电
35kV/10kV 2#主变
B路10kV开关柜
35kV变电站
B路10kV开关柜
10kV/0.4kV变压器
冷水机组
B路低压配电柜
水泵UPS
冷冻水泵
照明及其他配电系统
B路IT设备UPS
B路精密列头柜
数据中心

图3 电力系统示意

4）预留滤波器开关位置，便于后期运维和使用

本项目低压配电总柜预留滤波器开关位置，如果电网谐波含有率达不到要求，后期可方便装设滤波器，通过滤波器发出与谐波电流频率及容量相同且方向相反的电流，达到抵消输入谐波的效果，保证电网供电质量。

5）变压器分层设置，靠近负载端

变压器根据负载分层设置，靠近低压负载端，减少线路功率损耗及电缆投资。同时，各层机房模块对应各自独立的10/0.4kV变压器组供电，互不影响；楼层设置区域UPS配电室，便于操作及检修。如图4所示为柴油发电机组。

图4　柴油发电机组

2. 暖通空调系统

数据中心采用集中式冷冻水一级泵空调系统，冷冻水系统供/回水温度为15/21℃，设计容量为16 313kW，制冷单元采用“4+1”冗余配置。在集中式冷冻水空调系统中，每台水冷离心式冷水机组配套一台板式换热器，利用过渡季节或冬季较低的室外气温，每年约有180天可以使用自然冷却模式制冷，由冷却塔及板式换热器提供冷源，充分利用自然冷源，降低能源消耗。如图5所示为空调系统示意。

1）温度、湿度独立控制系统，节能降耗

数据中心机房采用温度、湿度独立控制系统，即分别设置处理显热的系统和处理湿度的系统。区别于传统的恒温恒湿空调机组系统，温度、湿度独立控制系统不仅降低了建设成本，在加湿的过程中还起到部分降温作用，相比电加湿，既减少了加湿的能耗，又能为数据中心带入部分冷量，使数据中心能耗降低，提高了能源使用效率。

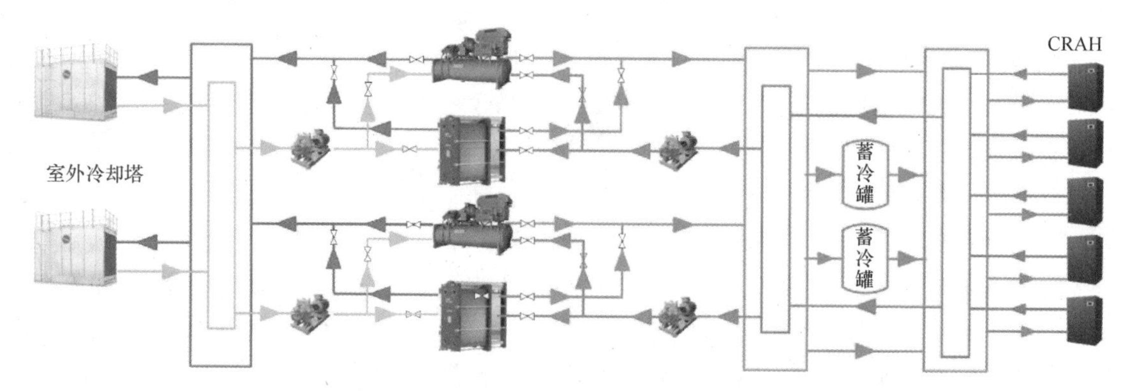

图5　空调系统示意

2）采用中温冷冻水，提高制冷系统能效比

制冷系统采用水冷却方式，与风冷系统相比具有换热效率高、节能环保等特点。设计采用15℃中温冷冻水，由于提高了冷冻水的温度，制冷压缩机压缩比相应减小，进而提高了制冷系统的能效比，同时延长了冷却塔、板式换热系统自然制冷的时间。同时，制冷系统采用了能效比达 7.4 的约克变频离心式冷水机组，冷冻水泵、冷却水泵、冷却塔均采用了变频技术，整体节能高效。

3）冷热通道隔离，气流组织更加合理

机房内的机柜采用“面对面、背对背”的布置方式，形成冷、热通道，使冷、热空气不直接混合，送风方式为地板下送风、顶部回风，送风方式及气流组织更加合理。如图 6 所示为机柜。

图6　机柜

4）高效节能的制冷末端设备

末端设置冷冻水型精密空调，采用“大风量、小焓差”的设计理念，送回风温差达 12℃；采用 EC 风机，整机能效比达 20。同时，采用智能化控制，根据室外温度和室内负载变化自动调节冷量，节省能源。

5）双路供给的空调管道系统

机房空调冷冻水、冷却水的供/回水系统干管均为环状管网设计，可保证单点故障时系统的正常运行，可实现单点故障下的在线维护，供水方式更加合理、安全可靠。如图 7 所示为管道系统。

图 7 管道系统

3. 弱电智能化系统

设置完备的弱电智能化系统，独立管理、统一监控，各系统运行状态汇聚到 ECC 统一管理，对机房区域内的空调系统、供配电系统、消防系统、安防系统等不同类型的系统实现统一的监控与管理。

1）弱电智能化系统 UPS 单独供电

在数据中心弱电智能化系统中，为确保设备不受市电影响，所有的弱电设备都采用 UPS 供电，保障环动监控、安防、消防等系统的正常运行。弱电智能化系统采用独立 UPS 供电，与机房内 IT 负载 UPS 供电分开，在物理上保证供电系统的稳定性和安全性。

2）先进、完善的基础设施智能监控系统

所有的基础设施设备都具备自动监控功能，可以通过各专业平台远程监控设备运行状态，便于运维人员实时掌握设备状态、提高运维管理水平。同时，空调系统具备自动切换功能，当一台空调出现故障时，会自动切换到备用空调，确保机房环境不受影响。

3）绿色节能，系统自动计算 PUE

除能够监测电源质量及供电状态外，弱电智能化系统还能根据设备的能耗情况，利用 DCIM 软件平台自动计算数据中心的 PUE，便于对设备进行能耗控制，降低园区运行成本。

三、实施难点

1. 项目施工周期短

项目主体施工周期实际仅有 140 天，且中途受突发新冠肺炎疫情影响，在施工计划实施、人员调配、施工材料就位等方面均面临较多困难。

2. 空间管理要求高

冷冻站、走廊、变配电间区域楼板下方区域水、电、风、弱电、消防等管路桥架数量众多、尺寸大小不一，空间管理困难较大。传统的人工深化只能依靠设计院给的二维图纸通过技术人员的空间想象能力对各个专业的管线进行综合排布，不仅安装工程各专业之间容易发生碰撞，和建筑、装饰等专业也极易发生碰撞，造成工程返工，增加成本，影响施工进度。

四、实施保障措施

1. 专人、专项跟进施工计划

在项目施工团队进驻现场开始施工后，项目管理团队分专业、专人全程监控项目进程，确保每项活动按计划进度进行。在项目施工期间，一旦评估项目落后于既定的计划进度，就及时采取纠正措施，克服人力、物力紧张局面，推进施工的正常进行。

2. 灵活运用技术手段实现专业化空间管理

应用 BIM 等技术手段进行管线综合设计并指导施工，协调不同专业和不同施工单位按层级顺序施工，避免交叉作业和抢施工作业空间的情况。采用 3D 技术，在施工前对机电安装工程进行模拟管线排布，即在未施工前先根据施工图纸在计算机上进行图纸“预装配”。经过“预装配”，施工单位可以直观地发现设计图纸上的问题，尤其是发现在施工中各专业之间设备管线的位置冲突和标高重叠。

3. 质量控制体系

对工程施工全过程全面实施 ISO 9001：2000 质量保证体系管理。部分分项工程的每道施工工序，严格按质量保证体系的具体要求执行。

成立质量管理领导小组，建立质量管理责任制，分配质量职责，要求项目员工按《质量手册》中的要求开展工作，形成一个高效的体系，保证施工质量。如图 8 所示为质量管理框架。

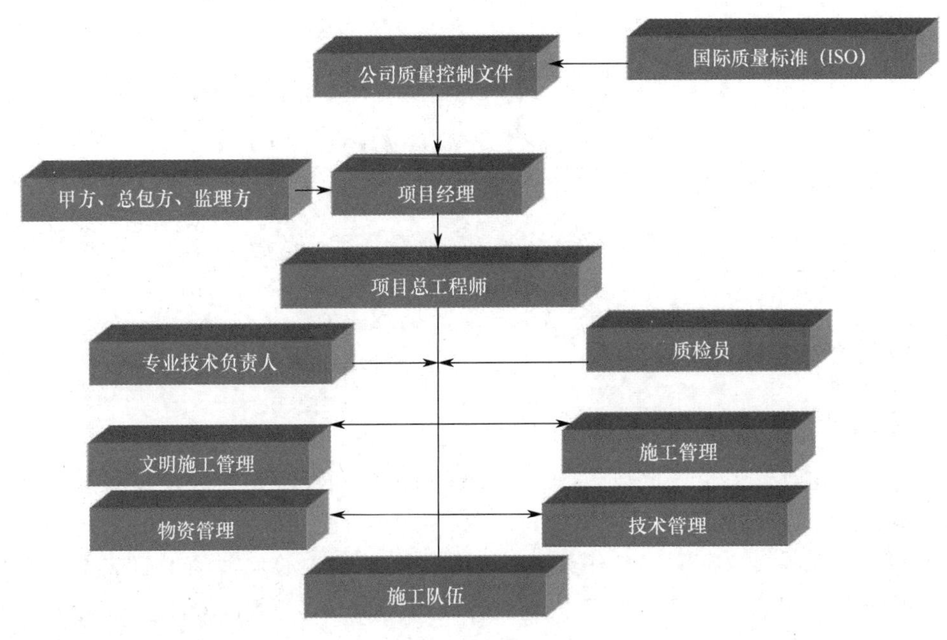

图 8　质量管理框架

五、总结

在整个项目建设过程中，依托先进的数据中心设计理念、经验丰富的项目管理团队和专业标准的安装施工，2021 年年初，吉利汽车生态数据产业园（一期）2 520 架标准 5kW 机柜顺利通过综合测试验证并投入运营，成为国内新基建战略背景下具有代表性的高标准、低能耗、高智能数据中心。

作为快速响应数字化转型及绿色制造发展的数据中心项目，吉利汽车生态数据产业园积极致力于对外提供更优质的惠政、惠企、惠民的数字经济基础，通过与多家运营商深度战略合作，现已面向社会各界提供机架租赁、云平台、基础运维、数据信息等优质数据中心服务，依靠自有高效、专业的运维团队，能够为所有客户及合作伙伴提供 7×24×365 天持续稳定的安全运营环境，为中国数字化转型及绿色制造发展贡献吉利力量。

中国电信江北数据中心（仪征园区）
机电 EPC 总承包项目

中通服咨询设计研究院有限公司 · 供稿

一、项目基本情况

1. 项目背景

中国电信江北数据中心（仪征园区）位于扬州市仪征经济开发区（临闽泰大道、规划中的国民路交叉处），园区地块分三期建设，总体规划占地 306 亩（约 20.4 万平方米）。中国电信江北数据中心（仪征园区）作为“长三角”大数据中心集群的重要节点，离南京鼓楼的直线距离为 45 千米，离南京禄口机场的直线距离为 64.5 千米，物理距离短，数据传输时延低，是“南京圈”的重要组成部分，主要功能为满足互联网客户的需求和作为电信天翼云的基地。

该项目 1 号机楼位于园区一期用地，地块面积为 60 亩（约 4 万平方米）。1 号机楼为地上 4 层，建筑高度为 23.2 米，局部地下 1 层，总建筑面积为 20 577.02 平方米，其中，地上建筑面积为 19 914.20 平方米，地下建筑面积为 662.82 平方米。根据规划，1 号机楼机电工程终期可提供机架约 2 340 架，按照单机架平均功耗 5kW、7kW 规划。

2. 设计的主要功能指标

项目按照国标 A 级标准设计、建造。

空调系统运行模式分为：机械制冷、部分自然冷却、完全自然冷却（冷却塔+板式换热器自然冷却）三种工况，末端采用热管背板和列间空调形式，采用高温冷冻水，运营控制系统采用 AI 算法优化，年平均 PUE 低于 1.3。

3. 项目建设内容

本期建设范围为 1 号机楼一层、二层和四层的所有机电项目，包括空调主机系统工程、机房空调末端工程、不间断电源系统工程、高低压变配电工程、柴油发电机组工程、机房工艺工程、智能化工程（含动环系统、DCIM 系统、群控、设备监控、环境监测、门禁监控、视频监控、能耗监测等）、机房装饰工程。

根据客户需求，本期建设二层 4 个机房和四层 2 个机房。二层机房单机柜功耗为 7 kW 或 5kW，201/203/204 机房采用 UPS 供电（2*N* 配置）；202 机房采用 1 路市电+1 路 240V 电源供电。四层先行建设 401、403 两个机房，共计 358 架 7kW 机架，采用 1 路市电+1 路 240V 电源供电和热管背板 2*N* 配置，个别列特殊需求机架采用 UPS 供电（2*N* 配置），机架高度为 2 200 mm。

二、设计的结构和功能区

（1）一层：高压配电室、低压配电室、油机并机室、冷冻机房、空调配电室、电力电池室、传输机房、数据机房、本地 ODF 机房、长途 ODF 机房、各空调区、强弱电间、光缆进线间、各管井间、拆包测试区、备品备件间、值班室等。

（2）二层、三层、四层：变配电室、电力电池室、机房、各空调区、管道间、强弱电间、光缆上线间、各管井间、备品备件间、新风机房。

（3）屋顶：冷却塔。

（4）室外：集装箱柴油发电机组、埋地储油罐、蓄冷罐。

三、设计方案

1. 空调冷源

设计中重点考虑根据项目气候特点、建设进度、客户类型和负载增加的时序进度等因素，合理匹配冷源方案，充分利用自然冷源优势，并应对低上架率时的负载特点。

本项目土建已完工，且已有意向客户。综合土建条件、气候特点、技术成熟度、客户接受度等因素，采用“水冷冷冻水+板式换热器+冷却塔”的冷源方案。本项目从系统颗粒度、运维难度、部分负载运行效率考虑，采用低压冷水机组，并通过变频冷机搭配定频冷机的方案，降低设备初始投资。由于定频冷机启动电流较大，可能会影响上游变压器的安全运行；通过配置软启动等方式，降低定频冷机启动电流。

通过上述各因素的对比，综合考虑本期冷量需求及终期冷机配置，最终确定本期配置 3 台制冷量为 4 220kW（1 200RT）的低压离心式水冷机组（2 用 1 备，其中一台为定频冷机）。终期共配置 5 台制冷量为 4 220kW（1 200RT）的低压离心式水冷机组（4 用 1 备）。

考虑如果能提升冷冻水温度，将显著提升冷机效率、降低冷机功耗，同时增加自然冷源利用时长，本项目冷冻水供回水温度设计为 15～21℃。如图 1 所示为一层冷冻站平面。

本期设计 2 台闭式蓄冷罐，单个总容积不低于 310 m^3，能够保证市电故障时 15 分钟的后备冷冻水量。蓄冷罐放置于室外，直立安装（见图 2）。同时，为保证冷却塔 12 小时冷却用水量，配备 720 m^3的冷却水后备蓄水池。

图 1　一层冷冻站平面

图 2　蓄冷罐

2．空调末端

本项目建设 7kW 和 5kW 功率密度的两类机架，属于中高密度。综合分析机柜功率密度、建设投资、出架率、节能性等因素，主机房设备区空调末端选择冷冻水列间空调和热管背板空调。

传输机房采用房间级空调（上/下）送风，局部高功率机柜采用水氟列间空调方案。

二层的 1 个模块机房采用热管背板空调，3 个模块机房采用冷冻水列间空调。三至四层的 4 个模块均采用热管背板空调。

电力电池室及配电室采用风管上送风、前回风方式。

上/下送风空调、冷冻水列间空调考虑“N+1”冗余配置（$N \leqslant 5$），热管背板空调考虑 2N 冗余配置。如图 3 所示为列间空调形式机房，如图 4 所示为热管背板空调形式机房。

图 3　列间空调形式机房

图 4　热管背板空调形式机房

3．高压变配电

项目从自建 110kV 变电站引接电源，每套高压系统的 A、B 路电源物理隔离，单路市电为 10 000kVA。在数据机房一层设置高压配电室（见图 5），设置两套高压系统；每层设置低压配电室（见图 6）和变配电机房，其规划布置靠近负载中心，A、B 路电源物理隔离。高低压系统均按 2N 冗余配置。

图 5　一层高压配电室

图 6　一层低压配电室

4．柴油发电机机组

项目 1 号机楼终期共配置 2 套（N+1）10kV 柴油发电机系统，采用静音集装箱机组，在室外安装。并机系统在室内油机并机、室内安装。室外建有埋地油罐，储油容量满足保障全部负载的后备供油时间为 12 小时，保障数据中心在市电中断的情况下不断电，保持稳定运行。

如图 7 所示为室外集装箱柴油发电机机组。

图 7　室外集装箱柴油发电机机组

5. 不间断电源

项目终期二层、三层、四层 IDC 单机柜功耗为 7kW 或 5kW，根据客户需求，部分机房采用 UPS 供电（2N 配置）；部分机房采用 1 路市电+1 路 240V 电源供电。电池后备时间按单系统设计满载容量可运行 15 分钟配置。

6. 机房工艺

机房内机架采用上进线方式，机柜采用标准机柜，其尺寸为 600mm×1 200 mm×2 200mm（W×D×H），根据空调末端形式的不同，采用冷通道封闭、精密空调下送风、热管背板等多种气流组织形式。

7. 智能化系统

在配套辅助集成楼内设置园区一级智能控制中心（含消防、安防中心），在数据中心机房内设置二级中心。为做到集中管理，各单体建筑保留基本的系统汇聚、分节点存储、日常值班功能，其余系统管理功能均设置在智能控制中心，智能控制中心配置智能管理平台。

8. 机房装饰

机房的室内装饰装修，满足电信工艺要求，满足《数据中心设计规范》（GB 50174—2017）、《建筑内部装修设计防火规范》（GB 50222—2017）及《关于印发中国电信数据中心及综合楼室内装修和造价标准（暂行）的通知》（中国电信〔2018〕226 号）的规定。

四、项目完成效果

1. EPC 建设模式的大胆尝试

在实施层面，由于采用了 EPC 建设模式，设计与施工协同推进，将正常建设周期大大压缩。仪征 1 号机楼机电工程整体交付时间从 8 个月压缩到 4 个月，其中，设计周期为 30 天，施工周期为 96 天，快速交付任务，同时也体现了 EPC 模式的优越性。

本期工程具有以下特点。

（1）施工工作量大。本期共建设 6 个主机房、1 143 个机架，仅楼内管道总长度就达 8 千米之多。在最高峰时段，施工现场组织了约 420 人同时施工。

（2）施工难度高。本期工程运用多项新技术，如高压直流、水进机房、热管背板等，工艺要求高、工序复杂。

（3）施工现场环境恶劣。本期工程为园区第一期工程，相关临水、临电、临时道路等设施均需要新建；且室外综合管线同时施工，园区内全面挖开，给设备及材料进场道路、进场时间的保障造成了极大困难；室内工程与土建电气专业交叉施工，给施工成品保护工作带来极大的管理难度。

鉴于以上特点，EPC 总承包项目部明确建设目标，在进度管控方面，组织专业施工力量投入建设，通过增加人员投入、延长施工时间等赶工措施，确保进度目标的实现；同时，积极与室外管综、土建电气专业沟通施工交叉产生的问题，及时提出解决方案并付诸实践，最大限度地压缩沟通协调时间成本。在质量管控方面，通过样板引路、监理工序验收、质量检查、第三方检测等方式严格管控。在安全管控方面，根据现场情况，组织投入足够的专职安全员力量，完善安全管理制度，落实安全检查责任，加强安全巡查频率，将安全隐患规避在萌芽状态，实现零事故。

最终，本期工程实现 30 天设计、96 天交付目标，确保园区如期开服。如图 8 所示为园区开服仪式。

图 8　园区开服仪式

2. 节能减排与安全可靠性的完美结合

本项目以“绿色、智慧、高标准”的设计理念，全面贯彻“碳中和”的政策要求，将仪征数据中心打造成高可用、高可靠、可扩展的新一代低碳绿色数据中心。

在技术层面，采用了热管背板、高压直流电源、高效率的电源产品（高频 UPS、240V 直流电源、高倍率蓄电池），空调设备均采用变频节能设备，末端风机采用 EC 风机，同时提高了空调供回水温度，有效降低了 PUE，实现节能目标。

在运行安全层面，1 号机楼建设标准满足国标 A 级和国际 T3 标准，电系统引入两路 110kV

市电，且配置柴油发电机，电源系统采用 2N 冗余配置，制冷系统中的冷水主机和末端设备均采用“N+1”冗余配置，管道设计采用四管制，2N 冗余配置，同时配置两个蓄冷罐，满足 15 分钟应急供冷能力，最大限度地保障了数据中心运行的安全性和稳定性。

3．重点、难点的攻克和突破

根据客户要求，列间空调采用水进机房方案，针对有可能存在的风险源，在设计和施工过程中进行层层防护和处理，做到万无一失。

设计过程：设计挡水围堰并做防水层保护，将漏水隐患部位隔离在围堰中，挡水围堰坡向地漏方向；在列间空调设备、水管四周铺设水浸报警绳，一旦有漏水，则立即报警；机房使用架空地板，在阀门处改设透明地板，便于巡检；挡水围堰下层机房吊挂不对楼板固定，采用一次转换钢梁，走线架吊挂对钢梁固定；机房合理配置恒湿机，将恒湿机传感器伸入机房内部，避免机房湿度过高导致水管结露；列间空调支管关断阀门采用球阀，方便运维人员观察阀门关断状态；空调泄水口连入独立泄水管并排入地漏，避免空调泄水时冷冻水溢流至地面。

施工过程：防水相关工程均选择具有腾讯、百度等水进机房施工经验的优秀施工团队；水管施工严格按照规范要求，尽可能减少弯头。施工完毕进行水管探伤测试，确保施工质量；挡水围堰施工进行两遍防水作业，施工完毕后进行不小于 24 小时的闭水试验；列间空调机房内 A、B 路水管阀门设置明显的标识，方便运维人员在突发状况下快速切换阀门。

4．BIM 的应用

数据中心设计需要多专业协同配合，在方案设计及施工图设计阶段，通过 BIM 建立三维信息模型，利用 BIM 软件的可视化、参数化等功能，直观形象地展示方案、表述设计思路。本工程对重要的管路部分采用 BIM 设计（见图 9），在设计过程中，对整体模型进行分析推敲、反复对比、更新深化，实现了精确设计。

图 9　冷冻站管路 BIM 模拟

中国农业银行北京数据中心项目

浩德科技股份有限公司　供稿

一、项目基本情况

1．项目概述

中国农业银行北京数据中心（见图 1）位于北京市海淀区中关村创新园，是中国农业银行“两地三中心”战略部署的异地灾备中心，园区总建筑面积约 249 500m^2，其中，数据机房核心区域总建筑面积约 86 500m^2，分布有 32 个模块机房及其配套机电设施用房；数据机房模块位于 A-1 建筑地下一层至地上三层，总面积近 20 000m^2，可支持配置标准机柜 7 600 台；数据中心内还建有近 6 000m^2 的总控中心区，供数据中心生产运维保障使用。

图 1　中国农业银行北京数据中心

2．主要功能指标及对业主的支撑作用

中国农业银行北京数据中心按照国际 A 级机房标准建设，核心机电及综合布线系统参照 Uptime 最高可用性等级 Tier IV 设计建造，可承载数据及应用系统的集中管理，提供高可用性

的基础设施和高效服务，为中国农业银行业务提供全面支撑，是高等级全国一流金融数据中心。

中国农业银行北京数据中心建成后，可满足中国农业银行的长远发展规划，支撑中国农业银行未来10～15年的业务需求，与上海数据中心同城灾备中心一起构成“两地三中心”格局，为农业银行提供7×24小时不间断的数据信息服务。

二、结构和功能区划分

项目建筑规划布局（见图2）分为A、B、C三个区。A区为C6-05地块数据机房区，B区为C6-05地块研发办公区，C区为C6-06地块研发办公区。

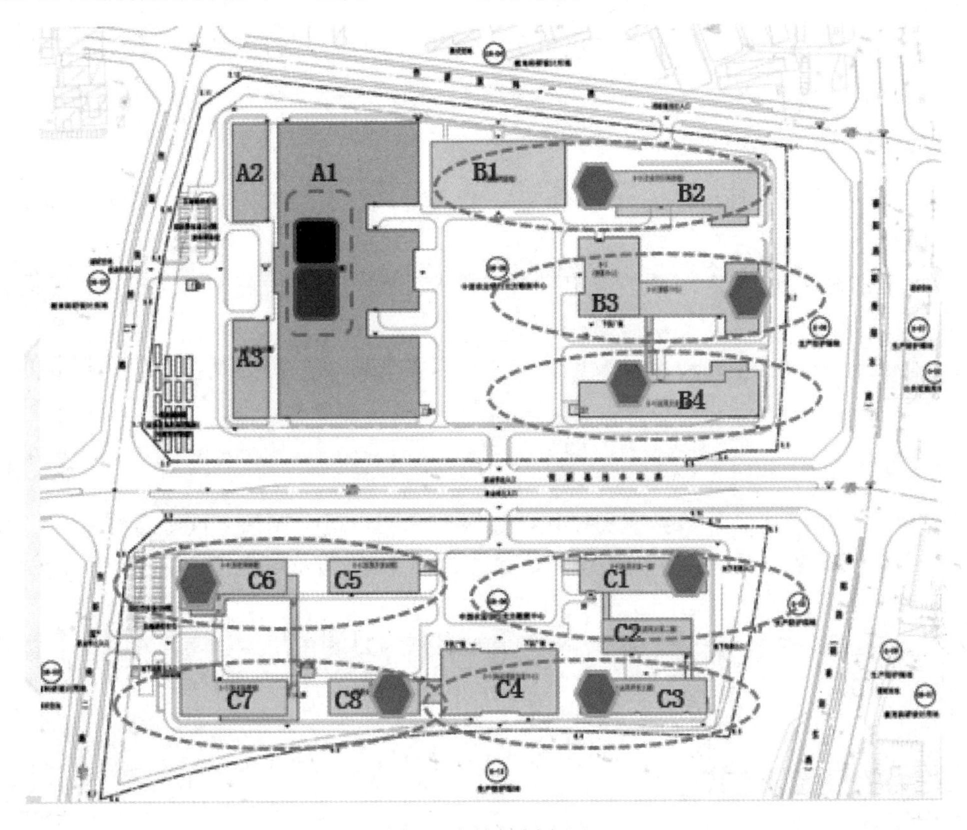

图2　建筑规划布局

项目所在位置为A区的C6-05地块。

A区（数据中心区）建筑功能分布为：A区（数据中心区）由A1、A2、A3三栋楼组成，地下部分连成一体；地上三层，地下两层。其中，A1为地上建筑三层，建筑面积为42 474m^2；A2和A3为地上建筑三层，建筑面积共7 167m^2；A区为地下建筑二层，建筑面积为37 844m^2。数据机房模块位于A1建筑地下一层至地上三层，机房净地板面积约19 000m^2，具体如下。

1. A1楼建筑

（1）地上三层：包含8片数据机房模块，以及空调间、运营商接入间、UPS间、电池室、气体灭火钢瓶间、ECC监控中心三层区域、各类管井间及配套附属用房等。

（2）地上二层：包含8片数据机房模块，以及空调间、运营商接入间、UPS间、电池室、带库机房、ECC 监控中心二层区域、各类管井间，以及配套附属用房等。

（3）地上一层：包含 8 片数据机房模块，以及空调间、运营商接入间、UPS 间、电池室、气体灭火钢瓶间、ECC 监控中心一层区域、消防安保值班室、入口大堂、值班室、卸货/拆包区、各类管井间及配套附属用房等。

2. A2 楼建筑

（1）地上三层：包含 6 组柴油发电机房，以及油箱间、并机控制室、各类管井间及配套附属用房等。

（2）地上二层：包含 6 组柴油发电机房，以及油箱间、并机控制室、各类管井间及配套附属用房等。

（3）地上一层：包含 6 组柴油发电机房，以及油箱间、并机控制室、各类管井间及配套附属用房等。

3. A3 楼建筑

（1）地上三层：包含 6 组柴油发电机房，以及油箱间、并机控制室、各类管井间及配套附属用房等。

（2）地上二层：包含 6 组柴油发电机房，以及油箱间、并机控制室、各类管井间及配套附属用房等。

（3）地上一层：包含 6 组柴油发电机房，以及油箱间、并机控制室、各类管井间及配套附属用房等。

4. 地下建筑

（1）地下一层：共 8 片数据机房模块，以及空调间、运营商接入间、进线间、UPS 间、电池室、高压配电及分界室、动力配电室、动力配电 UPS 间及电池室、各类管井间及配套附属用房等。

（2）地下二层：制冷机房、加电测试机房、冷源及动力配电室、蓄冷罐间、各类管井间及配套附属用房等。

三、采用的主要技术

1. 机柜设备及电气系统

中国农业银行北京数据中心共设 32 个 $600m^2$ 的高性能标准机房模块，模块化结构的运用大幅降低了建设及运维的复杂性，缩短了部署时间，让数据中心更灵活应对 IT 及未来业务需求变化带来的挑战。

双路市政电源引自不同的 110kV 变电站。生产机房 UPS 采用 $2N$ 架构，全程双路物理隔离，提高系统容错和防灾能力，柴油发电机系统按照“N+1”配置，采用物理隔离的双母线设计，为数据中心提供安全无虞的电力保障。

2. 综合布线系统

综合布线系统是中国农业银行北京数据中心弱电工程项目的关键，为网络设备提供可靠的连接，提供适应网络运营的传输带宽并支持网络 7×24 小时不间断运行，同时，满足数据中心对高安全性、高可用性、高灵活性和高可扩展性的要求。

中国农业银行北京数据中心的总体拓扑架构参照 TIA 942-A 标准（执行标准），在主机和存储机房、开放平台机房、研发测试机房等机房设置了中间配线区作为各机房模块（见图 3）的布线汇聚区。如图 4 所示为低压配电间。

图 3　模块机房

图 4　低压配电间

生产网综合布线分为光缆、铜缆系统两部分解决方案，中心机房分别设在 2 层，分为 A、B 路，通过不同走线路由提供各模块机房内网络连接，最大限度地确保了数据中心网络使用的安全性。综合布线系统在各层模块机房内采用上走线方式，安装墨西哥原产泛达牌开放式重载钢制网格桥架，采用顶部联合支架吊装。

数据中心最为珍贵的是设备安装使用率。数据机房空间稀缺，以往弱电系统习惯性地将网络配线架等安装在机柜内，此举不仅导致后续设备跳接调试不便，而且占用了宝贵的机柜空间。本项目所有机房的网络机柜配线架均采用机柜外桥架侧挂 4U 支架的安装方式，以节省机柜内的空间。创新的综合吊挂系统将机房内复杂的顶部吊挂全面整合，实现了快速装配、无尘施工、可在线扩容，令机房顶部空间的使用更加灵活。如图 5~图 7 所示分别为模块机房综合布线。外挂式安装配线单元、汇聚配线单元。

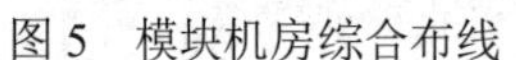

图 5　模块机房综合布线　　图 6　外挂式安装配线单元　　图 7　汇聚配线单元

3．暖通系统

暖通系统冷源采用“高压水冷冷水机组+板式换热器”、带自然冷却的风冷冷水机组两套冷源系统同时运行。末端空调采用双盘管室内机，“*N*+*X*”冗余配置，双路 UPS 供电，确保数据中心的制冷供应，为设备持续散热。

当室外温度较低时，通过完全或部分自然冷却，大幅减少冷冻机运行时间，有效降低能耗。中温冷冻水系统可将冷冻水综合水温度提高至 12℃～18℃，从而提高水冷机组的运行效率，节能 15%～20% 。在冬季，经水源热泵系统回收的机房余热，为先锋机组和 ECC 办公区等设备及区域供热，承担建筑物所需的供热负荷。加湿系统采用独立湿膜加湿，令加湿效率更高，节能效果显著。数据中心设有中水处理系统，可提供全量的中水补水，有效节约水源、降低 WUE。

多项节能措施的综合应用使得数据中心全年 PUE 小于 1.6，践行了绿色数据中心的理念。

4．基础设施及环境监控系统

对中国农业银行北京数据中心这样需要实时交换数据的大型数据中心来说，机房基础设施管理尤为重要，一旦系统发生故障，造成的经济损失是不可估量的，拥有一套完整可靠的基础设施及环境监控系统格外重要。

中国农业银行北京数据中心基础设施及环境监控系统对整个机房楼的供配电情况、环境情况、主要设备情况进行实时监测，主要分为供配电系统监测（包含配电柜、支路开关等）、机房内智能配电柜监测、UPS 监测、蓄电池监测、精密空调监测、温湿度监测、漏水监测、消防监测、新风机监测、消防模块监测等；整体采用分布式架构，前端设计数据采集点，通过线缆连接至每个模块所在的采集箱，在采集箱中把数据转换为通信接口信号，连接至该楼层所在的嵌入式服务器，嵌入式服务器通过动力环境监控网连接至 ECC 监控中心设备间的动力环境监控系统的集中管理服务器，进行数据分析及存储，当有异常情况发生时，通过声光报警器、软件报警等方式实时向工作人员进行报警，同时根据工作人员的权限，分别进行短信、语音等方式的通知和报警。工作人员可通过客户端或网页进行远程监控，及时对故障做出判断并维修处理。

5．建筑公共设备监控系统

中国农业银行北京数据中心机房弱电工程智能化建设，以先进、成熟、适度超前的信息技术、控制技术和管理与决策系统为依托，营建一个国内高标准的智能化建筑，以实现数据中心的自动化、智能化、数字化、网络化、集成化。基于“成熟、先进、实用、以人为本”的原则，把数据中心各自分离的机电设备（空调、给排水、送排风等）及弱电系统集成为一个关联、完整、协调的信息集成管理系统，使信息高度共享和合理分配，充分体现了“集中管理、分散控制”“向上支持、向下兼容”“统一管理、分区计量”的模式和原则，实现合理利用设备、节省能源、节省人力、确保设备安全运行的目的。

本项目对空调、电力、给排水、照明等系统采用集中远程管理、分散控制的方式，最大限度地节省能耗和日常运行的各种费用，保证各系统高效、可靠运行。

6. 多媒体信息互通互联系统

多媒体信息互联互通系统由以下几个子系统构成。

（1）信息发布系统。

（2）机房对讲系统。

（3）电梯对讲系统。

（4）有线电视系统。

各系统可通过综合布线网络连接及通信。

7. 综合安防系统

根据中国农业银行北京数据中心的安防需求，整个园区安装了防恐级别的安全设施及数据中心楼内的多级安全控制与防护，有效确保数据中心的安全。在数据机房监控管理中心内设置了一套安全防范综合管理系统平台，将各子系统通过统一的管理平台集成联动控制，实现由监控中心对各子系统的自动化管理与监控。综合安防系统主要由六大子系统构成。

（1）视频监控系统。

（2）门禁控制系统。

（3）入侵报警系统。

（4）入口安检系统。

（5）电子巡更系统。

（6）园区出入口控制系统。

在 ECC 一层入口门厅区域安装 3 套 3D 人脸识别仪。门禁控制系统由西门子提供定制，前端采用定制非接触式 CPU 卡并集成生物识别装置（3D 人脸识别仪、手指静脉识别仪），以实现数据中心不同安全级别区域的人员出入授权控制和记录管理。门禁控制系统遵循“集中管理”的原则，系统数据通过数据库服务器统一集中管理。

重要机电设施保障区域门安装内外双向读卡器，门上装磁力锁实施出入控制。机房模块区域配备读卡器认证的防尾随全高互锁门，机房模块人员出入口采用更高安全级别的手指静脉识别仪门禁装置，以防未经授权人员通过非法取得的门禁卡进入设防区域。

入侵报警系统会自动把报警信号传送至消防安保监控室，在安保监控室内由授权的安保人员通过入侵报警控制键盘和电子地图的显示确定报警定位，并通过入侵报警主机实现与闭路电视监视系统和门禁系统的联动，实时显示报警位置，联动附近的摄像机、照明和门禁点，封锁相应通道，将报警点的摄像机图像信号在主监视器上弹出，结合声光报警设备提醒值班人员及时查明情况并处理。系统具有防破坏功能，在报警线路被切断、报警探头被破坏等情况下均能报警；当发生警情时，系统能自动联动录像并上传警情。

如图 8、图 9 所示分别为智能速通门和监控中心。

图 8　智能速通门

图 9　监控中心

四、应用效果

（1）整个数据中心网络布线通过多级布线管理模式实现合理性、扩展性、灵活性，具有随需应变的能力。结构化布线系统的规划，需要充分考虑阶段化扩展及分区功能的调整和适应能力。整个结构化布线系统应全面达到线路、配线架等双冗余，避免单点故障隐患出现。

主配线架 MDA 到区域配线架 IDA 之间、中间配线架 IDA 到列头配线架 HDA 之间、中间配线架 IDA 到区域配线架 ZDA 之间、列头配线架 HDA 到设备配线架 EDA 之间采用相对固定的预端接光缆，避免设备之间直接跳线造成的混乱，同时方便了改变网络拓扑时设备间的跳接及管理。通过设在数据机房的中间配线架 IDA 及网络机房的主配线架 MDA，完成设备之间的跳接。

（2）机房动力环境监控系统，解决了目前数据中心普遍存在的机房设备数量多、设备分布散、专业人才不足等问题，大大缩短了故障定位、排障时间，快速定位设备报警位置，第一时间给出报警原因和解决方法，为 IT 系统稳定运行提供了全面保障，并为用户提供了最专业的设备维护管理功能，帮助用户建立全面的设备维护管理系统，在减轻运维人员负担的同时，也实现了集中实时的监控、全面统一的管理，有效保障了数据中心高效、节能、安全、可靠运行。

机房动力环境监控系统实现实时监控、预防故障、迅速排障等功能，并在监控的同时实时记录和处理各种设备运行及报警数据，对数据中心机房的动力设备、环境设备综合监测管理，保障机房设备稳定运行、提高管理人员工作效率、实现机房的少人或无人值守，以 3D 形式展现机房各楼层面貌。

（3）中国农业银行北京数据中心项目系统数量众多、结构非常复杂、施工对配合度要求极高，作为项目实施方，浩德科技依托超大型数据中心项目的施工管理经验，抽调精兵强将，贴合中国农业银行业务开展和应用管理特点，在项目实施过程中结合项目现场情况、前期设计方案和业主实际需求，制订了优秀的实施方案并选择了先进的工艺措施，在项目实施中全面推行无安全隐患的标准化建设模式，使该数据中心真正体现出项目建设成果的信息管理系统、智能化系统与数据中心有机集成，最大限度地满足业主业务管理的专业需求，为中国农业银行打造了安全、高效的精品数据中心工程。

五、浩德科技简介

浩德科技股份有限公司成立于 2002 年年初，致力于智慧城市、大数据中心的咨询设计、规划建设、能源管理、智慧运营等技术服务，以及各应用领域大数据、人工智能、智慧能源等技术解决方案。

多年来，公司注重人才发掘与培养，形成了“以人为本，积极向上”的企业文化，注重大数据、人工智能等前沿技术的软/硬件产品的研发和生产，在政府、银行、保险、证券、电信运营商、电力、能源、轨道交通等行业中广泛应用，已发展成为极具影响力的大数据技术服务商。

“诚信铸造品牌，创新赢得发展”是公司的发展宗旨，“服务永远比承诺做得更好”是公司的经营理念。浩德科技将紧随时代发展的步伐，以国家战略规划为指导、以行业发展创新为己任、以客户需求为动力，引领行业发展，不断创新，追求卓越，与客户共创双赢！

“高机动性一体化集装箱数据中心”技术及实践案例

恒华数字科技集团有限公司 供稿

一、专项技术的概况及适用范围

1．概况

恒华一体化集装箱数据中心将 UPS、配电、电池、机架、空调、新风、消防、监控等集成为一体，实现了数据中心的预制化和产品化（见图 1）。具有集成度高、电力需求简单、占地面积小、运输方便、可快速转场和部署、环境适应性强、生产周期短等特点，能满足中小规模、多地分散、机动灵活等需求的各领域应用。

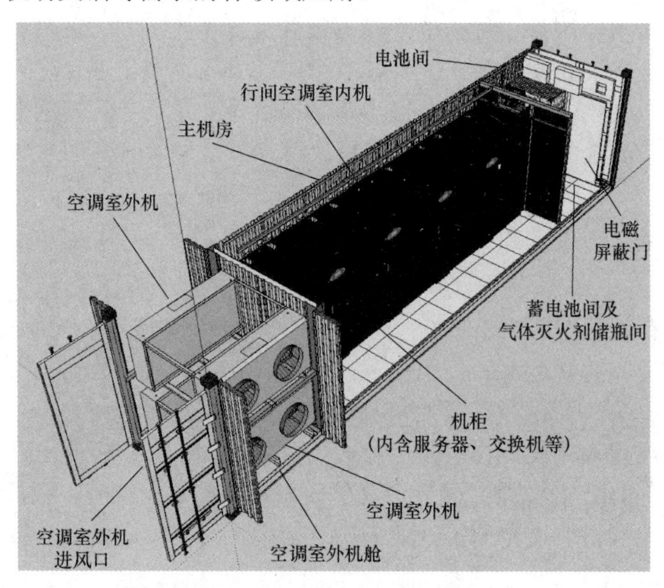

图 1　一体化集装箱数据中心示意

一体化集装箱数据中心主要参数指标（40 英尺集装箱，其他尺寸可定制化设计）如下。

- 配电系统可采用单/双路市电供电模式。
- 最大用电量为 130kW（PUE<1.4）。
- UPS 最大容量为 125kVA，电池后备时间为 15 分钟。
- 采用风冷式空调，单台制冷量为 25kW，采用“3+1”配置。
- 最大可布置 9 个 52U 机架（单 UPS，模块为“4+1”）。
- 支持 IT 设备最大功率为 85kW。

2．技术特点

与传统集装箱数据中心相比，恒华一体化集装箱数据中心具有以下特点。

- 一体化：所有设备完全集成在集装箱尺寸内（包括空调室外机），适应公路、铁路、水路标准运输条件。
- 集成度高：针对集装箱空间设计的空调系统及机架，可承载 9 台 52U 机架。
- 机动灵活：在不拆卸服务器的情况下，可满足二级公路运输要求；可在 5 小时内完成布置和撤离。
- 保密性：电磁屏蔽系统可达到《电磁屏蔽室屏蔽效能测量方法要求》（GB/T 12190—2006）B 级相关要求。

二、专项技术的原理或结构

恒华一体化集装箱数据中心（以 40 英尺为例，其他尺寸可定制化设计），共分室外机舱、核心舱及缓冲舱 3 个舱段（见图 2）。

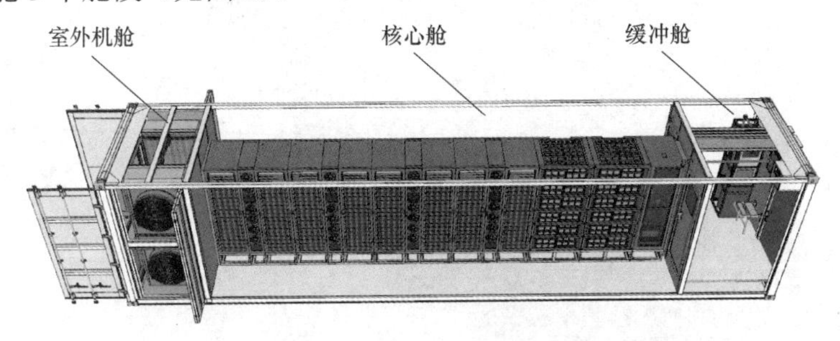

图 2　室外机舱、核心 2 舱及缓冲舱 3 个舱段

室外机舱根据冷量需求，定制空调室外机，极大地节省了集装箱的空间；室外机没有凸出集装箱尺寸范围的部件，在运输时可全部封闭，使用时可打开或拆下密闭门。

机架、UPS、电池、配电、空调室内机成列排布在核心舱内，自然形成冷热通道。

缓冲舱将核心舱与室外形成较好的隔离，避免外界尘土及有害气体侵袭。另外，此舱段可设置若干支持设备，如新/排风机、手提式灭火器、双电源接入箱、折叠桌椅等。

根据客户需求，可选配电磁屏蔽系统。在集装箱体内部用拼接式屏蔽扣板和焊接式直通屏蔽平板将机房舱段整体包裹，实现金属封闭的六面体，电磁屏蔽性能可达《电磁屏蔽室屏蔽效能测量方法要求》（GB/T 12190—2006）B 级相关要求。

根据客户需求，可选配减震系统。根据不同的应用需求，可对 UPS、电池、空调等做减震系统设计，满足在二级公路行驶速度为 100km/h 的情况下，最大限度地保护置于机柜内的电子信息设备不因颠簸引起的振动导致损坏，保证电子信息设备的完整性和可靠性。

三、专项技术的应用场景

高机动性一体化集装箱数据中心可代替传统的建设在建筑中的小型数据中心。例如，通信基站、智慧园区、智慧校园的数据中心，中小企业自用中小型数据中心等。

高机动性一体化集装箱数据中心还适用于需要灵活机动、快速部署的应用。例如，部队战场指挥，地质、能源勘探等野外作业，抗震救灾临时指挥、临时医院数据中心等。

四、应用案例和效果

给某单位提供的 40 英尺一体化集装箱数据中心（带电磁屏蔽及减振系统），外观是一个普通的集装箱（见图 3），到场后接入电源、水源及光缆，打开室外机舱门即可运行。目前，该一体化集装箱数据中心已转场两次（目前部署在南方地区），运行状态良好，设计功率 130kW，实际运行功率约 60kW，PUE 约 1.39。

图 3　一体化集装箱数据中心外观

设备运输状态如图 4 所示。

图 4　设备运输状态

设备运行状态如图 5 所示。

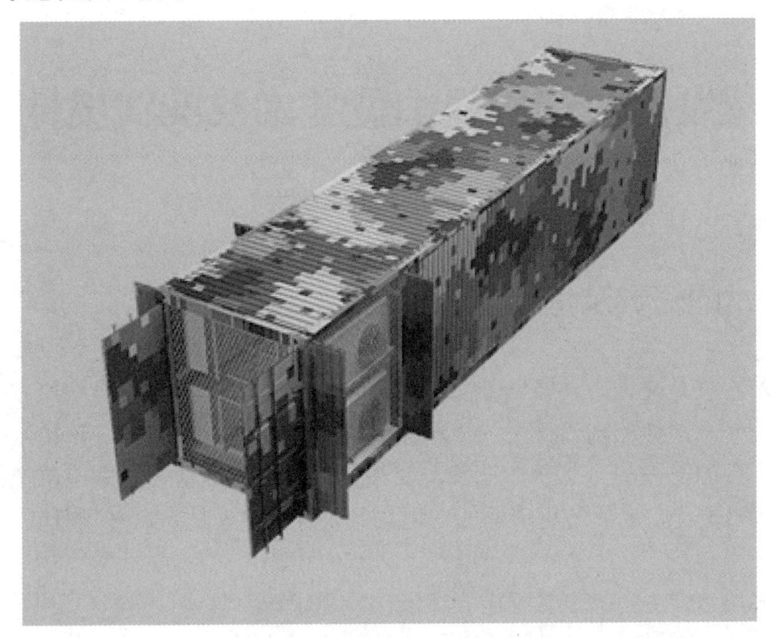

图 5　设备运行状态

蒸发冷热管冷机节能技术及实践案例

深圳市艾特网能技术有限公司 供稿

一、专项技术的概况及适用范围

蒸发冷热管冷机是深圳市艾特网能技术有限公司（以下简称“艾特网能”）针对目前 IT 负荷增高、传统制冷能耗加剧，开发的一种新型高效节能的创新技术。该技术结合了多种自然冷却技术、高效的机械制冷部件和技术、变频多联技术等，相较于采用单一节能技术的制冷方案，节能效果更优，且具备更广泛的应用场景，可实现全地域、多场景的高效节能制冷，其应用如下。

（1）满足多层建筑的中大型数据中心节能制冷需求。

（2）满足商业楼宇中的小型数据中心机房的节能制冷需求。

（3）已建成数据中心的制冷量扩容或节能改造。

（4）满足模块化/预制化数据中心的模块化节能制冷需求。

二、专项技术的系统原理和系统架构

1．蒸发冷热管冷机空调系统组成

蒸发冷热管冷机空调机组室外部分主要包括蒸发式冷凝器、主机两部分。其中，主机含高效无油悬浮式压缩机、制冷剂泵、储液罐等；室内部分由控制系统和制冷末端组成，制冷末端有热管背板空调、热管列间空调、热管房级空调三种形式，室外主机和室内末端部分通过管路以多联方式连接。

如图 1 所示为蒸发冷热管冷机系统组成示意。

2．蒸发冷热管冷机空调系统原理

蒸发冷热管冷机空调系统基于行业内成熟的制冷剂侧氟泵自然冷却技术及深度节能的蒸发式冷凝制冷剂自然冷却技术，创新性地采用高能效变频磁悬浮/气悬浮压缩机、封闭热通道、变频节能技术等多项先进节能技术，实现制冷剂自然冷却更佳的节能效果。

蒸发冷热管冷机制冷循环以变频调节压缩机和制冷剂泵为制冷剂的驱动装置，在已经成熟应用多年的氟泵智能双循环基础上进行了升级，二者在不同工况下采用单独或组合运行策略，且均可变频调节，可实现−35℃～50℃室外环境下的可靠、节能运行。蒸发冷热管冷机系统可根据室外环境、室内环境、制冷需求，分别按照压缩机制冷模式、制冷剂泵自然冷却模式、混合制冷模式运行。如图 2 所示为蒸发冷热管冷机系统原理示意。

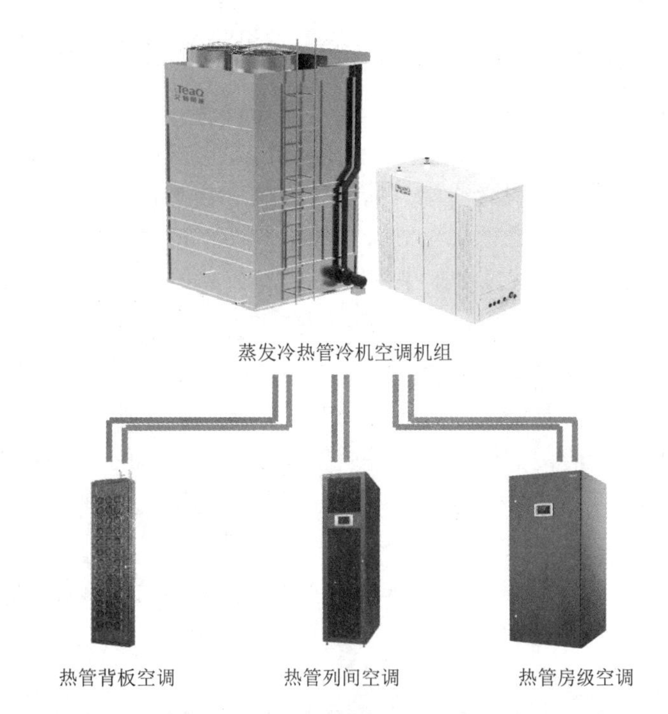

图 1　蒸发冷热管冷机系统组成示意

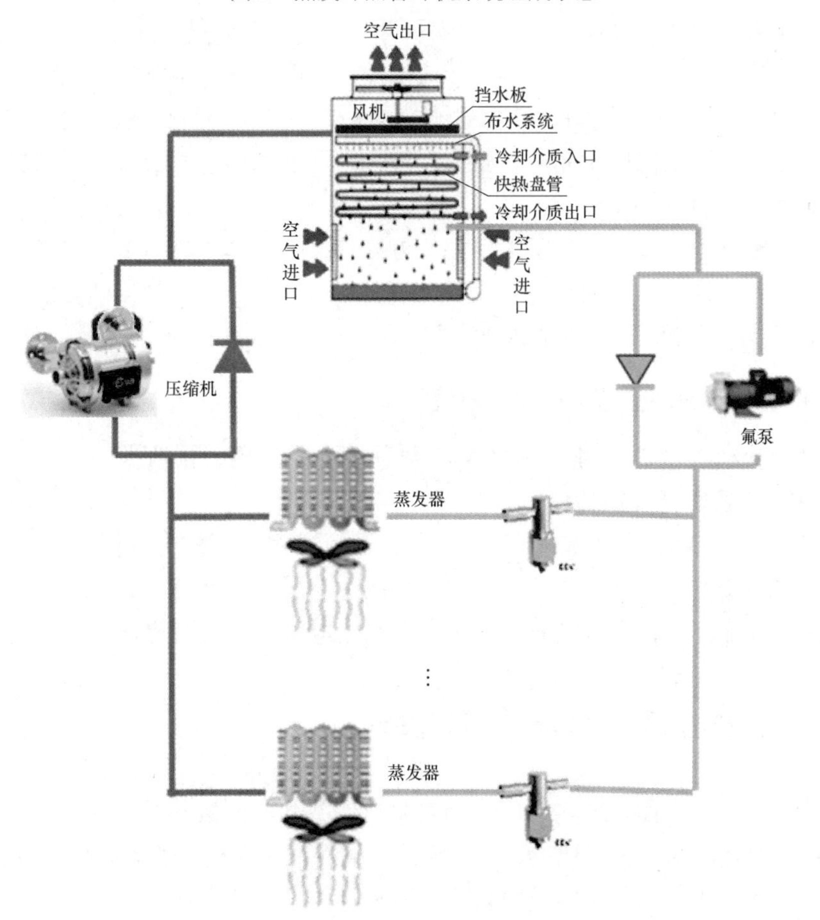

图 2　蒸发冷热管冷机系统原理示意

蒸发冷热管冷机采用悬浮式变频离心压缩机，在压缩机运行时轴承处于悬浮状态，可以更快的转速运行，且运行时几乎无摩擦阻力，可大幅提高压缩机能效；悬浮式压缩机无须传统涡旋压缩机、螺杆压缩机、传统离心压缩机所必需的润滑油系统，无须考虑回油设计，也避免了传统空调系统的润滑油相关的质量问题和维护问题；同时，离心压缩机具有高效率的特点，且前述因素使其效率更高，在较小冷量下也能实现高效率，如艾特网能的蒸发冷热管冷机在 240kW 制冷量机型上即可采用高效离心压缩机，使系统颗粒度更适合数据中心领域。

蒸发冷热管冷机采用变频制冷剂专用泵，该制冷剂专用泵采用类似压缩机生产工艺的封装方式，可承受制冷剂循环中的压力，避免制冷剂泄漏；采用高效的变频设计，运行范围广，可在不同需求下灵活调节流量，在不同管长的系统中适配不同的扬程，在不同的系统中实现高效运行；同时，该泵针对制冷剂进行了特别的设计，提高了制冷剂专用泵的可靠性。

蒸发冷热管冷机采用环保型制冷剂 R134a 作为传递热量的物质。制冷剂在室内末端液气相变来吸热制冷、在冷凝器内气液相变放热（冷凝），相变制冷具有热传递效率高的特点。

蒸发冷热管冷机冷凝部分采用蒸发式冷凝器，喷淋和在冷凝盘管上形成的可快速蒸发的薄水膜使冷凝器换热温度和环境的湿球温度相当，可降低系统冷凝温度，提高制冷效率。

蒸发冷热管冷机室内部分可采用不同形式末端，搭配灵活，运行效率高，适合高回风温度下的高效运行；机组主机、末端均具备群控功能，具备人工智能算法下自学习优化功能，可实现机房级多制冷系统优化功能，且控制系统预留了便利的升级接口，具备升级下一代更先进人工智能系统的潜力。

蒸发冷热管冷机主机和末端之间采用多联方式连接，一套主机带多个末端，管路布局相对传统风冷系统有所减少，同时具有多联机系统灵活、部分负载下超高能效的特点，在实际投产运行状态下能保持更长时间的高能效运行。

3. 数据中心的蒸发冷热管冷机制冷系统架构

当蒸发冷热管冷机主机应用在 A、B 级数据中心时，须根据数据中心可靠性等级采用“$N+X$”冗余配置方案。

综合经济性和可靠性，推荐采用“$N+1$”冗余配置方案（$N \leqslant 7$），可采用交叉布局热备方式（见图 3），或末端管路成环主机冷备方式（见图 4），均满足可靠性需求。考虑到热备的及时响应和日常运行部分负载更节能的特性，一般优先选用交叉布局热备方式。

三、专项技术的应用场景及市场潜力

蒸发冷热管冷机在全国各地均适用，和氟泵自然冷却、间接蒸发冷却、带自然冷却的冷冻水系统等单一自然冷却方案相比，能在当地气候条件下实现更高的节能率，并且应用灵活、颗粒度合适，可实现全地域、多场景的高效节能制冷。

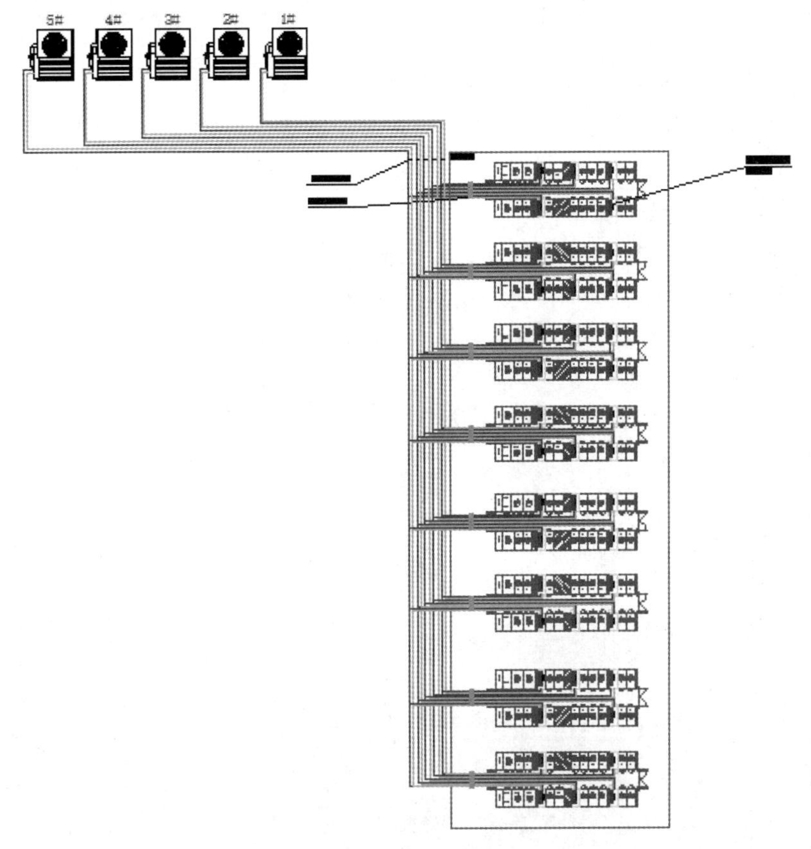

图 3　方式一：交叉布局热备方式

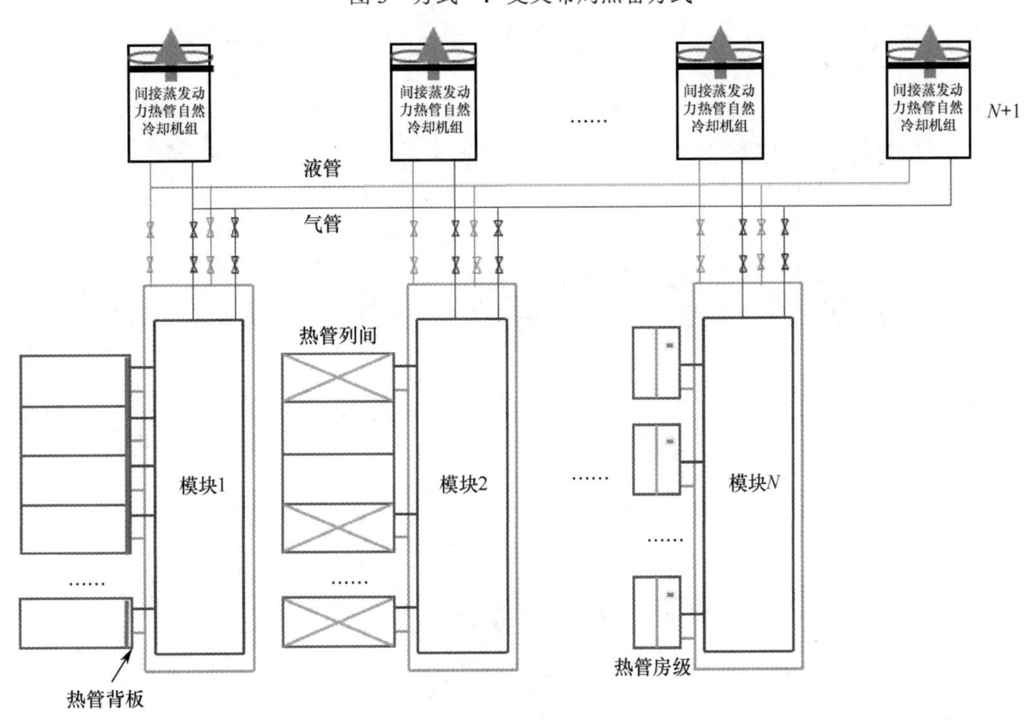

图 4　方式二：末端管路成环主机冷备方式

以下列典型场景为例进行进一步分析。

1．多层建筑的中大型数据中心节能制冷需求

以一栋 6 层的典型数据中心楼宇为例，传统上一般采用冷冻水系统制冷，1 楼一般为电力室、制冷站及部分主机房，2～6 楼以主机房和配套电源间为主，楼顶放置冷水机组用冷塔及相关配套。若采用蒸发冷热管冷机系统制冷，则 1 楼不需要制冷站，省出来的空间可以建设主机房，提高机房产出，2～6 楼布局变化不大，楼顶放置蒸发冷热管冷机的主机和冷凝器，并且由于采用 R134a 制冷剂，不需要担心水进机房的问题，可以采用效率更高的列间或背板末端，实现单机柜更高热密度、定向高效制冷。采用列间或背板空调，相较于冷冻水方案，还可省去空调间，进一步增大主机房可用空间，布局更多机柜。

如图 5、图 6 所示分别为数据中心采用冷冻水式列间空调方案的布局和采用蒸发冷热管冷机配列间末端方案的布局，采用蒸发冷热管冷机省去了空调管道间设置，单层可多布局 69 个机柜。

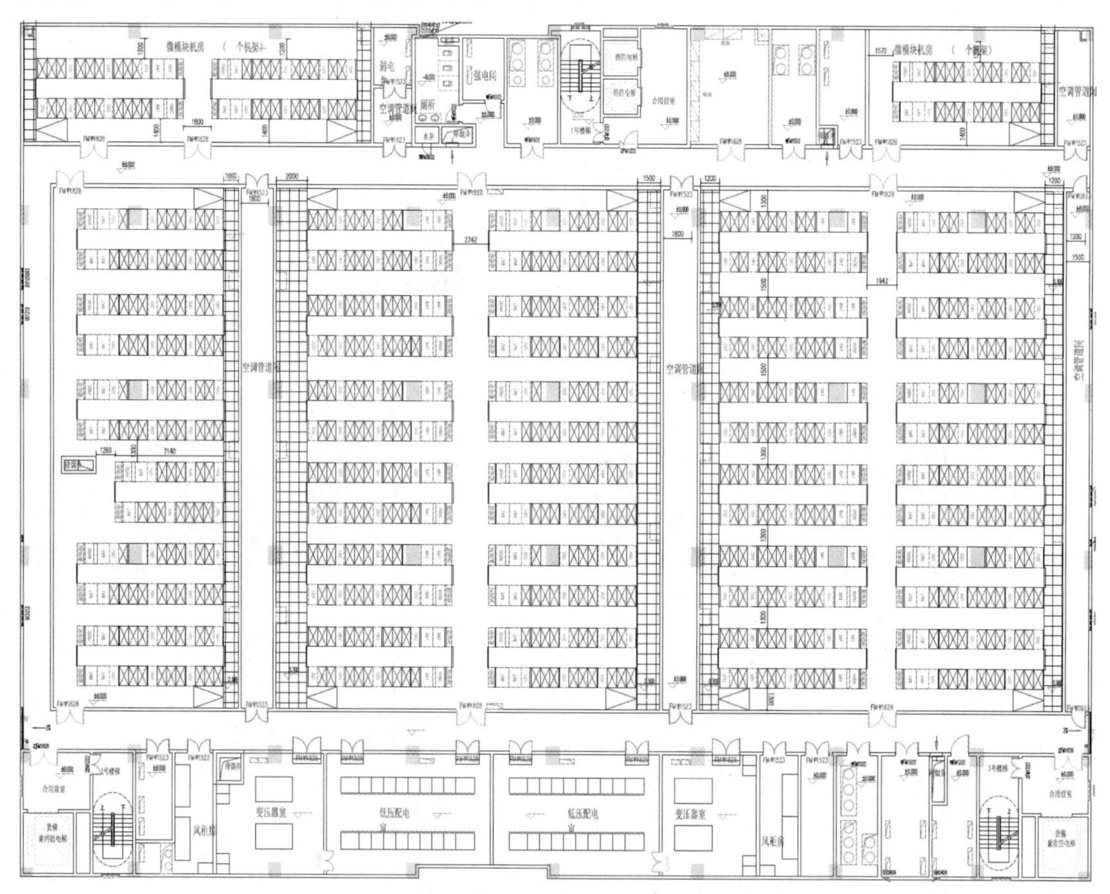

图 5　采用冷冻水式列间空调方案的布局

2．商业楼宇中的小型数据中心机房的节能制冷需求

针对商业楼宇中的单个机房，以典型的 600 平方米左右、240 个左右 8kW 机柜的机房为例，“7+1”套蒸发冷热管冷机系统即可满足应用要求。如图 7 所示为采用蒸发冷热管冷机配列间末端的典型的单个机房单元。

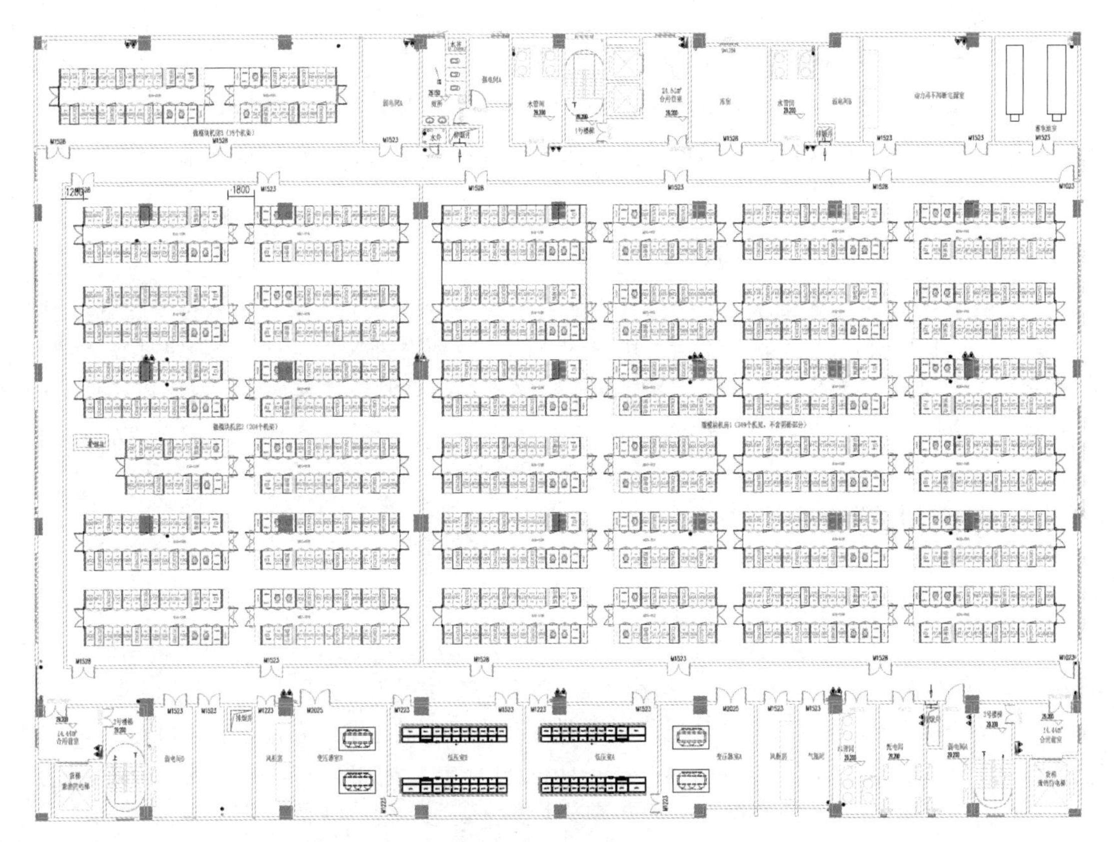

图 6　采用蒸发冷热管冷机配列间末端的方案布局

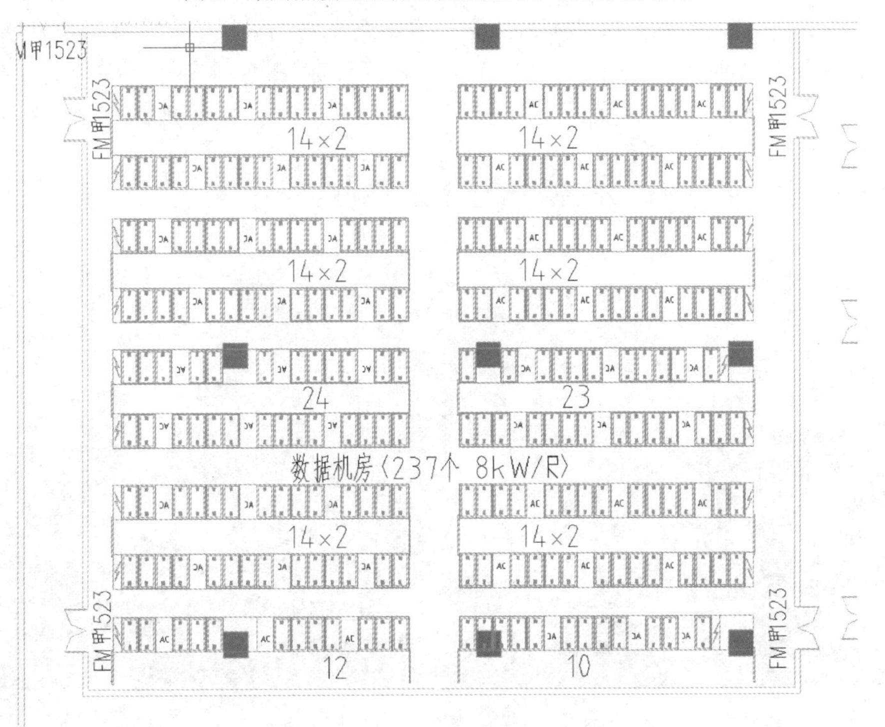

图 7　采用蒸发冷热管冷机配列间末端的典型的单个机房单元

3. 已建成数据中心的制冷量扩容或节能改造

针对已建成的数据中心，蒸发冷热管冷机的多联优势得到进一步体现。一套蒸发冷热管冷机的铜管管路可布局至需要扩容制冷量的区域附近，通过列间或背板形式增加空调，解决局部制冷量需要增加的问题。

4. 模块化/预制化数据中心的模块化节能制冷需求

针对模块化/预制化数据中心，蒸发冷热管冷机的列间和背板末端可融入预制化的数据中心，若预制化程度高，还可工厂预制模块内的管路，预留对外接口，让工程更减化。蒸发冷热管冷机的房间式末端还可与主机、蒸发式冷凝器集成，实现整体预制化，也可以类似 AHU 的布局方式应用。

四、应用案例和效果

项目名称：深圳市某互联网数据中心项目。

项目概述：项目为 6 层建筑，建筑面积约 14 264 平方米，其中，1 层为发电机房、高低压配电间和局部机房，2～6 层为标准用机房（01 房间和 02 房间）。办公及其他辅助用房位于 2～4 层，项目一期部分机房及二期全部机房采用蒸发冷热管冷机方案，总建设安装机柜 1 692 台，每个 8kW，可部署服务器 33 000 台，为用户提供数据分析、金融结算服务。按照使用房间进行模块化配置。机房划分为 1～6 层，分期部署，主机总数为 73 台，列间末端数为 730 台。

本项目设备制冷采用蒸发冷热管冷机空调+列间末端系统，采用热通道封闭的形式，当室外湿球温度达到 14℃以下时，室外主机的磁悬浮压缩机停止运行，完全使用自然冷节能，采用蒸发冷凝亦可实现部分蒸发冷凝自然冷节能，在深圳 PUE 的制冷因子 CLF 为 0.123。得益于制冷方案的先进节能特性，并配套供电和节能措施，在 7—8 月深圳最炎热的季节运行时实测，数据中心整体 PUE 都在 1.25 以下。

如图 8 所示为蒸发冷热管冷机室外部分远景。

图 8　蒸发冷热管冷机室外部分远景

如图 9 所示为蒸发冷热管冷机室外部分近景。

图 9　蒸发冷热管冷机室外部分近景

如图 10 所示为蒸发冷热管冷机室内部分（列间空调搭配微模块）。

图 10　蒸发冷热管冷机室内部分（列间空调搭配微模块）

如图 11 所示为蒸发冷热管冷机室内部分（控制模板）。

图 11　蒸发冷热管冷机室内部分（控制模块）

北京盈泽世纪 CSS5000 数据中心设施管理平台应用案例

北京盈泽世纪科技发展有限公司　供稿

一、项目概述

本项目园区占地面积约 16 亩（约 10 666.7 平方米），总建筑面积约 11 176 平方米，规划建设 1 752 组数据机柜。运维操作室面积约 110 平方米，监控中心（ECC）面积约 270 平方米。

数据中心设施管理平台旨在将数据中心多个分离的子系统有效整合在统一的平台上，实现对数据中心基础设施的全面监控与管理，即完善对数据中心基础设施的实时监控，全面记录和处理各子系统设备的运行及报警数据，对数据中心动力设备、环境设备综合监测管理，预见或及时感知故障、提前决策、迅速排障，以保障场地设施安全、稳定地运行。

数据中心设施管理工具监控、管理和控制数据中心所有的 IT 相关设备（如服务器、存储和交换机）和基础设施相关设备（如 UPS 和精密空调）的使用情况及能耗水平。也就是说，数据中心基础设施管理平台的建设，必须实现以下几个目标。

（1）实现数据中心基础设施的集中实时监控、统一灵活报警，快速准确地定位故障。

（2）实现“一站式”资产全生命周期管理，为资产管理提供单一可信的数据来源。

（3）对数据中心进行展示，帮助数据中心操作人员快速决策。

（4）拥有强大的数据分析和预测能力，实现预制报表和自定义报表共存。

（5）实现容量管理和能效管理，以平衡供求，优化基础设施、减少僵尸设备、增强可用性。

（6）基于开放灵活的架构，保障客户的投资回报，满足业务扩展需求。

数据中心基础设施管理是一套完整的解决方案，涵盖了从机房布局，到设备监测和数据存储、分析与推送，再到容量、能效管理和整个资产生命周期的维护，所有一切都应实现无缝集成。

二、需求分析

大型数据中心管理平台面临管理效率低、告警功能模式单一、故障定位难、资产管理难、容量利用率低等诸多不足。

1. 管理效率低

传统的数据中心没有统一的数据中心管理平台，纷繁复杂的专项管理系统相互独立，集成力差，形成信息孤岛，管理人员无法“一站式”管理；管理系统的智能化仍依托于巨大的人力成本，无法实现自动化服务。

2．告警功能模式单一

传统管理系统的告警功能只是简单地将接收的告警信息推送给管理人员，无法做到告警抑制、分类、升级、预警等，更不能对告警信息进行过滤和检索分析。面对资产生命周期中应出现的告警推送功能，也很少有管理平台可以做到。另外，告警模式单一，也是另管理人员十分头疼的问题。

3．故障定位难

若想数据中心稳定运行，准确定位故障并快速解决故障是关键。实际上，因为设备之间存在着关联，一台设备出现故障经常引发其他设备的并发告警，而且不同专业设备、不同子系统推送信息格式不同，操作人员和管理人员收到不同格式的告警推送，面对众多的告警信息，管理人员无法直观快速地找到告警事件重点，也无法准确找到根本故障，须做人工的二次判断。

4．资产管理难

数据中心存在大量的基础设施设备和 IT 资产，管理人员不能清晰地掌握资产数量、位置与责任人，对于资产的全生命周期管理、日常盘点等业务，不能实现流程化管理，人力成本高，“账实不符”的现象时有发生，往往会对整个企业的资产管理造成很大的负面影响。另外，当设备上架时，传统管理系统无法提供可选方案的建议，仍需要管理人员花费大量时间自行完成。

5．容量利用率低

数据中心建设迭代进行，数据中心的容量决定了其计算能力。传统数据中心管理平台无法计量并分析容量使用信息，不能帮助管理者跟踪容量使用情况或规划关键容量。据调查显示，90%以上的数据中心资源利用率不到 60%。容量的低利用率必然导致更多的建设成本与运营成本的投入，同时会带来更大的资源消耗和环境污染问题。

因此，在传统数据中心管理理念的基础上，为保证可用性、经济性和可管理性，急需一套综合性的数据中心基础设施管理平台来满足用户需求，以智能代替人工，以集中取代分散，从而在保证数据中心可用性的前提下，达到高效、稳定、节能、减排的目标。

三、技术方案和实现功能

北京盈泽世纪团队认真分析项目情况，针对用户需求，为用户定制了管理方案，以“CSS5000 数据中心设施管理平台”作为项目的管理系统，为此项目建立了一套真正意义上的综合性极强的基础设施管理平台（见图 1）。

平台内容综合性强：系统监测数据中心动环 23 种设备，集成 6 套第三方系统，并通过北向接口给用户应用系统提供关键数据。

综合化管理方式：值班管理、运维管理、工单管理、资产管理、能效管理、容量管理等多种管理功能，帮助管理人员及运维人员随时解决各种问题。

综合展示能力强：将数据展示、图形展示、报表展示、曲线展示、三维展示、App 展示、统计展示、多媒体展示集成在一起，可适应不同职位、不同管理人员使用同一个软件。

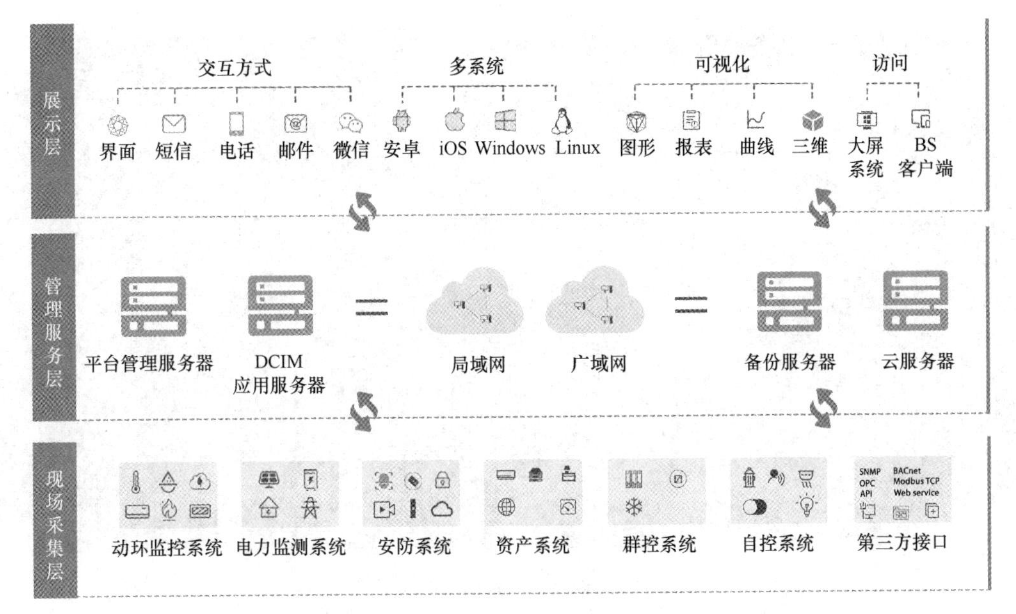

图1 数据中心基础设施管理平台

1. 场地设施管理

场地设施管理的基础设施包括：温湿度监测系统、精密空调监测系统、湿膜加湿器监测系统、漏水监测系统、氢气监测、新风监测、消防监测、高压开关柜监测、直流屏监测、ATS监测、变压器监测、母线始段箱监测、UPS 监测、发电机监测、蓄电池监测等。集成的第三方子系统包括：BA 监控系统集成、柴油发电机供油监控系统集成、视频系统集成、门禁系统集成、红外防盗系统集成、消防系统集成等。

场地设施管理是整个数据中心基础设施管理的神经中枢，对数据中心的基础设施按照设备类型划分子系统。界面可以依据机房布局采用图形方式，根据前端已有硬件设备的通信协议，可收集、管理设备信息，设备数据可在布局图直接调用查看，并且相关阈值显示在监控页面对应的实际参数位置。

场地设施管理可实时监测和控制，并实现实时告警、日志、录像、查询、统计分析等监控管理功能，支持与监控主机之间的断网自动恢复。全面感知各子系统的运行状况、分析各子系统的关联、预见或及时感知直接故障和间接故障、提前决策，提高基础设施运行的稳定性、安全性和可靠性。

监测设备集中在统一平台上进行综合监控管理，一旦其中某个或多个设备出现问题，系统会自动弹出报警画面，同时电话语音报警，以实现设备状态实时查看、故障快速定位报警、及时排除故障等功能。在监控的同时，实时记录和处理各种设备运行及报警数据，以实现“集中监控、集中维护、高效管理”，实现机房科学管理目标。

对于场地设施监控管理，系统平台具备灵活的二次开发功能接口，可实现灵活的定制扩展，同时，可兼容其他同类型能提供协议接口的子系统接入，亦可对外提供标准协议接口，拥有良好的数据存储及转发能力。

价值成效：实现了全局化监控、可视化数据分析展示；提供了大数据分析预警功能。

2. 系统界面

如图 2 所示为系统界面。

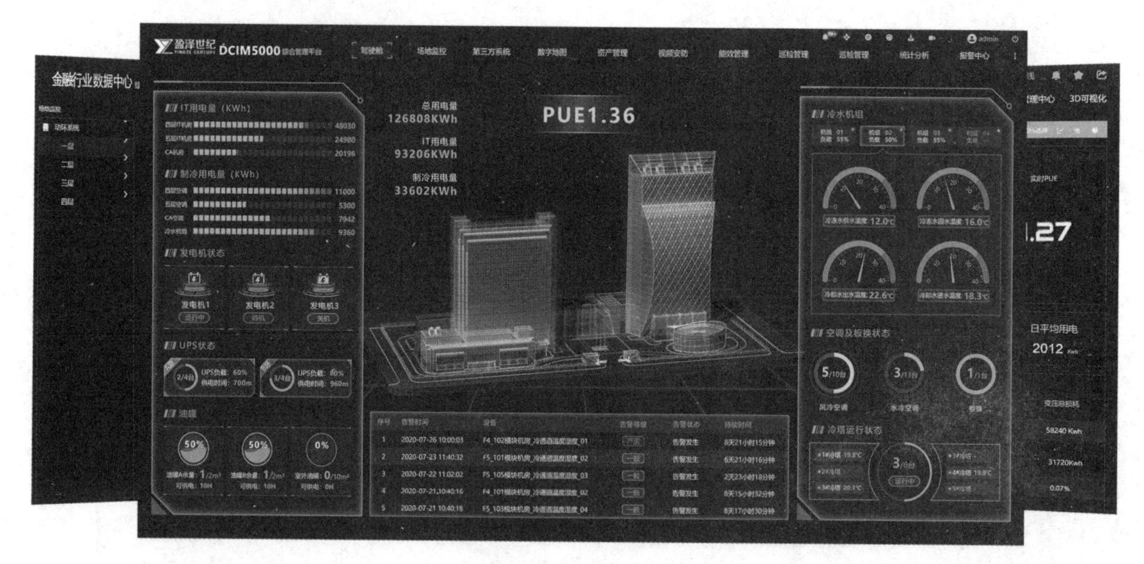

图2　系统界面

系统界面在风格和使用上具有一致性，操作简单，根据项目的实际建筑情况，制作专属的用户界面，以图形方式反映各区域信息，以及设备检测和控制点的运行状态、报警信息等。

所有监控端使用简体中文界面，操作界面友好、简洁、美观，以图形方式显示设备状态，提供详细的在线帮助，操作方式与Windows操作系统类似，只需对用户做简单的培训就能熟练使用。系统提供电子地图导航功能，能显示系统网络结构图、机房布置图、设备工作原理图等，具有实时反映监控系统本身运行状况的自诊断功能。系统采用全景拓扑地图和分景拓扑地图展示远端机房的地理位置，可通过点击图标进行查询、浏览等操作。系统能够灵活修改告警等级。对于在不同时间、不同地点，以及其他不同条件下发生的同一事件，系统能够发出不同等级的告警。

系统具有多种方式的并行报警能力，对报警信息的播放次数可以进行限制，远程确认报警，可针对报警点定义报警级别，并灵活定义/屏蔽报警类型（高限报警、低限报警等），可实现报警级别的详细化管理，提供报警级别，定义不同级别对应不同的报警方式。报警先后根据级别高低进行优先选择，当有多个不同级别的报警同时发生时，系统将优先对级别高的报警进行提示，再依次根据级别对其他报警进行提示。系统还可实现报警信息管理，当发生报警时，可在维护窗口中进行维护，可灵活进行条件定制报警事件查询、统计和打印，并进行条件排序。

3. 个人工作台

数据中心设施管理平台增设虚拟个人工作台功能，通过权限分配建立不同的角色，操作人员可以定义自己的工作台，显示自己关心的或与自己角色对应的工作内容，更高效地完成日常工作。

价值成效：

1）有效提高管理效率

个人工作台区分角色，将不同角色的关注内容区分推送，并对个人在事件流程中需要协作的工作列出，通过流程追踪、事件队列方式提高协作效率。个人可以随时查询相关事件流程的进度，并通过内部沟通工具进行交互，有效提高事件管理的时效性。

2）智能化数据挖掘，角色和权限决定信息范畴

通过权限的定义，不同的用户角色，可获取不同的数据，提高数据的有效性，区别于用户自行筛选海量数据，系统的智能化数据挖掘，充分满足数据中心不同用户对数据的需求，更好地提高效率，同时，不同的角色和权限也被赋予不同操作执行范畴等。

3）人性化的自定义功能

为应对客户对信息关注重点的差异，数据中心设施管理平台增加了工作台自定义功能，用户在其权限允许范围内，可以自定义需要在工作台展示的内容并设置展示方式，使数据中心设施管理平台更加人性化。

可以根据权限和角色在个人工作台做自定义显示，主要包括以下显示单元：通知公告、场地监控、报警队列、事件队列、工作日历、流程追踪、事件仪表盘等。

如图 3 所示为工作台模式界面。

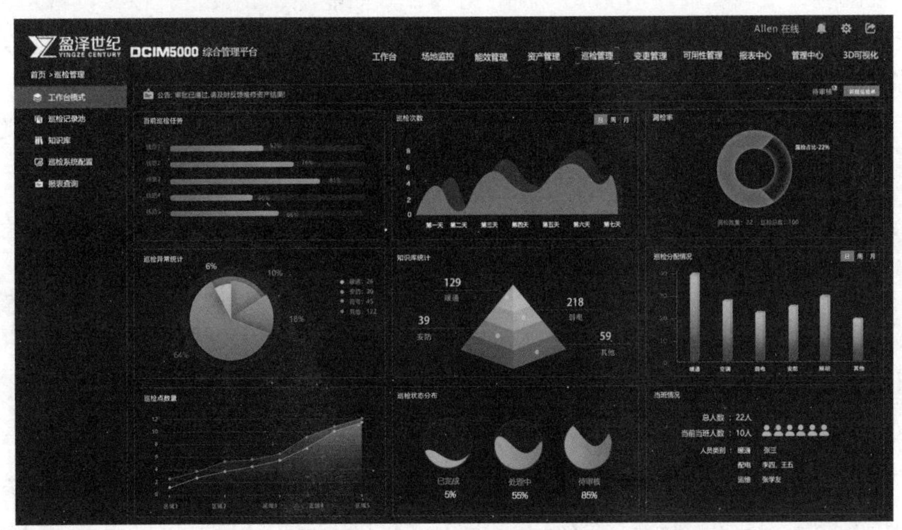

图 3　工作台模式界面

4. 能耗管理

数据中心设施管理平台的能耗管理，通过准确、详细的数据中心服务器级和机柜级能耗信息，深入优化服务器使用率，提高数据中心性能，降低 IT 系统能耗，达到更好的可靠性和可用性。分析细化至机架级的用电量成本，用于计算特定设备的能耗成本，有助于计算电费和编制有效预算。数据中心设施管理平台能够监控供电系统设备、IT 资产、制冷系统设备使用率和功耗，帮助降低因过度配置、使用率低下，以及数据中心供电和制冷不均衡引发的额外成本，同时，还可持续发现并监控各用电组件，收集数据，跟踪服务器特定信息。

能耗结构分析评估诊断：通过 PUE（电源使用效率）关键效率指标，确定事实能耗，量化 IT 负载、UPS 系统、空调系统、通风、照明等能耗成本，并进一步展示数据中心实时 PUE、历史 PUE、实时功耗曲线、电力成本、碳排放、分项能耗统计等数据，从而改善数据中心能耗现状，提高利用率，让数据中心真正做到节能、环保。

5. 容量管理

数据中心设施管理平台可以展示机房资源（配电容量、U 位空间、承重等）使用情况，

通过科学的管理手段提高资源使用率。将数据中心的机柜剩余空间、机房各个区域的承重情况、电力负载以图景等形式展现，以便数据中心机房运维人员快速掌握机房情况。支持对机房容量的可视化管理，包括机位、U位、承重与功耗等，对相关的容量数据进行可视化展现，并进行容量统计，包括总容量与已用容量。

6．报表管理

数据中心设施管理平台的一个基本功能就是采集和保存数据，保存数据和生成报表的方式可以选择定时保存和数据变化间隔量变化保存，有效地降低系统负担，增加系统的可利用性并全面管理性能。同时，平台会保留告警相关的完整数据，以便后续进行常规告警管理。平台所有的数据（除流视频数据外）都会保存3年以上。

预设报表模板类型如下。

（1）数据统计报表模板，可生成多种数据报表，如能源统计报表、各级设备及区域耗能报表、配置信息表、物料报表、工单报表等，并可进行汇总、细分、总量的统计及查询，实现监控系统的相关数据的分组、分条显示。

（2）告警事件统计报表模板，可生成能耗、事件、问题、变更、容量、告警、巡检完成率、巡检异常等情况的报告。

（3）资产统计报表模板，可生成资产设备数量表、库存情况汇总分析表、使用分析表等统计结果。

（4）数据表格、饼图、柱状图、曲线，可以表格、饼图、柱状图、曲线等方式展现给用户，自定义报表、预设报表可（定时、手动）存储在管理平台主机中，亦可导出数据表格，支持在线打印。

7．报警管理

（1）具有多种方式的并行报警能力，当发生事件报警时可根据级别高低同时发出多媒体语音信息、电话语音信息、短信文字信息、网络报警、E-Mail 报警等多种报警（对外报警根据客户的需求而定）。

（2）对报警信息的播放次数可以进行限制，可远程确认报警。

（3）可针对报警点定义报警级别，并灵活定义/屏蔽报警类型（高限报警、低限报警等）。

（4）报警级别的详细化管理，提供报警级别，可定义不同级别对应不同的报警方式。

（5）报警先后根据级别高低进行选择，当有多个不同级别的报警同时发生时，系统会先对级别高的报警进行提示，再依次根据级别对其他报警进行提示。

（6）报警信息管理，发生报警时可在维护窗口中进行维护。

（7）可灵活进行条件定制报警事件查询、统计和打印，并按照条件排序。

8．知识库管理

数据中心设施管理平台提供知识库管理，对机房内各设备的维护手册、应急预案、维护经验等相关软件及文档自动扫描并入库归档管理，提供新增、删除、修改、查询、下载等功能。

价值成效：知识库管理针对事件处理提供知识关联，系统预设预案，提供应急预案支撑。

9. 手机 App

数据中心设施管理平台移动端 App 基于 Android 实现。数据中心设施管理平台将数据中心重要监控信息和告警信息，直接推送到移动用户的智能手机或平板电脑上。

移动端 App 通过 Wi-Fi 或 2G/3G/4G/5G 无线网络连接到数据中心设施管理平台服务器，利用身份验证进入系统，实时获取监控数据和报警信息。用户可以通过智能手机或平板电脑，查看数据中心关键参数，应答报警，同时可以查询历史数据和报警记录。

移动端 App 可以展示设施监控中的关键图表、设备。其中，关键设备可展示设备实时信息，并提供设备查询功能，可以处理工单的创建、分派、处理、审批等操作，可以查询资产信息、完成盘点任务等。

10. 工单管理

工单管理实现对传统日常巡检工作的替代，可灵活便捷地生成各种巡检报表、图表及系统性的运维审计报告，并能科学制订和管理设备巡检标准和巡检任务，及时发出巡检提醒通知，为数据中心设备和资产维护、保养、采购提供决策依据，达到科学管理的目的。

价值成效：提供系统化、标准化的工作处理流程，加强部门间的协同操作。

11. 资产管理

数据中心设施管理平台能快速准确地对众多资产进行管理和盘点，确保资产数据精准，并能指导运维人员对上架或变更资产放置位置给出建议，充分提高管理效率和数据中心设备设施利用率。

数据中心设施管理平台对 IT 资产全生命周期进行管理，实现 IT 资产全生命周期和使用状态全程定位和跟踪，对资产的数量、库存、上下架、定位、维修、借用、报废、个人占用等关键要素提供丰富的统计分析报表及可视化辅助决策。

价值成效：实现资产全生命周期管控，结合 RFID 定位技术实现资产实时定位盘点。

1）资产管理的主要特点

（1）过程规范：每种资产的信息全面、流程清晰、责任明确、确保账目与实际相符。以流程为驱动，实现资产从购入、发放、维修、借用、转移、收回、报废所有的结果监管，有效保障资产的准确性，提高资产的使用效率。

（2）业务流程化：完善的权限审批流程，所有资产相关的业务都提供完整的流程管理，用户在流程引导下完成日常工作，并可以实时关注事件进展。采用电子化的办公手段，不用再担心人为遗漏。

（3）可靠的数据保障：严格的数据采集和严谨的业务流程，保障了相关数据的准确性，生成的报表文件可以绝对信赖，为用户在资产相关业务操作中提供完善、精准的数据依据。

2）模块功能

数据中心设施管理平台资产管理模块拥有完备的管理体系结构，可以实现出入库登记、库存预警、库存增删操作、库存改查操作、设备台账信息管理、设备上下架管理、设备盘点、调拨、报废等功能。

数据中心设施管理平台资产管理模块具备完善的流程管理能力，可以根据设备入库、出库、上架、变更、借用等进行工作审批操作，只有在特定权限账号审批合格后，事件才会有效，在流程及事件整体操作全部完成后，数据自动同步到后台数据库中。

对于管理员比较关注的资产盘点、资产调拨、资产报废功能，数据中心设施管理平台资产管理模块可以承诺——方便快捷，可实现资产关联合同编号并统计维保等相关台账信息，根据信息提醒维保到期和设备保养维护业务等。

12. 3D 可视化

价值成效：结合 3D 可视化技术实现数据可视化、场景可视化，提升数据中心管理效率和整体资源掌控力，让客户身临其境，提高决策效率。

3D 可视化管理系统以 3D 虚拟现实方式对机房楼层、设备区、设备安装部署情况及动力环境等附属设施直观展示，可实现 360°视角调整。主要包括以下功能模块：基础环境可视化、空间热场可视化、资产可视化、容量可视化、管理可视化、应急预案管理、安防可视化管理等，提升用户感受，体现数据中心管理的先进性和精细度（见图 4）。

图 4　3D 可视化管理系统

1）基础环境可视化管理

采用 3D 虚拟仿真技术，实现数据中心的园区、楼宇等基础环境的可视化浏览，清晰完整地展现整个数据中心。配合监控可视化模块，可以与安防、消防、楼控等系统集成，为以上系统提供可视化管理手段，实现数据中心园区基础环境的跨系统集中管理，提高数据中心园区掌控能力和管理效率。

（1）地理园区虚拟仿真：以 3D 虚拟仿真的全新展示形式，完整呈现数据中心园区外貌，包括土石、园林、河流、道路，构建与真实园区一致的虚拟环境，并以虚拟仿真的全新展示形式，完整呈现数据中心建筑的外观，根据建筑的真实外观完成 3D 建模，展示建筑的基本信息。

（2）楼层机房虚拟仿真：以虚拟仿真的形式，完整呈现数据中心楼层机房结构，根据楼层的实际建筑结构完成 3D 建模，可模拟真实机房的信息和设备摆放情况，可进入每个机房查看，浏览其中的设备信息。

2）空间热场可视化管理

空间热场可视化管理功能采用 3D 虚拟仿真技术，展示机房环境的温湿度情况，并支持以云图形式展示专业机房温度分布状况，以不同的色彩直观展示温度测量值，支持多层温度云图功能。在可视化环境中，如有高温报警，用户可以更直观地发现深红色高温报警区域。

3）资产可视化管理

以直观互动的 3D 场景浏览技术，层次化递进实现区域级、园区级、机房级、机柜级、设备级和端口级浏览，查询资产相关信息。

4）容量可视化管理

容量可视化管理功能实现以机柜为单位的数据中心空间容量管理。以树形数据呈现和三维场景展现两种方式展示机房和机柜整体使用情况，对已用空间和可用空间进行精确统计和展现。容量可视化管理帮助数据中心运维人员更加有效地管理机房的容量资源，让机房各类资源的负载更加均衡，使运维人员可以实现以机柜为单位的数据中心容量管理，包括空间统计可视化、功率统计可视化、承重统计可视化、机位统计可视化、机房容量查询、设备上架查询（见图 5）。

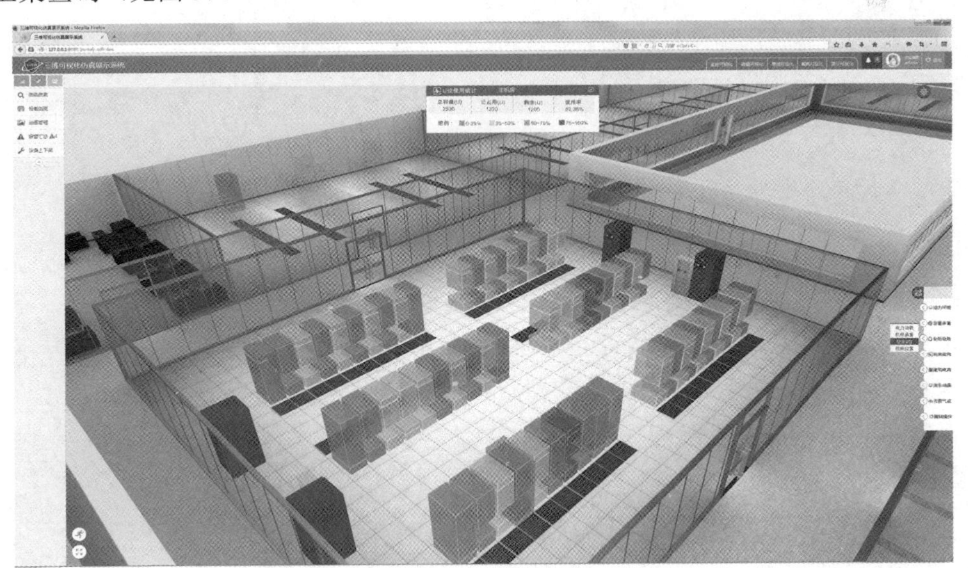

图 5　容量可视化界面

5）管线可视化管理

通过 3D 可视化方式实现机房强电线路、弱电线管线走线、暖通管路的展现。对楼宇内供电保障的两路市电分布进行虚拟仿真展示，更加直观地展示数据中心的管线分布及走线情况，管线类故障将被快速排查及修复。

6）应急预案管理

根据预测危险源、危险目标可能发生事故的类别、危害程度，制订事故应急救援方案。系统具备应急预案的保存与管理功能，支持应急演练计划配置，根据配置可自动生成演练任务，在 3D 可视化场景中模拟可能发生的事故处理方案，具体包括以下几项功能。

（1）预案管理：系统具备运维事件预案管理功能，包括告警处理、故障分析、应急措施等各方面相关技术及参考文档的预制、归档、管理和查询等。

（2）演练执行：系统具备演练任务下发及各关键演练步骤的处理功能。

（3）演练记录：系统具备演练过程的跟踪记录功能，并形成演练记录文档备查。

7）安防可视化管理

3D可视化系统预留视频监控系统的集成管理功能，在可视化环境中可实时查看、调取视频监控画面。

后　记

距《中国数据中心发展蓝皮书（2018）》（以下简称“蓝皮书2018版”）出版已经两年多了。此间，因为突如其来的新冠肺炎疫情，打乱了人们的生产、生活节奏。2020年上半年以抗击疫情为第一要务，各项防疫规定限制了公众的活动范围和形式，许多需要面对面开展的工作，如对数据中心发展的研究活动被迫中止；到了下半年，数据中心的建设呈现“报复性”反弹，数据中心行业上上下下一片繁忙，无暇顾及对2019—2020年这一阶段的数据中心发展情况进行系统的回顾总结，本书的设计、征稿工作也受到了一定程度的影响。这就使得《中国数据中心发展蓝皮书（2020）》的编写进度滞后，没能按原计划在2020年年底截稿。希望钟情于《中国数据中心发展蓝皮书》的数据中心相关从业人士、有志于从事数据中心行业的本科生、研究生们见谅。

2020年9月，中国计算机用户协会数据中心分会组织相关专家对《中国数据中心发展蓝皮书（2020）》的编写进行了安排部署，提出了写作框架。总的原则是以“蓝皮书2018版”的框架和内容为基础，以IT人熟知的“断点续传”方式，安排《中国数据中心发展蓝皮书（2020）》的内容，组织数据中心行业内的专家，阐述未来数据中心行业的新发展态势、新技术应用，同时拓宽视野，请外部专家介绍与数据中心相关外部行业动态和趋势。

成稿的《中国数据中心发展蓝皮书（2020）》仍由三部分组成。

第一部分是中国数据中心发展研究报告，对新基建浪潮下的数据中心新发展进行阶段性记载和总结。

第二部分是数据中心各相关专业技术领域的应用和发展情况，按综合、供配电、绿色节能、安防、运维、标准规范、咨询服务切分板块。其中，在综合板块，对数据中心智慧园区、金融云数据中心、金融行业数据中心、边缘数据中心的建设发展，标准规范建设的现状及趋势进行了专项论述。在其他专业板块，所介绍的不间断供电、DCIM系统、电磁防护、防雷工程、数据中心检测与认证等，相较“蓝皮书2018版”更为具体、全面；所介绍的轨道式小母线+智能PDU监控配电方案、锂电池+分布式UPS技术、供配电一体化、工厂预制化拼装、全景拼接/人脸识别/热成像安防消防一体化、5G+AI智慧监控、液冷、自动驾驶属于在数据中心有一定应用前景的新技术或新工艺。数据中心行业主要技术经济指标及其模型架构、数据中心国际标准专题介绍、数据中心检测与认证是“蓝皮书2018版”列入编写框架但由于种种原因没有成稿的内容，相关内容弥补了之前的缺憾。

特别要提及的是，习近平主席在第七十五届联合国大会上郑重宣布：中国将提高国家自主贡献力度，二氧化碳排放力争于2030年前达到峰值，争取2060年前实现碳中和。这引发了数据中心同仁对“双碳”目标大背景下数据中心如何有所作为的思考。在兄弟分会——工业互联网分会郭森秘书长的协调下，特邀请电力行业的专家就数据中心使用绿色能源的愿景和我国电力能源结构调整、电力储能技术及其在数据中心的应用前景发表了专业性的意见，提供了两篇文稿，与大型数据中心规划之电力先行、绿色数据中心建设的发展及未来展望等文稿一起，对“数据中心—双碳目标”这个话题，在背景环境和认知程度方面进行了阶段性记载。

第三部分仍然是数据中心实践案例。北京国信天元质量测评认证有限公司、中金数据集团有限公司、华为技术有限公司、北京长城电子工程技术有限公司、中通服咨询设计研究院有限公司、浩德科技股份有限公司、恒华数字科技集团有限公司、深圳市艾特网能技术有限公司、北京盈泽世纪科技发展有限公司介绍了新产品、新技术、新应用、新经验等。特向这9家企业致谢。

书稿的编者大多是在一线工作的行业专家，本职工作非常繁忙，他们以饱满的热情、勇敢的责任担当，抽出宝贵时间，对自己熟知领域的新情况、新趋势进行总结梳理，付出了辛勤的劳动，提供了质量上乘的稿件。分会蔡红戈秘书长、李勃执行秘书长、专家委员会黄群骥主任都亲自撰写了书稿。分会王智玉理事长悉心审阅、修改了全书，分会高鸿娜修改、统筹了全书的图表，使之适应单色印刷的需要。李勃执行秘书长做了大量的组织、协调工作，使编写工作得以顺利进行。对此，编委会表示衷心的感谢。

感谢中国电子信息产业发展研究院（赛迪集团）党委书记兼副院长、中国计算机用户协会理事长宋显珠同志为本书作序。

感谢电子工业出版社刘九如副社长兼总编辑、电子工业出版社学术出版分社董亚峰社长和朱雨萌编辑对出版本蓝皮书的鼎力支持。能够在计算机类图书出版翘楚的电子工业出版社出书，是全体作者的荣幸。

设计出版“蓝皮书 2018 版”时曾经确定，《中国数据中心蓝皮书》要记录数据中心从计算机机房以来的成长过程，截取历史长河的一个断面，反映一个时期主流技术应用状况、数据中心规模和质量发展水平，记载数据中心在中国网信事业发展中的基础作用。相信我们会做得更好。

《中国数据中心发展蓝皮书（2020）》编委会

2021 年 6 月 30 日